Ariel Bergamini, Ann-Michelle Hartwig, Heike Hofmann,
Markus K. Meier, Norbert Schnyder (Hrsg.)

Moose der Schweiz

Mitautoren und -autorinnen: Thomas Kiebacher, Helen Küchler, Michael Lüth,
Tobias Moser, Niklaus Müller, Frauke Roloff, Julie Steffen, Edwin Urmi

Haupt
NATUR

Ariel Bergamini, Ann-Michelle Hartwig, Heike Hofmann,
Markus K. Meier, Norbert Schnyder (Hrsg.)

Moose der Schweiz

Artenporträts und Bestimmungsschlüssel

Mitautoren und -autorinnen: Thomas Kiebacher, Helen Küchler, Michael Lüth,
Tobias Moser, Niklaus Müller, Frauke Roloff, Julie Steffen, Edwin Urmi

Haupt Verlag

Inhaltsverzeichnis

Vorwort

Warum ein Buch über Moose? Moose werden von den meisten Menschen kaum wahrgenommen. Sie sind der unauffällige, grüne Teppich auf dem Waldboden, an Felsen und auf alten Mauern. Wer aber genauer hinschaut, findet eine faszinierend vielfältige Welt voller verborgener Schönheit. Und je länger man sich mit Moosen beschäftigt, desto mehr gibt es zu entdecken.

In der Schweiz gibt es über 1100 verschiedene Moosarten, und es werden regelmässig neue Moose in der Schweiz gefunden. Auch über Verbreitung, Ökologie und Gefährdung der Moose ist noch längst nicht alles bekannt. Es gibt hier also zweifellos noch viel zu erforschen!

Der Einstieg in die Welt der Moose ist allerdings nicht ganz einfach. Moose sind klein, ohne Lupe kommt man nicht weit. Auffällige Blüten wie bei vielen Blütenpflanzen fehlen, dafür besitzen sie allerlei andere eigenartige Strukturen wie Glashaare, Zilien, Wassersäcke, Hauben, Deckel, Zahnkränze, Bruchästchen, Brutkörper, Assimilationslamellen und anderes. Farblich sind Moose meist nicht sehr variabel, aber mit der Zeit lernt man, Arten am etwas anderen Grünton oder am zarten Seidenglanz zu erkennen. Einige Moose wie die Torfmoose oder einige Birnmoos-Arten weisen aber auch wunderschöne Rotfärbungen auf. Mit Moosen kann man sich zudem das ganze Jahr über beschäftigen, auch im Winter findet man sie in ihrer ganzen Vielfalt. Besonders in Laubwäldern sind sie dann die einzigen Farbtupfer und ihr Grün leuchtet geradezu.

Um Moose zu bestimmen, hilft einem noch keine App. Ein Foto machen und sofort einen Namen geliefert bekommen, das funktioniert nur in wenigen Fällen. Die Bestimmung von Moosen hat also durchaus etwas Altmodisches, ein wenig aus der Zeit Gefallenes und sie braucht etwas Geduld.

Dieses Buch bietet einen Einstieg in die faszinierende Welt der Moose. Vorkenntnisse sind keine nötig. Es braucht auch kein Mikroskop oder Binokular für den Einstieg – teure optische Geräte braucht es erst, wenn einen das Moosvirus gepackt hat und man der Sache richtig auf den Grund gehen möchte. Für den Anfang reicht eine gute Lupe.

Im Hauptteil des Buches werden 170 Moosarten porträtiert, ihre wichtigsten Merkmale und ihre Lebensräume vorgestellt und es wird auf Verwechslungsmöglichkeiten hingewiesen. Die meisten der vorgestellten Moose sind häufige Arten der tiefen bis mittleren Höhenlagen. Viele davon kann man während eines Sonntagsspaziergangs im nächsten Wald, an einer alten Betonmauer oder bereits im Stadtpark finden. Es ist nicht nötig, weit zu reisen, schon vor der Haustür gibt es viel zu entdecken. Wir wünschen viel Vergnügen auf Ihrer Erkundungsreise in die Welt der Moose!

Die Autorinnen und Autoren

Einleitung

Biologie der Moose

Was sind eigentlich Moose?

Meist erkennt man mit einem kurzen Blick, ob man ein Moos oder eine andere Pflanze vor sich hat (Abb. 1). Aber was sind eigentlich die gemeinsamen Merkmale, die die Moose von allen anderen Pflanzen unterscheiden?

- Wasser- und Stoffleitsysteme, wie für die Gefässpflanzen typisch, sind oft gar nicht vorhanden oder nur schwach ausgeprägt und echtes Holz (Lignin) fehlt, Lignin-ähnliche Stoffe werden aber gebildet. Moose sind unter anderem deshalb in ihrem Höhenwachstum eingeschränkt und erreichen in den meisten Fällen nur wenige Millimeter bis einige Zentimeter an Höhe.

Abb. 1: Moosteppiche im Wald über Felsen, an Totholz und auf Bäumen, wie alle sie kennen. Doch was sind Moose überhaupt?

Abb. 2: Welliges Besenmoos *(Dicranum polysetum)*, ein Laubmoos der Moorwälder, bildet an seinen Stämmchen zwischen den Blättern einen dichten, weisslichen Rhizoidenfilz aus.

- Auch echte Wurzeln, wie bei den Gefässpflanzen vorhanden, fehlen. Die Würzelchen der Moose (die sogenannten Rhizoide) sind sehr einfach aufgebaute Zellfäden, die in erster Linie der Verankerung und teilweise der externen Wasserleitung, also der Wasserleitung ausserhalb des Pflanzenkörpers, oder der Wasserspeicherung dienen (Abb. 2).
- Falls Blätter vorhanden sind, sind diese nie gestielt und immer sehr einfach aufgebaut. Abgesehen von einer Blattrippe, die nicht immer vorhanden ist, bestehen sie in den meisten Fällen nur aus einer einzigen Zellschicht.
- Moose sind immergrün, die Blätter werden nie abgeworfen.
- Wasser und Nährstoffe werden über die ganze Oberfläche, also direkt über die Blätter und die Stämmchen bzw. den Thallus, aufgenommen.
- Die meisten Moose sind wechselfeucht (poikilohydrisch) und können längere Austrocknung unbeschadet überstehen. Wenn Moose austrocknen, rollen sich ihre Blätter oft in charakteristischer Weise ein oder legen sich eng an das Stämmchen. Ausgetrocknete Moose nehmen bei Regen schnell Wasser auf und können innert weniger Minuten ihre Stoffwechselfunktionen wieder aktivieren. Zwischen den verschiedenen Moosarten gibt es allerdings grosse Unterschiede hinsichtlich der Austrocknungstoleranz. Moose von sehr feuchten Standorten wie Mooren ertragen Austrocknung meist nur über kurze Zeit (wenige Tage), Moose von trockenen Standorten hingegen können über Wochen oder sogar Monate austrocknen, ohne Schaden zu nehmen.
- Sehr viele Moose haben spezialisierte, vegetative Fortpflanzungseinheiten wie Brutkörper, Brutthalli oder Bruchblätter entwickelt, die der asexuellen Fortpflanzung dienen. Die vegetativen Fortpflanzungseinheiten fallen leicht ab und können bei Regen weggeschwemmt oder auch mit Tieren verbreitet werden. Gelangen sie an geeignete Standorte, können sie anwachsen und neue Moospflänzchen bilden.
- Das grundlegendste Merkmal aber, um Moose von Gefässpflanzen zu unterscheiden, liegt in ihrem Lebenszyklus, der im nächsten Kapitel beschrieben wird.

Der Lebenszyklus der Moose

Das wichtigste gemeinsame Merkmal aller Moose ist ihr für Landpflanzen einzigartiger Lebenszyklus oder Generationswechsel (Abb. 3): Mit der Keimung der Spore beginnt das Wachstum einer neuen Moospflanze, des sogenannten Gametophyten. Die Sporen bilden bei den Laubmoosen zuerst einen fädigen, grünen Überzug, das Protonema (Abb. 4). Dieses bildet nach einer bestimmten Zeit Knospen, aus denen sich die eigentlichen Moospflänzchen entwickeln. Bei den Lebermoosen und den Hornmoosen ist das Protonema nur sehr schwach ausgebildet und die Entwicklung der Moospflänzchen beginnt mehr oder weniger direkt nach der Keimung der Spore.

Nach einiger Zeit beginnen die Moospflänzchen Geschlechtsorgane auszubilden. Bei sehr kurzlebigen Arten werden diese schon wenige Wochen nach der Keimung gebildet, bei langlebigen Arten unter Umständen erst Jahre oder Jahrzehnte nach der Keimung. In den flaschenförmigen weiblichen Geschlechtsorganen (den Archegonien; Abb. 5 links) bildet sich jeweils eine Eizelle. In den männlichen Geschlechtsorganen (den Antheridien; Abb. 5 rechts) bilden sich Spermatozoiden aus. Die Spermatozoiden weisen zwei Geisseln auf, mit denen sie sich in einem Wasserfilm gerichtet fortbewegen können. Die Distanz, die sie aus eigenem Antrieb zurücklegen können, ist allerdings gering und beträgt kaum 10 cm. Für eine erfolgreiche Befruchtung müssen sich Archegonien und

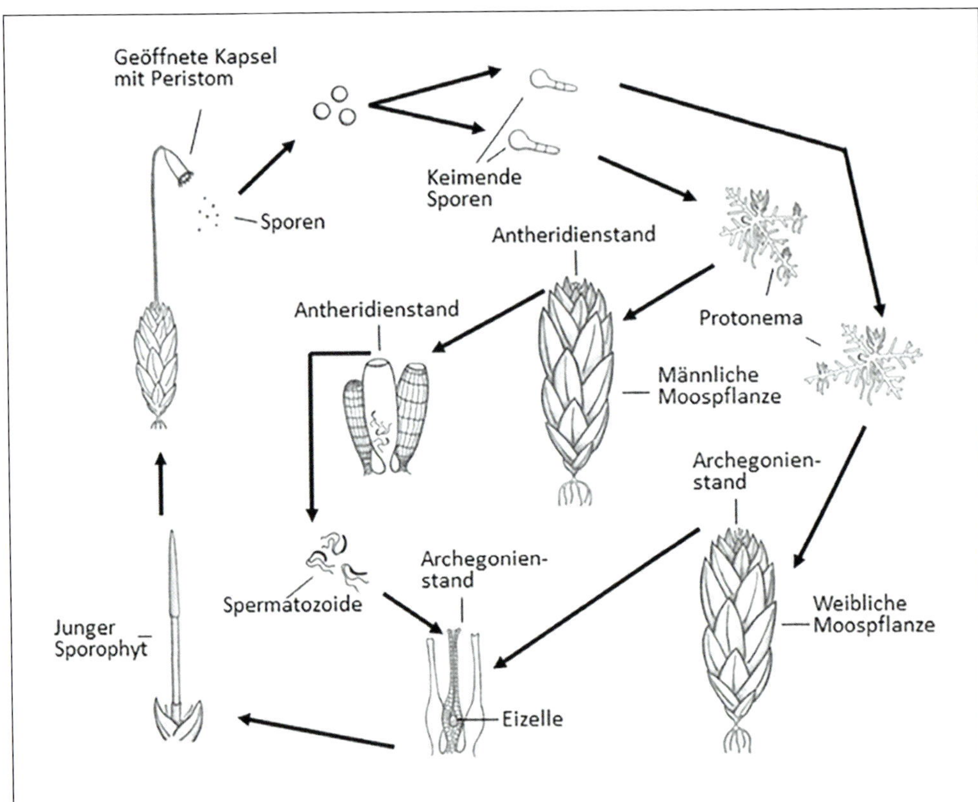

Abb. 3: Lebenszyklus der Moose am Beispiel eines zweihäusigen Laubmooses.

Abb. 4: Junge Sprösschen des Gewöhnlichen Filzmützenmooses *(Polytrichum aloides),* eines Laubmooses, die aus dem hier gut entwickelten und ausdauernden Protonema spriessen. Dieses bildet einen fädigen, grünen, Algen-ähnlichen Überzug auf dem Boden.

Antheridien also recht nahe sein. Dies ist besonders bei zweihäusigen Arten, also bei Arten, bei denen Archegonien und Antheridien auf verschiedenen Pflanzen gebildet werden, oft ein Problem, da die männlichen und weiblichen Pflanzen zu weit voneinander entfernt wachsen. Bei einhäusigen Arten, wo die Archegonien und Antheridien auf den gleichen Sprösschen gebildet werden, sind die Befruchtungsraten meist deutlich höher als bei zweihäusigen Arten. Sporophyten bei einhäusigen Arten gehen allerdings oft aus Selbstbefruchtung hervor, doch scheint dies bei Moosen kein Nachteil zu sein.

Abb. 5: Geschlechtsorgane des Mittleren Kriechsternmooses *(Plagiomnium medium),* eines Laubmooses. Links: Die schmalen, im unteren Teil etwas bauchigen, gelblich braunen Körper sind die weiblichen Geschlechtsorgane (Archegonien). Der bauchige Teil enthält jeweils eine einzelne Eizelle. Zwischen Antheridien und Archegonien befinden sich einzellreihige, farblose Zellfäden (Paraphysen). Rechts: Die bräunlich gelblichen, länglich ovalen Körper sind die männlichen Geschlechtsorgane (Antheridien). Bei Reife platzen sie oben auf und entlassen begeisselte Spermatozoiden. Bei den hier abgebildeten Antheridien ist das mittlere bereits aufgeplatzt.

Abb. 6: Echtes Besenmoos *(Dicranum scoparium)*, ein Laubmoos, mit Sporophyten.

Hat eine erfolgreiche Befruchtung stattgefunden, also ein Spermatozoid den Weg zu einer Eizelle gefunden, so entwickelt sich der sogenannte Sporophyt, die sporenerzeugende Generation (Abb. 6). Durch die Verschmelzung von Eizelle und Spermatozoid sind nun zwei Chromosomensätze vorhanden, einer von der Mutter (Eizelle), einer vom Vater (Spermatozoid). Der Sporophyt verfügt also über einen doppelten oder diploiden Chromosomensatz. Dies im Gegensatz zu den eigentlichen grünen Moospflänzchen, deren Zellen nur einen einfachen Chromosomensatz aufweisen, also haploid sind.

Der reife Sporophyt ist relativ einfach aufgebaut und besteht bei Laub- und Lebermoosen aus einem Fuss, mit dem er im Gewebe der Moospflanze (des Gametophyten) verankert ist, einem mehr oder weniger robusten Stiel und einer Kapsel. Bei den Hornmoosen ist der Sporophyt ebenfalls mit einem Fuss im Gewebe des Gametophyten verankert, ein Stiel fehlt aber und die Kapsel ist ein längliches, hornförmiges Gebilde.

Die Sporophyten der Moose sind nie verzweigt und tragen immer nur eine Kapsel. In dieser werden die Sporen gebildet. Da der Sporophyt einen doppelten Chromosomensatz aufweist, die Sporen aber wieder einen einfachen, ist für die Bildung der Sporen eine sogenannte Reduktionsteilung (Meiose) notwendig.

Diesen Wechsel zwischen dem dominanten, haploiden Gametophyten, der eigentlichen Moospflanze, und dem einfach aufgebauten, diploiden Sporophyten, der quasi auf dem Gametophyten sitzt, findet man so bei keiner anderen Gruppe von Landpflanzen.

Der Lebenszyklus und die weiteren zuvor aufgeführten Merkmale gelten so für alle Moose. Innerhalb der Moose gibt es aber auch grosse Unterschiede und man kann drei Hauptgruppen unterscheiden, die Laubmoose, die Lebermoose und die Hornmoose.

Die drei Gruppen der Moose

Laubmoose

Die Laubmoose sind mit weltweit rund 12 000 Arten die artenreichste Gruppe der Moose. In der Schweiz kommen knapp 860 Laubmoosarten vor. Die kleinsten Laubmoosarten erreichen ausgewachsen kaum einen Millimeter Höhe (z. B. *Ephemerum serratum,* S. 112), während die grössten Arten im Extremfall bis gegen 80 cm hoch werden (*Polytrichum commune,* S. 264). Im Gegensatz zu den Lebermoosen sind die Laubmoose immer beblättert, thallose Formen kommen nicht vor. Die Blätter sind normalerweise spiralig angeordnet, doch kommen auch zwei- oder dreizeilig beblätterte Arten vor. Bei vielen Arten weisen die Blätter eine Blattrippe auf und der Blattrand ist oft gezähnt oder mit speziell ausgeprägten, langen Zellen gesäumt (Abb. 7).

Die Blätter sind normalerweise eine Zellschicht dick. Einzig die Rippe und manchmal der Blattrand ist mehrschichtig und weist oft Zellen mit stark verdickten Wänden auf, welche dem Blatt eine gewisse Stabilität geben (Abb. 8). Einige Arten besitzen allerdings auch mehrschichtige Blätter oder Blätter mit speziellen Strukturen wie z. B. die Assimilationslamellen der Polytrichaceae (z. B. *Polytrichum formosum,* S. 312). Auch sogenannte Glashaare treten nur bei den Laubmoosen auf. Dabei handelt es sich um die Blattrippe, die als farbloses Haar aus der Blattspitze austritt. Glashaare finden sich vor allem bei Moosen, die auf trockenen Felsen und Mauern wachsen, wie z. B. den auf Betonmauern häufigen Arten *Tortula muralis* (S. 184) und *Grimmia pulvinata* (S. 160). Die Glashaare

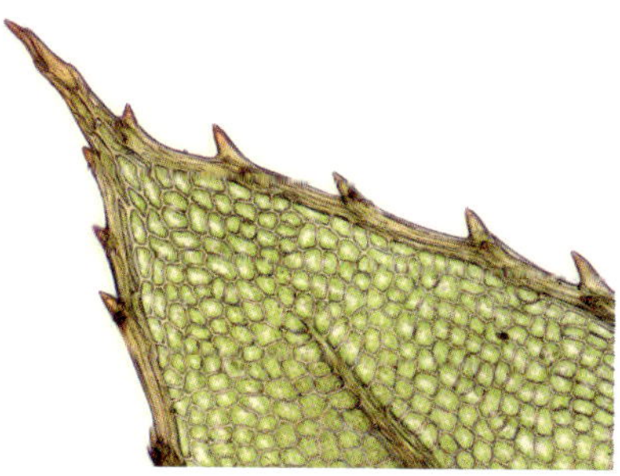

Abb. 7: Blattspitze des Kalkmeidenden Sternmooses *(Mnium hornum),* eines Laubmooses, mit gezähntem und durch lange Zellen gesäumtem Blattrand sowie einer Blattrippe, die bis kurz vor die Spitze reicht.

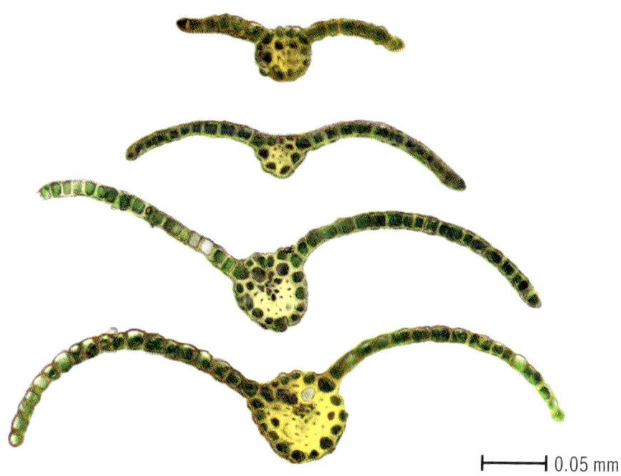

Abb. 8: Blattquerschnitte (von der Spitze bis zum Blattgrund) des Gewöhnlichen Bohnenmooses *(Pohlia nutans),* eines Laubmooses. Die Blattfläche ist nur eine Zellschicht dick, die Rippe hingegen ist mehrschichtig und besteht vor allem aus Zellen mit sehr stark verdickten, gelblichen Zellwänden, die dem Blatt eine gewisse Stabilität geben.

Abb. 9: Das Land-Schraubenmoos *(Syntrichia calcicola)* mit langen Glashaaren an den Spitzen der Blätter.

können verschiedene Funktionen haben, z. B. können sie einen Strahlungsschutz darstellen oder auch als Taufänger dienen und so den Moosen am Morgen Feuchtigkeit zuführen (Abb. 9).

Laubmoose können am einfachsten aufgrund ihres Sporophyten erkannt werden. Nur bei den Laubmoosen ist die unreife Kapsel von einer Haube bedeckt (Abb. 10). Ebenfalls nur bei den Laubmoosen öffnet sich die Kapsel mit einem Deckel und nur bei ihnen befindet sich um die Kapselöffnung ein einfacher oder doppelter Zahnkranz (Peristom; Abb. 11). Die Peristomzähne sind bei Trockenheit normalerweise zurückgebogen (bei einem doppelten Peristom nur der äussere Zahnkranz). Wenn die Peristomzähne feucht sind, neigen sie sich über die Kapselöffnung und verschliessen die Kapsel. Sporen können nur entweichen, wenn die Zähne des äusseren Peristoms zurückgebogen sind, also bei trockener Witterung. Bei den doppelten Peristomen ist das innere Peristom nicht beweglich und immer kuppelartig über der Kapselöffnung zusammengeneigt. Sporen können aber trotzdem entweichen, da die Zähne des inneren Peristoms die Kapsel nicht völlig verschliessen.

Bei den Laubmoosen ist zudem der Kapselstiel viel robuster aufgebaut als bei den Lebermoosen und bleibt meist über mehrere Monate erhalten. Interessanterweise können an der Kapsel der Laubmoose Spaltöffnungen gefunden werden, die denen an den Blättern der Gefässpflanzen sehr ähnlich sehen (Abb. 12).

Um Laubmoose bestimmen zu können, ist es hilfreich, zwischen **akrokarpen** und **pleurokarpen** Arten zu unterscheiden. Am sichersten gelingt das anhand der Position der Archegonien: Akrokarpe Arten bilden die Archegonien bzw. die Sporophyten an der Spitze der Hauptstämmchen, pleurokarpe Moose dagegen an sehr kleinen, nur 2–3 mm langen Seitenästchen. Wenn Archegonien oder Sporophyten vorhanden sind, dann ist die Unterscheidung der beiden Gruppen mit etwas Übung relativ einfach. Allerdings sind Archegonien oder Sporophyten nicht immer vorhanden und bei einigen Arten auch sehr selten. Eine Unterscheidung der beiden Gruppen ist aber oft trotzdem möglich, da Akrokarpie und Pleurokarpie mit der Wuchsform korrelieren. Akrokarpe Moose wachsen oft in Polstern oder Rasen, die Sprösschen wachsen aufrecht, sind meist nur wenig verzweigt und Rhizoide sind oft nur am Grund der Sprösschen vorhanden (Abb. 13 links). Pleurokarpe Moose sind oft niederliegend

Abb. 10: Zwei Kapseln des Gewöhnlichen Kegelmooses *(Brachythecium rutabulum)*. Bei der rechten Kapsel ist der Kapseldeckel noch durch eine kappenförmige Haube bedeckt. Bei der linken ist die Haube abgefallen, die Kapsel ist aber noch durch einen kegeligen Deckel verschlossen.

Abb. 11: Kapseln des Rasen-Birnmooses *(Bryum caespiticium)* mit einem doppelten Peristom. Die Zähne des äusseren Peristoms sind nicht ganz trocken und deshalb nicht vollständig zurückgebogen, die des inneren neigen kuppelartig über die Kapselöffnung.

und haften meist mit Rhizoiden am Substrat. Sie sind fast immer verzweigt und weisen typischerweise ein mit lockeren oder dicht stehenden Ästen besetztes Hauptsprösschen auf. Pleurokarpe Moose wachsen meist in Teppichen oder Decken (Abb. 13 rechts). Auch ökologisch unterscheiden sich die beiden Gruppen. Akrokarpe Moose kommen oft an sonnenexponierten (z. B. sonnigen Mauern, Baumkronen) oder an häufig gestörten Stellen (z. B. an Wegrändern, in Kiesgruben, auf Äckern) vor, in offenen Stellen von Wiesen und Weiden oder in Blumentöpfen, wo sie rasch kleine Moosrasen bilden können. Pleurokarpe Moose sind hingegen oft an etwas schattigeren Stellen am üppigsten ausgeprägt (z. B. schattiger Boden in einem Fichtenforst, halbschattige bis schattige Felsen). Auch sind sie meist weniger gut an häufige Störungen angepasst als die teilwiese kurzlebigen akrokarpen Moose.

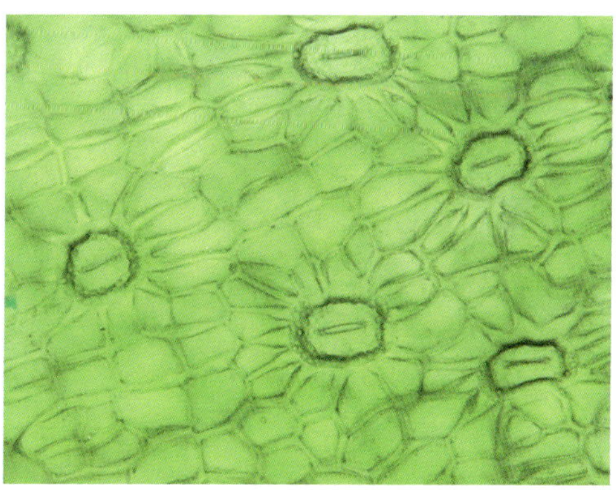

Abb. 12: Spaltöffnungen auf der Kapsel des Brandstellen-Drehmooses *(Funaria hygrometrica)*.

Abb. 13: Akrokarpe Laubmoose (links, von oben nach unten): *Tortula modica, Grimmia orbicularis, Tortella tortuosa.* Pleurokarpe Laubmoose (rechts, von oben nach unten): *Brachythecium rutabulum, Hylocomiadelphus triquetrus, Thuidium tamariscinum.*

Lebermoose

Die Lebermoose sind mit weltweit um die 5000 Arten die zweitartenreichste Moosgruppe. In der Schweiz kommen rund 260 Lebermoosarten vor. Lebermoose sind enorm vielfältig. Man findet unter ihnen sowohl thallose als auch beblätterte Arten. Die thallosen Arten bestehen nur aus einem abgeflachten Pflanzenkörper, der manchmal auf der Unterseite noch blattartige Bauchschuppen trägt. Ebenso können auf der Unterseite Rhizoide gefunden werden. Bei den thallosen Arten kann man zudem zwei nicht näher verwandte Gruppen unterscheiden, die komplex aufgebauten thallosen Lebermoose und die einfach aufgebauten thallosen Lebermoose (Abb. 14).

Die komplex aufgebauten thallosen Lebermoose besitzen typischerweise mehrschichtige Thalli mit Atemkammern und Atemporen auf der Oberfläche, die teilweise schon von blossem Auge erkennbar sind (Abb. 14 links, Abb. 15 links). Die Antheridien und Archegonien sind oft auf sogenannten Gametangienträgern über den Thallus emporgehoben (Abb. 16). Die Sternlebermoose (Gattung *Riccia*), die auch zu den komplexen thallosen Lebermoosen gehören und in der Schweiz mit 18 Arten vertreten sind, weichen in ihrem Aufbau allerdings von den typischen komplexen thallosen Lebermoosen etwas ab (siehe Porträt Sternlebermoose, S. 22 f.).

Die einfach aufgebauten thallosen Lebermoose sind näher mit den beblätterten Lebermoosen als mit den komplex aufgebauten thallosen Lebermoosen verwandt. Sie besitzen keine Atemkammern und Atemporen, der Thallus hat eine glatte Oberfläche und ist im Querschnitt kaum differenziert (Abb. 14 rechts, Abb. 15 rechts). Einige der einfach aufgebauten thallosen Lebermoose sind sehr klein, mit Thalli, die kaum breiter als einen Millimeter sind. Gametangienträger werden nie ausgebildet, die Antheridien und Archegonien sind etwas in die Thallusoberfläche versenkt.

Die meisten Arten findet man aber unter den beblätterten Lebermoosen, die teilweise sehr klein sein können (Abb. 17; siehe Porträt Zwerglebermoose, S. 24 f.). Deren Blätter können sehr verschieden gestaltet sein und oft findet man zwei- bis mehrzipfelige Blätter, die teilweise noch filigrane Zilien

Abb. 14. Thallose Lebermoose. Links: Heil-Lebermoos (*Conocephalum conicum* aggr.), ein komplex aufgebautes thalloses Lebermoos mit der typischen Felderung auf dem Thallus. Rechts: Geweih-Beckenlebermoos *(Pellia endiviifolia)*, ein einfach aufgebautes thalloses Lebermoos mit einer glatten Thallus-Oberfläche.

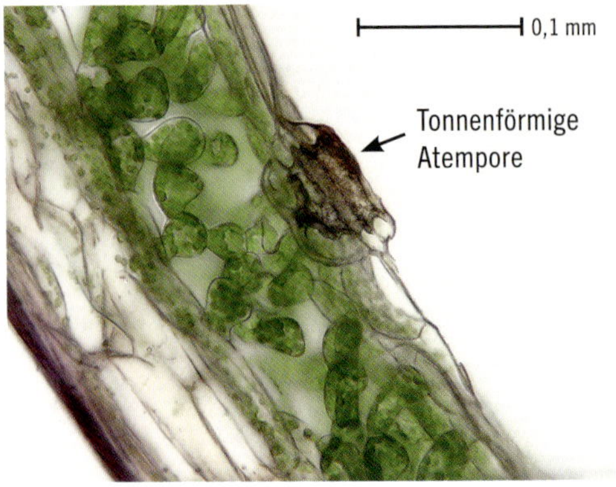

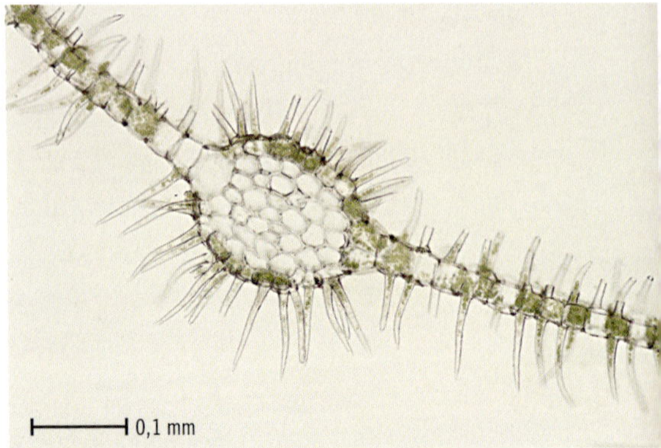

Abb. 15: Links: Querschnitt durch den Thallus des Rotbauch-Lebermooses *(Marchantia quadrata)*, eines komplexen thallosen Lebermooses. Der Thallus ist vielschichtig, mit einem grünen Assimilationsgewebe und Atemporen. Die Atemporen sind hier tonnenförmig. Rechts: Querschnitt durch den Thallus des Pelz-Gabellebermooses *(Metzgeria pubescens)*, eines einfach aufgebauten thallosen Lebermooses mit behaartem Thallus. Nur die Mittelrippe ist hier mehrschichtig.

Abb. 16: Archegonienträger des Rotbauch-Lebermooses *(Marchantia quadrata)*. Die Archegonien standen unter den Köpfchen, dort, wo nun bereits die schwarzen Kapseln reifer Sporophyten durchscheinen.

Abb. 17: Beblätterte Lebermoose. Links: Grosses Muschellebermoos *(Plagiochila asplenioides)*.
Rechts: Echtes Ruchlebermoos *(Lophocolea heterophylla)*.

Abb. 18: Typische Sporophyten der Lebermoose mit weisslichen Stielen und schwarzen, rundlichen Kapseln. Links: Echtes Ruchlebermoos *(Lophocolea heterophylla)*, ein beblättertes Lebermoos. Rechts: Einhäusiges Beckenlebermoos *(Pellia epiphylla)*, ein einfach aufgebautes thalloses Lebermoos.

an den Rändern aufweisen können. Zum Teil sind die Blätter auch komplex aufgebaut mit Unter- und Oberlappen, wobei der Unterlappen sackartig ausgeprägt sein kann wie z. B. beim Wassersackmoos *Frullania dilatata* (S. 362). Die Blätter sind in zwei oder drei Reihen, aber niemals spiralig angeordnet. Eine Blattrippe ist nie vorhanden. Mit diesen Merkmalen lassen sich die beblätterten Lebermoose schon gut von den allermeisten Laubmoosen unterscheiden.

Sobald Sporophyten vorhanden sind, können Lebermoose eindeutig als solche erkannt werden: Die Sporophyten haben einen weisslichen, fragilen Stiel, der eine rundlich ovale bis länglich ovale, schwärzliche Kapsel trägt (Abb. 18). Die Kapsel öffnet sich meist mit vier Klappen. Bei den beblätterten Lebermoosen findet die gesamte Entwicklung des Sporophyten im sogenannten Perianth statt, einer mehr oder weniger schlauchartigen Hülle aus drei verwachsenen Blättern, die recht auffällig sein kann (Abb. 19).

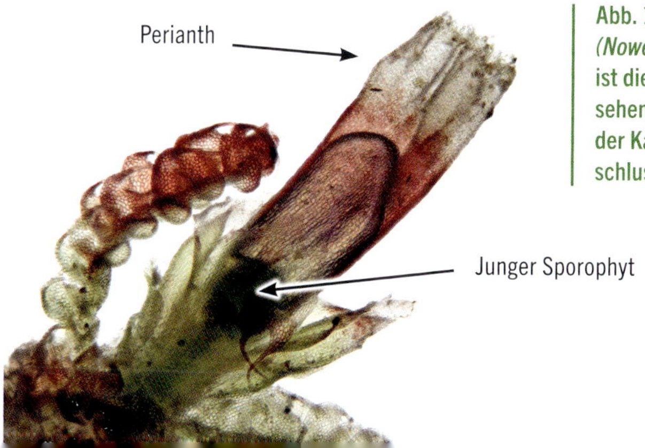

Abb. 19: Perianth des Teufelchen-Lebermooses *(Nowellia curvifolia)*. Im Perianth eingeschlossen ist die fast reife Kapsel eines Sporophyten zu sehen. Sobald die Kapsel reif ist, streckt sich der Kapselstiel beträchtlich, sodass die Kapsel schlussendlich weit aus dem Perianth hervorragt.

Sternlebermoose – vielfältig und spannend

Die Sternlebermoose (Gattung *Riccia*) sind weltweit verbreitet und umfassen 200 bis 250 Arten. In der Schweiz wurden bisher 18 Arten nachgewiesen.

Die Gattung *Riccia* ist recht einfach zu erkennen, die Bestimmung der Arten ist allerdings oft nicht ganz einfach. *Riccia*-Arten gehören zu den komplex aufgebauten, thallosen Lebermoosen, unterscheiden sich von den typischen, komplexen Lebermoosen wie *Marchantia polymorpha* (S. 98) aber durch eine Reihe besonderer Merkmale. Die Pflanzen bilden meist kleine Rosetten aus gabelig verzweigten Thalli, die dichte Bestände bilden können (Abb. unten links). Die Thalli sind meist 0,5–1,0 cm lang, 1–4 mm breit und meist grün bis blaugrün, teilweise treten vor allem an den Thallusrändern auch violette oder orange Färbungen auf. Die Thalli können kompakt oder schwammartig aufgebaut sein. Die Kapseln sind kugelförmig und im Thallus eingeschlossen, die Sporen werden deshalb erst frei, wenn sich der Thallus zersetzt (Abb. unten links). Die Sporen der Sternlebermoose sind mit 0,05–0,2 mm im Durchmesser deutlich grösser als diejenigen vieler anderer Moose, deren Sporen meist zwischen 0,01 und 0,02 mm gross sind. Die quasi auf dem Boden gebildeten grossen Sporen der Sternlebermoose werden denn auch kaum mit dem Wind ausgebreitet, wie das bei vielen anderen Moosen der Fall ist. Die Strategie der meist kurzlebigen Sternlebermoose ist vielmehr, den Standort zu halten. Die grossen Sporen können im Boden mehrere Jahre überdauern. Sobald die Bedingungen wieder günstig sind, können sie keimen und innert weniger Monate wieder reife Sporen produzieren.

Sternlebermoose können in sehr unterschiedlichen Lebensräumen vorkommen. Man findet sie in Stoppelfeldern, an schattigen Ackerrändern, in eher feuchten, lückigen Wiesen, an Ufern von Teichen und Seen, teilweise sogar im Wasser flutend (*Riccia fluitans*, S. 210), aber auch in den trockensten Gebieten der Schweiz, den Steppenrasen an den Südhängen im Unterwallis, und sogar in Städten (z. B. zwischen Pflastersteinen; Abb. unten rechts). *Riccia*-Arten der Trockenstandorte können pro-

Das Blaugrüne Sternlebermoos *(Riccia glauca)*, eines der häufigsten Sternlebermoose der Schweiz, bildet kompakte Thalli. Die reifen Kapseln sind als dunkelgraue Punkte auf den etwas älteren Thallusabschnitten zu erkennen.

Staubfrüchtiges Sternlebermoos *(Riccia sorocarpa)* zwischen Kopfsteinpflaster.

Breidlers Sternlebermoos (*Riccia breidleri*; links) bildet winzige, gabelig verzweigte Thalli auf dem schlammigen Boden austrocknender Schmelzwassertümpel in alpinen Lagen (rechts).

blemlos austrocknen, ohne Schaden zu nehmen. Während die Pflanzen in der Natur kaum je länger als einige Tage oder wenige Wochen trocken sind, konnte gezeigt werden, dass eine *Riccia*-Art selbst 23 Jahre trocken in einem Herbarium überlebt hat.

Nur gerade zwei der 18 Sternlebermoose der Schweiz sind nicht gefährdet, die restlichen 16 Arten sind entweder «gefährdet», «stark gefährdet» oder «vom Aussterben bedroht». Gründe für die Gefährdung sind z. B. das frühe Umbrechen der abgeernteten Getreidefelder im Herbst, das Verbauen von Trockenstandorten in tiefen Lagen, das Fehlen von wechselfeuchten Stellen oder auch einfach die Seltenheit der Arten.

Die Hauptverbreitung der Sternlebermoose liegt im Tiefland. Eine Art (*Riccia breidleri;* Abb. oben links) ist aber eine ausgesprochene Spezialistin der Hochlagen. So findet man die Art fast nur oberhalb 2000 m ü. M. Sie besiedelt dort die Ufer von im Sommer austrocknenden Schmelzwassertümpeln (Abb. oben rechts). *Riccia breidleri* kommt nur in den Alpen vor, sie ist hier also endemisch. In der Schweiz und auch in Europa steht die Art auf der Roten Liste. Gefährdet ist die Art unter anderem wegen der Klimaerwärmung. In tieferen Lagen werden die Bedingungen für die Art zunehmend ungünstiger und ein Höhersteigen ist nicht so einfach, da geeignete Tümpel mit zunehmender Höhe seltener werden. Die Schweiz hat zudem eine hohe Verantwortung für diese Art, da die Schweizer Alpen circa ein Drittel des gesamten Verbreitungsgebietes der Art ausmachen. Allerdings weiss man immer noch vieles nicht über *Riccia breidleri.* Zum Beispiel ist nicht bekannt, wie sie neue Tümpel besiedelt. Haften die Sporen vielleicht an den Füssen von (Weide-)Tieren und werden so zu passenden Tümpeln in der Nähe transportiert? Oder bleiben sie an den Füssen von Vögeln kleben und erreichen so möglicherweise auch Tümpel in grösserer Entfernung, z. B. auf der gegenüberliegenden Talseite oder sogar in anderen Talschaften?

Zwerglebermoose – klein und fein

Ein «gewisses Mass an Geschicklichkeit und oft ein schönes Stück Geduld» brauche es für das Studium der Zwerglebermoose (Gattung *Cephaloziella*), schreibt eine englische Lebermoos-Spezialistin. Das liegt an der Winzigkeit dieser Pflänzchen, die entsprechend wenig Merkmale aufweisen. Bei einer Länge von oft weniger als 1 cm sind die Sprösschen kaum je mehr als einen halben, manchmal nur ein Zehntel Millimeter breit (Abb. unten). Die Zwerglebermoose sind aber nicht die einzigen einheimischen Lebermoose, die so klein sind. Neben ihnen gibt es noch etwa 40 weitere mit einer Breite unter 1 mm.

Die Zwerglebermoose gehören zu den beblätterten Lebermoosen. Die seitlich sitzenden Flankenblätter sind zweilappig geteilt (Abb. unten). Fast alle *Cephaloziella*-Arten bilden regelmässig ellipsoidische, zweizellige Brutkörper, die der vegetativen Vermehrung und der Ausbreitung dienen.

Aus der Gattung *Cephaloziella* sind in der Schweiz bisher 14 Arten nachgewiesen. Das ist mehr als die Hälfte der europäischen Vertreter der Gattung. Die häufigste Art ist *C. divaricata* (Abb. unten), das Gewöhnliche Zwerglebermoos, das vor allem im Alpenraum vorkommt, selten aber auch im Mittelland gefunden wurde.

Cephaloziella-Arten finden sich von tiefen Lagen der kollinen Stufe bis über 3000 m ü. M. Eine davon hat man bisher nur an einer einzigen Stelle in Graubünden gefunden. Die unterschiedlichsten Lebensräume werden besiedelt, darunter Felsfluren, Wälder, Moore und sogar Flachdächer in der Stadt. Dies zeigt, dass sie weder tiefen Schatten noch direktes Sonnenlicht scheuen (Abb. rechts oben). Alle einheimischen Arten der Gattung wachsen auf sauren Substraten wie Silikatgestein, saurer Erde, Torf, anderen Moosen (meist Torfmoosen) oder, selten, auf der Rinde von Bäumen.

Die Arten der Gattung *Cephaloziella* sind notorisch schwierig zu bestimmen, was angesichts ihrer Kleinheit auch nicht weiter überrascht, und so werden Arten auch immer mal wieder falsch bestimmt. Ein interessanter Fall betrifft eine *Cephaloziella*-Art, die ein niederländischer Botaniker im Jahr 1946 vor der Kirche von Brissago im Kanton Tessin an uralten Zypressen gesammelt hatte und die heute im «Naturalis Biodiversity Center» in Leiden (NL) liegt. Er liess sie vom damals erfahrensten Lebermooskenner Europas, dem Deutschen Karl Müller, benennen. Erst 2022 wurde

Links: Sprösschen von *Cephaloziella divaricata* mit zweilappigen Flankenblättern. Das abgebildete Sprösschen ist ca. 1 mm lang. Rechts: Zweilappige Flankenblätter. Die Blattzellen sind gut zu sehen und teilweise rötlich braun gefärbt.

Sonniges, saures Bord am Waldrand mit Vorkommen von *Cephaloziella divaricata.*

die Sache wieder aufgerollt. Es war aufgefallen, dass diese Pflanze einen falschen Namen trägt. Sie stimmt mit einer Art überein, die 2017 aus Russland beschrieben und zu Ehren der bedeutenden russischen Moosforscherin Nadezhda A. Konstantinova *Cephaloziella konstantinovae* benannt worden war (Abb. unten). Weiteres Material von Brissago und anderen Orten im Tessin erwies sich, auch genetisch, als identisch damit. Heute ist die Art von 15 Stellen im Südtessin, aber auch aus dem italienischen Grenzgebiet, aus Russland, aus der Mongolei und von einem einzigen Fundort in Nordamerika bekannt. Ausser im Tessin und in Italien, wo sie unter dem besonderen insubrischen Klima Bäume besiedelt, wächst sie überall sonst in einem Steppenklima auf Erde.

Wenig ist darüber bekannt, welche Rolle die Arten der Gattung *Cephaloziella* in der Natur spielen. Ihre Biomasse dürfte kaum ins Gewicht fallen. Hingegen ist oft und leicht zu beobachten, dass gewisse Arten als Pioniere der Besiedlung noch vegetationsfreier Flächen auftreten. In manchen Proben lassen sich die Pflänzchen fast nicht aus biologischen Krusten herauslösen. Ihre Funktion in solchen Mikroökosystemen kennt man nicht.

Haben die Zwerglebermoose eine Bedeutung für uns Menschen? Ja, allerdings keine praktische. Sie sind aber Teil der Biodiversität und als solche zu respektieren. Von den 12 Arten, deren Gefährdung in der Roten Liste der Moose der Schweiz beurteilt wurde, sind nur zwei nicht gefährdet. Die übrigen zehn gelten als «vom Aussterben bedroht», «stark gefährdet» oder «verletzlich». Auch diese Winzlinge sind also schutzbedürftig und verdienen unsere Beachtung, auch wenn sich uns ihre filigrane Schönheit erst unter der Lupe offenbart.

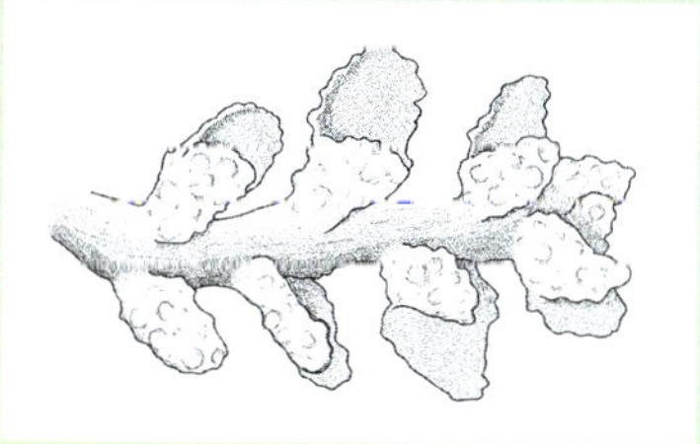

Cephaloziella konstantinovae. Links: Bestand auf der Borke einer Zypresse bei Lugano. Rechts: Sprösschen mit den typischen, stark mamillösen Blättern. Das abgebildete Sprösschen ist ca. 1 mm lang.

Abb. 20: Kugelige Sporen und langgestreckte Elateren mit schraubig verdickten Zellwänden des Kratz-Lebermooses *(Radula complanata).* Die Sporen haben einen Durchmesser von ca. 0,03 mm.

Eine Besonderheit bei Lebermoosen ist, dass in der Kapsel nicht nur Sporen, sondern auch sogenannte Elateren gebildet werden. Dies sind tote, längliche Zellen mit schraubig verdickten Zellwänden, die der Ausbreitung der Sporen dienen (Abb. 20). Öffnet sich die Kapsel, sind die Elateren feucht, verlieren aber schnell Wasser durch Verdunstung und ziehen sich dabei spiralig zusammen. Sobald die Spannung der immer weiter zusammengezogenen Elatere grösser ist als die Kohäsionskraft des noch vorhandenen Wassers in der Elatere, schnellt die Elatere in die ursprüngliche, gestreckte Form zurück und schleudert so Sporen in die Luft.

Ein weiteres Merkmal, welches unter allen Pflanzen nur die Lebermoose aufweisen, sind die Ölkörper (Abb. 21). Dabei handelt es sich um Zellorganellen, die aus ölartigen Terpenen aufgebaut sind. Eine wichtige Funktion der Ölkörper dürfte Schutz vor Frass sein.

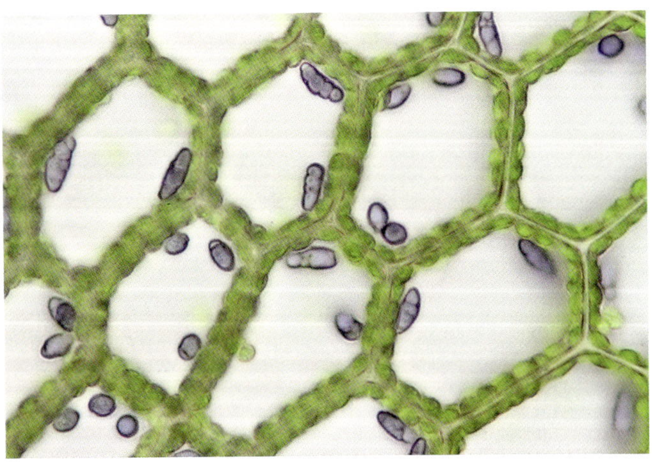

Abb. 21: Blattzellen mit Ölkörpern des Echten Azurlebermooses *(Calypogeia azurea),* die bei dieser Art schön blau gefärbt sind. Die grünen Chloroplasten liegen an den Zellwänden, die teilweise als helle Linien erkennbar sind.

Hornmoose

Mit weltweit 150 Arten bilden die Hornmoose die artenärmste Gruppe der Moose. In der Schweiz kommen nur gerade drei Arten vor (Abb. 22). Hornmoose haben einen relativ einfach gebauten Thallus (beblätterte Formen gibt es nicht) und sie sehen deshalb, zumindest solange keine Sporophyten vorhanden sind, den thallosen Lebermoosen ähnlich. Mikroskopisch sind sie allerdings auch ohne Sporophyten einfach zu erkennen. Im Gegensatz zu allen anderen Moosen findet sich in den Zellen der Hornmoose nur ein einziger, grosser Chloroplast. In den sehr locker aufgebauten Thalli der Hornmoose kann man häufig *Nostoc*-Kolonien finden. Dabei handelt es sich um Blaualgen oder Cyanobakterien, die Luftstickstoff fixieren und so in eine für Pflanzen verfügbare Form bringen. Damit tragen sie zur Stickstoffversorgung der Hornmoose bei und profitieren selbst von dem Schutz, den ihnen die Thalli der Hornmoose gewähren. Wenn Hornmoose ihre auffälligen, hornförmigen Sporophyten bilden, sind sie auch von blossem Auge einfach zu erkennen. Dadurch unterscheiden sie sich deutlich von den Lebermoosen. Die Sporophyten reifen bei den Hornmoosen von der Spitze her. Sind die Sporen reif, beginnen sich die hornförmigen Sporophyten an der Spitze schwärzlich oder gelblich zu verfärben und sich in zwei Längsklappen zu teilen, sodass die Sporen freigegeben werden können.

Abb. 22: Links: Acker-Schwarzhornmoos *(Anthoceros agrestis)*, die häufigste der drei Hornmoos-Arten der Schweiz, mit den typischen, hornförmigen Sporophyten. Bei Reife verfärben sich die Sporophyten von der Spitze her schwarz. Rechts: Das seltenere Gelbhornmoos (*Phaeoceros laevis* subsp. *carolinianus*) mit an der Spitze hellbraun gefärbten Sporophyten.

Evolution der Moose

Die heutigen Landpflanzen, welche die Moose und die Gefässpflanzen umfassen, haben sich vor ca. 625 Millionen Jahren von den Algen abgespalten (Abb. 23). Die Geschichte der Moose beginnt vor ca. 500 Millionen Jahren, als sich die Gruppen trennten, die sich später zu den heutigen Moosen und den heutigen Gefässpflanzen entwickelten. Nur ca. 15 Millionen Jahre später lösten sich die Hornmoose von den übrigen Moosen ab, welche sich nach weiteren ca. 20 Millionen Jahren in Laub- und Lebermoose spalteten. Die Rekonstruktion dieser sehr frühen Aufspaltungen in die verschiedenen Gruppen beruht auf komplexen genetischen Analysen heute vorkommender Arten. Fossilien sind aus dieser Zeit nur wenige bekannt und diese lassen sich oft nicht klar einer bestimmten Gruppe zuordnen.

Die Verwandtschaftsverhältnisse zwischen den drei Moosgruppen und zwischen ihnen und den Gefässpflanzen (Farne im weiteren Sinne und Samenpflanzen) wurden in der Geschichte der Moosforschung denn auch immer wieder kontrovers diskutiert. Aktuell geht man davon aus, dass die drei Moosgruppen einen gemeinsamen Vorfahren haben, also eine Abstammungsgemeinschaft darstellen. Dies ist auch aus morphologischer Sicht nachvollziehbar, weisen doch die drei Moosgruppen bei einer Reihe von grundlegenden Merkmalen grosse Gemeinsamkeiten auf, die sie klar von den Algen und den Gefässpflanzen unterscheiden.

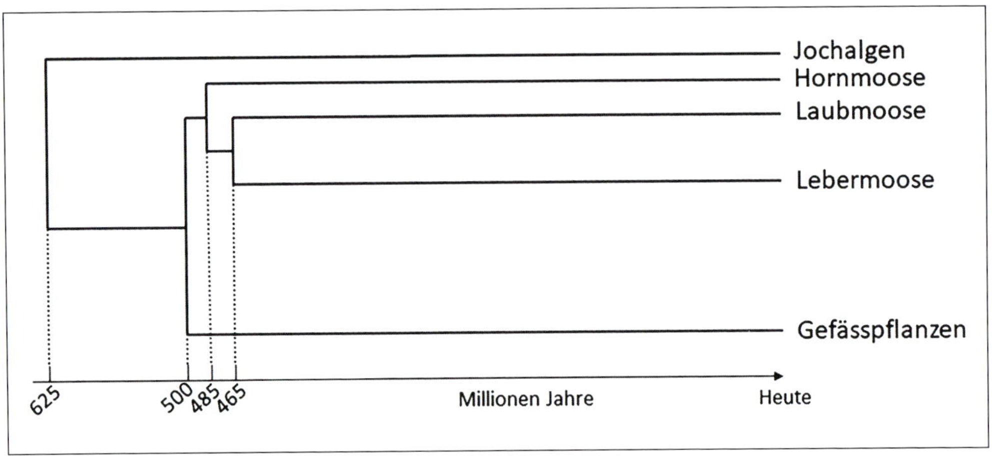

Abb. 23: Verwandtschaftsbeziehungen zwischen den drei Hauptgruppen der Moose und den Gefässpflanzen (Farne im weiteren Sinne und Samenpflanzen) sowie den Jochalgen, welche als nächste Verwandte aller Landpflanzen gelten, zusammen mit einer Schätzung der Zeit in Millionen Jahren seit der Aufspaltung dieser Gruppen (nach Harris et al. 2022, vereinfacht).

Ökologie der Moose

Moose sind in fast allen Lebensräumen der Erde zu finden, so auch in sehr trockenen Gegenden wie Halbwüsten. Einzig in den Ozeanen fehlen sie, da sie Salzwasser nicht ertragen. Ein paar wenige Laubmoose sind allerdings auf Küstenfelsen zu finden, und die Lebermoosgattung *Riella* lebt in brackigem Wasser. In vielen Lebensräumen fallen Moose optisch kaum auf, meist bestimmen die Gefässpflanzen das Bild. In einigen Habitaten dominieren aber die Moose, so z. B. in Hochmooren, in Quellfluren oder schattigen Schluchten. Dominant sind Moose nur, wenn Gefässpflanzen mit den vorherrschenden Bedingungen Mühe bekunden. Aufgrund ihrer Fähigkeit, Wasser und Nährstoffe über die gesamte Oberfläche aufzunehmen, sowie ihrer Toleranz gegenüber Austrocknung können Moose auch Habitate besiedeln, die für Gefässpflanzen nicht oder kaum zugänglich sind, wie z. B. blanke Felsflächen oder die Borke von Bäumen. Auch sehr ungewöhnliche Substrate werden besiedelt. So besiedeln die Arten der Familie der Dungmoose oder Splachnaceae vornehmlich Dung oder Kadaver (z. B. *Splachnum sphaericum,* S. 266). Auch viele weitere Moose sind Substratspezialisten. So kommen bestimmte Arten nur auf Kalkfelsen (Abb. 24 links oben) vor, andere nur auf Silikatfelsen. Je nach Kalkgehalt des Substrats liegt also eine andere Moosflora vor. Andere Arten wachsen ausschliesslich auf der Borke lebender Bäume (Abb. 24 rechts oben) oder auf totem, morschem Holz (Abb. 24 rechts unten) und wieder andere nur auf trockner oder feuchter Erde oder auf Torf.

Daneben gibt es natürlich auch Generalisten, die auf verschiedensten Substraten vorkommen können und deshalb meist häufig und weit verbreitet sind, wie das Schlafmoos (*Hypnum cupressiforme,* S. 70), eines der häufigsten Moose der Schweiz, oder *Brachythecium rutabulum* (S. 68).

Abb. 24: Typische Lebensraume für Moose.
Oben links: Luftfeuchte Schluchten mit Felsen (hier: Kalkfelsen) sind oft üppig mit Moosen bewachsen.
Oben rechts: Moose auf Borke von Bäumen, sogenannte Epipyhten. Der grosse, dunkle Überzug in der Bildmitte wird durch das Gewöhnliche Wassersackmoos *(Frullania dilatata)* gebildet, ein beblättertes Lebermoos. Unten rechts: Liegendes Totholz ist ein wichtiger Lebensraum für viele Moosarten, darunter einige sehr seltene Lebermoose.

Darüber hinaus gibt es weitere Spezialisierungen in Bezug auf bestimmte Umweltfaktoren, wie man das von anderen Organismengruppen kennt. So ist z. B. die Temperatur ein sehr wichtiger Faktor, der das Vorkommen vieler Arten bestimmt und in den Alpen zu einer ähnlichen Höhenzonierung wie bei den Gefässpflanzen führt. Zum Beispiel kommt die seltene *Tayloria rudolphiana* (S. 386) nur zwischen 950 und 1800 m ü. M. vor, und *Andreaea rupestris* aggr. (S. 140) hat einen deutlichen Schwerpunkt zwischen 1800 und 2600 m ü. M. Andere wichtige Faktoren sind die Feuchtigkeit und der Nährstoffgehalt des Substrates. Moose werden deshalb auch als Zeigerorganismen genutzt, um Wuchsorte zu charakterisieren oder Umweltveränderungen zu messen.

Neben der Beschaffenheit des Substrates (z. B. trocken, feucht, nährstoffarm, nährstoffreich etc.) spielt dessen Dauerhaftigkeit eine wichtige Rolle für Moose. Während Dung oder Kadaver von Kleintieren nicht lange bestehen, überdauern Felsen Jahrhunderte fast unverändert. Irgendwo dazwischen liegt die Borke von Bäumen, welche in Wirtschaftswäldern ungefähr 100 Jahre alt werden. Damit sich Moose auf diesen sehr unterschiedlich lange zur Verfügung stehenden Substraten erfolgreich fortpflanzen können, mussten sie verschiedene Strategien entwickeln. Je weniger lange ein Substrat zur Verfügung steht, desto schneller müssen Moose ihren Lebenszyklus durchlaufen. Besteht ein Substrat nur für wenige Monate (z. B. eine offenerdige Stelle in einer Wiese, die bald wieder von Kräutern und Gräsern überwachsen wird), so ist es für die Moose überlebenswichtig, dass sie rechtzeitig reife Sporen oder vegetative Fortpflanzungseinheiten ausbilden, um sich auszubreiten und so entweder einen neuen Ort mit geeignetem Substrat zu finden oder an Ort und Stelle mit Sporen oder vegetativen Fortpflanzungseinheiten im Substrat zu überdauern, bis der Ort wieder geeignet ist. Moose langlebiger Substrate oder Lebensräume (z. B. Felsen, Waldboden, Borke von Bäumen), die entsprechend auch eine längere Lebenserwartung haben, investieren zuerst vor allem in Wachstum, um den Wuchsort lokal zu besetzen. Die sexuelle Fortpflanzung beginnt oft erst nach einigen Jahren.

Moose erfüllen in vielen Lebensräumen auch wichtige ökologische Funktionen und beeinflussen sogar globale Stoffkreisläufe. So spielen Torfmoose eine sehr wichtige Rolle im globalen Kohlenstoffhaushalt (siehe Porträt Torfmoose, S. 32 f.). In Lebensräumen mit einer hohen Biomasse oder zumindest einer hohen Moosdeckung können sie auch den Nährstoff- und den Wasserhaushalt beeinflussen. Alle Nährstoffe, die mit dem Regen eingetragen werden, müssen in solchen Lebensräumen zuerst die Moosschicht passieren. Da Moose Nährstoffe gut binden, wirken sie als Nährstofffilter. Die Nährstoffe werden erst wieder abgegeben, wenn die Moose absterben und abgebaut werden. Moose können auch sehr grosse Wassermengen aufnehmen (bis zum 25-Fachen ihres Trockengewichts) und damit den Wasserhaushalt von Ökosystemen ausgleichen. Es wird geschätzt, dass sie in gemässigten und tropischen Regenwäldern bis zu 15 000 Liter Wasser pro Hektar aufnehmen. Moose können in tropischen oder subtropischen Nebelwäldern auch als Nebelfänger wirken und überschüssiges Wasser abgeben, welches auf den Waldboden tropft und dort von Gefässpflanzen aufgenommen werden kann.

Moose bilden zudem auch einen wichtigen Lebensraum für zahlreiche wirbellose Tiere wie Springschwänze, Rädertierchen, Bärtierchen, Milben und viele mehr, die in Moosteppichen Schutz und ein relativ ausgeglichenes Mikroklima vorfinden.

Artenvielfalt

Da die Moosflora vieler Gebiete insbesondere in den Tropen und Subtropen noch schlecht untersucht ist, lässt sich nicht genau sagen, wie viele Moosarten weltweit tatsächlich vorkommen. Schätzungen gehen von rund 20 000 Moosarten aus. Gegen ein Zehntel davon, gut 1800 Arten, kommen in Europa vor. In der Schweiz wurden bisher 1125 Arten gefunden, also fast zwei Drittel der europäischen Moosflora. Damit ist die Schweiz im Verhältnis zu ihrer Grösse ausgesprochen reich an Moosen. Die hohe Artenzahl der Schweiz lässt sich mit der Vielfalt der Umweltbedingungen erklären, die zum Grossteil auf die Alpen zurückzuführen sind. Der extreme Höhengradient und die vielfältige Topografie der Alpen führen zusammen mit ihrem geologischen Reichtum zu einer Vielzahl unterschiedlichster Lebensräume. Mit der Südschweiz kommt zudem ein zusätzliches biogeografisches Element hinzu, was zu einer weiteren Erhöhung der Artenzahl beiträgt.

Betrachtet man die Artenzahlen der Moose in der Schweiz, so zeigt sich, dass mittlere Höhenlagen um 1500 m ü. M. besonders artenreich sind. In dieser Höhenlage können auf 100 Quadratmetern über 60 Moosarten vorkommen. Verschiedene Faktoren führen zu diesem Artenreichtum. Zum Beispiel ist die Vielfalt an Kleinstandorten in dieser Höhenlage oft hoch und die Landnutzung weniger intensiv als in tieferen Lagen. Auch überlappende Verbreitungsgebiete können zu diesem Artenreichtum beitragen: In dieser Höhenstufe können sowohl noch Arten der tieferen Lagen als auch bereits alpine Arten vorkommen. In nivalen Gebieten, also ab ca. 3000 m ü. M., nimmt die Artenzahl dann deutlich ab. Einige Arten schaffen es aber selbst an der allerhöchsten Stelle der Schweiz zu überleben: Im Gipfelbereich des Doms, zwischen 4505 und 4543 m ü. M., wurden drei Moosarten gefunden, nämlich *Bryum bicolor* aggr., *Syntrichia ruralis* (S. 180) und ein nicht genauer bestimmbares Laubmoos. Erstaunlicherweise handelt es sich mindestens bei den beiden erstgenannten Arten nicht um alpine Spezialisten, sondern um Arten, die auch im Tiefland vorkommen.

Auch in tiefen Lagen können hohe Artenzahlen bereits in relativ kleinen Gebieten beobachtet werden. So können Wälder insbesondere dann sehr artenreich sein, wenn auch alte Bäume und Totholz oder Felsblöcke vorhanden sind. Auch Schluchten und Tobel in tiefen Lagen weisen oft eine vielfältige Moosflora auf. Bei einer intensiven Untersuchung in einem von Kalkblöcken durchzogenen Waldreservat bei Seewen (Kt. Solothurn) konnten 129 Moosarten auf nur gerade 0,8 Hektaren festgestellt werden. Und selbst städtische Gebiete können reich an Moosen sein. So wurden in der Aarauer Innenstadt 77 Moosarten gefunden und in durchschnittlichen Hausgärten im Schweizerischen Mittelland konnten bis 47 verschiedene Moosarten gezählt werden.

Auch wenn die Moosflora der Schweiz insgesamt gut bekannt ist, werden dennoch immer wieder Arten gefunden, die bisher nur aus dem Ausland bekannt waren. Seltener werden auch Arten gefunden, die bisher der Wissenschaft noch gar nicht bekannt waren. So wurde z. B. 2014 das Gezähnte Goldhaarmoos *(Orthotrichum dentatum)* fast gleichzeitig in der Schweiz und in Norditalien entdeckt (Kiebacher & Lüth 2017). Auch in der artenreichen und sehr schwierigen Gattung der Rotkäppchenmoose (Gattung *Schistidium*) ist noch damit zu rechnen, dass weitere unentdeckte Arten in den Alpen vorkommen (siehe Porträt Rotkäppchenmoose, S. 34 f.).

Torfmoose – Ökosystemingenieure mit weltweiter Verbreitung

Die Torfmoose (Gattung *Sphagnum*) sind eine der wichtigsten Moosgruppen überhaupt, erfüllen sie doch eine Reihe wichtiger Ökosystemfunktionen und können als eigentliche Ökosystemingenieure bezeichnet werden. Vor allem in der Nordhemisphäre bedecken sie riesige Flächen, z. B. in Skandinavien, Schottland, Irland, Kanada, Alaska und Sibirien, und haben dort mächtige Torfschichten aufgebaut. Die Torfschichten bestehen hauptsächlich aus unvollständig abgebauten Torfmoosen und können mehrere Meter dick sein. Wie kommen diese zustande? Torfmoose wachsen in nassen Umgebungen, vor allem in Hochmooren, wo sie mehr oder weniger die gesamte Oberfläche bedecken (Abb. unten).

In Mooren ist der Abbau des organischen Materials stark gehemmt, da in den wassergesättigten Böden kaum Sauerstoff vorhanden ist. Die Torfmoosteppiche, welche die Moore überdecken, wachsen immer weiter in die Höhe, die älteren Teile werden langsam begraben und vertorfen, d. h., sie werden kaum abgebaut und werden nach und nach in den typischen braun-schwarzen Torf umgewandelt. Pro Jahr kann in einem Hochmoor bis ein Millimeter Torf aufgebaut werden. Eine Torfschicht von einem Meter Dicke ist also etwa 1000 Jahre alt. Die über die Jahrtausende oft mehrere Meter dicken Torfschichten speichern enorme Mengen an Kohlenstoff, daher gehören die Torfmoose weltweit zu den wichtigsten Kohlenstoffspeichern.

Mit der fortlaufenden Torfbildung schaffen sich die Torfmoose langsam ihren eigenen Lebensraum, ähnlich wie die Biber. Da sich durch die Torfbildung die Mooroberfläche mit der Zeit über die Umgebung erhebt, verliert sie den Kontakt zum Grundwasser und wird dann nur noch von Regenwasser gespeist. Hochmoore sind deshalb auch sehr nährstoffarme Lebensräume. Die wenigen Nährstoffe können von den Torfmoosen aber effizient aufgenommen werden, indem sie Wasserstoffionen ausscheiden und im Gegenzug Nährstoffionen aufnehmen. Wegen des Ausscheidens von Wasserstoffionen sind Hochmoore stark sauer und weisen oft einen pH-Wert von nur 3,5–4,0 auf. Torfmoose sind auch gute Wasserspeicher und können bis zum 25-Fachen ihres Trockengewichts an Wasser

Oberfläche eines Hochmoors, die dicht mit Torfmoosen bewachsen ist. Typische Moorpflanzen wie hier die Moosbeere *(Vaccinium oxycoccos)* wurzeln im Torfmoosteppich.

Typischer Aufbau eines Torfmoossprösschens mit einem Köpfchen aus dicht stehenden Ästchen und den weiter unten locker stehenden, abstehenden und hängenden Ästchen.

aufnehmen. Neben den Torfmoosen sind nur wenige andere Arten an diese nassen, nährstoffarmen und sauren Bedingungen angepasst.

Torfmoose gehören zwar zu den Laubmoosen, unterscheiden sich aber stark von diesen. Ein typisches Torfmoos besteht aus einem aufrechten Sprösschen mit einem Köpfchen aus sehr dicht stehenden Ästchen (Abb. oben). Weiter unten am Sprösschen stehen die Ästchen dann lockerer und sind in typischen Ästchenbündeln angeordnet, die jeweils aus 2–3 abstehenden und 2–3 hängenden, dem Sprösschen mehr oder weniger anliegenden Ästchen bestehen.

Die Torfmoose weisen oft eine typische Rot-, Gelb- oder Braunfärbung auf (Abb. unten). Für die Bestimmung sind die Stämmchenblätter besonders wichtig. Diese stehen dort relativ locker und sind meist deutlich anders geformt als die schmalen und dicht angeordneten Blättchen an den Ästchen.

Die dunkelbraunen bis schwarzen kugeligen Kapseln sind bei allen Torfmoosarten fast gleich aussehend (Abb. unten). Sie sind ungestielt, sitzen aber auf einem sogenannten Pseudopodium, einer stielartigen Verlängerung des Gametophyten. Trocknen die reifen Kapseln aus, ziehen sie sich zusammen und bauen dabei im Inneren einen grossen Druck auf, der schliesslich dazu führt, dass der Kapseldeckel weggesprengt und die Sporen 15–20 cm weit in die Höhe geschleudert werden.

Die Torfmoose, also die Gattung *Sphagnum,* umfassen weltweit ca. 250 Arten. In der Schweiz kommen 33 Arten vor. Während die Torfmoose als solche immer einfach zu erkennen sind, ist die Bestimmung der Arten allerdings oft nicht ganz einfach.

Sphagnum magellanicum aggr. mit der charakteristischen Rotfärbung (links); dichtes Polster von *Sphagnum fuscum* mit der typischen braunen Färbung (Mitte); Kapseln von *Sphagnum angustifolium* (rechts).

Rotkäppchenmoose – Gattung *Schistidium*

Eine der faszinierendsten Moosgruppen der Schweiz ist die Gattung der Rotkäppchenmoose *(Schistidium)*, auch Spalthütchen genannt. Ihren Namen verdanken sie den roten Kapseldeckeln (Abb. unten), die die Kapseln verschliessen, und den zerschlitzten Kapselhauben, die den Kapseldeckeln wie kleine Hütchen aufsitzen.

Die Rotkäppchenmoose haben weltweit eine wichtige ökologische Bedeutung als Pionierarten in Gesteinslebensräumen. Sie bilden z. B. einen wesentlichen Teil der Vegetation der Antarktis und besiedeln in den Alpen offene Gesteinsflächen. Dabei initiieren sie die Bodenbildung und die weitere Besiedelung. Rotkäppchenmmoose sind aber auch in urbanen Lebensräumen allgegenwärtig (Abb. unten). Sie kommen dort sowohl auf natürlichen als auch auf künstlichen Gesteinsflächen vor und bedecken ältere Mauern oft flächendeckend.

Die Rotkäppchenmoose sind mit etwa 60 Arten eine der artenreichsten Moosgattungen Europas. In der Schweiz sind aktuell 34 Arten und 2 Unterarten bekannt, die Vielfalt ist aber noch unzureichend erforscht. So wurden noch vor 30 Jahren nur wenige Arten unterschieden. Erst eine detaillierte, morphologische Neubearbeitung der Gattung Mitte der 1990er-Jahre durch Hans H. Blom zeigte, dass die Gattung viel artenreicher ist als angenommen. Spätere genetische Untersuchungen bestätigten die Erkenntnisse der 1990er-Jahre und zeigten weiter auf, dass die Vielfalt noch weit grösser ist als angenommen. Insbesondere in den Alpen ist der Artenreichtum von *Schistidium* erst unzureichend erforscht, wie Neuentdeckungen in den letzten Jahren zeigten. Eine dieser Neuentdeckungen ist das Martinsloch Rotkäppchenmoos (*Schistidium foraminis-martini*; Abb. oben links), das seinen Namen von der bekannten Felsformation der Tschingelhörner (Kanton Glarus/Graubünden; Abb. oben rechts) hat, wo die Art in der Schweiz zum ersten Mal gefunden wurde.

Viele Rotkäppchenmoose sind auf hochalpine Lagen spezialisiert und durch die Klimaerwärmung bedroht. Die bestehenden Populationen kommen gleichzeitig durch das veränderte Klima und die Konkurrenz durch höhersteigende Arten der tieferen Lagen zunehmend unter Druck. Die Arten kön-

Links: Die roten Kapseldeckel, die bei der Reife abfallen, haben den Rotkäppchenmoosen ihren Namen gegeben. Rechts: Ein Rotkäppchenmoos auf einem Betonmäuerchen im Siedlungsraum.

Das Martinsloch Rotkäppchenmoos (*Schistidium foraminis-martini*; links) kommt an ausgesetzten Stellen im Hochgebirge vor. Es wurde erst 2021 entdeckt und nach dem Martinsloch in der Bergkette zwischen Elm (GL) und Flims (GR) benannt (rechts), wo die Art zum ersten Mal in der Schweiz gefunden wurde.

nen zwar weiter in die Höhe wandern, doch nimmt die verfügbare Fläche mit zunehmender Meereshöhe stark ab, wodurch die Arten der hochalpinen Lagen zwangsläufig seltener werden. Einige Arten sind ausserdem auf lange Schneebedeckung angewiesen und dadurch besonders gefährdet.

Während die Bestimmung der einzelnen Arten der Gattung nicht immer einfach ist und viel Erfahrung braucht, lässt sich die Gattung selbst sehr gut erkennen. Sie zeichnet sich durch die in die oberen Blätter eingesenkten Kapseln aus, die bei der Reife einen auffallenden Kranz aus 16 oft intensiv rot gefärbten Zähnen aufweisen (Abb. unten). Bei den meisten Arten haben die Blätter zudem Glasspitzen, die auf die Gattung hinweisen.

Die Kapseln der Rotkäppchenmoose sind in die Perichaetialblätter eingesenkt und weisen einen Kranz aus oft intensiv rot gefärbten Zähnen auf.

Gefährdung der Moose

Gemäss der aktuellen Roten Liste der gefährdeten Moose der Schweiz sind 35 % der Schweizer Moose gefährdet (Kiebacher et al. 2023). Damit sind Moose ähnlich stark bedroht wie eine Reihe anderer Organismengruppen in der Schweiz: Bei den Gefässpflanzen sind 28 % der Arten gefährdet, bei den Tagfaltern und Widderchen 35 % und bei den Brutvögeln 40 %.

Als ausgestorben gelten in der Schweiz nur drei Arten. Allerdings gelten weitere 26 Arten als möglicherweise ausgestorben oder als verschollen (Abb. 25). Die meisten dieser Arten wurden letztmals vor über 100 Jahren in der Schweiz gesehen. Dennoch ist es nicht auszuschliessen, dass die eine oder andere dieser Arten in der Schweiz wieder gefunden wird.

Die Gründe für die Gefährdung der Moose sind vielfältig und hängen meist mit der intensiven Nutzung der Landschaft durch den Menschen zusammen. So gehören die sehr intensive Landwirtschaft mit dem fast vollständigen Fehlen von Stoppelfeldern oder offenen Brachen, die geringen Anteile von Totholz in vielen Wäldern, das Verschwinden der grossflächigen, natürlichen Auen in den tieferen Lagen, die intensive Wassernutzung zur Stromproduktion, die teilweise immer noch schlechte Qualität vieler Moore sowie die direkte Zerstörung von Moospopulationen durch Neubauten, Strassen und weiterer Infrastruktur zu den Hauptursachen für den Rückgang vieler Moosarten. Daneben ist davon auszugehen, dass der Klimawandel in Zukunft die Moose stark beeinflussen wird. So gibt es bereits Indizien dafür, dass aufgrund der seit über 150 Jahren ansteigenden Temperaturen kälteliebende Moose in den tieferen Lagen seltener geworden sind. Mit den zunehmend wärmeren und trockeneren Sommern dürften aber auch Arten zunehmend gefährdet sein, die auf eine konstant hohe Feuchtigkeit angewiesen sind, wie Moorarten, Arten der Fliessgewässer oder Arten luftfeuchter Standorte. Daneben dürfte sich die Klimaerwärmung auf viele Arten mit einem Verbreitungsschwerpunkt in den Hochlagen der Alpen negativ auswirken.

Nur die wenigsten Arten, die in einer Roten Liste als gefährdet eingestuft sind, sind auch geschützt. Die geschützten Arten sind im Anhang der Natur- und Heimatschutzverordnung aufgeführt: Es sind dies zehn Moosarten sowie alle Torfmoose (Gattung *Sphagnum*; siehe auch S. 32 f.). Wildlebende Pflanzen dieser Arten dürfen nicht gepflückt, nicht ausgegraben und nicht zum Verkauf angeboten werden.

Einige Moose sind auch international geschützt. In der *Berner Konvention,* einem völkerrechtlichen Vertrag des Europarates, sind 23 Moosarten aufgeführt, von denen 13 auch in der Schweiz vorkommen.

Abb. 25: *Pseudobryum cinclidioides*, eine verschollene Laubmoosart, die in der Schweiz zuletzt im 19. Jahrhundert in Mooren im Kanton Graubünden gefunden wurde.

Bestimmungsschlüssel und Artenporträts

In diesem Buch werden insgesamt 170 Arten oder Artengruppen (sogenannte Aggregate) auf jeweils einer Doppelseite vorgestellt. Aggregate bestehen meist aus zwei bis fünf sehr ähnlichen, nahe verwandten Arten, die im Feld nicht oder nur mit sehr viel Erfahrung unterschieden werden können. Einfachheitshalber wird im Folgenden jeweils nur von Arten gesprochen, die Aggregate sind dabei immer mitgemeint.

Die 170 porträtierten Arten umfassen vor allem häufige Arten, die in tiefen bis mittleren Höhenlagen vorkommen, aber auch einige seltenere Arten sowie einige Arten der oberen Höhenlagen. Eine wichtige Bedingung für die Aufnahme einer Art war, dass sie im Feld mittels Lupenmerkmalen bestimmt werden kann. Um die Merkmale, die im Schlüssel und in den Porträttexten erwähnt sind, gut sehen zu können, ist eine Lupe mit mindestens 10-facher Vergrösserung notwendig. Gute Lupen sind in Optikergeschäften oder im Internet zu finden und kosten meist zwischen 10 und 50 CHF.

Unter den 170 Arten befinden sich auch alle Arten der beiden **Mooszertifikate** für Artenkenntnisse, des ersten Zertifikats «Calliergonella» und des zweiten «Bazzania», die von der Schweizerischen Vereinigung für Bryologie und Lichenologie (Bryolich) entwickelt wurden. Weitere Informationen zu den Zertifikaten finden sich auf der Webseite von Bryolich (www.bryolich.ch). Dieses Buch eignet sich deshalb bestens für das Lernen der Arten für diese Zertifikate. Die Zertifikatsarten sind mit einem grünen Punkt ● für das Calliergonella-Zertifikat und einem violetten Punkt ● für das Bazzania-Zertifikat gekennzeichnet.

Um eine Moosart zu bestimmen, bietet dieses Buch zwei verschiedene Möglichkeiten. Entweder benutzt man den Bestimmungsschlüssel oder man sucht die Art in der entsprechenden Lebensraumgruppe.

Wird der Bestimmungsschlüssel benutzt, ist es wichtig, immer beide Fragen eines Fragenpaares genau zu lesen. Im Schlüssel sind nur die 170 Arten des Buches enthalten. Falls beide Fragen eines Fragenpaares nicht zutreffen, hat man sich entweder bei einer vorgängigen Frage falsch entschieden oder aber die zu bestimmende Art ist im Buch nicht enthalten. In einem solchen Fall lohnt es sich, die vorherigen Fragen nochmals zu überprüfen, um sicherzustellen, dass man nicht falsch abgezweigt ist, oder man sucht die Art in der passenden Lebensraumgruppe.

Ein Sonderfall im Schlüssel ist die artenreiche und schwierige Gattung *Sphagnum* (Torfmoose; siehe auch S. 32 f.), da in dieser auch nach sogenannten Sektionen unterschieden wird. Dies sind Gruppen von nahe verwandten und sich ökologisch meist ähnlich verhaltenden Arten. Pro Sektion wird in diesem Buch maximal eine Art porträtiert. Die Sektionen werden ebenfalls ausgeschlüsselt, aber nicht porträtiert.

Steigt man für die Bestimmung direkt bei den Artenporträts ein, so gibt der Lebensraum der zu bestimmenden Art einen ersten Hinweis darauf, wo die Art im Buch gefunden werden kann. Zum leichteren Auffinden sind die Artenporträts nach **Lebensraumgruppen** geordnet. Die Gruppierung erfolgt nach dem Hauptlebensraum einer Art, daneben können viele Arten jedoch gelegentlich auch in anderen Lebensräumen vorkommen. So kann ein Felsmoos manchmal auch auf Bäumen wachsen oder ein Baummoos auf Felsen. Oder eine Moorart kann auch in feuchten Wiesen vorkommen.

Folgende neun **Lebensraumgruppen** werden unterschieden:

1. Generalisten: Diese Gruppe umfasst nur vier Arten (*Amblystegium serpens, Brachythecium rutabulum, Hypnum cupressiforme* aggr., *Oxyrrhynchium hians*), alles pleurokarpe Laubmoose. Alle vier Arten können regelmässig in unterschiedlichen Lebensräumen auf verschiedenen Substraten vorkommen. So kommt *Hypnum cupressiforme* aggr. z. B. auf der Borke von Bäumen, auf Totholz, auf Waldboden, in Trockenwiesen und auf Felsen vor.

2. Grünland, trocken bis feucht: Diese Gruppe umfasst Mähwiesen und Weiden von tiefen bis in hohe Lagen, darunter Trockenwiesen und -weiden, gedüngte Wirtschaftswiesen und Alpweiden. Die Gruppe enthält mit einer Ausnahme nur pleurokarpe Laubmoose.

3. Pionierstandorte, Kiesplätze, Äcker: Die typischen Lebensräume dieser Gruppe zeichnen sich durch wiederkehrende Störungen aus, von denen die meist konkurrenzschwachen Arten dieser Gruppe profitieren. Beispiele sind Flussalluvionen mit zeitweiser Überschwemmung, Kieswege oder -plätze in Siedlungen, regelmässig umgebrochene Ackerflächen oder Wurzelteller umgefallener Bäume. Hier leben oft kurzlebige Moose, einige davon können ihren Lebenszyklus in wenigen Monaten abschliessen. Die Gruppe umfasst hauptsächlich akrokarpe Moose, daneben aber auch drei komplexe thallose Lebermoose sowie ein Hornmoos.

4. Felsen und Mauern: Viele Moosarten wachsen direkt auf dem Gestein oder auf einer dünnen Humusauflage in Felsspalten. Dabei spielt es für das Vorkommen der Moose eine Rolle, ob das Gestein kalkhaltig oder kalkarm ist, sonnig oder schattig. Gewisse Arten werden auch häufig auf Mauern oder Betonflächen im Siedlungsraum gefunden, andere sind auf natürliche Felsstandorte beschränkt.

5. Gewässer, Ufer und feuchte Felsen: In diese Gruppe fallen Arten, die direkt in stehenden oder fliessenden Gewässern vorkommen, frei flutend oder an Steinen angewachsen. Auch Moose, die am Ufer wachsen und nur gelegentlich überflutet werden, und solche von feuchten, oft überrieselten Felsen oder von Quellfluren gehören hierher.

6. Flach- und Hochmoore: Flach- und Hochmoore zeichnen sich durch eine hohe Feuchtigkeit und meist Nährstoffarmut aus. Hochmoore sind zudem immer stark sauer, Flachmoore können sauer oder basisch sein. Torfmoose sind vor allem typisch für die Hochmoore, in den Flachmooren dominieren meist pleurokarpe Laubmoose. In Kalkflachmooren kommen einige Arten vor, die auch in Bächen oder Quellfluren gefunden werden können.

7. Waldboden: Am Waldboden kommen besonders viele Moose in teilweise üppigen Polstern oder Teppichen vor. Oft sind darin weitere, kleinere Arten eingestreut. Je nach Höhenlage, Lichtverhältnissen, Bodenbeschaffenheit und Feuchtigkeit können andere Arten gefunden werden. Einige der typischen Waldbodenmoose können auch auf Totholz, am Stammgrund der Bäume oder auf Felsen gefunden werden. Thallose Lebermoose fehlen in dieser Gruppe.

8. Totholz: Totholz bietet Lebensraum für einige spezialisierte Moosarten. Dabei gibt es Arten, die frisches Totholz besiedeln, und andere, die erst bei stärkerer Zersetzung des Holzes ihren bevorzugten Platz finden. Besonders artenreich ist liegendes Totholz in eher feuchten Lagen. Stehendes Totholz («Dürrständer») wird von Moosen kaum besiedelt.

9. Borke von Gehölzen: Viele Moose wachsen epiphytisch auf der Borke von Bäumen und Sträuchern. Diese konkurrenzarmen Standorte werden ihnen kaum durch Gefässpflanzen streitig gemacht. Nur Flechten können diesen Lebensraum ebenso gut nutzen. Nicht alle Bäume sind gleich gut geeignet für die Epiphyten. Nadelbäume, insbesondere Fichten und Föhren, werden wegen ihrer sauren Borke kaum oder nur von wenigen Arten besiedelt. Besonders geeignet sind hingegen Eschen und Bergahorne, die eine reiche Moosflora aufweisen können. Reich vertreten sind hier vor allem die Arten der Familie der Goldhaarmoose (Orthotrichaceae mit den Gattungen *Lewinskya, Nyholmiella, Orthotrichum, Pulvigera* und *Ulota*).

Innerhalb der Lebensraumgruppen sind die Arten nach **systematischen Gruppen** geordnet: Hornmoose (nur Gruppe 3: Pionierstandorte, Kiesplätze, Äcker), komplexe thallose Lebermoose, einfache thallose Lebermoose, beblätterte Lebermoose, Torfmoose (nur Gruppe 6: Flach- und Hochmoore), akrokarpe Laubmoose, pleurokarpe Laubmoose. Diese systematischen Gruppen können mit etwas Übung leicht unterschieden werden, was das Bestimmen einer Art weiter vereinfacht. Innerhalb der systematischen Gruppen sind die Arten dann alphabetisch geordnet.

Unabhängig davon, ob ein Fund mit dem Bestimmungsschlüssel oder den Porträts bestimmt wird, ist es wichtig, die Art gut mit den Porträttexten und -bildern zu vergleichen. Viele Arten sehen sich recht ähnlich, deshalb hilft der Abschnitt «Ähnliche Arten» dabei, Verwechslungen zu vermeiden. Auch der Abschnitt «Lebensraum/Ökologie» liefert Hinweise für die Bestimmung. Stimmen die Verhältnisse am Fundort der zu bestimmenden Art nur schlecht mit dem beschriebenen Lebensraum überein, müssen die Merkmale der Art nochmals kritisch mit den Fotos und der Artbeschreibung verglichen werden. Bei den Artbeschreibungen ist zu beachten, dass sich die Grössenangaben auf die typische Grösse oder typische Spannweite beziehen. Die Pflanzen oder einzelne Teile können also auch etwas grösser oder kleiner sein.

Bei den Porträttexten sind auch wichtige **ökologische Zeigerwerte** aufgeführt, die weitere Hinweise zum typischen Lebensraum geben (Tab. 1). Die Zeigerwerte beschreiben mittels einer Ordinalskala in einfacher Art und Weise die Standortbedingungen, unter welchen eine Art normalerweise gefunden wird. Die hier verwendeten Zeigerwerte stammen aus Urmi (2010), wurden aber teilweise leicht abgeändert oder ergänzt. Die Zeigerwerte können jeweils ganze Zahlen zwischen 1 und 5 annehmen (Ausnahme Nährstoffe nur mit den Zahlen 1, 3 und 5). Gewisse Arten zeigen gegenüber bestimmten Umweltbedingungen allerdings ein indifferentes Verhalten. So wurde *Ceratodon purpureus* (S. 110) z. B. zwischen 194 m ü. M. und 3380 m ü. M. gefunden. Gegenüber der Temperatur verhält sich *C. purpureus* also ziemlich indifferent. Es ist deshalb nicht möglich, einer solchen Art für die Temperatur einen bestimmten Wert zuzuordnen. In solchen Fällen wird anstelle eines konkreten Wertes ein «X» angegeben.

Tab. 1: Definition der ökologische Zeigerwerte nach Urmi (2010). Die Nährstoffe sind nur in einer dreistufigen Skala angegeben.

Feuchtigkeit	1	Sehr trocken: exponierte Substrate in niederschlagsarmen Gebieten oder vor Regen geschützt
	2	Trocken: exponierte Substrate in wenig luftfeuchter Lage (meist Felsen) oder Erde in niederschlagsarmen Gebieten
	3	Frisch: mittlere Feuchtigkeitsverhältnisse
	4	Feucht: Substrate, die selten ganz austrocknen, aber kaum überschwemmt werden
	5	Nass: Substrate, die nie ganz austrocknen, aber häufig oder dauernd überschwemmt sind
Reaktion	1	Sehr sauer: pH des Substrates < ca. 4, z. B. Hochmoortorf
	2	Sauer: pH des Substrates ca. 3,5–5,0, z. B. morsches Holz
	3	Subneutral und basenarm: pH des Substrates ca. 4,5–6,5, z. B. Silikatgestein unter Kalkeinfluss
	4	± Neutral: pH des Substrates ca. 6,0–7,5, z. B. viele Laubwald-Böden
	5	Basisch: pH des Substrates > ca. 7, z. B. Kalkfels
Nährstoffe	1	Nährstoffarm: z. B. Silikatfels oder Torf
	3	Mittlerer Nährstoffgehalt: z. B. Waldboden oder mässig gedüngter Wiesenboden
	5	Nährstoffreich: z. B. durch Vogelkot gedüngte Felsen oder Baumäste
Licht	1	Sehr schattig: z. B. dunkler Nadelwald oder Höhleneingänge (nie direkte Sonnenstrahlung)
	2	Schattig: z. B. lockerer Laubwald oder dichte Gebüsche (direkte Besonnung relativ selten)
	3	Halbschattig: mittlere oder im Tagesgang stark wechselnde Lichtverhältnisse
	4	Hell: z. B. ost- oder westexponierte Hänge über der Waldgrenze (direkte Besonnung relativ häufig)
	5	Sehr hell: fast nur an südexponierten Felsen (bei schönem Wetter tagsüber dauernd von der Sonne beschienen)
Temperatur	1	Alpin und/oder nival: auch kalte Kleinstandorte tieferer Lagen
	2	Subalpin: auch geschützte Kleinstandorte höherer Lagen
	3	Montan
	4	Kollin: gelegentlich an geschützten, wärmeren Kleinstandorten hoch aufsteigend
	5	Kollin: nur wärmste Stellen, nur gelegentlich auch montan

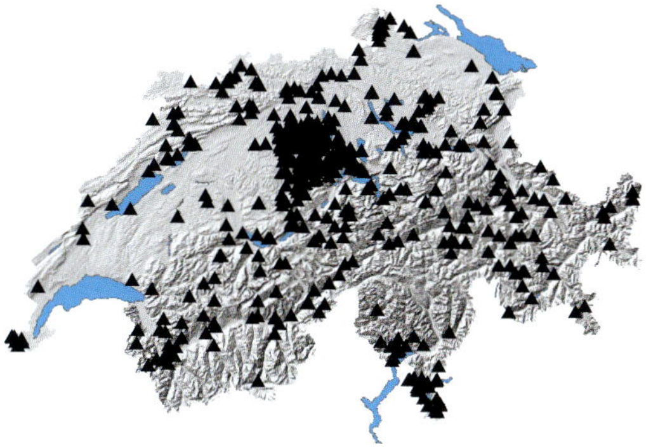

Abb. 26: Bekannte Verbreitung von *Weissia controversa* in der Schweiz. Die auffällig vielen Funde im Kanton Luzern beruhen auf der besonders intensiven Sammeltätigkeit eines Moosforschers in diesem Gebiet. Diese Häufung von Fundpunkten im Kanton Luzern ist bei vielen Arten zu sehen.

Auch die **Verbreitungskarten** und die **Höhendiagramme** können bei der Bestimmung helfen. Wird eine Art weitab ihres bekannten Verbreitungsgebietes oder viel höher oder tiefer gefunden, sollte man skeptisch sein. Die Höhendiagramme und Verbreitungskarten beruhen auf allen Funden von Moosen ab 1980, die in der Datenbank von Swissbryophytes (siehe S. 408) gespeichert sind und deren Koordinaten mindestens auf einen Kilometer genau angegeben sind. Damit standen insgesamt rund 220 000 Funddaten für die Verbreitungskarten und die Höhendiagramme der 170 Arten zur Verfügung. Die Funddaten stammen ursprünglich aus einer Vielzahl von Projekten, bei denen Moose gesammelt und bestimmt wurden, und von unzähligen weiteren Aufsammlungen von Moosforscherinnen und Moosforschern, die z. B. anlässlich von Exkursionen gemacht wurden oder auch einfach beim Sonntagsspaziergang in der näheren Wohnumgebung. Es gibt deshalb Regionen in der Schweiz, die besser untersucht sind als andere, und dies widerspiegelt sich auch in den Karten (Abb. 26). In den Regionen ohne Fundpunkte kann eine Art also tatsächlich fehlen oder aber es wurde dort noch nie nach der Art gesucht.

Bei gefährdeten Arten ist zusätzlich der **Gefährdungsstatus** angegeben gemäss aktueller Roter Liste (Kiebacher et al. 2023). Bei Aggregaten ist der Rote-Liste-Status für alle Arten im Aggregat angegeben, sofern mindestens eine Art des Aggregats wenigstens potenziell gefährdet ist. Dabei werden folgende Kategorien verwendet: LC: Nicht gefährdet (least concern); NT: Potenziell gefährdet (near threatened); VU: Verletzlich (vulnerable); EN: Stark gefährdet (endangered); CR: Vom Aussterben bedroht (critically endangered); RE: In der Schweiz ausgestorben (regionally extinct); DD: Ungenügende Datengrundlage (data deficient). Bei nicht gefährdeten Arten wird in den Porträts kein Gefährdungsstatus angeben.

Weitere Informationen und Abbildungen zu allen Arten finden sich auf der Webseite von Swissbryophytes (https://swissbryophytes.ch). Dort findet man auch Synonyme zu den hier verwendeten Moosnamen, was sehr nützlich sein kann, da in den letzten zwei Jahrzehnten viele Moosarten neue Namen erhalten haben. In älteren Büchern findet man sie noch unter ihrem früheren Namen. Die vielen Namenswechsel kommen daher, dass heute in der Verwandtschaftsforschung üblicherweise genetische Methoden verwendet werden. Dabei zeigt es sich immer wieder, dass morphologisch ähnliche Arten gar nicht näher verwandt sind, was dazu führt, dass z. B. Arten in eine andere Gattung gestellt werden müssen.

Bestimmungsschlüssel

Bestimmungsschlüssel

Im folgenden Bestimmungsschlüssel sind die 170 porträtierten Arten enthalten.

1	Kapseln 3–4 mm lang, auf ca. 1 cm langen Kapselstielen stehend. Gametophyt winzig, scheinbar nicht vorhanden. – Meist auf modrigem Totholz in Nadelwäldern höherer Lage	***Buxbaumia viridis*** (S. 352)
1*	Kombination von Merkmalen anders. Gametophyt vorhanden	→ 2
2	Pflanzen nicht deutlich in Stämmchen und Blätter gegliedert (= thallos)	**Hornmoose und thallose Lebermoose** → 4
2*	Pflanzen deutlich mit Blättern	→ 3
3	Pflanzen verflacht mit 2 Reihen Flankenblättern und teilweise einer dritten Reihe meist sehr kleiner Unterblätter. Blätter nie mit Rippe, mehrspitzig oder rundlich. Sporophyten kurzlebig. Kapseln sich mit 4 Klappen öffnend	**Beblätterte Lebermoose** → 18
3*	Pflanzen spiralig beblättert (manchmal verflacht, aber dennoch spiralig beblättert) und mit oder ohne Rippe oder zweizeilig beblättert und dann immer mit Rippe. Blätter immer einfach zugespitzt oder vorne abgerundet. Sporophyten langlebig. Kapseln sich meist mit Deckel öffnend	**Laubmoose** → 43
weiter von 2, Hornmoose und thallose Lebermoose:		
4	Thallus als krause, ± runde Rosette ausgebildet. Sporophyten horn-/schotenförmig, fast immer vorhanden. – Reife Sporen und Kapseln schwarzbraun	**Hornmoose** – ***Anthoceros agrestis*** (S. 94)
4*	Thallus mehr oder weniger deutlich gabelig verzweigt. Sporophyten nicht horn-/schotenförmig	**Thallose Lebermoose** → 5
weiter von 4, Thallose Lebermoose:		
5	Moos auf der Thallusoberseite fast immer mit Brutbechern	→ 6
5*	Thallus ohne Brutbecher	→ 7
6	Brutbecher schüsselförmig. Thallus dunkelgrün. – Oft mit gestielten Antheridien- oder Archegonienträgern	***Marchantia polymorpha*** (S. 98)
6*	Brutbecher halbmondförmig. Thallus hellgrün	***Lunularia cruciata*** (S. 96)
7	Thallus gefeldert (= mit Polygonmuster; Felderung mit blossem Auge oder der Lupe zu erkennen). In der Mitte jedes Feldes eine mehr oder weniger erhabene Atempore	→ 8
7*	Thallus nicht gefeldert, oder wenn gefeldert, dann ohne mit der Lupe sichtbare erhabene Atemporen	→ 11
8	Thallus 1–2 cm breit	→ 9
8*	Thallus schmaler als 1 cm	→ 10

9	Moos nach Terpentin riechend. Thallus nie mit schwarzem Mittelstreifen. Atemporen weissliche Kuppeln bildend, die schon mit blossem Auge gut sichtbar sind. – Bildet oft ausgedehnte Bestände, häufig an feuchten oder nassen Felsen, z. B. an Fliessgewässern oder in schattigen Schluchten	***Conocephalum conicum* aggr.** (S. 208)
9*	Moos mehr oder weniger geruchlos. Thallus häufig mit schwarzen Mittelstreifen. Atemporen tonnenförmig	***Marchantia polymorpha*** (S. 98)
10	Thallus mit lang hervorstehenden Bauchschuppen. Bauchschuppen weiss. Nach Zedernöl/Terpentin riechend. An trocken-warmen Standorten (v. a. im Tessin und Wallis)	***Mannia fragrans*** (S. 74)
10*	Thallus ohne hervorstehende Bauchschuppen. Bauchschuppen grün bis purpurn, in je 1 Reihe beidseits der Mitte sitzend. Auf (halb)schattigen Kalkfelsen und kalkhaltiger Erde	***Marchantia quadrata*** (S. 130)
11	Thallus mit auffälliger, V-förmiger Furche an den Thallusenden oder der durchscheinende Thallus deutlich gefeldert	**→ 12**
11*	Thallus ohne auffällige, V-förmige Furche an den Thallusenden oder nicht durchscheinend und nicht gefeldert	**→ 13**
12	Thallus breit, gedrungen. An offenen Standorten, häufig auch an anthropogen geprägten Standorten, z. B. an Wegen	***Riccia sorocarpa*** (S. 100)
12*	Thallus schmal. Auf periodisch trockenem Schlamm und flutend in Stillgewässern	***Riccia fluitans* aggr.** (S. 210)
13	Thallus breiter als 3 mm	**→ 14**
13*	Thallus schmaler als 2 mm	**→ 15**
14	Thallus nicht speckig glänzend, in der Mitte teilweise mit dunkelgrünem bis schwärzlichem Längsband, am Rand etwas durchscheinend. – Im Herbst mit geweihförmigen Brutthalli	***Pellia endiviifolia*** (S. 214)
14*	Thallus speckig glänzend, immer ohne dunkelgrünes bis schwärzliches Längsband, nicht durchscheinend	***Aneura pinguis*** (S. 212)
15	Thallus mit deutlicher Mittelrippe. Auf Bäumen oder Felsen	**→ 16**
15*	Thallus ohne Mittelrippe. Entweder auf morschem Holz oder flutend in Stillgewässern bzw. auf periodisch trockenem Schlamm	**→ 17**
16	Thallus beidseitig dicht mit kurzen Haaren besetzt, ca. 1,5 mm breit und 1,0–3,5 cm lang. Ohne Brutkörper	***Metzgeria pubescens*** (S. 132)
16*	Thallus kahl, etwa 1 mm breit und 0,5–2,0 cm lang. Häufig mit Brutkörpern in Form von kleinen Thalli am Thallusrand	***Metzgeria furcata*** (S. 360)
17	Thallus handförmig geteilt. Auf morschem Holz. Zartes Moos mit nur 0,2–0,5 mm breiten Thalluslappen	***Riccardia palmata*** (S. 342)
17*	Thallus Y-förmig. Flutend in Stillgewässern oder auf periodisch trockenem Schlamm. Wasserformen bis 1 mm, Landformen bis 1,5 mm breit	***Riccia fluitans* aggr.** (S. 210)

18	Flankenblätter mindestens zum Teil in fadenförmige (einzellreihige) Zilien zerschlitzt, ausgefranstes Erscheinungsbild	→ 19
18*	Flankenblätter nicht in Zilien zerschlitzt, höchstens Blattlappen in einzellreihigen, zilienartigen Spitzen endend	→ 21
19	Sprösschen sehr klein, weniger als 1 mm breit. – Oft auf Totholz	***Blepharostoma trichophyllum*** (S. 344)
19*	Sprösschen mittelgross bis gross, meist mehr als (2–)3 mm breit	→ 20
20	Blätter nicht vollständig in Zilien aufgelöst, nur am Rand mit langen Zilien. Die mehrlappige Blattfläche meist mit der Lupe noch erkennbar. Pflanzen grün, oft kupferfarben überlaufen, unregelmässig gefiedert	***Ptilidium ciliare*** **aggr.** (S. 370)
20*	Blätter fast vollständig in Zilien aufgelöst. Pflanzen bleich- bis gelbgrün, regelmässig doppelt gefiedert. – Meist an frischen bis nassen Standorten	***Trichocolea tomentella*** (S. 290)
21	Flankenblätter mehrlappig, d. h. mit 2–4 gleichartigen, meist spitzen Lappen	→ 22
21*	Flankenblätter nicht gelappt (höchstens schwach ausgebuchtet oder gekerbt) oder zusammengesetzt aus Ober- und Unterlappen mit meist deutlich unterschiedlicher Gestalt	→ 30
22	Flankenblätter mit 3–4 Lappen	→ 23
22*	Flankenblätter zweilappig (manchmal undeutlich mit nur leicht ausgebuchteten Blättern)	→ 25
23	Pflanzen klein, Sprösschen um 0,5 mm breit	***Lepidozia reptans*** (S. 346)
23*	Pflanzen gross und kräftig, Sprösschen 3–6 mm breit	→ 24
24	Blätter nach unten gebogen, an der Spitze quer gestutzt mit 3 gleich grossen Lappen oder Zähnen. Auf der Unterseite der Sprösschen entspringen auffällige, ca. 1,5–2,0 cm lange Flagellenäste	***Bazzania trilobata*** (S. 280)
24*	Blätter nach oben gebogen, meist stark wellig und vierlappig, bis ⅓ tief geteilt. Lappen mit kleiner, aber deutlicher Spitze besetzt. Ohne Flagellenäste	***Barbilophozia lycopodioides*** **aggr.** (S. 278)
25	Pflanzen in dichten, blaugrünen bis weisslichen, oft ausgedehnten Rasen, manchmal braun oder braungrün. Nur auf lange schneebedeckten, feuchten Böden im Gebirge	***Anthelia julacea*** **aggr.** (S. 216)
25*	Pflanzen grün oder blassgrün, manchmal mit Rottönen. In anderen Lebensräumen	→ 26
26	Pflanzen mit deutlichem (unangenehmem) Geruch	→ 27
26*	Pflanzen ohne auffälligen Geruch	→ 28
27	Manche Blätter nur etwas ausgerandet, manche jedoch mit 2 Spitzen, besonders diejenigen von jungen Sprösschen. Auf morschem Holz	***Lophocolea heterophylla*** (S. 348)
27*	Alle Blätter mit 2 spitzen Lappen. Besonders an feuchten Böschungen, in Hochstaudenfluren und feuchten Wiesen	***Lophocolea bidentata*** (S. 286)
28	Blätter abgerundet bis schwach ausgerandet	***Chiloscyphus polyanthos*** **aggr.** (S. 218)
28*	Alle Blätter mit 2 Spitzen oder sogar in einzellreihige Zilien ausgezogenen Lappen	→ 29

29	Spitzen der Blattlappen sehr lang ausgezogen. Pflanzen fast immer mit Rottönen. – Fast immer auf Totholz	***Nowellia curvifolia*** (S. 350)
29*	Spitzen der Blattlappen nicht so lang ausgezogen. Pflanzen überwiegend in Grüntönen	***Cephalozia bicuspidata*** (S. 284)
30	Flankenblätter aus Ober- und Unterlappen zusammengesetzt	→ **31**
30*	Flankenblätter einfach	→ **39**
31	Von oben gesehen kleinerer Lappen über dem grösseren liegend	→ **32**
31*	Von oben gesehen grösserer Lappen über kleinerem liegend, dieser deshalb von oben nicht sichtbar	→ **35**
32	Ober- und Unterlappen länglich, mehr als doppelt so lang wie breit. Auffallender, rippenartiger Streifen an beiden Blattlappen (glänzender Mittelstreifen aus sehr langgestreckten Zellen, mit der Lupe erkennbar)	***Diplophyllum albicans*** (S. 134)
32*	Ober- und Unterlappen rund bis breit oval. Ohne rippenartigen Mittelstreifen	→ **33**
33	Oberlappen breit gerundet, fast gleich lang wie breit	***Scapania undulata*** (S. 222)
33*	Oberlappen zugespitzt, nicht gleich lang wie breit	→ **34**
34	Oberlappen deutlich kleiner als Unterlappen, am Stämmchen herablaufend. Oft mit Häufchen hell- bis dunkelbrauner Brutkörper an den Spitzen der Blattlappen. – Blätter häufig fein gezähnt	***Scapania nemorea*** (S. 138)
34*	Oberlappen fast so gross wie Unterlappen, nicht am Stämmchen herablaufend. Oft mit Häufchen hellgrüner Brutkörper an den Spitzen der Blattlappen	***Scapania aequiloba*** (S. 136)
35	Unterlappen sackförmig ausgestülpt	→ **36**
35*	Unterlappen nicht sackartig, sondern blattartig	→ **37**
36	Sackförmiger Unterlappen so breit wie lang. Meist epiphytisch, aber auch an kalkarmen Felsen. Dem Substrat dicht anliegend	***Frullania dilatata*** (S. 362)
36*	Sackförmiger Unterlappen länger als breit. Epiphytisch oder an meist kalkarmen Felsen. Dem Substrat locker anliegend oder wedelartig abstehend wachsend	***Frullania tamarisci*** (S. 364)
37	Pflanzen trocken dunkelgrün, matt. Sprösschen vom Substrat abstehend. Blätter eiförmig. – Mit Unterblättern	***Porella platyphylla* aggr.** (S. 368)
37*	Pflanzen immer (hell)grün. Sprösschen dem Substrat meist anliegend. Blätter rund	→ **38**
38	Unterblätter vorhanden	***Lejeunea cavifolia*** (S. 366)
38*	Keine Unterblätter vorhanden	***Radula complanata*** (S. 372)
39	Blätter deutlich oberschlächtig. – Ästchen an den Enden bläulich grün, ansonsten hellgrün. Mit Unterblättern	***Calypogeia azurea*** (S. 282)
39*	Blätter unterschlächtig oder dieses Kriterium wegen Wellung der Blätter schwierig beurteilbar	→ **40**
40	Blätter auffällig stark nach unten gewölbt. Blattrand meist deutlich gezähnt. – Sprösschen bis 8 cm lang	***Plagiochila asplenioides* aggr.** (S. 288)
40*	Blätter nicht stark nach unten gewölbt. Blattrand ohne Zähne	→ **41**

41 Blätter schräg am Stämmchen angewachsen. – Blätter eiförmig-oval, bis schwach herzförmig, im basalen Teil am breitesten. Auf feuchten bis nassen Kalk- und Dolomitfelsen
Jungermannia atrovirens (S. 220)

41* Blätter längs am Stämmchen angewachsen **→ 42**

42 Pflanzen mit deutlichem (unangenehmem) Geruch. Manche Blätter nur etwas ausgerandet, manche jedoch mit 2 Spitzen, besonders diejenigen von jungen Sprösschen.
Auf morschem Holz ***Lophocolea heterophylla*** (S. 348)

42* Pflanzen ohne auffälligen Geruch. Alle Blätter abgerundet bis schwach ausgerandet.
An nassen Standorten ***Chiloscyphus polyanthos* aggr.** (S. 218)

weiter von 3*, Laubmoose:

43 Trocken blassgrün bis weisslich, feucht kräftig grün bis bräunlich oder lila rot.
– Häufig auf torf- oder rohhumusreichen Böden und Totholz **→ 44**

43* Pflanzen trocken nicht weisslich grün. **→ 56**

44 Pflanzen einfach oder wenig verzweigt **→ 45**

44* Pflanzen bestehen aus aufrechten Stämmchen und Ästchen, die entlang des Stämmchens in Büscheln angeordnet sind (siehe S. 33). In Mooren und Sümpfen oder feuchten Wäldern
Gattung *Sphagnum* → 46

Die Gattung *Sphagnum* ist eine herausfordernde und grosse Gattung (siehe S. 32 f.). Wegen der Grösse der Gattung werden die *Sphagnum*-Arten in sogenannte Sektionen eingeteilt, die in diesem Schlüssel ebenfalls aufgeschlüsselt sind. Pro Sektion wird in diesem Buch nur maximal eine Art behandelt. Sollten also nicht alle Merkmale passen, handelt es sich gegebenenfalls um eine andere Art aus der bestimmten Sektion.

45 Sprösschen aufrecht, spiralig beblättert. Blätter breit lanzettlich mit stumpfer Spitze, 6–8 mm lang. – In kleineren, halbkugelförmigen, dichten Polstern oder in ausgedehnten dichten Rasen ***Leucobryum glaucum* aggr.** (S. 302)

45* Sprösschen niederliegend, verflacht beblättert. Blätter querwellig
Plagiothecium undulatum (S. 328)

46 Astblätter kappenförmig oder durch konkave Ränder scheinbar kappenförmig.
Abstehende Äste dick, geschwollen beblättert **→ 47**

46* Rand der Astblätter eingerollt oder flach, nicht kappenförmig. Äste nicht geschwollen beblättert und nicht dick **→ 49**

47 Astblätter breit kappenförmig. Stämmchenblätter länger als 1 mm, zungenförmig.
– Grosse, kräftige Pflanzen **Sektion Sphagnum → 48**

47* Astblätter nur scheinbar kappenförmig. Stämmchenblätter dreieckig, klein, weniger als 1 mm lang. – Sehr kompakte, dichte Polster bildend, mit sehr dicht stehenden Ästen
Sektion Rigida

in diesem Buch nicht behandelt, enthält in der Schweiz nur *S. compactum*

48 Pflanzen weinrot, auch an unteren Ästen. Sprösschen rot oder zumindest mit weinroten Flecken. – Stämmchenblätter lang rechteckig. Häufig in der Bultvegetation von Hochmooren, aber auch im Bergföhrenmoor, in Zwischenmooren und sauren Kleinseggenrieden
***Sphagnum magellanicum* aggr.** (S. 254)

48* Pflanzen grün, ocker, braun, wenn rot, dann nur im Köpfchen schwach rosa oder ziegelrot, niemals weinrot andere Arten der **Sektion Sphagnum**

49 Köpfchen mit deutlicher, grosser Endknospe. Astblattspitzen zurückgebogen und/oder Pflanzen nicht rein grün, sondern gelblich grün bis bräunlich, ohne rote Färbungen **Sektion Squarrosa** → **50**

49* Köpfchen ohne Endknospe, oder wenn mit Endknospe, Astblätter nicht zurückgebogen. Pflanzen rein grün oder mit deutlichen Rottönen → **51**

---

50 Blätter an allen abstehenden Ästen deutlich sparrig abstehend. Pflanzen gross, gelblich grün bis etwas bräunlich grün. In nährstoffreicheren Flachmooren, auch an schattigeren Stellen ***Sphagnum squarrosum*** (S. 256)

50* Meist nur vereinzelt mit sparrigen Blättern. Pflanzen klein bis mittelgross, häufig braun. Nicht selten in basenreichen, nährstoffreicheren Flachmooren ***Sphagnum teres***

in diesem Buch nicht behandelt, neben *Sphagnum squarrosum* einzige andere Art der Sektion Squarrosa in der Schweiz

---

51 Abstehende und hängende Äste sehr ähnlich. Mindestens einzelne abstehende Äste im und unterhalb des Köpfchens deutlich kurvig gebogen. Astblätter oval, relativ breit (höchstens 3-mal so lang wie breit). Pflanzen meist glänzend, grün bis gelb, selten mit Rottönen **Sektion Subsecunda** → **52**

51* Abstehende und hängende Äste deutlich verschieden: hängende Äste oft länger als abstehende Äste. Blätter an hängenden Ästen meist schmaler und «zarter». Äste am Köpfchen nicht kurvig gebogen. Astblätter lineal-lanzettlich (mehr als 3-mal so lang wie breit). Pflanzen mit oder ohne Rottöne. → **53**

---

52 Ohne auffällige Endknospe, Stämmchenblätter klein, ½–¾ so lang wie die Astblätter. Astblätter kurzspitzig, Stämmchen meist bis zuoberst ziemlich dunkel. In Flach- und Übergangsmooren ***Sphagnum subsecundum*** (S. 258)

52* Nicht alle Merkmale zutreffend andere Arten der **Sektion Subsecunda**

---

53 Astblätter in trockenem Zustand deutlich verdreht oder wellig. Stämmchenblätter zurückgebogen, oft kürzer als die Astblätter. Nie mit Rottönen **Sektion Cuspidata** → **54**

53* Astblätter trocken glatt, nicht verdreht oder wellig. Stämmchenblätter aufrecht, von mehr oder weniger gleicher Länge wie die Astblätter. Mit oder ohne Rottöne **Sektion Acutifolia** → **55**

---

54 Hängende Äste deutlich länger als abstehende, meist mehr oder weniger dem Stämmchen anliegend und ihn im oberen Bereich bedeckend. 4 Äste pro Astbüschel. Stämmchenblätter stumpfspitzig, gleichseitig dreieckig. Astblätter gelegentlich 5-reihig angeordnet. In Hoch- und Flachmoorbereichen, dort auch an trockeneren Stellen ***Sphagnum angustifolium*** (S. 250)

54* Nicht alle Merkmale zutreffend andere Arten der **Sektion Cuspidata**

---

55 Pflanzen ohne deutliche Endknospen, ziemlich klein, meist rot und (blass)grün gescheckt, glanzlos. Schopfäste kurz, Schopf meist halbkugelförmig. Ästchen oft zu 3 oder 4 pro Büschel, davon oft 2 abstehend. Stämmchenblätter in der unteren Hälfte mit parallelen Rändern, in der oberen dreieckig und etwas zugespitzt. Astblätter kurz (1,0–1,5 mm). Häufig in Hochmooren, aber auch in Moorwäldern ***Sphagnum capillifolium*** (S. 252)

55* Nicht alle Merkmale zutreffend andere Arten der **Sektion Acutifolia**

56	Blätter zweizeilig in einer Ebene angeordnet oder spiralig beblättert, aber deutlich abgeflacht (Blätter in eine Ebene «gedrückt»). **Achtung:** Sterile Sprösschen von *Plagiomnium*-Arten können auch abgeflacht sein; vgl. *P. undulatum* (115) und *P. affine* aggr. (117)	→ 57
56*	Nicht deutlich verflacht beblättertes Moos	→ 65
57	Blätter deutlich in 2 Reihen stehend (zweizeilig)	→ 58
57*	Blätter spiralig angeordnet, aber Sprösschen mit Blättern deutlich abgeflacht, Blätter scheinbar in einer Ebene stehend	→ 61
58	Blätter ohne Rippe. Ausdauerndes Protonema leuchtend grün reflektierend. – In Spalten kalkfreier Felsen und Höhlungen, unter Überhängen steiler Böschungen, Wurzeln oder Steinen	***Schistostega pennata*** (S. 178)
58*	Blätter mit Rippe bis in die Blattspitze oder kurz davor endend. Protonema kurzlebig, nicht leuchtend	→ 59
59	Blätter mit lang ausgezogenen, sehr schmalen Spitzen und scheidigem Blattgrund	***Distichium capillaceum* aggr.** (S. 150)
59*	Blätter nicht lang ausgezogen, mit taschenförmigen/kahnförmigen Blattscheiden, die ⅓–⅔ der dem Stämmchen zugewandten Blattseite einnehmen (Merkmale für die gesamte Gattung *Fissidens*)	→ 60
60	Rippe an der Spitze kurz austretend. Blattrand regelmässig krenuliert	***Fissidens taxifolius*** (S. 300)
60*	Rippe vor der Spitze endend. Blattrand grob gezähnt. – Blätter am Rand blasser (Zellwände sind dort dicker)	***Fissidens dubius*** (S. 156)
61	Blätter querwellig	→ 62
61*	Blätter nicht querwellig	→ 63
62	Pflanzen gelblich grün, glänzend. Auf Felsen und Bäumen	***Neckera crispa*** (S. 198)
62*	Pflanzen blassgrün bis blau- oder graugrün. Auf Waldboden	***Plagiothecium undulatum*** (S. 328)
63	Pflanzen meist mit kleinblättrigen (sich bis zur Spitze hin verschmälernden) Flagellenästen. Blätter mit deutlichem Spitzchen. – Kurze Rippe vorhanden, mit der Lupe nicht sichtbar	***Neckera complanata*** (S. 398)
63*	Pflanzen ohne Flagellenäste. Blattspitzen abgerundet	→ 64
64	Blätter mit schwacher Rippe, welche bis zur Blattmitte reicht. Blattrand gezähnt. – Blätter nach unten geneigt. Fast ausschliesslich an Borke von Laubbäumen	***Homalia trichomanoides*** (S. 392)
64*	Blätter ohne Rippe. Blattrand glatt. – Zellen sehr gross und mit blossem Auge sichtbar. Auf feuchtem Boden und Gestein	***Hookeria lucens*** (S. 322)
65	Blätter in 3 Reihen (dreizeilig) angeordnet. – Blätter gross (oft 5 mm lang), gekielt. Flutend in Fliess- und Stillgewässern wachsend	***Fontinalis antipyretica*** (S. 238)
65*	Blätter nicht dreizeilig angeordnet	→ 66
66	Blattrand dick (Lupe). Rippe kräftig und an der Blattspitze kurz austretend. An periodisch überflutetem Gestein an Flussufern und Bächen	***Cinclidotus fontinaloides*** (S. 228)
66*	Andere Merkmalskombination	→ 67

67	Pflanzen matt, mit meist auffälliger, weisser Glasspitze	→ 68
67*	Andere Merkmalskombination	→ 69
68	Blätter ohne Rippe. Auf silikatischem Gestein	***Hedwigia ciliata*** (S. 162)
68*	Blätter mit Rippe. Auf sandigem, meist kalkfreiem Boden	***Racomitrium canescens*** **aggr.** (S. 122)
69	Gametophyt winzig, scheinbar nicht vorhanden. – Kapseln 3–4 mm lang, auf ca. 1 cm langen Kapselstielen sitzend. Meist auf modrigem Totholz in Nadelwäldern höherer Lage	***Buxbaumia viridis*** (S. 352)
69*	Gametophyt deutlich sichtbar	→ 70
70	Stämmchen fast immer aufrecht in Polstern, Rasen oder Herden wachsend, meist wenig verzweigt. Verzweigungen eng, meist < 30°. Sporophyten am Gipfel der Stämmchen wachsend (selten auch unterhalb des Stämmchenendes entspringend) (Akrokarpe Moose)	→ 71
70*	(Primär-)Stämmchen niederliegend. Seitenzweige aufrecht oder dem Substrat anliegend, häufig stark verzweigt. Verzweigungen weit, meist > 30°. Sporophyten seitenständig (Pleurokarpe Moose)	→ 146

weiter von 70, Akrokarpe Moose:

71	Gametophyt scheinbar nicht vorhanden. – Kapseln 3–4 mm lang, auf ca. 1 cm langen Kapselstielen sitzend. Meist auf modrigem Totholz in Nadelwäldern höherer Lagen	***Buxbaumia viridis*** (S. 352)
71*	Gametophyt deutlich sichtbar	→ 72
72	Kleines Bodenmoos (bis 1 cm hoch). Kapseln (scheinbar) ohne Stiele (sitzend)	→ 73
72*	Moos grösser oder auf anderen Substraten	→ 75
73	Kapseln gross im Vergleich zum Gametophyten, zwischen begrannten Hüllblättern sitzend, hellbraun und mit einer stark konvexen, bauchigen und einer flacheren Seite. Sterile Sprösschen wenige Millimeter hoch. Blätter schmal zungenförmig	***Diphyscium foliosum*** (S. 298)
73*	Merkmalskombination anders	→ 74
74	Sprösschen winzig, 1–2 mm hoch, umgeben von Protonema, Blätter deutlich gezähnt, Blattrippe fehlend	***Ephemerum serratum*** (S. 112)
74*	Sprösschen 2–9 mm hoch, knospenförmig. Blätter breit lanzettlich mit Rippe. Kapseln fast vollständig von den Hüllblättern verdeckt	***Phascum cuspidatum*** (S. 116)
75	Polster braun bis schwärzlich. Unreife oder feuchte Kapseln länglich, reife Kapseln bei Trockenheit sich mit 4 Längsspalten zu einem runden, laternenartigen Gebilde öffnend. Rippe fehlend. Blatt bis zur Spitze verschmälernd. An kalkfreiem Silikatgestein	***Andreaea rupestris*** **aggr.** (S. 140)
75*	Andere Merkmalskombination	→ 76
76	Blätter mit Lamellen auf der Oberseite der Blattrippe (mit der Lupe als Längsstreifen erkennbar), entweder dicht und zahlreich, dann Blätter dick und tannennadelartig, oder locker und wenige (4–5 Lamellen)	→ 77
76*	Blätter ohne Lamellen auf der Blattoberseite	→ 81

77 4–5 Lamellen auf der schmalen Blattrippe. Blätter linealisch-dreieckig, querwellig. – Kräftiges, in Rasen wachsendes Moos lichter Wälder ***Atrichum undulatum*** (S. 292)

77* Viele eng stehende Lamellen auf der Blattoberseite. Blätter tannennadelartig, nicht querwellig → **78**

78 Blattrand eingerollt und ungezähnt. – Blatt mit weissem Glashaar. An sonnigen Stellen in Fels- und Schuttfluren, Zwergstrauchheiden, Heidemooren, auf Alpweiden und Schneeböden oder in Nadelwäldern ***Polytrichum piliferum*** (S.120)

78* Blattrand flach und gezähnt → **79**

79 Sprösschen klein (1–2 cm). Protonema ausdauernd, einen dichten hell- bis dunkelgrünen Filz bildend ***Polytrichum aloides*** (S. 310)

79* Sprösschen grösser (bis 25 cm oder sogar grösser). Ohne bleibenden Protonemafilz → **80**

80 Kapselstiele unten rötlich, in der oberen Hälfte gelblich. Vorwiegend in Wäldern auf mässig saurer, meist frischer Erde, fast durchwegs an schattigen Stellen ***Polytrichum formosum*** (S. 312)

80* Kapselstiele einfarbig rotbraun. In Hoch- und Flachmooren oder Wäldern (oft in Waldmooren), aber auch in Weiden; auf sauren Böden (Torf, nasse bis frische Erde, auch feuchter Rohhumus), an schattigen bis hellen Stellen ***Polytrichum commune*** (S. 264)

81 Blätter mit Glasspitze (obere Hälfte der Blätter oder Blattspitzen aus weissen, farblosen Zellen) oder mit langem (!) Glashaar → **82**

81* Blätter ohne Glashaar, höchstens mit kurz oder länger austretender, gefärbter Rippe (vgl. auch *Bryum capillare* aggr.) → **96**

82 Kapseln nickend bis hängend. Blätter trocken teilweise spiralig um das Stämmchen gedreht. – Blattnerv als bräunliches oder hellgrünes Haar austretend ***Bryum capillare* aggr.** (S. 146)

82* Kapseln nicht nickend oder hängend, oder wenn nickend oder hängend, dann Blätter trocken nicht spiralig um das Stämmchen gedreht → **83**

83 Blätter mit Glasspitze, obere Zellen im Blatt hyalin → **84**

83* Blätter mit Glashaar → **89**

84 Glasspitze breit angesetzt. An den meisten Blättern vorhanden → **85**

84* Glasspitze klein. Möglicherweise nur an wenigen Blättern vorhanden → **88**

85 Sprösschen 0,5–1,0 cm lang, durch anliegende, hohle Blätter kätzchenartig beblättert. Polster trocken weisslich silbern. Kapseln deutlich über die Blätter emporgehoben. Häufig in stark durch den Menschen beeinflussten Lebensräumen, z. B. an Strassen- und Wegrändern, zwischen Kopfsteinpflaster, in Blumenbeeten und Weinbergen ***Bryum argenteum*** (S. 104)

85* Andere Merkmalskombination → **86**

86 Kleine Art auf Bäumen oder kalkhaltigem Gestein. Sprösschen in dunkelgrünen 0,5–1,5 cm hohen Polstern wachsend. – Häufig mit Kapseln, diese sehr kurz gestielt, kaum aus den Hüllblättern hervorragend. Peristom aus 16 gelblichen, abgespreizten Zähnen ***Orthotrichum diaphanum*** (S. 380)

86* Grosse Art auf silikatischem Gestein oder Sand. Sprösschen meist niederliegend bis aufsteigend, meist in kleineren oder grösseren Teppichen wachsend → **87**

87 Blätter konkav und ohne Rippe. Sporophyten häufig. Kapseln eingesenkt und zwischen den Hüllblättern versteckt. Auf silikatischem Gestein ***Hedwigia ciliata*** (S. 162)

87* Blätter konkav oder gekielt, mit Rippe. Sporophyten gelegentlich vorhanden. Kapseln auf langen Kapselstielen emporgehoben. Oft auf sandig-kiesigen, kalkfreien oder auch kalkreichen Böden ***Racomitrium canescens* aggr.** (S. 122)

88 Blätter an den Spitzen mit himbeerartigen, gelb- bis braunroten Brutkörpern ***Grimmia hartmanii*** (S. 158)

88* Blätter ohne Brutkörper ***Schistidium trichodon*** (S. 176)

89 Blätter mit Längslamellen, Blattfläche über die Lamellen eingeschlagen ***Polytrichum piliferum*** (S. 120)

89* Blätter ohne Längslamellen, Blattfläche nicht eingeschlagen → **90**

90 Glashaare trocken mehr oder weniger rechtwinklig abstehend (Blätter aber aufrecht), sodass die Glashaare an den Sprösschen wie Stacheln an Kakteen wirken ***Campylopus introflexus*** (S. 108)

90* Glashaare trocken nicht zurückgebogen. Sprösschen wirken trocken nicht kaktusartig → **91**

91 Blätter meistens mit runden, grünen Brutkörpern, die auf der Blattrippe gebildet werden. Pflanzen in Europa nie mit Sporophyten. – Blätter trocken eingebogen, feucht abgespreizt. Häufig an Bäumen, seltener an Mauern oder Gestein ***Syntrichia papillosa*** (S. 384)

91* Blätter ohne Brutkörper auf der Blattrippe. Sporophyten häufig → **92**

92 Blätter zungenförmig. Kapselstiele gerade, > 1 cm lang → **93**

92* Blätter dreieckig oder eilanzettlich, ovallanzettlich bis schmal dreieckig, mit mehr oder weniger lang ausgezogener Spitze. Kapselstiele < 0,5 cm → **94**

93 Blätter in feuchtem Zustand abstehend. Glashaar glatt. In dichten, niedrigen (< 1 cm) Polstern oder Rasen ***Tortula muralis*** (S. 184)

93* Blätter in feuchtem Zustand zurückgebogen. Glashaar gezähnt. In eher lockeren, 2–5 cm hohen Rasen ***Syntrichia ruralis* aggr.** (S. 180)

94 Kapseln auf kurzen, aber deutlich sichtbaren (jung gebogenen, später geraden) Kapselstielen. Blätter mit langen Glashaaren, die den dichten Polstern eine graugrüne Erscheinung geben. ***Grimmia pulvinata*** (S. 160)

94* Kapseln in die Blätter eingesenkt, Kapselstiele sehr kurz, kaum sichtbar. Blätter mit kürzerem Glashaar oder Glasspitze → **95**

95 Kapseln hellbraun mit weisslichen Peristomzähnen. Blätter mit kurzer Glasspitze. Pflanzen klein, in dunkelgrünen, dichten Polstern wachsend ***Orthotrichum diaphanum*** (S. 380)

95* Kapseln rot bis dunkelbraun mit rötlichen Peristomzähnen. Blätter mit Glashaar. Übrige Merkmale variabel ***Schistidium apocarpum* aggr.** (S. 174)

96 Blätter linealisch bis schmal dreieckig mit sehr schmaler, lang ausgezogener Spitze, Blätter oft rinnig, trocken wenig verändert oder stark gekräuselt. – Blattrand glatt, maximal an der Spitze leicht gezähnt → **97**

96* Blätter breiter, oder falls Blätter schmal, dann deutlich gezähnt → **113**

97 Gametophyt nur etwa 1–8 mm hoch → 98

97* Gametophyt grösser → 99

98 Gametophyt nur etwa 3–8 mm hoch, in gelblich grünen Rasen. Kapselstiele aufrecht. – Peristom kurz, aber deutlich vorhanden. Blattrand fast über gesamte Blattlänge eingerollt ***Weissia controversa*** (S. 128)

98* Gametophyt nur etwa 1–3 mm hoch, dunkel- bis olivgrüne Rasen bildend. Kapselstiele auffällig gebogen ***Blindiadelphus recurvatus*** (S. 144)

99 Blätter zumindest feucht meist deutlich einseitswendig → 100

99* Blätter feucht allseitig abstehend, gerade oder schwach gebogen → 102

100 Blätter kurz (nur etwa 2 mm lang). – Pflanzen in grünen Rasen. Kapselstiele gelb. Kapseln hochrückig, gekrümmt und geneigt, entleert eingeschnürt, reif gefurcht ***Dicranella heteromalla*** (S. 294)

100* Blätter länger (4–8 mm) → 101

101 Pflanzen fast immer mit Brutblättern, die beim Darüberstreichen am Finger hängen bleiben ***Dicranodontium denudatum*** (S. 354)

101* Pflanzen ohne leicht abbrechende Brutblätter ***Dicranum scoparium*** (S. 296)

102 Pflanzen meist mattgrün bis gelblich grün, meist 4–6(–10) cm gross, in lockeren oder dichten Rasen, mit starkem, braunem Rhizoidenfilz. Blätter allseitswendig, trocken verbogen, mit dicker, weisslicher Blattrippe. In Mooren und Sümpfen oder an nassen Stellen in Heiden ***Aulacomnium palustre*** (S. 260)

102* Andere Merkmalskombination → 103

103 Blätter trocken gekräuselt → 104

103* Blätter trocken und feucht kaum verschieden → 108

104 Blätter querwellig. Zieht man mit den Fingernägeln einige Blätter ab, so sieht man mit einer Lupe den abrupten, V-förmigen Übergang zwischen dem farblosen Blattgrund und dem oberen, grünen Blattbereich ***Tortella tortuosa*** (S. 182)

104* Blätter nicht querwellig. Kein V-förmiger Übergang zwischen Blattgrund und oberem Blattbereich → 105

105 Grosses, meist bläulich grünes Moos. Sprösschen 5–10 cm lang. Blätter stark gezähnt, um 10 mm lang. Kapseln rund auf kurzen Kapselstielen (2–3 mm lang). Ältere Kapseln finden sich gelegentlich im Polster versteckt ***Bartramia halleriana*** (S. 142)

105* Moos gelbgrün bis dunkelgrün → 106

106 Pflanzen trocken mit wenig gekräuselten Blättern. – Häufig mit dünnen Brutästchen, die im Polster liegen. An schattigen bis sonnigen Kalkfelsen und in mageren, sonnigen Gebirgsrasen ***Ditrichum flexicaule*** **aggr.** (S. 152)

106* Pflanzen trocken mit stark gekräuselten Blättern → 107

107 Blattrand leicht gezähnt. Pflanzen hell- bis dunkelgrüne, meist niedere, sehr dichte Polster bildend. Sporophyten selten. In Wäldern an Baumbasen, auf Wurzeln, morschen Strünken und liegenden Stämmen, auf basenarmen Silikatblöcken und -felsen, selten auf ausgehagerter Erde. – Meist mit kleinen Brutblättern ***Dicranum montanum*** (S. 374)

107* Blattrand ganzrandig. Pflanzen in gelbgrünen, seltener schwärzlichen Polstern. Fast immer mit Sporophyten. Auf kalkarmen Felsen und Blöcken, an sonnigen bis halbschattigen Stellen, besonders im Gebirge ***Hymenoloma crispulum*** (S. 164)

108 Pflanzen fast immer mit Brutblättern, die beim Darüberstreichen meist in grosser Zahl am Finger hängen bleiben ***Dicranodontium denudatum*** (S. 354)

108* Pflanzen ohne Brutblätter → **109**

109 Pflanzen in dunkelgrünen bis gelbgrünen, glänzenden, 1–3 cm hohen Rasen. Pflanzen mit orangerotem Stich durch auffallend orange gefärbte Blattflügel. – In höheren Lagen auf zeitweise überrieselten, kalkarmen, meist eher schattigen Felsen ***Blindia acuta*** (S. 224)

109* Pflanzen dunkelgrün bis gelbgrün, ohne Orange- oder Rottöne → **110**

110 Blätter an der Spitze gezähnt → **111**

110* Blätter ganzrandig → **112**

111 Moos gelblich grün bis bläulich grün, blass und glanzlos. Kapseln jung annähernd kugelig. In schattigen Felsritzen ***Bartramia halleriana*** (S. 142)

111* Moos hell- bis dunkelgrün, gelblich oder bräunlich, nicht blass, matt bis glänzend. Kapseln gekrümmt. In Wäldern auf verschiedenen Substraten ***Dicranum scoparium*** (S. 296)

112 An schattigen bis halbschattigen Kalkfelsen in Gebirgswäldern oder in mageren Gebirgsrasen ***Ditrichum flexicaule*** **aggr.** (S. 152)

112* In Mooren, auf Torf oder feuchter Erde ***Aulacomnium palustre*** (S. 260)

113 Blätter mindestens von der Blattmitte bis zur Spitze mit deutlich gezähntem Blattrand → **114**

113* Blätter ganzrandig oder nur an der Spitze gezähnt → **118**

114 Pflanzen mit aufrechtem, nur mit kleinen Schuppenblättchen versehenem Stämmchen und auffälliger, blumen- oder palmenartiger Blattrosette am oberen Ende des Stämmchens. Blätter 6–12 mm lang, spatelförmig, Blattrippe vor der Spitze endend ***Rhodobryum roseum*** (S. 316)

114* Pflanzen niederliegend oder aufrecht, am gesamten Stämmchen beblättert und/oder Blätter nicht spatelförmig → **115**

115 Blätter lang zungenförmig, querwellig, an der Spitze abgerundet, mit aufgesetztem Spitzchen, bis 15 mm lang ***Plagiomnium undulatum*** (S. 308)

115* Blätter mit anderer Form, nicht querwellig und kürzer → **116**

116 Blattrand mit Saum aus langgestreckten, schmalen Zellen → **117**

116* Blattrand ohne Saum aus langgestreckten, schmalen Zellen. – Blätter breit elliptisch bis lanzettlich, verfärben sich beim Trocknen bläulich ***Mnium stellare*** (S. 166)

117 Blattrand mit einfachen Zähnen. Blätter breit elliptisch ***Plagiomnium affine*** **aggr.** (S. 306)

117* Blattrand mit Doppelzähnen. Blätter elliptisch bis verkehrt eiförmig ***Mnium spinosum*** (S. 304)

118 Blätter verkehrt eiförmig bis rundlich, zur Basis allmählich stark verschmälert. Blattspitze mit kleinem, abgesetztem Spitzchen, das aber gelegentlich auch fehlen kann. Blattrand mit Saum aus langgestreckten, schmalen Zellen, nicht gezähnt
Rhizomnium punctatum (S. 314)

118* Blattform anders. Blattspitze spitz bis abgerundet **→ 119**

119 Moos mit kurz gestielten Kapseln (Kapselstiele < 7 mm), die teilweise kaum aus den Hüllblättern ragen. Pflanzen meist dunkelgrün bis schwärzlich, matt, auf Gestein und Rinde.

Achtung: *Grimmia hartmanii* (122), *Pulvigera lyellii* (123) und *Nyholmiella obtusifolia* (123*) haben selten Kapseln, dafür fast immer auffällige Brutkörper an den Blättern **→ 120**

119* Moos mit lang gestielten Kapseln (Kapselstiele > 9 mm), hellgrün bis grün, matt bis glänzend, teilweise mit Rotfärbung **→ 126**

120 Blätter trocken stark gekräuselt. – Auf Rinde ***Ulota crispa*** **aggr.** (S. 388)

120* Blätter trocken etwas verbogen, aber nicht kraus, oder gerade **→ 121**

121 Brutkörper an den Blättern **→ 122**

121* Ohne Brutkörper **→ 124**

122 Blätter an den Spitzen mit himbeerartigen, gelb- bis braunroten Brutkörpern
Grimmia hartmanii (S. 158)

122* Brutkörper auf der Blattfläche **→ 123**

123 Blätter schmal eilanzettlich, spitz. Pflanzen gross, oft > 2 cm. Bräunliche Brutkörper immer sehr zahlreich, Blätter wirken dadurch «dreckig» oder wie mit Staub überdeckt
Pulvigera lyellii (S. 382)

123* Blätter eiförmig, mit stumpfer, abgerundeter Blattspitze. Pflanzen klein, < 2 cm. Brutkörper grünlich bis bräunlich ***Nyholmiella obtusifolia*** (S. 378)

124 Kapselstiele sehr kurz. Kapseln dadurch vollständig zwischen Blättern eingesenkt. – Kapseldeckel rot ***Schistidium trichodon*** (S. 176)

124* Kapselstiele deutlich sichtbar. Kapseln über die Blätter emporgehoben **→ 125**

125 Peristomzähne bogig zurückgekrümmt. Meist auf der Borke von Laubbäumen
Lewinskya speciosa (S. 376)

125* Peristomzähne trocken aufrecht oder abstehend. Meist auf kalkreichem Fels oder Beton
Orthotrichum anomalum (S. 168)

126 Pflanzen mit Brutkörpern in einem Brutbecher am Ende steriler Triebe, die aus eng stehenden Blättern gebildet werden. Peristom nur aus 4 Zähnen bestehend
Tetraphis pellucida (S. 356)

126* Pflanzen ohne Brutbecher an Stämmchenenden. Peristom anders **→ 127**

127 Kapseln hängend oder nickend, zylindrisch oder birnförmig **→ 128**

127* Kapseln anders **→ 133**

128 Blattrand mit Saum aus langgestreckten, schmalen Zellen. Rippe bis in die Blattspitze reichend, z. T. austretend **→ 129**

128* Blattrand ohne Saum aus langgestreckten, schmalen Zellen. Rippe vor Blattspitze endend **→ 132**

129 Pflanzen mit roten, runden Brutkörpern in den unteren Blattachseln und an den Rhizoiden **_Bryum rubens_** (S. 106)

129* Pflanzen ohne rote, runde Brutkörper → **130**

130 Blätter in trockenem Zustand entweder spiralig um das Stämmchen gedreht oder sehr hohl und Pflanzen knospen- oder kätzchenartig und 0,5–3,0 cm hoch. An trockenen bis frischen Stellen **_Bryum capillare_ aggr.** (S. 146)

130* Blätter nie spiralig eingedreht, teilweise aber hohl, dann allerdings 3–5 cm hoch. An feuchten bis nassen Stellen → **131**

131 Sprösschen wurmartig. Blätter stark hohl, abrupt in eine Spitze verschmälert **_Bryum schleicheri_** (S. 226)

131* Sprösschen nicht wurmartig. Blätter flach, allmählich in Spitze auslaufend – Pflanzen häufig mit Rotfärbung **_Bryum pseudotriquetrum_** (S. 262)

132 Bleich- bis bläulich grüne, trocken stark metallisch glänzende Pflanzen. Blätter trocken und feucht aufrecht bis weit abstehend **_Pohlia cruda_** (S. 172)

132* Hell- bis grasgrüne, mässig glänzende, fadenförmige Pflanzen. Blätter trocken anliegend, häufig mit Brutköpern, die einzeln in den Blattachseln stehen **_Pohlia filum_** (S. 118)

133 Kapseln aufrecht. Blätter verkehrt eiförmig, gegen die Spitze gezähnt. – Rippe als grünliche Haarspitze austretend → **134**

133* Kapseln nicht aufrecht. Wenn aufrecht, dann Blattform anders → **135**

134 Fast ausschliesslich auf grossen, alten Bergahornen im Alpenraum **_Tayloria rudolphiana_** (S. 386)

134* Meist auf zersetztem Tierdung an feuchten Stellen vor allem über 1400 m. – Kapselhals auffällig vergrössert **_Splachnum sphaericum_** (S. 266)

135 Pflanzen gross, Sprösschen höher als 3 cm → **136**

135* Pflanzen klein, Sprösschen kleiner als 3 cm → **140**

136 Moos in sauren bis mässig kalkreichen Mooren und Sümpfen. Pflanzen grün bis gelblich grün, bis über 10 cm gross, mit starkem, braunem Rhizoidfilz, der auffällig mit den gelblich grünen Blättern kontrastiert. Blätter eilanzettlich. Blattrand ohne Zähne oder nur an der Spitze etwas gezähnt **_Aulacomnium palustre_** (S. 260)

136* Moos in anderen Lebensräumen und mit anderem Aussehen → **137**

137 Moos der Quellfluren, Kalkflachmoore und Bachränder mit kalkhaltigem Wasser. Sprösschen grün bis gelblich grün, bis über 10 cm gross, leicht einseitswendig beblättert. Blätter in eine lange, scharfe Spitze ausgezogen, deutlich gezähnt **_Philonotis calcarea_** (S. 234)

137* Moos in anderen Lebensräumen und mit anderem Aussehen → **138**

138 Blätter elliptisch bis zungenförmig, Spitze abgerundet. – In den Blattachseln meistens mit dunkelbraunen Brutfäden. In mattgrünen Rasen **_Encalypta streptocarpa_** (S. 154)

138* Blätter mehr oder weniger schmal eilanzettlich, Blattspitze spitz → **139**

139 Kugelige Kapseln auf langen Kapselstielen. Blätter schmal eilanzettlich, kräftig gekielt, feucht zurückgebogen. In Spalten oder auf Absätzen feucht-schattiger Felsen. – Sprösschen mit kräftigem Rhizoidenfilz ***Plagiopus oederianus*** (S. 170)

139* Kapseln nicht kugelig, gekrümmt. Blätter eiförmig-lanzettlich bis zungenförmig, an der Spitze oft etwas abgerundet, flachrandig. An Bach- und Flussufern und an feuchten Stellen vor allem in höheren Lagen ***Dichodontium pellucidum* aggr.** (S. 230)

140 Kapselstiele gebogen und trocken stark verdreht, beim Befeuchten entdrehen sich die Kapselstiele. Kapseln birnförmig, geneigt und gekrümmt, im Alter stark gefurcht ***Funaria hygrometrica*** (S. 114)

140* Kapsel- und Kapselstielmerkmale anders **→ 141**

141 Kleines, bläulich grünes bis olivgrünes Moos mit spitzen, langen Blättern. Fast immer stark kalkinkrustiert. An von kalkhaltigem Wasser überrieselten Felsen, typischerweise an Tuffstellen, in Quellfluren, an felsigen Flussufern, in Grotten, an feuchten Mauern und an Brunnen ***Eucladium verticillatum*** (S. 232)

141* Moos in anderen Lebensräumen und mit anderem Aussehen **→ 142**

142 Gelbgrüne bis rötlich braune Pflanzen mit dreizeilig angeordneten, feucht meist stark zurückgebogenen Blättern. Pflanzen ohne Brutkörper ***Didymodon ferrugineus*** (S. 148)

142* Pflanzen grün oder rötlich. Blätter nicht dreizeilig, teilweise schwach zurückgebogen **→ 143**

143 Dichte Polster oder Rasen, häufig rot überlaufen oder fast komplett rot gefärbt. Kapselstiele rot. Blätter schwach glänzend, meist schmal dreieckig und scharf zugespitzt. Häufiges Moos an gestörten Stellen an Strassenrändern, zwischen Bahnschotter, auf Brandstellen, auf Mauern und alten Dächern und in Ödland ***Ceratodon purpureus*** (S. 110)

143* Blätter anders. Pflanzen niemals mit Rottönen **→ 144**

144 Blätter mit kahnförmiger, stumpfer Spitze. Zieht man mit den Fingernägeln einige Blätter ab, so sieht man unter einer Lupe den abrupten, V-förmigen Übergang zwischen dem farblosen Blattgrund und dem oberen, grünen Blattbereich. Pflanzen in gelbgrünen, im unteren Teil bräunlichen, dichten Rasen ***Tortella inclinata*** (S. 124)

144* Blattspitze flach, mit austretender Rippe. Pioniermoos in offenen Lebensräumen (z. B. Äcker, Beete, Wegränder, Kiesflächen, lückige Wiesen und Weiden etc.) **→ 145**

145 Blätter eiförmig-lanzettlich bis zungenförmig mit kräftiger, meist als kurze Stachelspitze austretender Rippe. Blattrand bis über ¾ des Blattes umgerollt. Peristom aus langen, spiralig gewundenen Zähnen ***Barbula unguiculata*** (S. 102)

145* Blätter eiförmig-lanzettlich bis spatelförmig, rasch in eine kurze Spitze verschmälert. Blattränder meist flach. Rippe als kurze bis lange Stachelspitze austretend. Peristom fehlend ***Tortula truncata*** (S. 126)

weiter von 70*, Pleurokarpe Moose:

146 Pflanzen mehrfach gefiedert **→ 147**

146* Pflanzen nicht mehrfach gefiedert **→ 149**

147 Pflanzen mit deutlich etagenförmigem Wuchs, mit Seidenglanz ***Hylocomium splendens*** (S. 326)

147* Pflanzen nicht in deutlichen Etagen wachsend, matt **→ 148**

148 Grosse Pflanzen, immer 3-fach gefiedert. Hauptsächlich im Wald vorkommend *Thuidium tamariscinum* (S. 340)

148* Mittelgrosse Pflanzen, 2- bis 3-fach gefiedert. In offenen Lebensräumen wie Trockenwiesen und Flachmooren, aber auch halbschattig in Wäldern *Thuidium assimile* (S. 92)

149 Pflanzen mit mehr oder weniger bäumchenförmigen Sekundärsprösschen, die einem auf dem oder im Substrat kriechenden Primärsprösschen entspringen → **150**

149* Pflanzen weder bäumchenförmig noch mehrfach gefiedert → **152**

150 Sekundärsprösschen auf den unteren Zentimetern unverzweigt, sodass sich eine deutlich bäumchenartige Wuchsform ergibt → **151**

150* Sekundärsprösschen stärker verzweigt, Ästchen bogig abstehend, daher Wuchsform nur angedeutet bäumchen- oder strauchartig. – Stämmchenblätter kurz zugespitzt. Ästchen anliegend beblättert, wirken wie stumpfe Schwänzchen *Isothecium alopecuroides* (S. 394)

151 Sekundärsprösschen aufrecht. Stämmchen rötlich. Äste nahe beim Stämmchenende entspringend, palmenartige Wuchsform. An lichten bis halbschattigen, bodenfeuchten Standorten *Climacium dendroides* (S. 84)

151* Sekundärsprösschen überhängend. Stämmchen grünlich bis bräunlich. Äste an verschiedenen Punkten des Stämmchens entspringend, oft in einer Ebene verzweigt, wedelartige Wuchsform. An schattigen, luftfeuchten Standorten *Thamnobryum alopecurum* (S. 248)

152 Pflanzen regelmässig einfach gefiedert, gelbgrün bis bräunlich, matt. Astblätter feucht abstehend, trocken eng anliegend. Art sonniger Standorte wie Trockenwiesen *Abietinella abietina* (S. 76)

152* Wuchsform anders → **153**

153 Blätter einseitswendig, schwach sichelförmig bis kreisrund gekrümmt → **154**

153* Blätter nicht oder nur schwach einseitswendig gebogen → **166**

154 Moos an feuchten Standorten wie Sümpfen, Mooren, Feuchtwiesen, Quellen, Bächen → **155**

154* Moos an frischen bis trockenen Standorten → **159**

155 Sprösschen mit Paraphyllien, mehr oder weniger regelmässig gefiedert → **156**

155* Sprösschen ohne Paraphyllien, unregelmässig verzweigt → **157**

156 Blätter mit meist tiefen Längsfalten. Paraphyllien fadenförmig *Palustriella commutata* **aggr.** (S. 244)

156* Blätter ohne Längsfalten. Paraphyllien lang oval bis dreieckig *Cratoneuron filicinum* (S. 236)

157 Blätter eiförmig, hohl, mit kurzer, etwas aufgesetzter Spitze *Hygrohypnum luridum* (S. 240)

157* Blätter aus eiförmiger Basis allmählich in eine lange Spitze verschmälert → **158**

158 Blätter stark sichelförmig, fast kreisförmig *Scorpidium cossonii* (S. 274)

158* Blätter schwächer sichelförmig gebogen bis fast gerade *Drepanocladus aduncus* (S. 270)

159 Moos sehr dicht gefiedert → **160**

159* Moos locker gefiedert oder unregelmässig verzweigt → **161**

160 Ästchen meist nicht mehr als 2 cm lang. Sprösschen meist niederliegend, in dichten Decken wachsend. Auf Kalkfelsen oder kalkhaltiger Erde, sonnig bis halbschattig **_Ctenidium molluscum_** (S. 190)

160* Ästchen mehr als 2 cm lang. Sprösschen meist aufrecht stehend. Auf Rohhumus in Nadelwäldern oder Blockhalden **_Ptilium crista-castrensis_** (S. 334)

---

161 Blätter mit sichtbarer Rippe und Längsfaltung → **162**

161* Blätter ohne Rippe oder mit kurzer Doppelrippe (kaum mit Lupe zu erkennen) → **163**

---

162 Blätter schmal, stark sichelförmig, fast kreisförmig. Stämmchen ohne Paraphyllien **_Sanionia uncinata_** (S. 338)

162* Blätter breit, nur schwach sichelförmig. Stämmchen mit Paraphyllien **_Lescuraea plicata_** (S. 196)

---

163 Blätter trocken leicht quergewellt. – In Trockenwiesen und auf Felsen auf dünner Erdauflage **_Rhytidium rugosum_** (S. 90)

163* Blätter trocken nicht quergewellt. → **164**

---

164 Sprösschen ähneln von oben gesehen einem dicht geflochtenen Zopf. Blätter meist deutlich einseitswendig **_Hypnum cupressiforme_ aggr.** (S. 70)

164* Sprösschen von oben gesehen nicht einem Zopf ähnlich. Blätter oft nur schwach einseitswendig → **165**

---

165 Pflanzen klein, zart, 1,0–2,5 cm lang. Fast immer auf Totholz **_Herzogiella seligeri_** (S. 358)

165* Pflanzen gross, robust, bis 20 cm lang. Am Waldboden **_Rhytidiadelphus loreus_** (S. 336)

---

166 Blätter sowohl in trockenem als auch in feuchtem Zustand abgespreizt, bei einigen Arten Blätter zurückgekrümmt → **167**

166* Blätter trocken nicht abgespreizt, sondern anliegend oder nur leicht abstehend → **175**

---

167 Blätter zurückgekrümmt → **168**

167* Blätter nicht zurückgekrümmt → **170**

---

168 Kleines Moos. – Blätter < 1 mm. Auf kalkreichem Gestein in höheren Lagen **_Campylophyllum halleri_** (S. 188)

168* Grösseres Moos → **169**

---

169 Stämmchen gelblich bis schwach orange. Blätter 1–3 mm lang, weit abgespreizt. In basenreichen Mooren, Quellbereichen, manchmal auch auf feuchten Felsen **_Campylium stellatum_** (S. 268)

169* Stämmchen rot. Blätter mehr als 3 mm lang, zurückgebogen. Im eher nähstoffreichen Grünland, in Kunstrasen, manchmal in Feuchtgebieten **_Rhytidiadelphus squarrosus_** (S. 88)

---

170 Pflanzen sehr gross, bis 20 cm oder höher, aufrecht. Sprösschen grün bis rot. Sprösschenspitze häufig hakenförmig gebogen → **171**

170* Pflanzen kleiner. Sprösschen grün. Sprösschenspitze nicht hakenförmig → **172**

---

171 Stämmchenblätter dreieckig, nicht einseitswendig **_Hylocomiadelphus triquetrus_** (S. 324)

171* Stämmchenblätter oval mit lang ausgezogener Spitze, oft etwas einseitswendig **_Rhytidiadelphus loreus_** (S. 336)

172 Pflanzen gross, auch bis mehr als 10 cm lang, robust und drahtig. – Auf Waldboden **_Eurhynchium striatum_** (S. 320)

172* Pflanzen klein, eher weich, nicht drahtig **→ 173**

173 Blätter eiförmig, mit kurzer, dreieckiger Spitze **_Oxyrrhynchium hians_** (S. 72)

173* Blätter eiförmig bis dreieckig mit lang ausgezogener Spitze **→ 174**

174 Moos in basenreichen Mooren, Quellbereichen, manchmal auch auf feuchten Felsen **_Campylium stellatum_** (S. 268)

174* Moos auf Totholz in Laubwäldern **_Herzogiella seligeri_** (S. 358)

175 Blätter elliptisch bis eiförmig, mit langem, abrupt abgesetztem und oft fast rechtwinklig abstehendem Haar. Sprösschenspitzen durch die Haare daher pinselartig. – Auf Erde in periodisch feuchtem Grünland und Wiesen, aber auch auf lichterem Waldboden **_Cirriphyllum piliferum_** (S. 82)

175* Blattspitze nicht mit langem, abgesetztem und abstehendem Haar **→ 176**

176 Oberste Blätter der Ästchen zu einer scharfen (Speer-)Spitze zusammengerollt, untere Blätter abgespreizt **_Calliergonella cuspidata_** (S. 80)

176* Keine Spitze aus zusammengerollten Blättern am Sprösschenende, wenn mit Spitze, untere Blätter nicht abgespreizt **→ 177**

177 Blätter elliptisch bis eiförmig. Blattspitze stumpf oder mit kurzem, aufgesetztem Spitzchen **→ 178**

177* Blätter dreieckig bis eiförmig. Blattspitze ausgezogen und allmählich verschmälert **→ 186**

178 Stämmchen rötlich, Blätter ± gleichmässig am Stämmchen angelegt. Meidet kalk- oder basenreiche Habitate **_Pleurozium schreberi_** (S. 330)

178* Stämmchen gelb oder grün (auch in älteren Bereichen) **→ 179**

179 Stämmchen mehr oder weniger regelmässig gefiedert **→ 180**

179* Stämmchen nicht oder unregelmässig gefiedert **→ 181**

180 Blätter mit einem deutlich zurückgebogenen Spitzchen und einer bis in die Blattmitte reichenden schwachen Rippe. Sprösschen gelb- bis bleichgrün **_Pseudoscleropodium purum_** (S. 332)

180* Blätter ohne zurückgebogene Blattspitze und ohne Rippe. Sprösschen meist gelblich bis bräunlich **_Entodon concinnus_** (S. 86)

181 Moos auf trockenem bis frischem Gestein, Rinde oder Totholz **→ 182**

181* Auf feuchtem bis nassem Boden und Gestein **→ 185**

182 Moos mit trocken (und häufig auch feucht) dicht anliegenden Blättern, dadurch fadenförmig erscheinend, matt **_Pterigynandrum filiforme_** (S. 404)

182* Moos nicht fadenförmig (Blätter weniger dicht anliegend, grösser), schwach glänzend **→ 183**

183 Sprösschen dem Substrat eng anliegend. Blattspitze lang ausgezogen – Oft mit Brutästen, die aus den Blattachseln an den Sprossenden wachsen **_Platygyrium repens_** (S. 400)

183* Sprösschen dem Substrat aufliegend oder vom Substrat abstehend. Blattspitze kurz, nicht lang ausgezogen **→ 184**

184 Blatt an der Spitze abgerundet. Kapseln geneigt. Sprösschen dem Substrat aufliegend, nicht bäumchenförmig. Meistens auf basenreichem Gestein
Rhynchostegium murale (S. 204)

184* Blatt mit kurzer, aufgesetzter Spitze. Kapseln aufrecht. Sekundärsprösschen meist schwach bäumchenförmig, steif und bogig vom Substrat abstehend. Meistens an Baumbasen oder auf Totholz, aber auch auf basenreichem Gestein
Isothecium alopecuroides (S. 394)

---

185 Blätter spitz, aufrecht bis waagrecht abstehend. Pflanzen unregelmässig verzweigt. Typischerweise auf Steinen oder Holz in oder an Fliessgewässern
Rhynchostegium riparioides (S. 246)

185* Blätter abgerundet, dicht dachziegelig dem Sprösschen anliegend. Pflanzen kaum verzweigt mit langen (bis 10 cm oder längeren), meist kriechenden Trieben. In Flach- und Zwischenmooren ***Drepanocladus trifarius*** (S. 272)

---

186 Blätter matt, nicht glänzend, mit breiter, zungenartiger Spitze, trocken anliegend, feucht abstehend. – Pflanzen gelbgrün, grün bis gelbbraun → **187**

186* Blätter glänzend, nicht matt, mit schmaler, ± langer Spitze → **188**

---

187 Sprösschen 2–5 cm lang, stark verzweigt und mit Flagellenästen. Stämmchenblätter mit wenigen Zähnen an der Spitze ***Pseudanomodon attenuatus*** (S. 200)

187* Sprösschen 3–10 cm lang, kaum verzweigt, ohne Flagellenäste. Stämmchenblätter an der Spitze ohne Zähne ***Anomodon viticulosus*** (S. 186)

---

188 Blätter allmählich in eine Spitze ausgezogen, mindestens an der Spitze gezähnt, gezähnelt oder krenuliert → **189**

188* Blätter in eine lange Spitze ausgezogen, ganzrandig → **194**

---

189 Blätter mit grossen, teilweise rechtwinklig zum Blattrand abstehenden Zähnen, an der Blattspitze oft mit 2 sich gegenüberstehenden Zähnen ***Antitrichia curtipendula*** (S. 390)

189* Zähne kleiner, in Richtung Blattspitze gerichtet und ohne 2 gegenüberstehende Zähne an der Spitze → **190**

---

190 Blätter mit meist deutlicher Längsfaltung. Kapselstiele glatt → **191**

190* Blätter ohne oder höchstens schwacher Längsfaltung. Kapselstiele papillös → **192**

---

191 Blätter aus herzförmigem Grund zugespitzt, deutlich gezähnt. Kapseldeckel mit langem Schnabel ***Eurhynchium striatum*** (S. 320)

191* Blätter eiförmig bis lanzettlich, oft einseitswendig, leicht gezähnt. Kapseldeckel ohne Schnabel ***Brachythecium salebrosum*** (S. 78)

---

192 Sprösschen 5–12 cm. Stämmchenblätter um 2,5 mm lang, breit eiförmig, plötzlich oder allmählich in eine kurze Spitze verschmälert ***Brachythecium rutabulum*** (S. 68)

192* Sprösschen 1–6 cm, Stämmchenblätter nicht über 1,5 mm lang, eiförmig bis lanzettlich → **193**

---

193 Stämmchenblätter um 1,5 mm lang, lanzettlich, allmählich in eine lange Spitze ausgezogen
Brachytheciastrum velutinum (S. 318)

193* Stämmchenblätter um 1,0–1,5 mm lang, eiförmig bis eilanzettlich, mit kurzer, dreieckiger Spitze ***Oxyrrhynchium hians*** (S. 72)

194 Blätter stark längsfaltig, schmal und lang dreieckig → **195**

194* Blätter nicht längsfaltig, oder wenn längsfaltig, dann nicht schmal dreieckig → **198**

195 In trockenen, meist sonnigen Lebensräumen, auf Rinde, Gestein oder Erde → **196**

195* In feuchten bis nassen Lebensräumen, auf offenen Böden oder Gestein → **197**

196 Äste trocken aufwärts gebogen. Pflanzen dem Substrat anhaftend ***Homalothecium sericeum*** (S. 194)

196* Äste immer gerade. Pflanzen dem Substrat nicht anhaftend, lockere Teppiche bildend ***Homalothecium lutescens*** (S. 192)

197 Pflanzen goldgelb, braun oder dunkelgrün. Häufig mit Rhizoiden an der Rippe der Blattaussenseite. Rippe ca. ¾ der Blattlänge erreichend. In Flachmooren ***Tomentypnum nitens*** (S. 276)

197* Pflanzen mit Rottönen. Ohne Rhizoide auf den Blattflächen und ohne Rippe. Auf feuchtem oder nassem Kalkgestein ***Orthothecium rufescens*** (S. 242)

198 Blätter trocken eng den Ästchen anliegend → **199**

198* Blätter trocken nicht eng anliegend → **201**

199 Blätter mit vielen Längsfalten. Äste in trockenem Zustand nach oben gebogen, wie Eichhörnchenschwänze ***Leucodon sciuroides*** (S. 396)

199* Blätter ohne Falten, glatt. Äste nicht wie Eichhörnchenschwänze nach oben gebogen → **200**

200 Polster häufig mit steifen, aufrechten Ästen mit vielen Brutästchen im Bereich der obersten Blätter. Stämmchenblätter mit lang ausgezogener Spitze ***Pseudoleskeella nervosa*** (S. 402)

200* Polster ohne steife, aufrechte Äste mit Brutästchen. Stämmchenblätter mit kurzer Spitze ***Pseudoleskeella catenulata*** (S. 202)

201 Sprösschen < 2 cm, Blätter sehr klein, mit blossem Auge gerade noch als Blätter erkennbar ***Amblystegium serpens*** (S. 66)

201* Sprösschen > 2 cm, Blätter ohne Probleme mit blossem Auge erkennbar → **202**

202 Blätter mit kurzer Doppelrippe (schwierig mit Lupe zu sehen). Meist mit auffälligen, büschelig angeordneten Brutästchen in den Blattachseln der oberen Astblätter ***Platygyrium repens*** (S. 400)

202* Blätter mit deutlicher Rippe (Lupe). Ohne Brutästchen ***Sciuro-Hypnum populeum*** (S. 206)

Artenporträts

Amblystegium serpens

Gewöhnliches Kriechmoos

Amblystégie rampante

Generalisten | Pleurokarpe Laubmoose

Pflanzen: Zarte, dichte, gelblich grüne bis dunkelgrüne Rasen. Sprösschen kriechend, unregelmässig verzweigt, 1–2 cm lang. Blätter aufrecht abstehend, gerade, trocken etwas verbogen.
Blätter: Aus eiförmiger Basis in eine lange schmale Spitze verschmälert, sehr klein (weniger als 1 mm lang). Rippe einfach, etwa bis zur Blattmitte reichend.
Sporophyten: Häufig. Kapselstiel rötlich bis braun, 1–3 cm lang. Kapsel geneigt und gekrümmt, selten fast gerade, hell- bis dunkelbraun.
Lebensraum/Ökologie: Sehr häufiges Moos im Siedlungsbereich (Mauerabsätze, Ziegel, Asphalt, Holz), aber auch an naturnahen Standorten am Grund von Bäumen, an erdigen Böschungen, auf Wurzeln und Felsen. An sonnigen bis (halb-)schattigen, meist kalk- und nährstoffreichen Standorten.
Zeigerwerte: Feuchtigkeit 3, Reaktion 4, Nährstoffe 3, Licht 3, Temperatur 4
Ähnliche Arten: Aufgrund der geringen Grösse der Pflanzen sind die Merkmale, welche für die Bestimmung wichtig sind, mit der Lupe kaum zu sehen. Eine Bestimmung im Feld bleibt daher oft unsicher. Auf Bäumen kann die Art mit dem zarteren *Pseudoamblystegium subtile* oder mit *Leskea polycarpa* verwechselt werden, beide haben aber aufrechte Kapseln, letztere zudem weniger spitze Blätter. *Pseudoleskeella nervosa* (S. 402) und *Platygyrium repens* (S. 400) sind durch ihre typischen Brutästchen unterscheidbar, welche aber nicht immer vorhanden sind. *Serpoleskea confervoides* auf Gestein ist noch zarter, seine winzigen, trocken dicht anliegenden Blätter sind kaum erkennbar.

An warmen Erdböschungen wächst *Amblystegium serpens* manchmal mit *Microeurhynchium pumilum,* seine Blätter haben eine kürzere Spitze. Etwas grösser und kräftiger sind *Brachytheciastrum velutinum* (S. 318), *Campylophyllopsis calcarea* und *Cratoneuron filicinum* (S. 236), sie weisen alle meist etwas einseitswendige Blätter auf. Die Blätter von *Oxyrrhynchium hians* (S. 72) stehen deutlich ab und sind stumpfer. *Hygroamblystegium varium* hat etwas breitere Blätter, die Rippe ist lang und knieförmig gebogen.

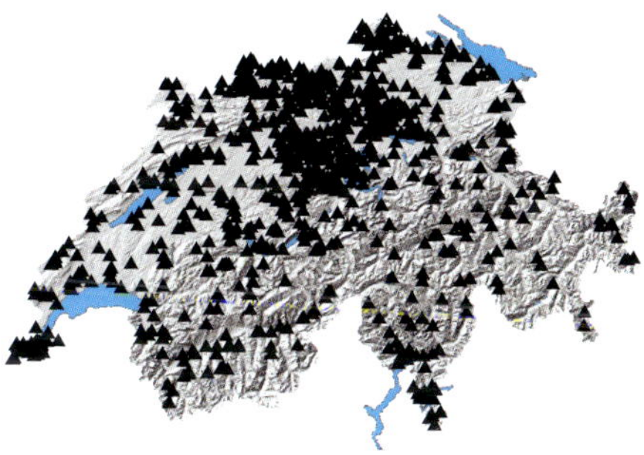

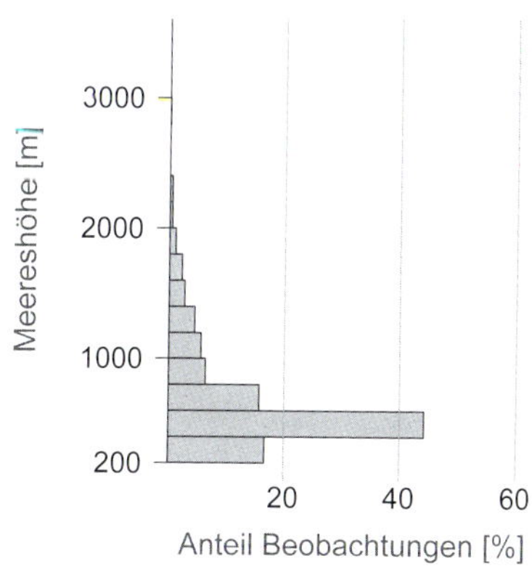

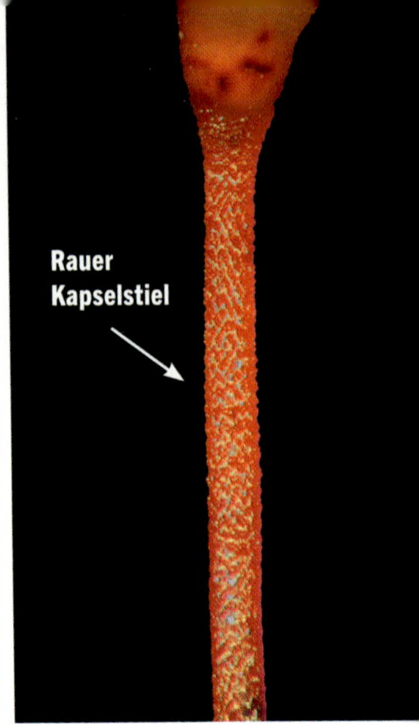

Brachythecium rutabulum

Gewöhnliches Kegelmoos

Buissonnette commune

Generalisten | Pleurokarpe Laubmoose

Pflanzen: Oft ausgedehnte, lockere bis dichte, grüne bis gelbgrüne Teppiche bildend. Sprösschen 5–12 cm lang, kriechend, unregelmässig verzweigt. Blätter dicht gestellt, aufrecht abstehend.
Blätter: Stämmchenblätter 2–3 mm lang, breit eiförmig, plötzlich oder allmählich in eine kurze Spitze verschmälert, oft schwach faltig, etwas hohl. Blattrand in der oberen Hälfte fein gezähnt. Rippe ½ bis ¾ der Blattlänge erreichend. Blattflügel undeutlich von den anderen Zellen abgesetzt, meist herablaufend. Astblätter ähnlich wie die Stämmchenblätter, aber etwas kleiner.
Sporophyten: Häufig. Kapselstiel 1,5–3,0 cm lang, rötlich, durchgehend stark rau. Kapsel horizontal, verkehrt eiförmig, asymmetrisch. Kapseldeckel kegelig und mit einem Spitzchen.
Lebensraum/Ökologie: Sehr häufige Art. In Wäldern, Hochstaudenfluren, nicht zu trockenen Wiesen und Rasen, an Fluss- und Bachufern, auf Mauern und Felsen, an Wegrändern, in Gärten und in Pärken. Standorte meist frisch, schattig bis halbschattig, und nährstoffreiche Standorte auf Erde, Borke, Wurzeln, Totholz und Gestein. Etwas weniger häufig auf stark sauren Substraten und in höheren Lagen.
Zeigerwerte: Feuchtigkeit 3, Reaktion X, Nährstoffe 5, Licht 2, Temperatur 3
Ähnliche Arten: *Brachythecium rutabulum* kann mit vielen anderen grossen, pleurokarpen Arten verwechselt werden. Kennzeichnend für *B. rutabulum* sind der vollständig raue Kapselstiel, die Blattrippe, die ½ bis ¾ der Blattlänge erreicht, und die grossen, nur schwach faltigen Stämmchen-

blätter mit nur undeutlichen Blattflügeln. Das leicht mit *B. ruatbulum* zu verwechselnde *B. rivulare* hat sehr grosse, deutlich erkennbare Blattflügel, und die Blattränder laufen am Stämmchen weit herab. *B. rivulare* ist ausserdem viel stärker an Feuchtstandorte gebunden. Die Unterschiede zu *B. salebrosum* (S. 78) sind bei dieser Art beschrieben.

Wissenswertes: *Brachythecium rutabulum* ist mit Abstand die häufigste der 16 *Brachythecium*-Arten der Schweiz. In Fettwiesen ist sie nebst *Oxyrrhynchium hians* (S. 72) oder einigen Erd-Pioniermoosen wie *Bryum rubens* (S. 106) oft die einzige Moosart, welche dort gedeihen kann.

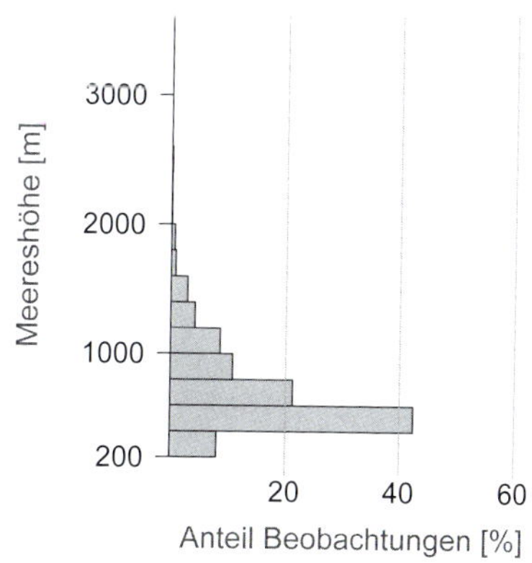

Hypnum cupressiforme aggr.

Umfasst 5 Arten und 3 Unterarten

Gruppe des Gewöhnlichen Schlafmooses

Groupe de la Branchule cyprès

Generalisten | Pleurokarpe Laubmoose

Pflanzen: Mittelgross, in dichten, grünen bis grüngelben Teppichen. Sprösschen unregelmässig verzweigt, einige Zentimeter lang. Blätter mehr oder weniger stark sichelförmig-einseitswendig (mit nach unten gebogener Spitze), regelmässig auf beiden Seiten um das Stämmchen herum angeordnet, die Sprösschen ähneln dadurch kleinen Zöpfchen (besonders von oben gesehen). Sehr formenreiche Artengruppe. Auf Baumrinde kommen beispielsweise fadenförmig dünne, hängende Formen vor *(Hypnum cupressiforme* fo. *filiforme* und *H. andoi).*

Blätter: 1–2 mm lang, aus eiförmiger bis lanzettlicher Basis zu einer dünnen Spitze verschmälert. Rippe fehlend oder kurz und doppelt (mit der Lupe nicht sichtbar). Blattrand unmerklich bis stärker gezähnt.

Sporophyten: Häufig. Kapselstiel 1–2 cm lang. Kapsel braun bis rötlich, aufrecht bis leicht geneigt, länglich bis zylindrisch. Kapseldeckel geschnäbelt oder halbkugelig mit aufgesetzter Warze *(H. andoi).*

Lebensraum/Ökologie: Besonders häufig in Wäldern, aber auch in offenen Lebensräumen, an Böschungen, in Trockenwiesen, auf Mauern und Dächern. Auf Erde und Rinde (lebende Bäume und Totholz), auch auf kalkreichem oder kalkarmem Gestein.

Zeigerwerte: Feuchtigkeit 3, Reaktion X, Nährstoffe 3, Licht X, Temperatur 3

Ähnliche Arten: Viele andere Arten der ehemaligen Gattung *Hypnum* sind sehr ähnlich, kommen aber vor allem im Gebirge vor und fehlen im Mittelland weitgehend. Sie werden heute zu anderen Gattungen gestellt (z. B. *Buckia, Roaldia, Stereodon*). In Flachmooren kommt die robustere, goldbraune

Calliergonella lindbergii (älterer Name: *Hypnum lindbergii*) vor. Auf totem Holz findet man oft *Herzogiella seligeri* (S. 358). Ihre Blätter sind unordentlicher angeordnet und deren Rand ist stark gezähnt. *Homomallium incurvatum, Pylaisia polyantha* und *Platygyrium repens* (S. 400) haben ebenfalls Blätter ohne mit der Lupe sichtbarer Rippe, aber ihre Blätter sind gerade oder nur leicht gebogen. Die Blätter von *Plagiothecium laetum* sind in einer einzigen Ebene angeordnet, die Sprösschen sind deshalb abgeflacht.

Wissenswertes: *Hypnum cupressiforme* im engeren Sinn ist wahrscheinlich die häufigste Moosart der Schweiz, insbesondere in Wäldern. Die anderen vier Arten der Artengruppe sind weniger häufig und eine davon möglicherweise sogar ausgestorben in der Schweiz (*H. uncinulatum,* seit 1916 in der Schweiz nicht mehr gefunden). Der Gattungsname *Hypnum* (*hypnos* [griechisch]: Schlaf) oder Schlafmoos könnte darauf hinweisen, dass man Moose früher zum Füllen von Bettdecken oder Matratzen verwendete.

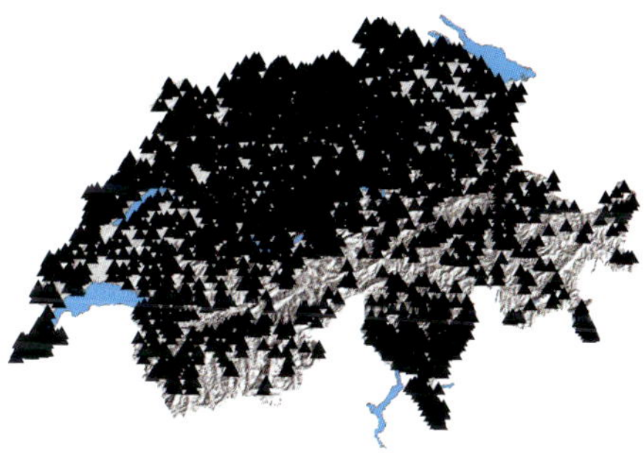

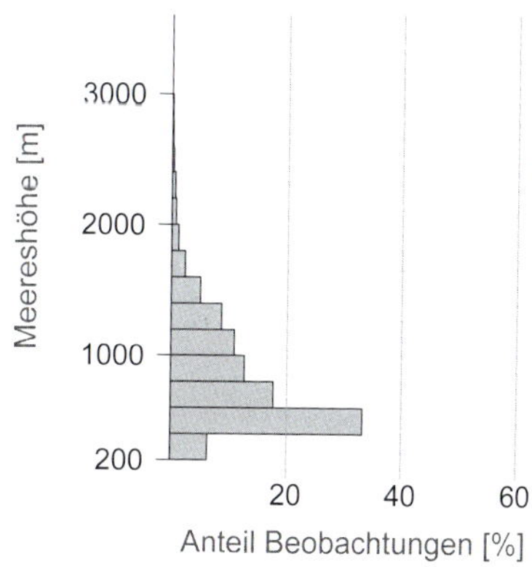

Oxyrrhynchium hians

Gewöhnliches Schnabelmoos

Longbec à soie papilleuse

Generalisten | Pleurokarpe Laubmoose

Pflanzen: Mittelgrosse, meist lockere, 1–5 cm hohe, etwas glänzende, hell- oder gelbgrüne Teppiche. Sprösschen niederliegend bis aufsteigend, manchmal ausläuferartig kriechend, unregelmässig, breitwinkelig und zum Teil abgeflacht verzweigt, meist locker und abstehend und nicht selten abgeflacht beblättert. Trocken stark verbogen beblättert.
Blätter: Eiförmig bis eilanzettlich, nicht faltig, 1,0–1,5 mm lang. Blattrand flach und gezähnt. Rippe deutlich, ca. ¾ der Blattlänge erreichend.
Sporophyten: Gelegentlich vorhanden. Kapselstiele rötlich gefärbt und papillös (starke Lupe). Kapseln bräunlich, geneigt, mit lang geschnäbeltem Deckel.
Lebensraum/Ökologie: Auf trockener bis frischer, nährstoffreicher Erde, an bodennahen Bereichen schattiger, basenhaltiger Felsen und auf Borke an der Stammbasis von Laubbäumen. In Wiesen und Weiden, Äckern, an Ruderalstandorten sowie in verschiedenen Waldgesellschaften, insbesondere an laubfreien Böschungen, in Auenwäldern auch häufig auf dem Waldboden.
Zeigerwerte: Feuchtigkeit 3, Reaktion X, Nährstoffe 5, Licht X, Temperatur 4
Ähnliche Arten: *Oxyrrhynchium hians* kann mit den beiden anderen Arten aus der Gattung *Oxyrrhynchium* verwechselt werden: *O. speciosum* unterscheidet sich durch die grösseren, ca. 2 mm langen Blätter. Die Art kommt zudem fast nur in Mooren (Schilfbestände) und Auenwäldern vor. *O. schleicheri* unterscheidet sich durch lange Ausläufer und büschelig angeordnete Äste. Viele

weitere pleurokarpe Moose können mit *O. hians* verwechselt werden, so z. B. *Brachytheciastrum velutinum* (S. 318) oder *Brachythecium rutabulum* (S. 68). Diese sind jedoch dichter beblättert und die Beastung und die Beblätterung sind selten abgeflacht.

Wissenswertes: Der deutsche Name «Schnabelmoos» bezieht sich auf die lang geschnäbelten Kapseldeckel (siehe auch *Eurhynchium striatum*, S. 320). Kapseln sind bei *O. hians* allerdings selten zu finden.

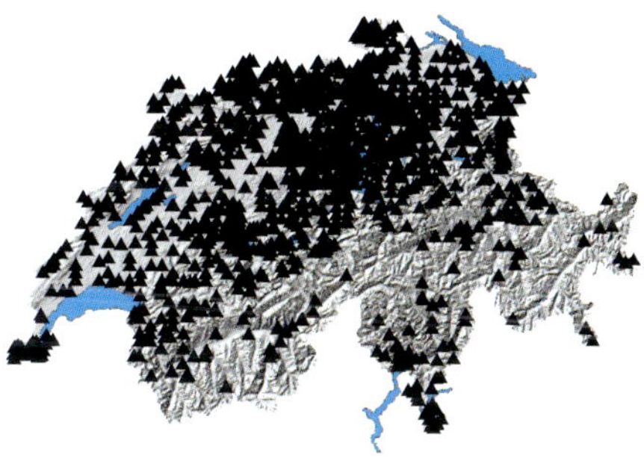

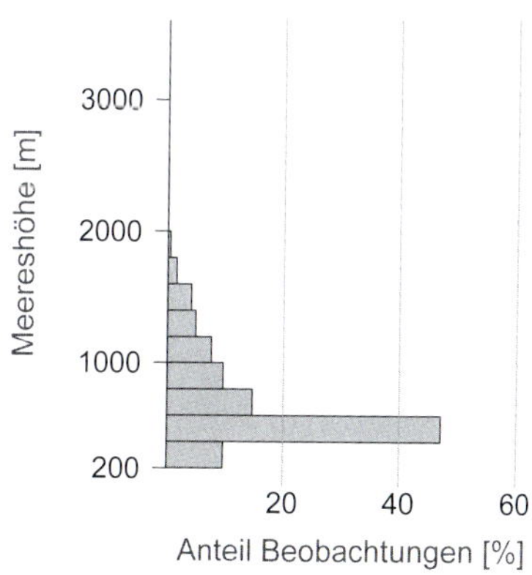

Mannia fragrans

Duftendes Tarnlebermoos

Mannie odorante

Grünland, trocken bis feucht | Komplexe thallose Lebermoose

Pflanzen: Dunkelgrüne, schwach glänzende, kleine bis mittelgrosse Decken bildend. Meist mit starkem Geruch nach Zedernöl (dazu Pflanzen zwischen den Fingern etwas zerquetschen).
Thallus: 2–3 mm breit und 1–2 cm lang, nach vorne etwas verbreitert. Rand wellig und aufgebogen, trocken nach oben eingerollt. Thallusoberfläche undeutlich gefeldert, Atemporen deutlich, leicht emporgehoben. Bauchschuppen purpurrot, in zwei Reihen mit langen, farblosen Anhängseln. Diese an der Thallusspitze in langen, weissen Büscheln auffällig hervorstehend und über die Thallusspitze gebogen.
Gametangien: Zweihäusige Art. Antheridien in dicken, runden, ungestielten Scheiben an der Spitze der männlichen Thalli. Archegonienträger an den Thallusspitzen. Stiel 1,0–1,5 cm lang, an der Basis und unter den Köpfchen von zahlreichen weissen Schuppen umgeben. Köpfchen halbkugelig.
Sporophyten: Selten. Köpfchen der Archegonienträger mit 3–4 fast ungestielten Sporophyten, die sich auf der Unterseite der Köpfchen entwickeln.
Lebensraum/Ökologie: Trockenwarme, sonnige, offene Standorte, Felsensteppen, Trockenwiesen, auf Erde oder übererdeten Felsen.
Zeigerwerte: Feuchtigkeit 1, Reaktion 3, Nährstoffe 1, Licht 5, Temperatur 4
Gefährdung: Verletzlich (VU)

Ähnliche Arten: *Mannia fragrans* ist im Feld am sichersten durch den typischen Geruch nach Zedernöl von den weiteren *Mannia*-Arten, den ähnlichen *Asterella*-Arten und weiteren thallosen Lebermoosen zu unterscheiden. Einzig *Mannia androgyna* kann auch selten einen Zedernölgeruch aufweisen, hat allerdings an der Thallusspitze keine hervorstehenden Bauchschuppen und die Schuppen an der Basis des Köpfchenstiels fehlen.

Wissenswertes: *Mannia fragrans* hat ihren europäischen Verbreitungsschwerpunkt im Mittelmeergebiet und in kontinental geprägten Gebieten in Mitteleuropa. Sie ist sowohl auf der europäischen wie auch auf der Schweizer Roten Liste als verletzlich (VU) aufgeführt. Gefährdungsursachen sind Nährstoffeintrag, Bewässerung, aber auch Aufgabe der Beweidung sowie zu intensive Beweidung.

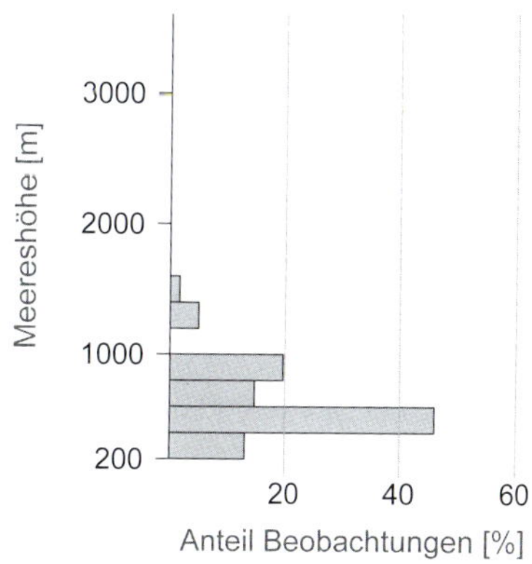

Abietinella abietina

Tännchenmoos

Thuidie petit-sapin

Grünland, trocken bis feucht | Pleurokarpe Laubmoose

Pflanzen: In matten, gelbgrünen, teilweise ausgedehnten, einige Zentimeter dicken, lockeren Teppichen. Sprösschen meist 4–5 cm lang (manchmal auch länger) und ca. 1 cm breit, niederliegend bis aufsteigend, regelmässig 1-fach gefiedert. Ästchen dicht stehend und mehr oder weniger in einer Ebene liegend. Stämmchen und Äste dicht mit grünen Paraphyllien bedeckt. Astblätter feucht aufrecht abstehend, trocken dem Ästchen anliegend und diesem dadurch ein fadenförmiges Aussehen verleihend.
Blätter: Stämmchenblätter aus breit eiförmigem Grund zugespitzt, an der Spitze oft etwas gekrümmt, leicht längsfaltig. Rippe kräftig, fast bis zur Spitze reichend. Astblätter eiförmig und kurz zugespitzt, deutlich kleiner als die Stämmchenblätter.
Sporophyten: Sehr selten. Kapselstiel gelbrot, 1,5–3,0 cm lang. Kapsel aufrecht, leicht gekrümmt, mit einem kegligen bis kurz geschnäbelten Deckel.
Lebensraum/Ökologie: In nährstoffarmen, sonnigen, oft südexponierten, trockenen Lebensräumen. Vor allem in Trockenrasen und -weiden, auf übererdeten Felsen, Mauerkronen, an Wegrändern. Auf kalkhaltigem Substrat.
Zeigerwerte: Feuchtigkeit 2, Reaktion X, Nährstoffe 1, Licht 4, Temperatur 3

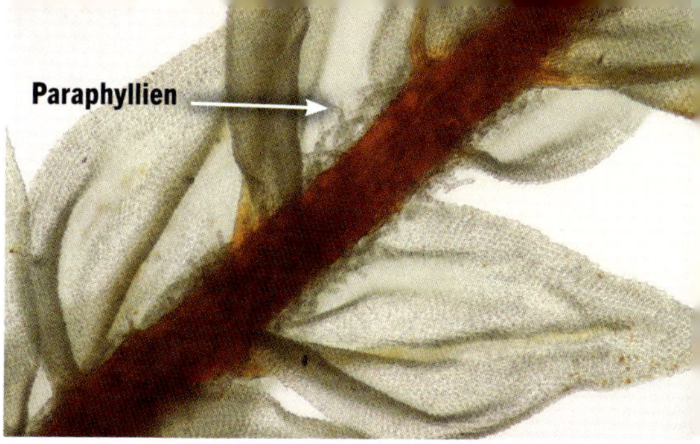

Ähnliche Arten: Einfach kenntliche Art, die kaum verwechselt werden kann. Arten der Gattung *Thuidium,* zu der *Abietinella* manchmal gestellt wird, unterscheiden sich durch ihre 2- bis 3-fache Fiederung (*Thuidium tamariscinum*, S. 340). *Palustriella commutata* aggr. (S. 244) ist ebenfalls nur 1-fach gefiedert, weist aber sichelförmig gekrümmte Blätter auf und kommt vor allem an feuchten bis nassen Standorten vor.

Wissenswertes: *Abietinella abietina* wird fast nie mit Sporophyten gefunden. Die Gründe dafür sind weitgehend unbekannt. Interessant ist, dass die Art trotzdem sehr weit verbreitet ist und Vorkommen in Europa, Nordamerika und Asien aufweist.

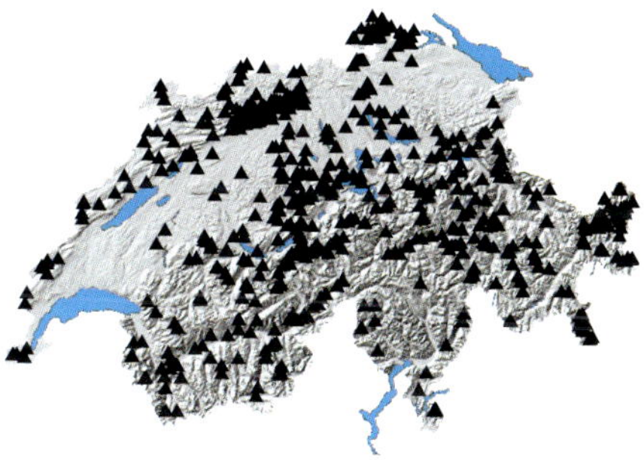

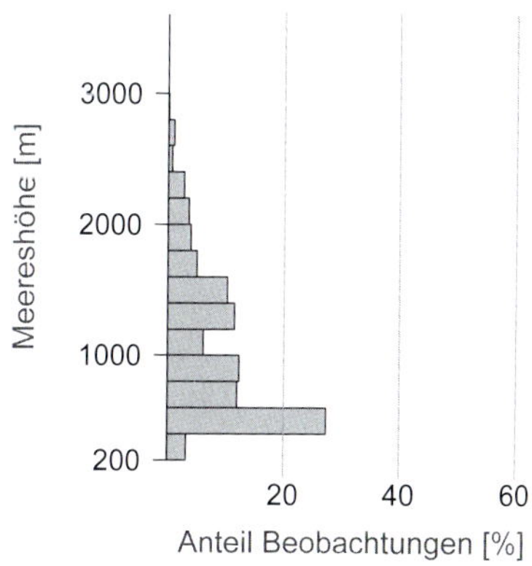

Brachythecium salebrosum

Glattstieliges Kegelmoos

Buissonnette plissée

Grünland, trocken bis feucht | Pleurokarpe Laubmoose

Pflanzen: Mässig kräftig, grün, gelblich grün oder weisslich grün, in lockeren Rasen. Sprösschen kriechend, unregelmässig verzweigt, 3–8 cm lang.
Blätter: Stämmchenblätter 2,4–3,2 mm lang, eiförmig bis lanzettlich, mit tiefen Falten, oft einseitswendig, am Stämmchen leicht herablaufend, allmählich in eine lange Spitze auslaufend, diese nicht verdreht. Rippe bei ca. ⅔ des Blattes endend. Blattrand leicht gezähnt. Astblätter etwas schmaler, an der Spitze scharf gesägt, sonst ähnlich wie die Stämmchenblätter.
Sporophyten: Kapselstiel 15–20 mm lang, rot, glatt. Kapsel eiförmig-zylindrisch, geneigt bis horizontal mit Deckel 2,0–3,2 mm lang, dieser kegelig mit Spitzchen.
Lebensraum/Ökologie: In Wäldern, Streuobstwiesen, Weinbergsbrachen und an Wegböschungen. An halbschattigen, luftfeuchten Standorten. An der Basis von Bäumen, auf Baumstümpfen, morschem Holz, Waldboden und übererdetem Gestein.
Zeigerwerte: Feuchtigkeit 3, Reaktion 3, Nährstoffe 3, Licht 2, Temperatur 3
Ähnliche Arten: *Brachythecium glareosum* hat ebenfalls längsfaltige Blätter mit einer lang ausgezogenen Spitze. Diese ist bei *B. glareosum* allerdings meist verdreht. Die Blätter von *B. rutabulum* (S. 68) sind nur kurz zugespitzt, die schwachen Blattfalten beginnen erst oberhalb der Basis und die Astblätter sind weniger stark gezähnt. Das beste Unterscheidungsmerkmal ist jedoch die Oberfläche des Kapselstiels (glatt bei *B. salebrosum,* rau bei *B. rutabulum*). Das seltene *B. laetum* kann fast nur mikroskopisch unterschieden werden. Die Blätter von *Homalothecium sericeum* (S. 194) und *H. lutescens* (S. 192) sind schmaler und stärker faltig.

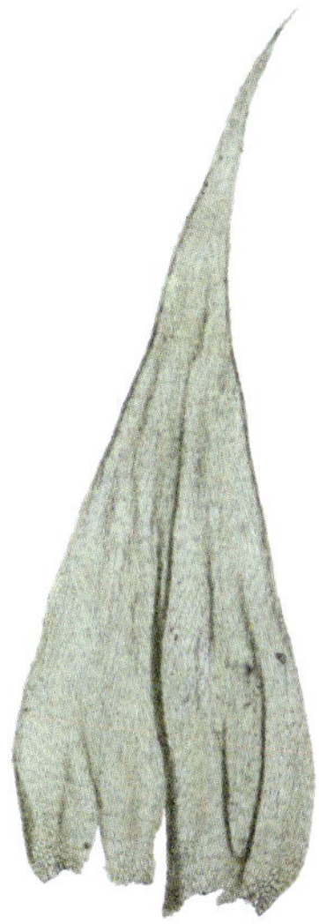

Wissenswertes: Die Arten der Gattung *Brachythecium* gehören zu den am schwierigsten bestimmbaren Moosen. Die morphologischen Unterschiede zwischen den Arten sind oft gering und werden erst mit viel Erfahrung deutlicher. Zu den seltenen und wenig bekannten Arten gehören Spezialisten von Mooren, Trockenwiesen und Gebirgen, aber auch solche von wenig spektakulären Standorten.

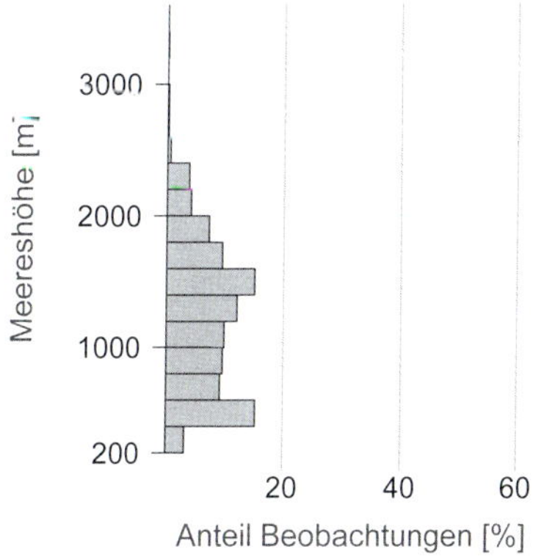

Calliergonella cuspidata

Spiessmoos

Calliergonelle cuspidée

Grünland, trocken bis feucht | Pleurokarpe Laubmoose

Pflanzen: Sprösschen 5–10(–15) cm lang, ziemlich regelmässig, abgeflacht gefiedert, niederliegend bis aufrecht, in oft ausgedehnten, grünen bis bräunlichen Teppichen. Ast- und Stämmchenspitze durch eng anliegende Blätter deutlich zugespitzt («spiessförmig») und dadurch ganz leicht stechend.
Blätter: Eiförmig, 2,0–2,5 mm lang, ohne oder mit sehr kurzer, mit der Lupe nicht sichtbarer doppelter Rippe, mit grossen, abgesetzten Blattflügeln.
Sporophyten: Selten. Kapselstiel 4–7 cm lang, Kapsel gekrümmt.
Lebensraum/Ökologie: Häufig im nährstoffreichen Randbereich von Flachmooren, in feuchten oder wechselfeuchten Wiesen und in schattigen Siedlungsrasen.
Zeigerwerte: Feuchtigkeit 4, Reaktion 4, Nährstoffe 3, Licht 4, Temperatur 3
Ähnliche Arten: *Calliergonella cuspidata* ist gut durch die spitzen Stämmchen- und Astenden und die fehlende oder sehr kurze Rippe charakterisiert. Ähnliche Arten aus der Gattung *Calliergon* besitzen alle eine Rippe. *Entodon concinnus* (S. 86) kann *C. cuspidata* sehr ähnlich sein, die Stämmchen- und Astenden sind aber viel stumpfer und nicht stechend. Zudem kommt die Art an trockenen Standorten vor. *Cirriphyllum piliferum* (S. 82) hat ebenfalls zugespitzte Stämmchen- und Astenden, diese weisen aber charakteristische Pinselchen von abstehenden Haarspitzen auf.

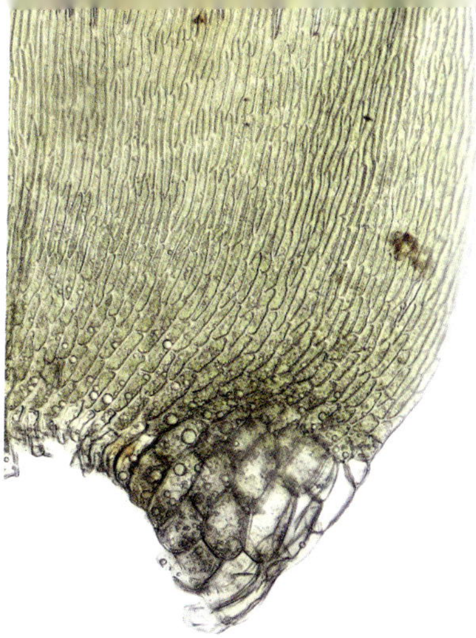

Blattflügel

Wissenswertes: Nährstoffeinträge in Flachmoore können dazu führen, dass *Calliergonella cuspidata* dort stark zunimmt. Dabei kann sie an nährstoffärmere Verhältnisse angepasste, typische Flachmoorarten verdrängen.

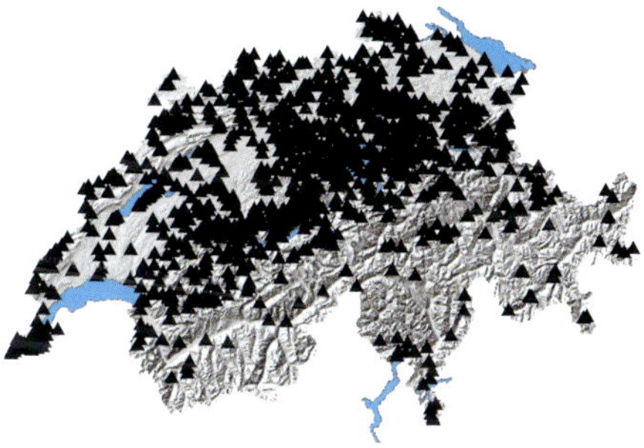

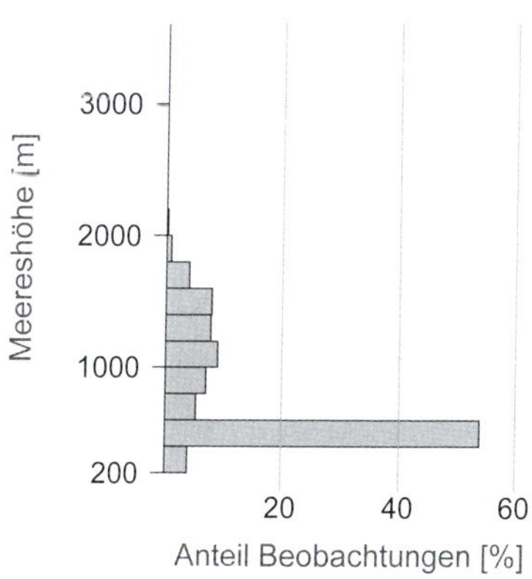

Cirriphyllum piliferum

Echtes Pinselmoos

Cirriphylle porte-poil

Grünland, trocken bis feucht | Pleurokarpe Laubmoose

Pflanzen: Kräftig, frisch- bis blassgrün, schwach glänzend, in dichten bis lockeren Rasen oder zwischen anderen Moosen. Stämmchen 5–10 cm lang, kriechend bis aufrecht, regelmässig einfach gefiedert, häufig zweizeilig. Äste nur 1–2 cm lang, meist abspreizend. Die weisslichen Sprossenden sind zugespitzt und mit einem charakteristischen Pinselchen von zusammengedrehten und abstehenden, haarfeinen Blattspitzen versehen.
Blätter: Dachziegelig anliegend, hohl, elliptisch, 3 mm lang. Blattspitze breit abgerundet und in eine haarförmige Spitze zusammengezogen. Blattrand flach. Rippe dünn, bis in die Blattmitte reichend.
Sporophyten: Selten. Kapselstiel rau, dunkel. Kapsel geneigt, kurz elliptisch, hochrückig. Deckel lang und schief geschnäbelt.
Lebensraum/Ökologie: An frischen oder etwas feuchten, lichten bis halbschattigen, eher nährstoffreicheren Stellen im Grünland, in Wäldern (insbesondere Auenwälder), an Wegböschungen, in Parkrasen, entlang von Hecken.
Zeigerwerte: Feuchtigkeit 3, Reaktion 4, Nährstoffe 3, Licht 3, Temperatur 3
Ähnliche Arten: *Pseudoscleropodium purum* (S. 332) ist ähnlich gefiedert, hat aber nur ganz kurze (zurückgebogene) Blattspitzen. *Brachythecium cirrosum* und *B. japygum* haben sehr ähnliche Blätter, sind aber nicht regelmässig einfach gefiedert und kommen kaum unterhalb von 1400 m ü. M. vor.

B. cirrosum wurde früher zur Gattung *Cirriphyllum* gestellt. Die weiteren *Brachythecium*-Arten sind ebenfalls weniger regelmässig gefiedert und die Blätter an den Sprossenden haben keine oder wenigstens keine abspreizenden Haarspitzen, genauso wenig wie die Blätter von *Entodon concinnus* (S. 86), *Calliergonella cuspidata* (S. 80) und *Pleurozium schreberi* (S. 330), welche zudem nur eine kurze, doppelte Rippe haben. *P. schreberi* besitzt darüber hinaus ein dunkelrotes Stämmchen.

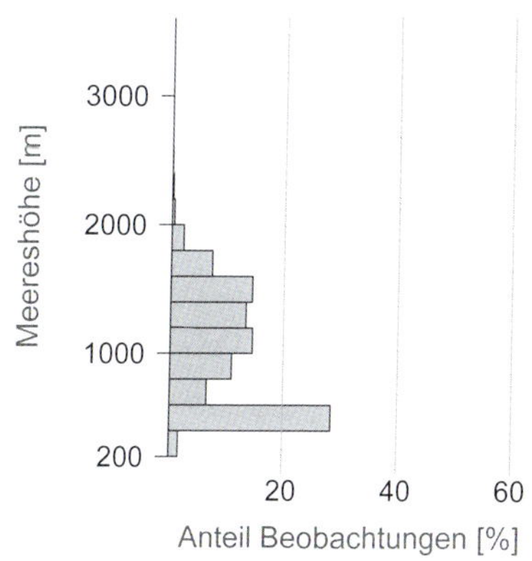

Climacium dendroides

Bäumchenmoos

Gradule

Grünland, trocken bis feucht | Pleurokarpe Laubmoose

Pflanzen: Sekundärsprösschen 2–10 cm gross, aufrecht, im unteren Teil ohne Äste, oben mit einem Schopf aus abstehenden Ästen, daher bäumchenförmig, oft in ausgedehnten Rasen. Die Sekundärsprösschen entspringen als Seitentriebe einem im Substrat verborgenen, kriechenden, rhizomartigen Primärsprösschen. Sprösschen mit dichtem, grünem Paraphyllien-Filz.
Blätter: Meist längsfaltig und mit einer kräftigen Rippe, die bis in die Blattspitze reicht, an der Spitze stark gezähnt. An den Primärsprösschen und an der Basis des astlosen Teils der Sekundärsprösschen Blätter schuppenartig ausgebildet, deutlich verschieden von den grünen Astblättern.
Sporophyten: Selten. Kapsel aufrecht, schmal zylindrisch, auf 3–4 cm langem Stiel. Auf Sekundärsprösschen können über ein Dutzend Sporophyten ausgebildet sein.
Lebensraum/Ökologie: Häufig in nassen Wiesen, Flachmooren, in Auenwäldern, aber auch an Sekundärstandorten wie alten Parkwiesen, meist auf Erde.
Zeigerwerte: Feuchtigkeit 4, Reaktion 3, Nährstoffe 3, Licht 4, Temperatur 3
Ähnliche Arten: Die Art ist durch den bäumchenförmigen Wuchs meist einfach zu erkennen. Eine Art mit ähnlichem Wuchs ist *Thamnobryum alopecurum* (S. 248). *T. alopecurum* wächst allerdings meist in luftfeuchten Schluchten auf kalkhaltigen Felsen und Blöcken. Die Sekundärsprösschen von *T. alopecurum* stehen bogig nach unten ab und sind nur angedeutet bäumchenförmig. Paraphyllien fehlen.

Wissenswertes: Viele zweihäusige Moose wie *Climacium dendroides* vermehren sich aufgrund der seltenen Sporophytenbildung vor allem asexuell. *C. dendroides* bildet zwar selten Sporophyten aus, ist eine Stelle aber einmal besiedelt, kann sich die Art sehr gut mit ihren kriechenden Primärsprösschen klonal ausbreiten und lokal grosse Populationen aufbauen.

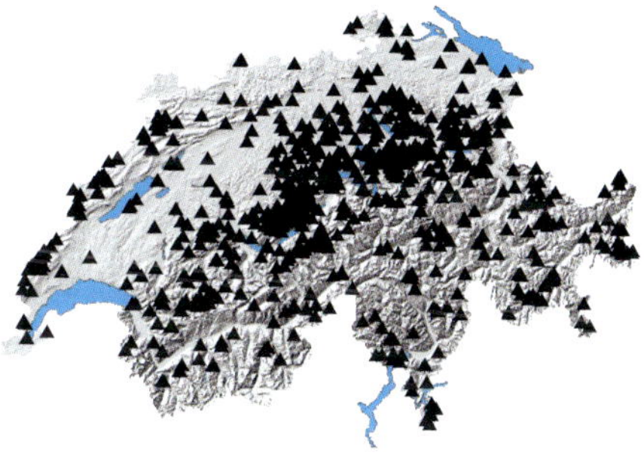

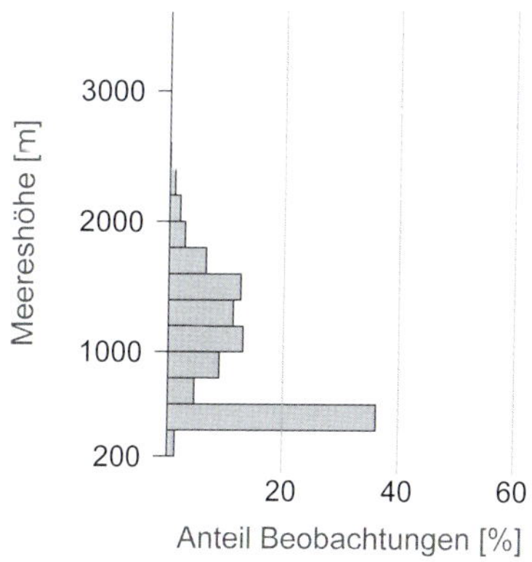

Entodon concinnus

Echtes Gelbstängelmoos

Entodon commun

Grünland, trocken bis feucht | Pleurokarpe Laubmoose

Pflanzen: In lockeren, glänzend gelbgrünen bis bräunlichen, oft grossen Teppichen. Pflanzen aufsteigend, 5–8 cm lang, mindestens stellenweise regelmässig dicht einfach gefiedert. Stämmchen gelblich grün. Blätter sich dachziegelig deckend, Äste und Sprösschen daher stielrund, in einer stumpfen Spitze endend.

Blätter: Eiförmig, hohl, stumpf zugespitzt, 1,5–2,0 mm lang. Rippe kurz und doppelt (mit der Lupe kaum sichtbar) oder fehlend.

Sporophyten: Sehr selten. Kapselstiel 15 mm lang, purpurn. Kapsel aufrecht, schmal eiförmig, braun, ca. 3 mm lang. Kapseldeckel kegelig mit kleinem Spitzchen.

Lebensraum/Ökologie: An sonnigen bis halbschattigen Standorten auf kalkreicher, meist nährstoffarmer Erde. In Trockenwiesen, über Kalkgestein, an Wegböschungen und in Kiesgruben.

Zeigerwerte: Feuchtigkeit 2, Reaktion 5, Nährstoffe 1, Licht 4, Temperatur 3

Ähnliche Arten: *Entodon concinnus* kann mit einer Reihe anderer Arten mit dachziegeliger Beblätterung verwechselt werden: *Pseudoscleropodium purum* (S. 332) hat im Gegensatz zu *E. concinnus* eine schwache Rippe, die bis in die Blattmitte reicht, und die Blätter haben ein deutliches, zurückgebogenes Spitzchen. Zudem kommt die Art an eher schattigeren, frischeren Stellen vor. *Calliergonella cuspidata* (S. 80) hat auffällig zugespitzte Sprösschenspitzen und kommt in feuchteren Wiesen und Flachmooren vor. *Pleurozium schreberi* (S. 330) hat ein auffällig rotes Stämmchen und kommt über saurem Humus oder Torf in Wäldern und Heiden vor. Nicht dachziegelig beblättert ist die an

ähnlichen Stellen wie *E. concinnus* vorkommende, regelmässig einfach gefiederte *Abietinella abietina* (S. 76). Die Blätter dieser Art sind deutlich zugespitzt und haben eine kräftige Rippe.

Wissenswertes: Obwohl *Entodon concinnus* in der Nordhemisphäre weit verbreitet ist, wurden in vielen Regionen noch nie Sporophyten gefunden. In der Schweiz wurde die Art lediglich zweimal im 19. Jahrhundert und einmal im Jahr 2011 mit Sporophyten nachgewiesen.

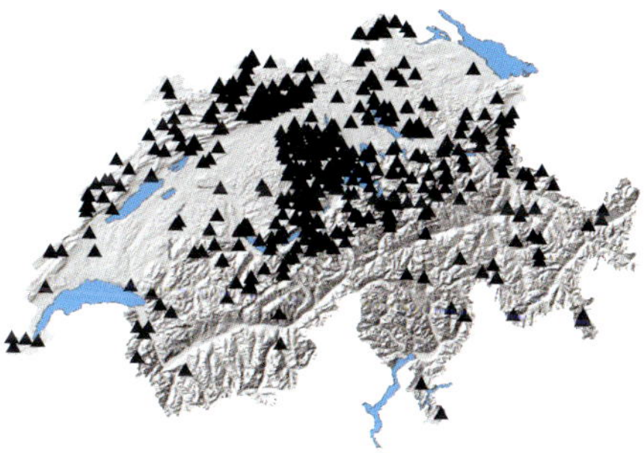

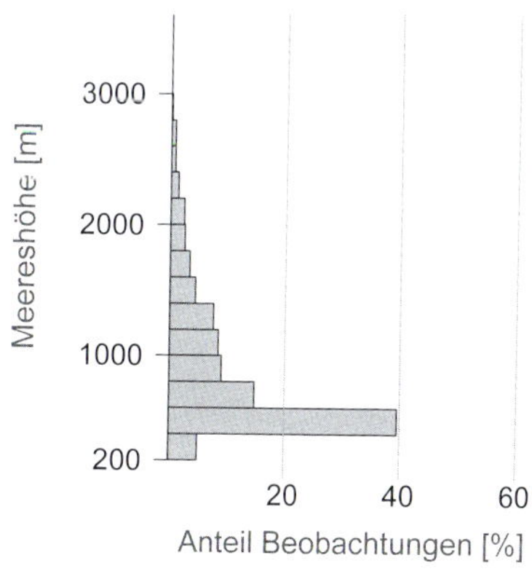

Rhytidiadelphus squarrosus

Sparriges Kranzmoos

Ébouriffe à étoiles

Grünland, trocken bis feucht | Pleurokarpe Laubmoose

Pflanzen: Kräftiges, hellgrünes, schwach glänzendes Moos. Bildet oft ausgedehnte Moosteppiche. Sprösschen 8–15 cm lang, unregelmässig und locker gefiedert. Stämmchen auffällig orangerot gefärbt. Sprossenden durch die zurückgekrümmten Blätter von oben sternförmig.
Blätter: Stämmchenblätter aus eiförmiger Basis in eine lange, auffällig sparrig zurückgekrümmte Spitze verschmälert, 2,5 bis gegen 4 mm lang, nicht oder kaum längsfaltig. Blattrippe kurz und doppelt (mit der Lupe kaum sichtbar). Blattrand nur an der Blattspitze gezähnt.
Sporophyten: Selten. Kapselstiel rot, 2–4 cm lang; Kapsel waagrecht, eiförmig, mit kegelförmigem Deckel.
Lebensraum/Ökologie: In eher frischen Wiesen und Weiden, in Feuchtwiesen, am Rand von Mooren, in Waldlichtungen und besonders auch in Park- und Hausrasen.
Zeigerwerte: Feuchtigkeit 3, Reaktion X, Nährstoffe 3, Licht X, Temperatur 3
Ähnliche Arten: *Rhytidiadelphus squarrosus* kann leicht mit *R. subpinnatus* verwechselt werden. *R. subpinnatus* ist allerdings fast regelmässig fiedrig verzweigt. Die Stämmchenblätter stehen locker vom niederliegenden, rötlichen Stämmchen ab, sodass dieses direkt und nicht nur durch die durchscheinenden Blätter hindurch sichtbar ist, und die Astblätter sind oft etwas gewellt. Die dritte einheimische *Rhytidiadelphus*-Art (*R. loreus*, S. 336) hat längsfaltige, sichelförmige Blätter und ist typisch für Nadelwälder. Auch die früher in die gleiche Gattung gestellte Art *Hylocomiadelphus triquetrus* (S. 324) hat längsfaltige Blätter. Diese sind nicht zurückgekrümmt und die Art ist deutlich grösser und kräftiger als *R. squarrosus.*

Wissenswertes: *R. squarrosus* unterdrückt als sogenanntes «Rasenunkraut» den Gräserwuchs und wird deshalb oft bekämpft. Häufiges Rasenmähen fördert die Ausbreitung, da Sprossbruchstücke verschleppt werden, die sich zu neuen Moospflanzen entwickeln. *R. squarrosus* ist bei uns eines der häufigsten Moose. Der Name *squarrosus* (= sparrig) kommt von den sparrig abstehenden Blättchen.

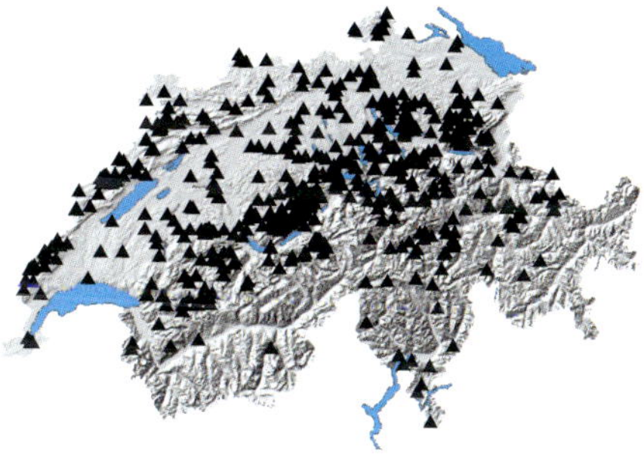

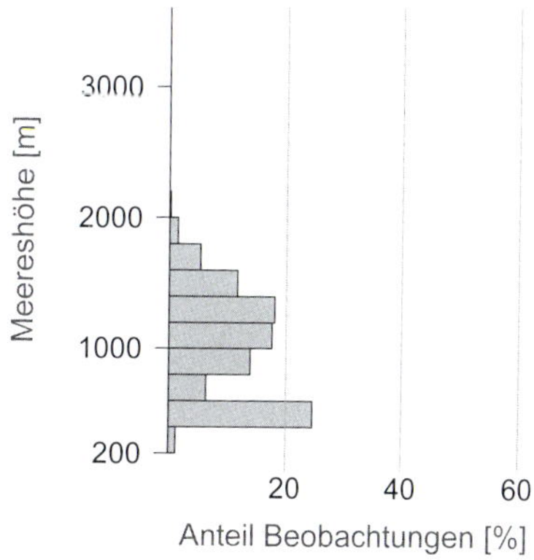

Rhytidium rugosum

Hasenpfotenmoos

Rhytidie

Grünland, trocken bis feucht | Pleurokarpe Laubmoose

Pflanzen: In gelblich grünen bis gelblich braunen, nicht glänzenden Teppichen. Sprösschen niederliegend bis aufrecht, kräftig, 2–3 mm breit und ca. 3–6 cm lang, unregelmässig bis regelmässig verzweigt. Blätter dicht stehend, Spitzen gegen abwärts gebogen. Die Sprösschenspitzen erinnern daher an Hasenpfoten (Name!).

Blätter: Elliptisch mit lang ausgezogener Spitze, unregelmässig faltig-wellig, besonders in der oberen Hälfte zerknittert aussehend. Blattrand über die ganze Länge schmal umgebogen, im unteren Teil ganzrandig, gegen die Spitze fein gezähnt. Rippe dünn, bis über die Blattmitte reichend.

Sporophyten: Sehr selten und aus der Schweiz nicht bekannt. Kapseln geneigt, zylindrisch, gekrümmt.

Lebensraum/Ökologie: In Trockenwiesen, mageren Weiden, alpinen Rasen, alten Steinbrüchen, an sonnigen Wegrandböschungen, Felsen, in lichten Wäldern und selten auch in Flachmooren. Auf nährstoffarmen, skelettreichen Böden, humushaltiger Erde und Kalkfelsen, gelegentlich auch auf Gneis und Schiefer. An trockenen bis frischen, sonnigen bis halbschattigen Standorten.

Zeigerwerte: Feuchtigkeit 2, Reaktion X, Nährstoffe 1, Licht 4, Temperatur 3

Ähnliche Arten: *Rhytidium rugosum* ist an seinen kräftigen, verzweigten Sprösschen mit zerknitterten, einseitswendigen Blättern, die eine Blattrippe aufweisen, bereits im Gelände mit einer Lupe sicher bestimmbar. *Hypnum cupressiforme* subsp. *lacunosum* sieht auf den ersten Blick ähnlich aus und kommt in denselben Lebensräumen vor. Die Art hat aber Blätter ohne Rippe, die nicht zerknittert sind, und die Pflanzen glänzen. Die Blätter von *Lescuraea plicata* (S. 196) sind kaum einseitswendig

und ebenfalls nicht zerknittert. Andere kräftige Arten mit einseitswendigen Blättern, wie *Drepanocladus lycopodioides* und *Scorpidium scorpioides,* haben auch keine zerknitterten Blätter und kommen nur an nassen Standorten vor. Nicht selten sind aber *Brachythecium*-Arten mit (durch Parasiten?) zerknitterten Blättern zu finden. Solche Pflanzen sind meist weniger kräftig als *R. rugosum,* weniger einseitswendig und glänzen meist deutlich.

Wissenswertes: *Rhytidium rugosum* bildet bei uns weder Sporophyten noch spezialisierte vegetative Verbreitungseinheiten wie Brutkörper. Dennoch ist es eine recht häufige, weit verbreitete Art. Vermutlich werden ganze Pflanzen und Bruchstücke mit dem Wind und durch Tiere verbreitet.

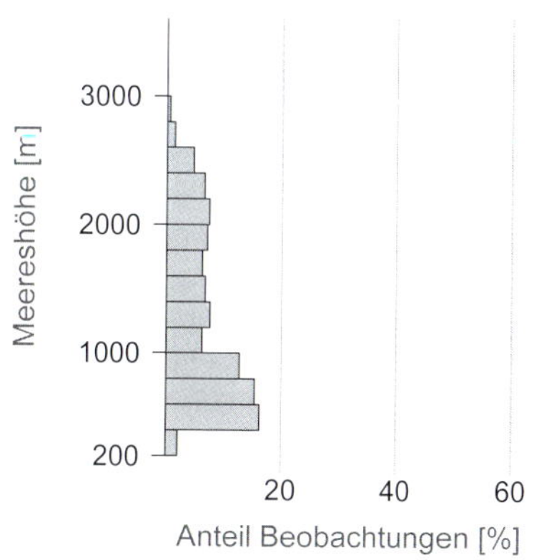

Thuidium assimile

Wiesen-Thujamoos

Thuidie à feuilles acuminées

Grünland, trocken bis feucht | **Pleurokarpe Laubmoose**

Pflanzen: In hell- bis gelblich grünen, an schattigen Standorten auch reingrünen, glanzlosen, lockeren Teppichen. Sprösschen niederliegend bis aufsteigend, regelmässig 2-fach gefiedert, 5–10 cm lang und 1–2 cm breit. Stämmchen dicht von hell- bis gelblich grünen Paraphyllien bedeckt. Stämmchenblätter locker gestellt, Astblätter dichter.

Blätter: Stämmchenblätter aus herzförmigem Grund in eine lanzettliche, sehr dünne Spitze ausgezogen, die aus mehreren hintereinanderstehenden Einzelzellen besteht, stark längsfaltig, ca. 1 mm lang. Rippe kräftig, in der Blattspitze endend. Astblätter deutlich kleiner als die Stämmchenblätter und kaum längsfaltig.

Sporophyten: Selten. Kapselstiel 1,5–2,5 cm lang, rot. Kapsel zylindrisch gekrümmt, mit lang geschnäbeltem Deckel.

Lebensraum/Ökologie: In nährstoffarmen, halbschattigen bis lichtreichen, feuchten bis trockenen Standorten wachsend. In Trockenrasen, Flachmooren, an Wegböschungen, auf etwas übererdeten Felsblöcken in Wäldern.

Zeigerwerte: Feuchtigkeit 4, Reaktion 4, Nährstoffe 3, Licht 4, Temperatur 3

Ähnliche Arten: *Thuidium assimile* kann leicht mit *T. recognitum* und *T. delicatulum* verwechselt werden. *T. assimile* hat allerdings eine viel feiner ausgezogene Blattspitze. Mit einer Lupe ist dieses Merkmal aber nicht immer deutlich zu erkennen. *T. assimile* kann auch mit *T. tamariscinum* (S. 340) verwechselt werden. *T. tamariscinum* ist im Allgemeinen grösser, immer 3-fach gefiedert und kommt fast ausschliesslich in Wäldern vor, wo es zu den typischen grossen Waldbodenmoosen gehört.

Hylocomium splendens (S. 326) ist ebenfalls 3-fach gefiedert, deutlich stockwerkartig aufgebaut, hat einen seidigen Glanz (*Thuidium:* Pflanzen ohne Glanz) und ovale und plötzlich zugespitzte Stämmchenblätter mit einer schwachen, im Feld kaum sichtbaren Doppelrippe. *Abietinella abietina* (S. 76), die teilweise auch in die Gattung *Thuidium* gestellt wird, ist nur einfach gefiedert und kommt vor allem in Trockenwiesen vor.

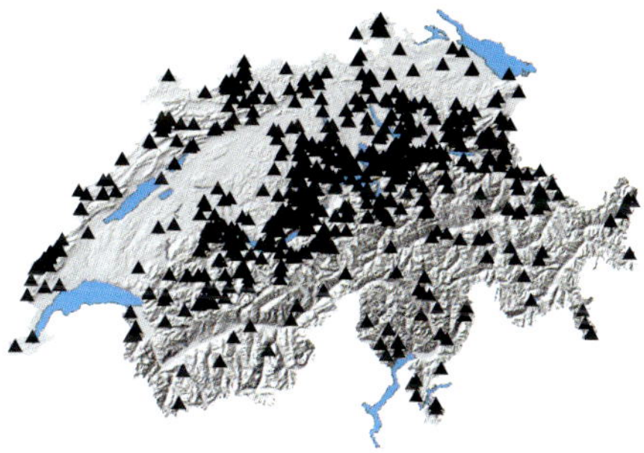

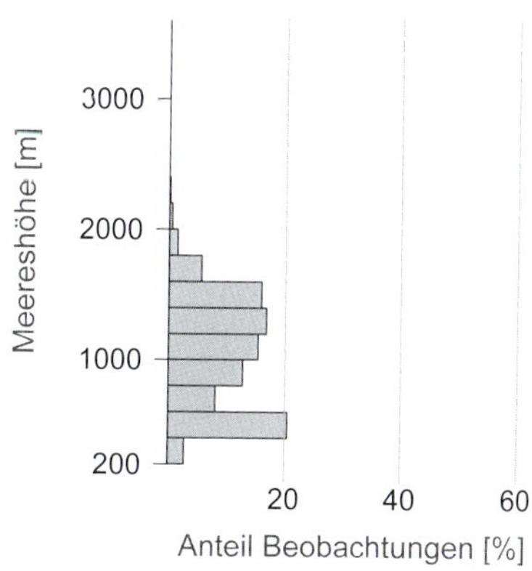

Anthoceros agrestis

Acker-Schwarzhornmoos

Anthocérote des champs

Pionierstandorte, Kiesplätze, Äcker | Hornmoose

Pflanzen: Thallos. Thalli einzeln oder meist zu mehreren beisammen oder übereinander wachsend. Fast immer mit hornartigen Kapseln.

Thallus: Hell- oder blassgrün bis grün, rosettenförmig, 0,5–1,2 cm im Durchmesser, sehr zart. In unregelmässige und meist gekräuselte Lappen geteilt. Thallus auf der Unterseite mit grossen Schleimhöhlen, die häufig schwärzliche *Nostoc*-Kolonien (Cyanobakterien) enthalten. Diese sind mit einer starken Lupe sichtbar.

Sporophyten: Horn- oder schotenförmig, 1–3 cm lang. Junge Kapseln grün, reifen von der Spitze abwärts und verfärben sich dabei schwarzbraun. Kapseln öffnen sich mit zwei Klappen, die sich oft spiralförmig drehen. Sporen schwarzbraun, sehr gross (0,04–0,06 mm im Durchmesser) und mit einer starken Lupe sichtbar.

Lebensraum: Nur in Tieflagen im Landwirtschaftsgebiet vorkommend. Dort meist in Stoppelfeldern, gelegentlich auch in anderen Kulturen oder in Brachen. Oft an etwas beschatteter Lage in Waldrandnähe. Auf frischer bis feuchter, meist etwas lehmiger Erde.

Zeigerwerte: Feuchtigkeit 3, Reaktion 3, Nährstoffe 3, Licht 4, Temperatur 4

Gefährdung: Verletzlich (VU)

Ähnliche Arten: *Anthoceros agrestis* kann mit dem in der Schweiz sehr seltenen *A. punctatus* verwechselt werden. *A. punctatus* hat grössere und dickere Thalli und längere Sporophyten. Für eine sichere Unterscheidung muss die Länge der Antheridien gemessen werden. Eine Verwechslung ist auch mit *Phaeoceros laevis* subsp. *carolinianus* (Gelbhornmoos) möglich. Die Thalli dieser Art

sind weniger stark gelappt und die reifen Kapseln sind nicht schwärzlich, sondern gelblich gefärbt. Aufgrund der fast immer vorhandenen hornförmigen Sporophyten sind *A. agrestis* und die anderen Hornmoose klar von thallosen Lebermoosen abgegrenzt.

Wissenswertes: In der Schweiz und anderen Gebieten Mittel- und Nordeuropas ist *Anthoceros agrestis* meist einjährig und entwickelt sich im Spätsommer bis Herbst. Mit den ersten Frösten sterben die Pflanzen ab, die Sporen können aber im Boden mehrere Jahre oder vielleicht sogar Jahrzehnte überdauern. Da Stoppelfelder in der Schweiz wegen Bewirtschaftungsänderungen kaum mehr zu finden sind, ist *A. agrestis* in der Schweiz gefährdet. Bemerkenswert sind auch die *Nostoc*-Kolonien im Thallus, die Luftstickstoff (N_2) zu Ammoniak reduzieren können, was von den Hornmoosen aufgenommen werden kann. *Nostoc* versorgt die Hornmoose also mit zusätzlichem Stickstoff.

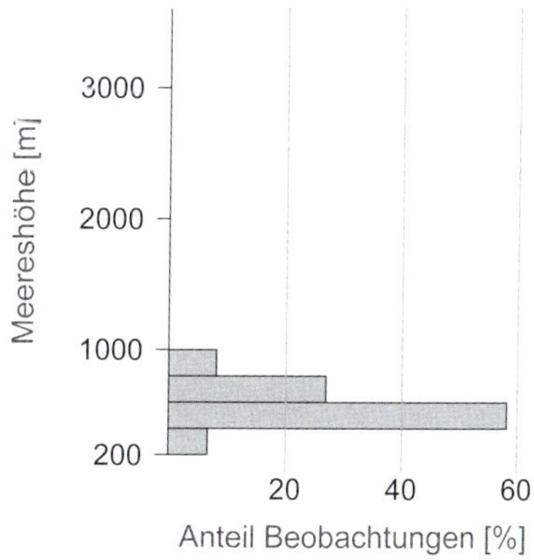

Lunularia cruciata

Mond-Lebermoos

Lunulaire

Pionierstandorte, Kiesplätze, Äcker | Komplexe thallose Lebermoose

Pflanzen: Thallos, in dichten, ausdauernden Decken, beidseitig grün, ohne aromatischen Geruch. Auf der Thallusoberseite fast immer mit halbmondförmigen Brutbechern mit winzigen grünen, linsenförmigen Brutkörpern.

Thallus: Unregelmässig gabelig verzweigt, 8–10 mm breit, 2–4 cm lang. Oberfläche gefeldert mit einer weisslichen, leicht erhöhten Atempore pro Feld. Thallusrand etwas wellig und schwach gekerbt. Jahreszeitlich bedingt bildet sich ein neuer Thallusabschnitt mit verengter Basis an der breiten Spitze des alten Lappens und kennzeichnet so die Wachstumsperioden und das Alter der Pflanzen.

Sporophyten: In der Schweiz bisher nicht gefunden.

Lebensraum/Ökologie: An eher nährstoffreichen, schattigen, oft etwas frischen, gestörten Standorten wie Wegen und Rainen, Gräben und Uferbereichen von Fliessgewässern, in Gewächshäusern, in Gärten, auf Friedhöfen. In Städten oft auch zwischen Kopfsteinpflaster.

Zeigerwerte: Feuchtigkeit 3, Reaktion 4, Nährstoffe 5, Licht 2, Temperatur 4

Ähnliche Arten: *Lunularia cruciata* ist durch die halbmondförmigen Brutbecher unverkennbar. Bei *Marchantia polymorpha* (S. 98), dem einzigen anderen einheimischen, thallosen Lebermoos mit Brutbechern, sind diese schüsselförmig.

Wissenswertes: *Lunularia cruciata* ist im Mittelmeergebiet heimisch. Nördlich der Alpen wurde sie durch den Menschen eingeschleppt und gilt deshalb als Neophyt. Allerdings ist die Art nicht invasiv und kommt kaum ausserhalb des Siedlungsbereichs vor. Sporophyten wurden nördlich der Alpen bisher nur selten nachgewiesen, scheinen aber etwas häufiger zu werden, womöglich wegen der zunehmend milderen Winter.

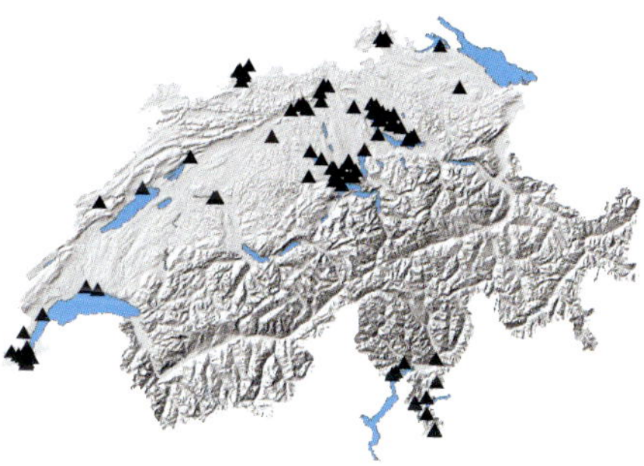

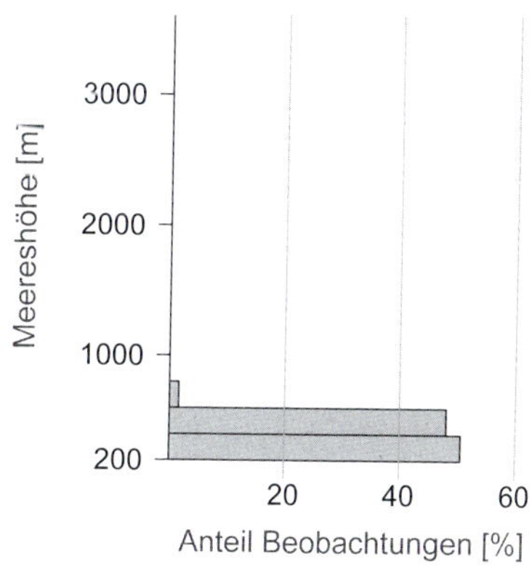

Marchantia polymorpha

Gewöhnliches Brunnenlebermoos

Marchantie protée

Pionierstandorte, Kiesplätze, Äcker | Komplexe thallose Lebermoose

Pflanzen: Thallos, kriechend, dunkelgrün, oft mit dunklem Mittelstreifen, 4–6(–10) cm lang und 8–15 mm breit, verzweigt. Häufig mit linsenförmigen Brutkörpern in schüsselförmigen Brutbechern.
Thallus: Oberseits fein gefeldert, jedes Feld mit einer hellen Atempore. Unterseits mit Rhizoiden und durchscheinenden Bauchschuppen.
Gametangien: Zweihäusige Art. Männliche Pflanzen mit scheibenförmigen, gelappten Antheridienständen auf 1–3 cm langem Stiel. Weibliche Pflanzen mit 2–8 cm lang gestielten, schirmförmigen Archegonienträgern mit 9 etwas nach unten gekrümmten Strahlen.
Sporophyten: Ziemlich häufig. Zu mehreren an der Unterseite der gestielten Köpfchen. Kapseln kurz gestielt, sich unregelmässig öffnend. Sporenreife im Sommer und Herbst.
Lebensraum/Ökologie: In Siedlungen (Kiesplätze, Kopfsteinpflaster, Friedhöfe), entlang von Verkehrswegen (Bahnareale, Wegränder), auf Brachland, in Weiden und Mooren bis in die alpine Stufe, oft in der Nähe von Gewässern. Häufig auf nährstoffreicher Erde, sogar auf der Asche alter Feuerstellen, aber auch auf nährstoffarmen, nassen Substraten wie Torf.
Zeigerwerte: Feuchtigkeit 4, Reaktion 4, Nährstoffe 5, Licht 3, Temperatur X
Ähnliche Arten: Wenn die schüsselförmigen Brutbecher vorhanden sind, ist *Marchantia polymorpha* unverkennbar. Die einzige andere Lebermoosart mit Brutbechern ist *Lunularia cruciata* (S. 96). Bei dieser sind die Brutbecher aber halbmondförmig. *Marchantia quadrata* (S. 130) ist kleiner, die Thalli weisen weder einen schwarzen Mittelstreifen noch Brutbecher auf und haben meist purpurrote

Thallusränder. *Conocephalum conicum* (S. 208) bildet keine Brutbecher und die Gametangienstände sind anders gestaltet.

Wissenswertes: Das Brunnenlebermoos ist vielgestaltig, was auch in seinem wissenschaftlichen Namen, *Marchantia polymorpha,* zum Ausdruck kommt. Die Art wird daher in drei Unterarten gegliedert, die sich nicht nur morphologisch, sondern auch in ihren ökologischen Ansprüchen unterscheiden. Allerdings sind manche Pflanzen nicht immer einfach einer Unterart zuzuordnen.

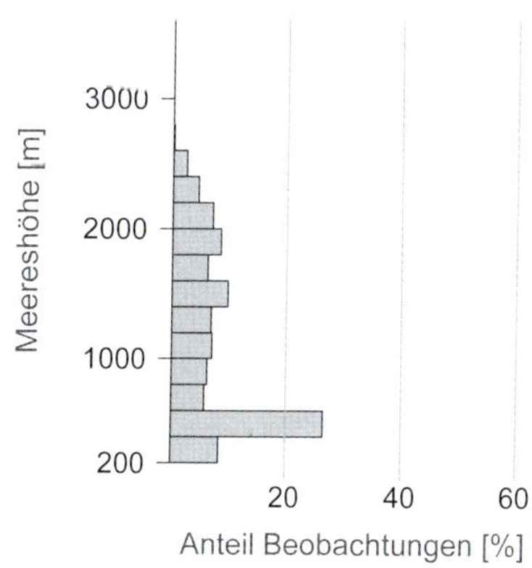

Riccia sorocarpa

Staubfrüchtiges Sternlebermoos

Riccie commune

Pionierstandorte, Kiesplätze, Äcker | Komplexe thallose Lebermoose

Pflanzen: In 0,5–1,0 cm grossen Rosetten wachsend, oft gesellig. Rosetten 2- bis 4-mal gabelig verzweigt, mit 40–80°-Winkeln zwischen den Verzweigungen. Weisslich grün bis blaugrün, an den Rändern manchmal violett gefärbt. Meist kurzlebig (wenige Monate).

Thallus: Zungenförmig, 1–2 mm breit, am Rand immer ohne Zilien. Rand schmal hyalin, mit unauffälligen, meist hyalinen, seltener violetten Schuppen auf der Unterseite. An der Thallusspitze mit tiefer Längsfurche auf der Oberseite.

Sporophyten: Sehr häufig, im Thallus eingeschlossen und ohne Kapselstiel. Da der Thallus über den Sporophyten leicht gewölbt ist und die reifen Kapseln schwarz durch den Thallus schimmern, können sie dennoch leicht gefunden werden.

Lebensraum/Ökologie: Kurzlebige Pionierart, die in verschiedenen offenen und relativ frischen Lebensräumen vorkommt. In Stoppelfeldern, in lückigen Wiesen, auf etwas feuchter Erde unter Felsen und weiteren Stellen mit offener Erde. Auch immer wieder in Ritzen zwischen Kopfsteinpflaster in Städten zu finden.

Zeigerwerte: Feuchtigkeit 3, Reaktion 3, Nährstoffe 3, Licht 3, Temperatur 4

Ähnliche Arten: *Riccia sorocarpa* kann mit anderen Arten der Gattung *Riccia* leicht verwechselt werden, insbesondere mit *R. glauca,* mit der sie gemeinsam vorkommen kann. *R. glauca* hat eine weniger ausgeprägte Längsfurche und keinen hyalinen Thallusrand. *R. glauca* ist zudem frisch etwas glitzernd, während *R. sorocarpa* matt ist. Der Thallus von *R. bifurca* färbt sich mit der Zeit an der

Basis und an den Rändern orange oder violett. Die seltenere *R. subbifurca* ist kleiner, der Rand oft purpurn gefärbt und oft sind Zilien vorhanden. Grundsätzlich ist das Bestimmen von *Riccia*-Arten aber schwierig, insbesondere nur aufgrund von Feldmerkmalen, und bereitet selbst Fachleuten oft Schwierigkeiten.

Wissenswertes: *Riccia sorocarpa* trägt ihren Namen zu Recht, denn *sorocarpa* bedeutet auf Griechisch «urnenfrüchtig», und das bezieht sich auf die Höhlungen im Thallus, die die Sporophyten enthalten. *R. sorocarpa* gehört zu einer spezifischen Ackerbegleitflora wie auch *Anthoceros agrestis* (S. 94), die sich früher im Herbst in Getreide-Stoppelfeldern bildete, die nach der Ernte bis zum Spätherbst brach und unbearbeitet verbleiben. Heute findet man leider kaum mehr Stoppelfelder in der Schweiz.

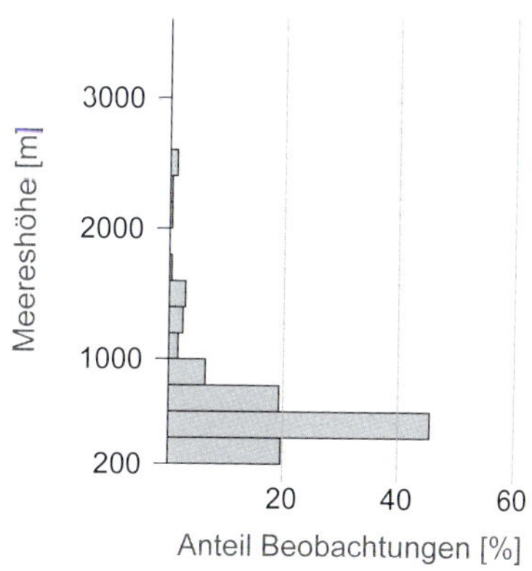

Barbula unguiculata

Gewöhnliches Bärtchenmoos

Barbule ubiquiste

Pionierstandorte, Kiesplätze, Äcker | Akrokarpe Laubmoose

Pflanzen: Mittelgrosse, 0,5–1,5(–3,0) cm hohe, lockere, frisch- bis olivgrüne oder gelblich grüne Rasen oder Polster.

Blätter: Eiförmig-lanzettlich bis zungenförmig mit kurzer Spitze. Feucht aufrecht abstehend bis schwach zurückgebogen. Rippe kräftig, als kurze, aber auffällige Stachelspitze austretend. Blattrand bis über ¾ des Blattes zurückgerollt.

Sporophyten: Ziemlich häufig. Kapselstiel wenigstens in der unteren Hälfte rötlich, im oberen Teil auch gelblich, im Alter braun. Kapseln ± aufrecht und zylindrisch. Peristom aus langen, spiralig gewundenen Zähnen.

Lebensraum/Ökologie: Pioniermoos an offenerdigen Standorten (Ackersäume, Gartenbeete, Wegränder, Kiesflächen, lückige Wiesen und Weiden), auch auf meist kalkreichem Gestein und Betonmauern.

Zeigerwerte: Feuchtigkeit 3, Reaktion 3, Nährstoffe 3, Licht 4, Temperatur 4

Ähnliche Arten: *Streblotrichum convolutum* bildet ähnliche, aber meist niedrigere, dichtere, rhizoidfilzige Rasen. Die Blätter sind höchstens in der unteren Blatthälfte zurückgebogen und haben keine abgesetzte Stachelspitze. Wenn vorhanden, sind die gelben Kapselstiele ein sicheres Unterscheidungsmerkmal. *Trichostomum brachydontium* hat ähnlich stachelspitzige, aber ± flachrandige Blätter. Das seltene *Hydrogonium consanguineum* trägt oft bräunliche Brutkörper in den Blattachseln, die bereits mit der Lupe entdeckt werden können.

Wissenswertes: *Barbula unguiculata* ist wie viele Moose auf der ganzen Nordhalbkugel verbreitet. Als Pioniermoos ist es ihr aber auch gelungen – wohl mit unbeabsichtigter, menschlicher Hilfe –, auf allen Südkontinenten Fuss zu fassen, wo sie demnach als Neophyt gilt.

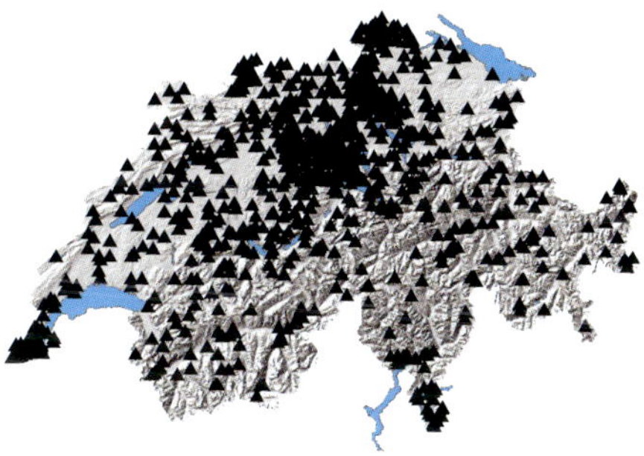

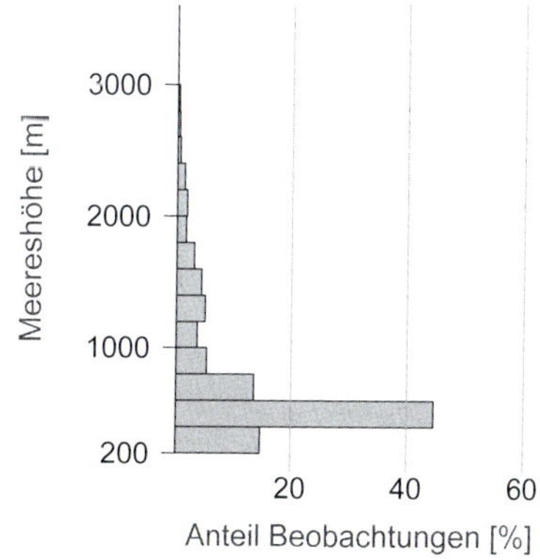

Bryum argenteum

Silber-Birnmoos

Bryum argenté

Pionierstandorte, Kiesplätze, Äcker | Akrokarpe Laubmoose

Pflanzen: 0,5–1,0 cm hoch, meist in dichten Beständen, aber auch als Einzelpflanzen zwischen anderen Moosen, schwach verzweigt, etwas brüchig, feucht bläulich grün, trocken weisslich silbern. Sprösschen kätzchenartig beblättert (wie junge Haselnusskätzchen). Gelegentlich mit beblätterten Brutkörpern in den Blattachseln.
Blätter: Breit eiförmig, hohl, mit kurz oder lang auslaufender Spitze. Blattzellen nur bis zur Hälfte der Blattlänge grün, oben durchsichtig weisslich. Rippe kurz über der Blattmitte endend oder im oberen Teil sehr schwach.
Sporophyten: Häufig. Kapseln hängend, kurz, tonnenförmig bis eiförmig, plötzlich in den Kapselstiel verschmälert, jung orangerot, reif hellbraun, alt dunkelrot bis schwärzlich.
Lebensraum/Ökologie: Oft in stark menschlich beeinflussten Lebensräumen, an Strassen- und Wegrändern, zwischen Kopfsteinpflaster, in Blumenbeeten, Weinbergen, Brachäckern, Kiesgruben, in offenen Stellen in Wiesen, auch auf Mauern und Felsen. Auf einer Vielzahl von Substraten, darunter auch künstliche Substrate wie Asphalt, Plastik, Metall (besonders unter verzinktem Eisen) und weiteren.
Zeigerwerte: Feuchtigkeit 3, Reaktion X, Nährstoffe 3, Licht 4, Temperatur 4
Ähnliche Arten: *Bryum argenteum* ist aufgrund seiner kätzchenartigen, weisslich silbrigen Pflanzen, die oft an ruderalen Standorten vorkommen, gut erkennbar und an solchen Stellen kaum verwechselbar. *B. funckii* ist ebenfalls kätzchenartig beblättert und weisslich grün, hat aber eine kräftige Blattrippe, die an der Blattspitze kurz austritt. Auch *Plagiobryum zieri* ist kätzchenförmig beblättert

und die Blätter sind im oberen Teil weisslich. Die Rippe ist aber kräftiger als bei *B. argenteum* und reicht bis fast in die Blattspitze. Zudem sind die Kapseln nicht hängend, sondern mehr oder weniger horizontal, deutlich asymmetrisch und länglich keulenförmig.

Wissenswertes: *Bryum argenteum* ist global eines der häufigsten Moose. Es kommt auf allen Kontinenten in praktisch allen Klimazonen vor. Bei dieser Verbreitung dürfte der Mensch eine wichtige Rolle gespielt haben, indem er Brutkörper oder abgebrochene Sprösschen unabsichtlich verschleppt hat, z. B. mit dem Transport von Waren oder Tieren oder ganz einfach an Schuhsohlen.

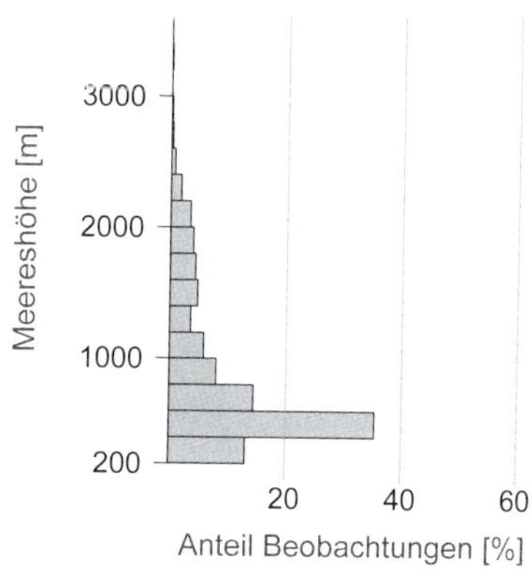

Bryum rubens

Himbeer-Birnmoos

Bryum à tubercules rouges

Pionierstandorte, Kiesplätze, Äcker | Akrokarpe Laubmoose

Pflanzen: 0,5–1,5 cm hoch, hellgrün oder hellrot überlaufen, in lockeren Rasen, häufig in grösseren Beständen. Blätter feucht schräg aufrecht abstehend, trocken etwas verbogen. Brutkörper an den Rhizoiden und in den unteren Blattachseln, mit der Lupe gut erkennbar, kugelig, ca. 0,2 mm gross, reif rubinrot bis schwärzlich, jung blassgrün bis orange, mit vorspringenden Zellwänden, deshalb nicht ganz glatt erscheinend.
Blätter: Eiförmig-lanzettlich bis elliptisch, mit in der Spitze endender oder kurz austretender Rippe. Blattrand oben gezähnt, im unteren Teil glatt und etwas umgebogen. Zellen am Blattrand einen Saum bildend.
Sporophyten: Gelegentlich vorhanden. Kapselstiel 1–3 cm lang, geschlängelt, rötlich. Kapseln orange- bis rotbraun, nickend bis hängend, zylindrisch.
Lebensraum/Ökologie: Offenerdige Stellen in Blumenbeeten, Brachäckern, Wiesen, an Böschungen, in Weinbergen und Waldschlägen.
Zeigerwerte: Feuchtigkeit 3, Reaktion 4, Nährstoffe 3, Licht 4, Temperatur 4
Ähnliche Arten: Im Gelände ohne die typischen, sehr grossen Brutkörper nicht von anderen *Bryum*-Arten zu unterscheiden. Eine Reihe weiterer *Bryum*-Arten weist ebenfalls kugelige Brutkörper an den Rhizoiden auf. Diese sind aber entweder deutlich kleiner oder dann ausschliesslich an den Rhizoiden im Substrat zu finden, nicht in den unteren Blattachseln. Weitere kleine Arten aus verschiedenen Gattungen, die in denselben Lebensräumen vorkommen, weisen ebenfalls keine kugeligen Brutkörper in den Blattachseln auf.

Wissenswertes: Die Brutkörper dienen der vegetativen Vermehrung. Da sie relativ gross sind und in der Erde an den Rhizoiden oder in den unteren Blattachseln gebildet werden, werden sie kaum vom Wind verbreitet, sondern dienen der lokalen Ausbreitung. Auch können sie über längere Zeit im Boden überdauern (wahrscheinlich etliche Jahre) und, sobald die Bedingungen günstig sind, keimen und neue Moospflanzen bilden.

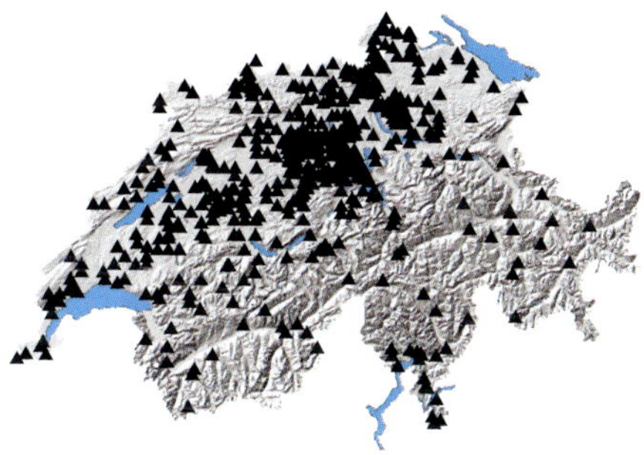

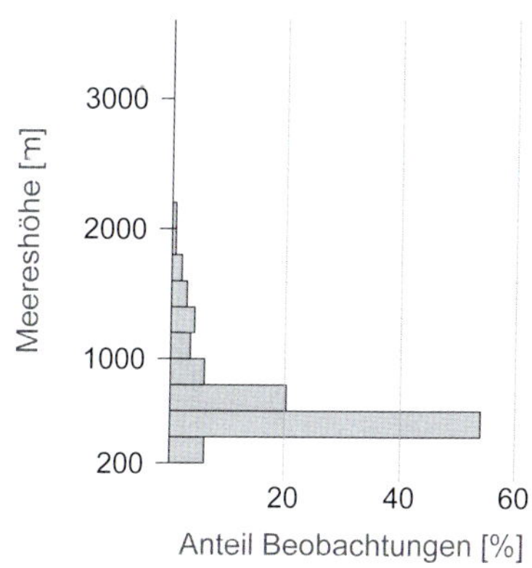

Campylopus introflexus

Kaktus-Rippenmoos

Torpied exotique

Pionierstandorte, Kiesplätze, Äcker | Akrokarpe Laubmoose

Pflanzen: Olivgrün, gräulich grün, jung auch gelblich grün, 2–4(–6) cm hoch, in sehr dichten, kleinen bis ausgedehnten, manchmal mehrere Quadratmeter grossen Rasen. Vegetative Vermehrung durch Brutblätter oder abbrechende Sprossspitzen.
Blätter: Eilanzettlich bis lanzettlich, aufrecht abstehend, in trockenem Zustand anliegend, gerade. Blätter trocken, mit auffällig zurückgebogenem Glashaar.
Sporophyten: Recht häufig. Kapselstiel besonders trocken gebogen und verdreht, 7–12 mm lang. Kapsel schmal zylindrisch, trocken deutlich gefurcht.
Lebensraum/Ökologie: In lichten Wäldern und Schlagflächen, auf Wurzeltellern, in Hochmooren, auf Flachdächern, an Strassenböschungen, auf saurer, trockener Erde, trockenem Torf, morschem Holz, Nadelstreu oder auch auf künstlichen Substraten. Immer an lichten bis halbschattigen Stellen wachsend.
Zeigerwerte: Feuchtigkeit 2, Reaktion 2, Nährstoffe 1, Licht 3, Temperatur 4
Ähnliche Arten: Durch die im trockenen Zustand zurückgebogenen Glashaare kaum zu verwechseln. Bei anderen *Campylopus*-Arten mit Glashaaren sind die Glashaare trocken nicht zurückgebogen, ebenso beim manchmal an ähnlichen Stellen wachsenden *Polytrichum piliferum* (S. 120). *Syntrichia*-Arten (*S. ruralis* aggr., S. 180), die ähnlich gross sind und auch Glashaare besitzen, haben zungenförmige Blätter.

Wissenswertes: Der deutsche Name «Kaktusmoos» kommt von den im trockenen Zustand zurückgebogenen Glashaaren, die die Pflanzen etwas stachelig erscheinen lassen. *Campylopus introflexus* ist ein invasiver Neophyt und stammt ursprünglich aus der Südhemisphäre. In Europa wurde die Art 1941 erstmals in England gefunden, mittlerweile ist sie in Europa weit verbreitet. In der Schweiz wurde sie erstmals 1980 im Kanton Solothurn gefunden und hat sich seither vor allem im Mittelland stark ausgebreitet. Die meisten Bestände sind allerdings kleinflächig und stellen in der Schweiz keine Bedrohung für die Biodiversität dar.

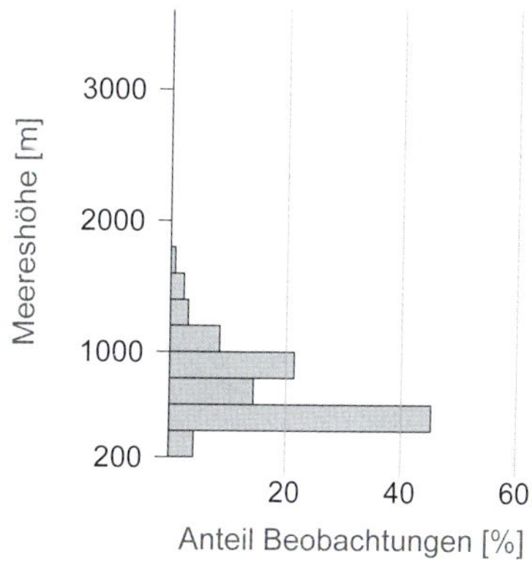

Ceratodon purpureus

Echtes Purpurmoos

Cératodon pourpre

Pionierstandorte, Kiesplätze, Äcker | Akrokarpe Laubmoose

Pflanzen: In oft ausgedehnten, etwas glänzenden, grünen Rasen. An exponierten Stellen auffallend rötlich oder braungrün. Blätter feucht abstehend bis zurückgebogen, trocken leicht verdreht, anliegend. Sprösschen aufrecht, 1–3 cm lang.

Blätter: Sehr variabel, eiförmig bis dreieckig, gekielt bis hohl, um 2 mm lang und mehr oder weniger scharf zugespitzt. Blattrand glatt, fast über die ganze Länge zurückgerollt, in der Blattspitze mit einigen Zähnchen. Rippe kräftig, entweder kurz unterhalb, doch meist in der Spitze endend oder auch kurz austretend.

Sporophyten: Häufig. Kapselstiel auffallend rot, 1,0–1,5 cm lang. Kapsel eiförmig-zylindrisch, glänzend rotbraun, gekrümmt, erst wenig, später stark geneigt und markant gefurcht. Am Kapselhals mit schwachem Kropf. Deckel spitz kegelig. Peristomzähne dunkelrot, tief zweigeteilt, trocken oben hakig eingekrümmt.

Lebensraum/Ökologie: Als Pioniermoos und Kulturfolger häufig an Strassenrändern, zwischen Bahnschotter, auf Brandstellen, auf Mauern und alten Dächern und in Ödland. Daneben in vielen weiteren Lebensräumen wie lückigem Grünland, alpinen Rasen oder in gestörten Mooren.

Zeigerwerte: Feuchtigkeit 2, Reaktion 3, Nährstoffe 5, Licht 4, Temperatur X

Ähnliche Arten: Mit Kapseln gut im Gelände zu erkennen. Steril kann die Art jedoch leicht mit einer Reihe anderer Arten verwechselt werden, die an ähnlichen Stellen wachsen. *Didymodon acutus* und *D. luridus* sind sicher nur anhand der mikroskopischen Zellmuster von *Ceratodon purpureus* zu unterscheiden. Gleiches gilt für *Ditrichum pusillum* und *Dicranella staphylina,* die auf Äckern zusammen

mit *C. purpureus* wachsen können. Der wärmeliebende und in der Schweiz seltene *C. conicus* ist ebenfalls nur mikroskopisch von *C. purpureus* unterscheidbar.

Wissenswertes: *Ceratodon purpureus* ist ein überaus formenreiches und sehr anpassungsfähiges Allerweltsmoos. Seine Anspruchslosigkeit bezüglich Umweltbedingungen und seine Fähigkeit zum Besiedeln vieler unterschiedlicher Lebensräume spiegelt sich in einer überraschend grossen morphologischen Plastizität.

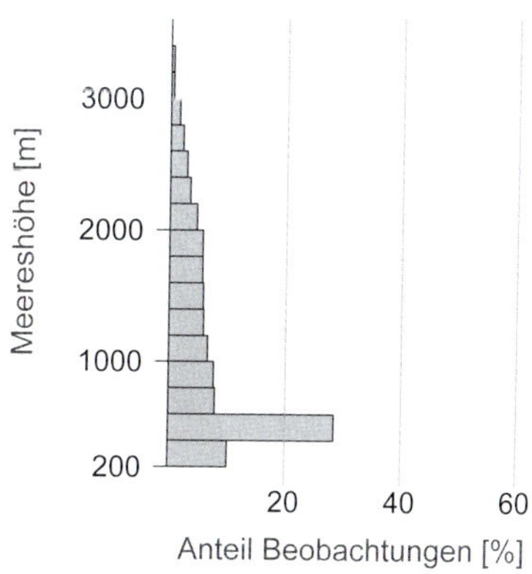

Ephemerum serratum

Gesägtes Tagmoos

Ephémère dentelé

Pionierstandorte, Kiesplätze, Äcker | Akrokarpe Laubmoose

Pflanzen: Sehr klein und kurzlebig, gelblich grün oder bräunlich grün in lockeren oder dichten Räschen. Weibliche Pflanzen nur 1,5–2,0 mm hoch, männliche noch kleiner. Mit wenigen Blättchen an extrem kurzem Stämmchen.
Blätter: Aufrecht abstehend, oft mit zurückgebogenen Spitzen. Die untersten sehr klein, die mittleren 0,5–2,0 mm lang, eilanzettlich, ohne Rippe, grob und unregelmässig gezähnt.
Sporophyten: Immer vorhanden. Kapseln sehr kurz gestielt zwischen den Blättern sitzend, rötlich braun, fast kugelig mit winzigem Spitzchen und kleiner, mützenförmiger, durchscheinender Haube. Sporen braun, erst durch Zerfall der Kapsel frei werdend. Sporenreife im Herbst bis Frühling.
Lebensraum/Ökologie: In ganz verschiedenen, sonnigen bis schattigen Lebensräumen mit mehr oder weniger lückiger Krautschicht: vor allem auf Äckern und in Brachen, Wiesen und Weiden, aber auch in Wäldern (dort oft auf Wurzeltellern umgestürzter Bäume). Auf oft lehmiger, schwach feuchter Erde.
Zeigerwerte: Feuchtigkeit 3, Reaktion X, Nährstoffe 3, Licht 4, Temperatur 4
Ähnliche Arten: In der Schweiz gibt es zwei weitere Arten aus der gleichen Gattung, *Ephemerum cohaerens* und *E. recurvifolium.* Deren Blätter haben aber eine Rippe, die bis in die Blattspitze reicht (wegen der Kleinheit der Pflanzen aber schwierig zu sehen). Andere kleine Arten in ähnlichen Lebensräumen mit ebenfalls nur sehr kurz gestielten Kapseln wie *Phascum cuspidatum* (S. 116), *Physcomitrium patens, Pseudephemerum nitidum, Weissia longifolia* haben alle eine deutliche Rippe, andere Blattformen und sind meist grösser.

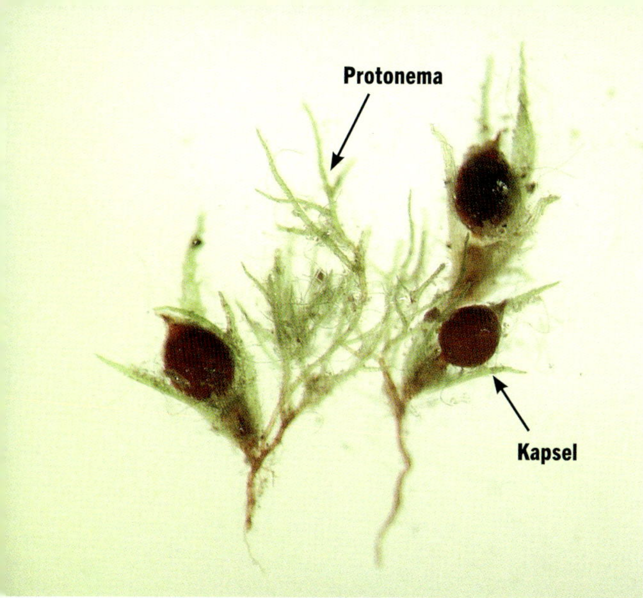

Wissenswertes: Das Protonema der Tagmoose besteht, wie üblich bei den Laubmoosen, aus verzweigten, grünen Fäden. Obwohl die Art als zweihäusig gilt, sitzen die weiblichen und männlichen Pflänzchen auf dem gleichen Protonema. Dieses ist im Gegensatz zu den meisten anderen Laubmoosen ausdauernd und kann mehrere Generationen von Moospflänzchen hervorbringen.

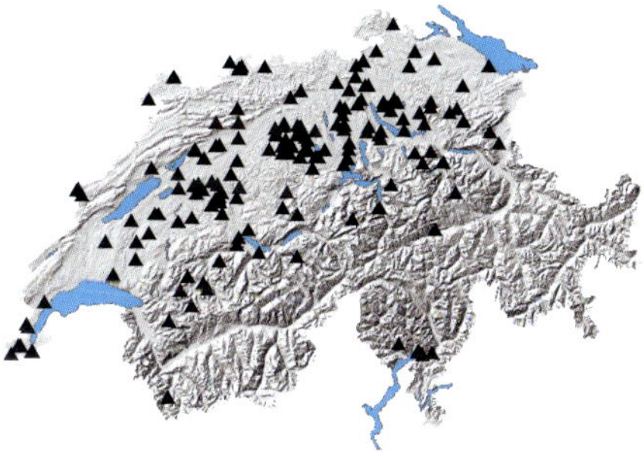

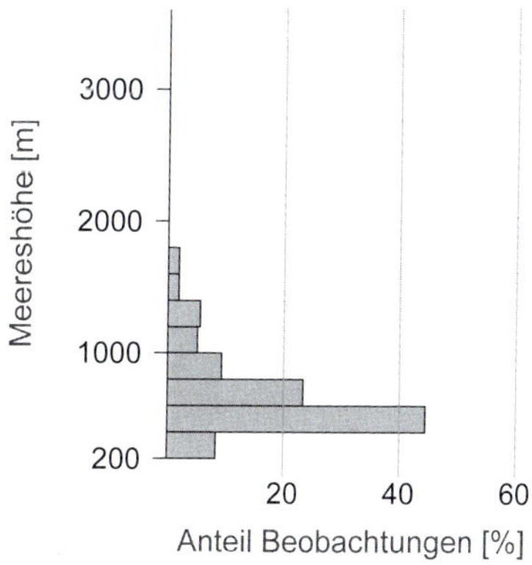

Funaria hygrometrica

Brandstellen-Drehmoos

Funaire charbonnière

Pionierstandorte, Kiesplätze, Äcker | Akrokarpe Laubmoose

Pflanzen: Sprösschen klein, 0,5 cm hoch, blassgrün, knospenförmig beblättert, in lockeren bis dichten Rasen.

Blätter: Eiförmig-lanzettlich bis spatelförmig und leicht konkav. Rippe bis zur Blattspitze reichend und in eine kleine Spitze auslaufend.

Sporophyten: Häufig, das ganze Jahr über gebildet. Kapseln im jungen Zustand grün, bei der Reife rotbraun gefärbt (Stiel und Kapsel). Kapseln birnförmig, geneigt und gekrümmt, im Alter stark gefurcht. Mündung eng, mit gut ausgebildetem Peristom. Kapselstiele 2–5 cm lang, im trockenen Zustand verdreht und verbogen, im feuchten gerade. Beim Anfeuchten drehen sie sich im Kreis (Name!).

Lebensraum/Ökologie: Hauptsächlich im Tiefland auf frischen bis trockenen Böden, typisch an alten Feuerstellen, aber auch in offenen, regelmässig gestörten Lebensräumen wie Kiesplätzen, Äckern und lückigen Wiesen, auch in Blumentöpfen.

Zeigerwerte: Feuchtigkeit 3, Reaktion X, Nährstoffe 5, Licht 3, Temperatur 4

Ähnliche Arten: *Funaria hygrometrica* ist durch die asymmetrischen und vor allem die langen, verdrehten Kapselstiele gut gekennzeichnet. Die anderen *Funaria*- und die ähnlichen *Entosthodon*-Arten haben kürzere und nicht verdrehte Kapselstiele. *Physcomitrium*-Arten haben aufrechte, runde Kapseln. In sterilem Zustand ist *F. hygrometrica* kaum von diesen Arten und Gattungen zu unterscheiden und kann mit vielen weiteren Arten wie *Tortula truncata* (S. 126) oder *Phascum cuspidatum* (S. 116) verwechselt werden.

Wissenswertes: *Funaria hygrometrica* ist oft flächendeckend auf alten Feuerstellen im Wald zu finden. Als typische Pionierart produziert sie sehr viele Sporen (ca. 500 000 pro Kapsel) und kann deshalb auch kleinflächig gestörte Stellen rasch besiedeln. Als Pionierart ist sie aber nicht sehr konkurrenzstark und wird bald von grösseren Moosen oder Blütenpflanzen verdrängt.

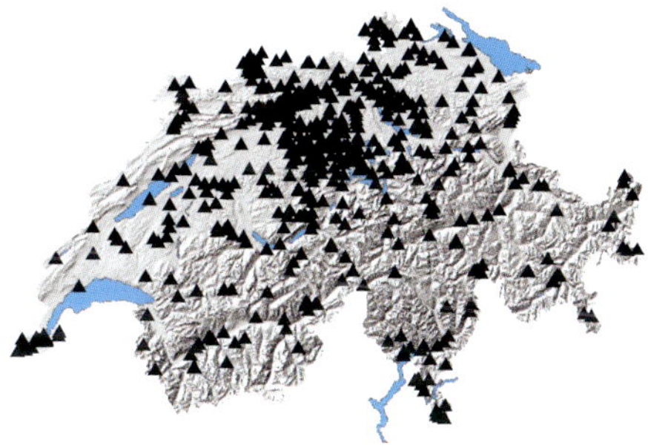

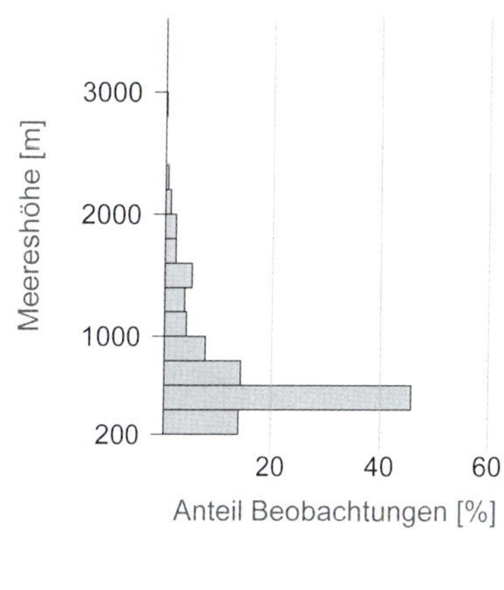

Phascum cuspidatum

Gewöhnliches Glanzmoos

Argilette à feuilles cuspidées

Pionierstandorte, Kiesplätze, Äcker | Akrokarpe Laubmoose

Pflanzen: Knospenförmig, grün bis gelblich grün, in niedrigen Rasen wachsend. Sprösschen aufrecht, einfach oder verzweigt, 2–9 mm hoch. Blätter trocken zusammenneigend, leicht verdreht, feucht aufrecht bis aufrecht abstehend.
Blätter: Eiförmig bis lanzettlich, allmählich zugespitzt. Blattrippe als kurze, seltener als lange braune Spitze oder weisses Glashaar (var. *piliferum*) austretend. Blattrand ohne Zähne.
Sporophyten: Fast immer vorhanden. Kapselstiel sehr kurz, 0,1–0,5 mm, aufrecht oder gebogen, Kapsel deshalb von den umgebenden Blättern mehr oder weniger verdeckt. Kapsel kugelig, 1,0–1,5 mm, blassbraun, mit einer kurzen, stumpfen Spitze, ohne abfallenden Deckel, Sporen werden durch Kapselzerfall freigelassen. Haube meistens kapuzenförmig, seltener mützenförmig.
Lebensraum/Ökologie: In Äckern, Kiesgruben, auf den Mittelstreifen von Feldwegen und an offenerdigen, gestörten Stellen in Wiesen, Trockenrasen, Weinbergen und an Wegböschungen. Auf neutraler oder schwach saurer Erde, feucht bis sehr trocken.
Zeigerwerte: Feuchtigkeit 2, Reaktion X, Nährstoffe 5, Licht 4, Temperatur 4

Ähnliche Arten: Wenn Sporophyten vorhanden sind, ist *P. cuspidatum* bereits im Feld gut zu erkennen. Bei *Acaulon*-Arten sind die Kapseln kugelrund, ohne stumpfe Spitze. Kapseln von *Microbryum floerkeanum* und *Physcomitrium patens* werden nicht von den oberen Blättern verdeckt. Die Kapseln von *Protobryum bryoides* sind etwas über die oberen Blätter emporgehoben und diejenigen von *Microbryum curvicollum* haben einen gekrümmten Kapselstiel und ragen deshalb seitlich aus den Blättern hervor.

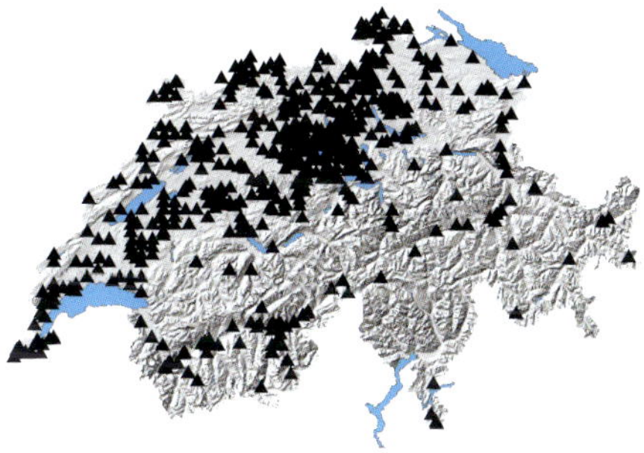

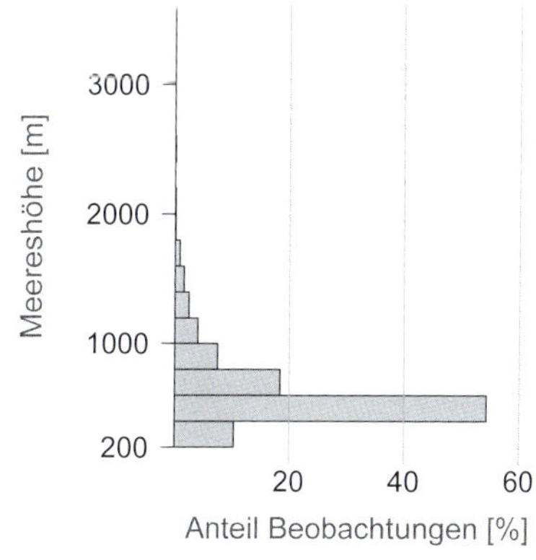

Pohlia filum

Faden-Bohnenmoos

Poliette à bulbilles ovoïdes

Pionierstandorte, Kiesplätze, Äcker | Akrokarpe Laubmoose

Pflanzen: Hell- bis grasgrüne, 0,5–1,5(–5,0) cm hohe, mehr oder weniger dichte, kleine bis sehr grosse Rasen, die Flächen von mehreren Quadratmetern einnehmen können. Sprösschen aufrecht, glänzend, kaum verzweigt. Stämmchen unten rot, oben grün. Blätter vor allem trocken dicht dem Stämmchen anliegend. Fast immer mit eiförmigen, ca. 0,5 mm grossen, gelben bis schwärzlichen Brutkörpern, die einzeln in den oberen Blattachseln stehen. An der Spitze der Brutkörper mit winzigen Blättchen.
Blätter: Lanzettlich oder schmal eiförmig, etwas hohl, ca. 1 mm lang. Rippe kräftig, kurz vor der Spitze endend.
Sporophyten: Häufig in höheren Lagen. Kapselstiel 1,5–2,0 cm lang, braunrot. Kapsel waagrecht bis hängend, birnförmig.
Lebensraum/Ökologie: Als Pionierart bevorzugt auf feuchten, mineralischen Böden mit wenig organischem Material. In Auen, an Flussufern, auf Moränen, in Gletschervorfeldern und in Schneetälchen. Meist in sonnigen Lagen.
Zeigerwerte: Feuchtigkeit 4, Reaktion 2, Nährstoffe 1, Licht 4, Temperatur 2
Gefährdung: Potenziell gefährdet (NT)
Ähnliche Arten: *Pohlia filum* ist durch die grossen, einzeln in den Blattachseln vorkommenden Brutkörper und die trocken anliegenden Blättchen gut charakterisiert. *P. drummondii* hat sehr ähnliche Brutkörper, die Blättchen auf den Brutkörpern nehmen allerdings die gesamte obere Blatthälfte ein, nicht nur die Blattspitze und die Stämmchen sind bis oben rot. Bei *P. andalusica* nehmen die

Blättchen auf den Brutkörpern ebenfalls die gesamte obere Blatthälfte ein. Zudem findet man bei *P. andalusica* meist mehrere Brutkörper pro Blattachsel. Die anderen *Pohlia*-Arten mit Brutkörpern haben deutlich kleinere Brutkörper, die immer zu mehreren in den Blattachseln stehen. Die habituell ähnliche *Aongstroemia longipes* kommt an ähnlichen Stellen wie *P. filum* vor, bildet aber keine Brutkörper.

Wissenswertes: Moose wie *Pohlia filum* sind oft Erstbesiedler in Gletschervorfeldern und sie bilden da auch bereits das erste Glied in der Nahrungskette. Es konnte gezeigt werden, dass dort die Moose von verschiedenen Käferarten und Springschwänzen angefressen werden. Gefressen werden junge Sprossspitzen, Blätter, aber auch Brutkörper.

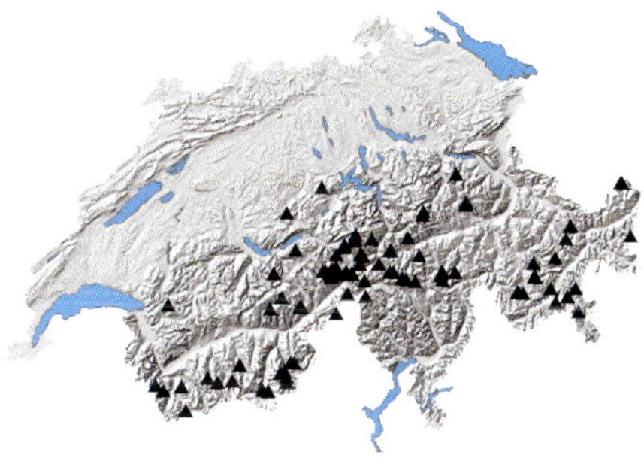

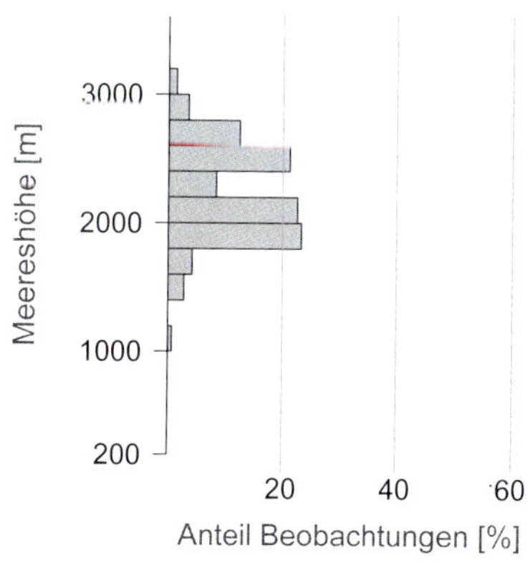

Polytrichum piliferum

Glashaar-Widertonmoos

Perce-mousse porte-poil

Pionierstandorte, Kiesplätze, Äcker | Akrokarpe Laubmoose

Pflanzen: Meist in dichten Rasen, ca. 2–5 cm hoch, bräunlich grün oder wegen der Glashaare graugrün, unverzweigt. Blätter trocken anliegend, feucht abstehend.
Blätter: Aus breit scheidig anliegendem, farblosem Grund abrupt in längeren, grünen Teil verschmälert, mit dem Glashaar 3–6 mm lang. Die sehr breite Rippe trägt auf der Oberseite feine, dicht stehende Längslamellen (im Blattquerschnitt mit Lupe zu sehen) und tritt als ziemlich langes weisses Glashaar aus. Blattrand glatt und mit dem einschichtigen, durchscheinenden Blattteil breit über die Lamellen eingeschlagen.
Gametangien: Zweihäusige Art, oft fertil. Männliche Pflanzen mit an der Spitze auffälligen, becherförmigen, rötlichen Antheridienständen.
Sporophyten: Kapselstiel 1–3 cm lang, rot. Kapseln unreif von langhaariger Haube verhüllt, reif waagrecht, prismatisch, mit 4–6 Kanten. Kapselhals scheibenförmig verdickt. Deckel kurz geschnäbelt. Peristomzähne kurz, durch eine Paukenhaut verbunden.
Lebensraum/Ökologie: In Fels- und Schuttfluren, auf Zwergstrauch-Heiden, Alpweiden und Schneeböden (bis in die nivale Stufe der Alpen) oder in Nadelwäldern, an hellen Standorten. Kalkmeidend. Auf trockener Erde, Sand, Gesteinsrohböden oder wenig Feinmaterial über Silikatfels.
Zeigerwerte: Feuchtigkeit 2, Reaktion 2, Nährstoffe 1, Licht 4, Temperatur 1
Ähnliche Arten: Von den 13 einheimischen *Polytrichum*-Arten ist *P. piliferum* die einzige mit einem Glashaar. Ebenfalls einen durchscheinenden, über den mittleren Teil des Blattes eingebogenen Blattrand haben *P. juniperinum* und *P. strictum.* Die Rippe ihrer Blätter tritt aber nicht als Glashaar aus,

sondern als rötliche Granne, die höchstens an der Spitze manchmal entfärbt ist.

Wissenswertes: Die Spermatozoide der Moose können sich in einem Wasserfilm wenige Zentimeter weit fortbewegen. Wenn die Spermatozoide wie bei den Widertonmoosen allerdings in becherartigen Hüllen produziert werden («Splash Cups»), können sie durch Regentropfen, die die Becher treffen, über Distanzen von einigen Dezimetern weggeschleudert werden. Dadurch können auch Eizellen von weiblichen Pflänzchen, die in grösserer Distanz wachsen, noch befruchtet werden.

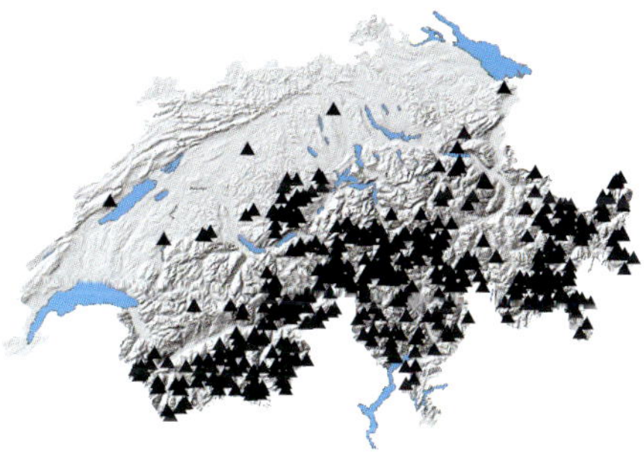

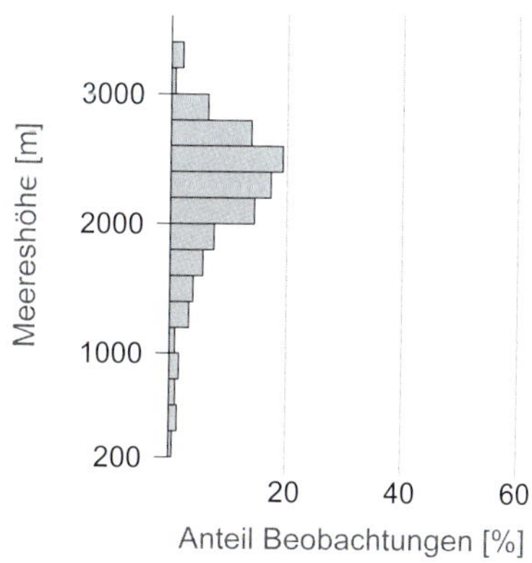

Racomitrium canescens aggr.

Umfasst 3 Arten *(R. canescens, R. ericoides, R. elongatum)*

Gruppe des Grauen Zackenmützenmooses

Groupe de la Frangine blanchâtre

Pionierstandorte, Kiesplätze, Äcker | Akrokarpe Laubmoose

Pflanzen: In kleinen bis sehr grossen (mehrere Aren), 1–10 cm dicken, nicht glänzenden, trocken grau-grünen, feucht hellgrünen Polstern oder Teppichen. Sprösschen aufsteigend oder aufrecht, mit vielen Seitenästen, 2–8 cm lang.
Blätter: Oval bis (schmal) eilanzettlich, 2–3 mm lang, mit mehr oder weniger langer, gerader oder etwas zurückgebogener, gezähnter Glasspitze. Glasspitze selten auch fehlend. Blattrippe bis ¾ der Blattlänge erreichend *(R. canescens)* oder bis in die Spitze geführt *(R. ericoides, R. elongatum).* Blätter trocken aufrecht anliegend, feucht zurückgebogen.
Sporophyten: Nicht häufig. Kapsel braun, schmal zylindrisch, aufrecht, ca. 4 mm lang mit einem lang geschnäbelten Deckel. Kapselstiel 10–15 mm lang. Haube mützenförmig, am Grund gelappt («Zackenmütze»).
Lebensraum/Ökologie: An trockenen *(R. canescens, R. elongatum)* bis frischen oder feuchten *(R. ericoides),* nährstoffarmen, lichtreichen, kalkreichen *(R. canescens)* oder kalkarmen *(R. elongatum, R. ericoides)* Stellen auf sandig-kiesigen Böden in Alluvionen, auf übererdeten Felsen, in Magerwiesen und Kiesgruben.
Zeigerwerte: Feuchtigkeit 2, Reaktion X, Nährstoffe 1, Licht 4, Temperatur 1
Ähnliche Arten: *Racomitrium canescens* aggr. besteht aus drei Arten, die schwierig zu unterscheiden sind. *R. canescens* unterscheidet sich von den anderen beiden Arten des Aggregats durch breitere Blätter und eine kürzere Rippe. Die beiden anderen Arten *(R. ericoides, R. elongatum)* lassen sich im Feld nur mit viel Erfahrung unterscheiden. Einige Arten aus der Gattung *Racomitrium,* die ebenfalls

eine Glasspitze haben, können mit dem *R. canescens*-Aggregat verwechselt werden: *R. lanuginosum* zeichnet sich durch an den Blatträndern herablaufende, sehr stark gezähnte Glasspitzen aus. Die übrigen *Racomitrium*-Arten mit Glasspitze haben alle eine Rippe, die bis in die Blattspitze reicht, schmale, feucht nicht oder kaum zurückgekrümmte Blätter, und sie erscheinen trocken braungrün bis schwärzlich grün, nicht grau-grün. *Hedwigia ciliata* (S. 162) hat ein ähnliches Erscheinungsbild wie *R. canescens* aggr. Die Blätter haben ebenfalls eine Glasspitze, aber keine Rippe und die Kapsel ist auf sehr kurzem Stiel in die Blätter eingesenkt. *H. ciliata* kommt zudem nur auf saurem Gestein vor.
Wissenswertes: *Racomitrium canescens* aggr. kann gerade in sandig-kiesigen Bereichen der Auen oder der Gletschervorfelder grosse Flächen einnehmen (mehrere Aren), die schon von Weitem durch ihre grau-grüne Färbung auffallen. Im Laufe der Sukzession werden die *R. canescens*-Bestände dann langsam durch die vermehrt aufkommenden Gefässpflanzen verdrängt.

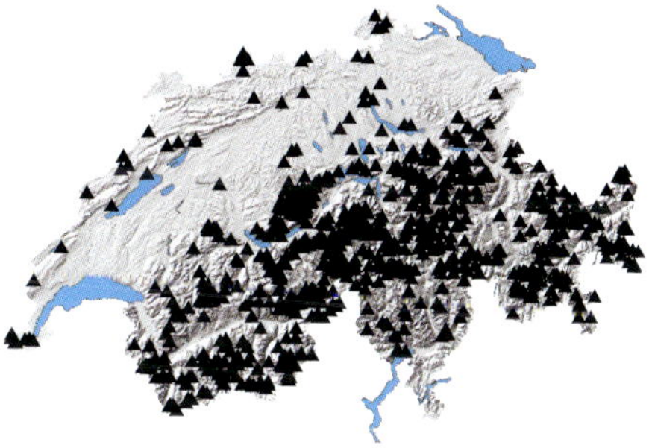

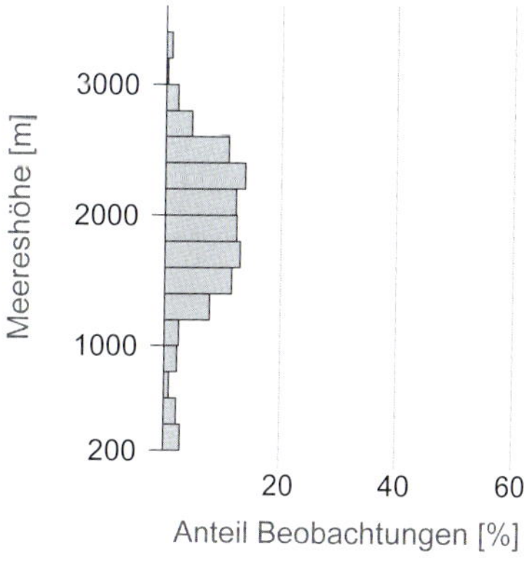

Tortella inclinata

Kahn-Kräuselmoos

Tortelle inclinée

Pionierstandorte, Kiesplätze, Äcker | Akrokarpe Laubmoose

Pflanzen: Gelbgrüne, dichte, leicht zerfallende, 0,5–2,0 cm hohe Rasen oder flache Polster. Stämmchen dicht, gleichmässig beblättert. Blätter feucht aufrecht abstehend bis zurückgebogen, trocken eingebogen bis leicht gekräuselt.

Blätter: Lanzettlich, besonders im oberen Teil gekielt, 2,0–3,5 mm lang. Blattgrund hyalin, hell leuchtend und mit V-förmigem Übergang scharf vom oberen, grünen Teil des Blattes abgesetzt. Blattrand flach, krenuliert. Blattspitze kahnförmig zusammengezogen. Rippe durchscheinend hell und in der Blattspitze kurz austretend.

Sporophyten: Nicht häufig. Kapselstiel 1,5–2,5 cm. Kapsel eifömig-zylindrisch, schwach gekrümmt und schwach geneigt, 2,0–2,5 mm. Deckel lang kegelförmig. Peristom fadenförmig, gewunden, hinfällig.

Lebensraum/Ökologie: Flachgründige Pionierstandorte skelettreicher, kalkhaltiger Böden. Oft auf Kiesplätzen und Flachdächern, in Auen auf Schotterflächen, auf Felsen, in lückigen Trockenrasen und an Wegrändern.

Zeigerwerte: Feuchtigkeit 2, Reaktion 5, Nährstoffe 3, Licht 4, Temperatur 4

Ähnliche Arten: Durch die kahnförmigen Blattspitzen ist *Tortella inclinata* bereits gut charakterisiert. *T. densa* besitzt gleichmässig zugespitzte Blättchen mit flachem Blattrand ohne Kahnspitze. Kurzblättrige Formen von *T. tortuosa* (S. 182) sind an der flachen Blattspitze und der von der Blatt-

oberseite gesehen grünen Rippe zu unterscheiden, die nicht durchscheinend ist. Von ähnlichen Arten anderer Gattungen lässt sich *T. inclinata* durch den bei *Tortella*-Arten vorhandenen scharf V-förmig abgesetzten hyalinen Blattgrund unterscheiden. Um diesen zu sehen, muss ein Blättchen mit den Fingern möglichst vollständig abgezupft werden. Mit einer Lupe ist der V-förmige Übergang dann gut sichtbar.

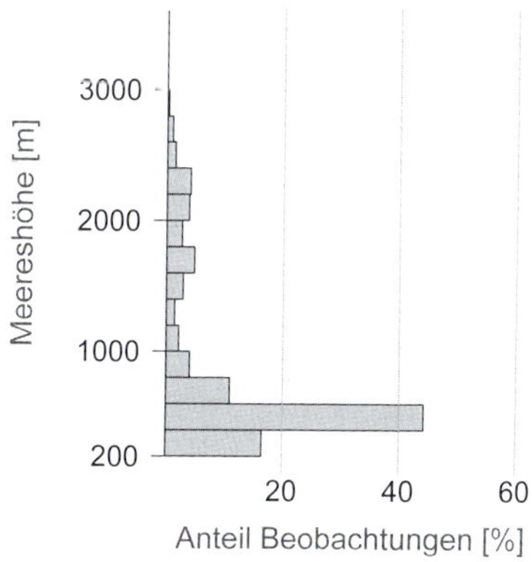

Tortula truncata

Gewöhnliches Erdmoos

Tortule tronquée

Pionierstandorte, Kiesplätze, Äcker | Akrokarpe Laubmoose

Pflanzen: Niedrige, nur 3–5 mm hohe, sattgrüne, kleine Rasen. Blätter feucht aufrecht abstehend, die oberen grösser als die unteren. Selten mit sehr kleinen, mit der Lupe allerdings nicht sichtbaren Brutkörpern an den Rhizoiden.

Blätter: 2 mm lang, lanzettlich bis spatelförmig, in oder über der Mitte am breitesten, kurz zugespitzt. Rand flach. Rippe kurz austretend.

Sporophyten: Häufig. Kapseln kurz zylindrisch, braun, auf 2,0–3,5 mm langem Kapselstiel. Nach Abfallen des Deckels kelchförmig und mit breiter Öffnung. Peristom fehlend. Deckel und kappenförmige Haube schief geschnäbelt.

Lebensraum/Ökologie: Auf nicht umgebrochenen Äckern im Herbst und an offenerdigen, lichtreichen Stellen, in Wiesen, Weinbergen, an Böschungen und in Gartenbeeten. Vor allem auf lehmiger, seltener auch auf sandiger bis kiesiger Erde, an neutralen bis schwach basischen, frischen bis feuchten Stellen.

Zeigerwerte: Feuchtigkeit 3, Reaktion 4, Nährstoffe 3, Licht 4, Temperatur 4

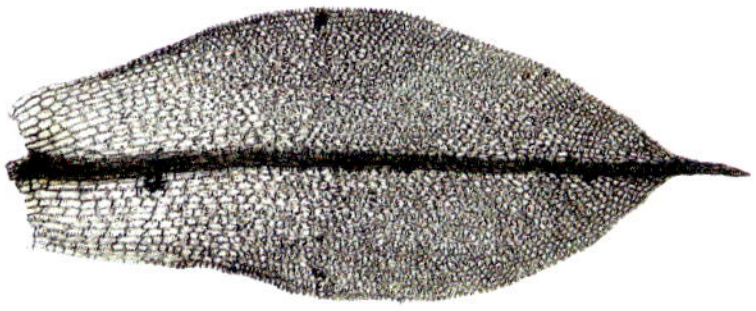

Ähnliche Arten: In sterilem Zustand leicht mit einer Reihe weiterer kleiner Pioniermoose aus den Gattungen *Tortula* und *Protobryum* sowie mit *Phascum cuspidatum* (S. 116) verwechselbar und nicht sicher bestimmbar. Mit Sporophyten gut ansprechbar aufgrund des schief geschnäbelten Deckels und der breit geöffneten, kelchförmigen Kapseln (nach Abfallen des Deckels), die deutlich über die Blätter emporgehoben sind.

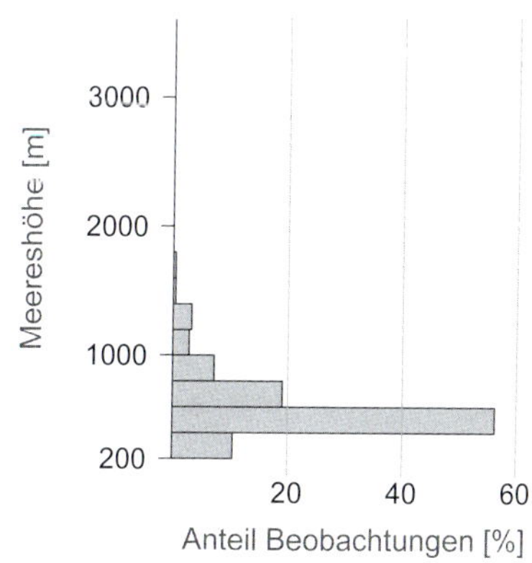

Weissia controversa

Gewöhnliches Perlmoos

Verdule controversée

Pionierstandorte, Kiesplätze, Äcker | Akrokarpe Laubmoose

Pflanzen: Niedrige, nur wenige Millimeter hohe, gelblich grüne Rasen. Sprösschen einfach oder verzweigt. Blätter feucht aufrecht abstehend, trocken stark gekräuselt, an den Sprossspitzen schopfig gehäuft und vergrössert.

Blätter: Lanzettlich bis linear-lanzettlich, kurz oder lang zugespitzt, ungefähr 1,5–2,0 mm lang. Blattrand ganzrandig und fast über die ganze Blattlänge schmal eingerollt. Rippe kräftig und als kurze Stachelspitze austretend.

Sporophyten: Häufig, im frühen Frühling. Kapseln eiförmig auf 3–6 mm langem Kapselstiel, kürzer als der Kapselstiel. Deckel geschnäbelt. Peristom kurz, gestutzt, oft nur rudimentär. Kapseln entdeckelt mit breiter Öffnung.

Lebensraum/Ökologie: Offenerdige, lichtreiche bis halbschattige, meist eher frische Stellen an Waldrändern, Wegböschungen, in lückigen Wiesen, auf Felsabsätzen und an Wegrändern.

Zeigerwerte: Feuchtigkeit 2, Reaktion 5, Nährstoffe 3, Licht X, Temperatur 3

Ähnliche Arten: *Weissia controversa* ist von den meisten anderen *Weissia*-Arten durch das zwar oft kurze, aber deutliche Peristom, den relativ langen Kapselstiel und den fast über die ganze Länge schmal eingerollten Blattrand zu unterscheiden. *W. wimmerina* ist sehr ähnlich, kommt aber vor allem in höheren Lagen vor, während *W. controversa* vor allem in den Tieflagen vorkommt. *Trichostomum*-Arten können ähnlich klein sein, haben aber ein gut entwickeltes Peristom. Die auf den ersten Blick ähnliche *Dicranowcisia cirrata* hat ebenfalls ein gut entwickeltes Peristom und wächst meist epiphytisch.

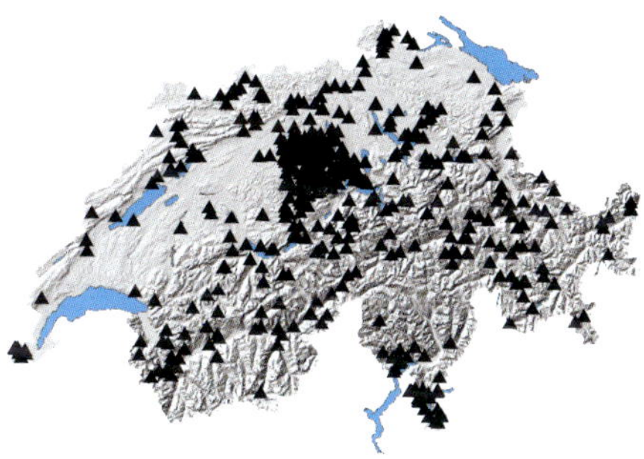

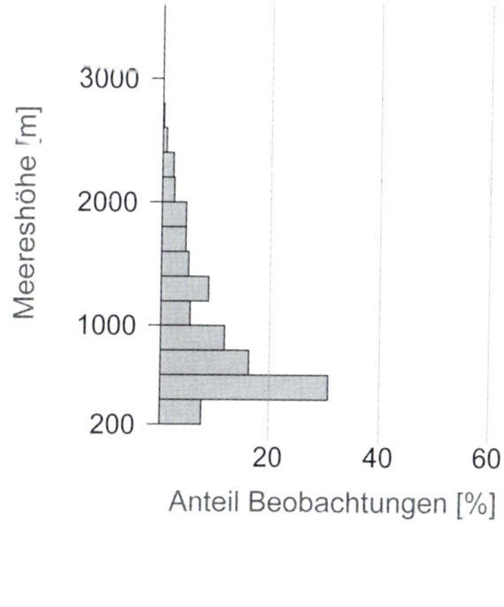

Marchantia quadrata

Rotbauch-Lebermoos

Preissie

Felsen und Mauern | Komplexe thallose Lebermoose

Pflanzen: Thallos, kriechend, matt bleichgrün, 0,5–3,0(–5,0) cm lang und 4–10 mm breit, wenig verzweigt. Ohne Brutbecher.

Thallus: Oberseite undeutlich gefeldert, jedes Feld mit einer hellen Atempore. Matt grün mit meist (braun)violettem Rand. Unterseits mit dunkelweinroten Bauchschuppen.

Gametangien: Antheridienstände scheibenförmig auf 0,5–2,0 cm langem Stiel. Archegonienträger 1–4(–6) cm lang gestielt, mit kantigem Köpfchen.

Sporophyten: Zu mehreren an der Unterseite der gestielten Köpfchen. Kapseln kurz gestielt, schwarz. Sporenreife im Frühling bis Herbst.

Lebensraum/Ökologie: Auf Fels- und Schuttfluren, auch an Mauern, in Flachmooren und an Ufern, in Laub-, Nadel- und Mischwäldern und unter Gebüsch, in Weiden, alpinen Rasen und auf Schneeböden, selten in trockeneren Habitaten; an schattigen und halbschattigen, selten an sonnigen Stellen. Überwiegend auf Erde wachsend, auf kalkreichem Gestein oder kalkreichen Rohböden, silikatische Gesteine oder Rohböden nicht ganz meidend, meist frische oder feuchte Substrate.

Zeigerwerte: Feuchtigkeit 3, Reaktion 5, Nährstoffe 3, Licht 3, Temperatur 3

Ähnliche Arten: *Marchantia polymorpha* (S. 98) und *Lunularia cruciata* (S. 96) bilden meist Brutbecher aus, die Thallusränder sind nicht (braun)violett. *Conocephalum conicum* aggr. (S. 208) ist meist grösser, die Thalli sind deutlicher gefeldert und nicht oder nur schmal rötlich gesäumt und die Gametangienträger anders gestaltet. Daneben gibt es einige andere ähnliche thallose Leber-

moose, welche nur mit der Lupe nicht immer einfach von *M. quadrata* zu unterscheiden sind, z. B. Arten aus den Gattungen *Mannia* (*M. fragrans*, S. 74) oder *Asterella* sowie *Peltolepis quadrata*.

Wissenswertes: Wie manche ähnliche Lebermoose wurde *M. quadrata* mit zunehmender Kenntnis als *Preissia quadrata* aus der früheren Grossgattung *Marchantia* ausgegliedert. Neuere molekulare Untersuchungen zeigen aber, dass *Preissia* doch näher mit *Marchantia polymorpha* verwandt ist, und so kann sie mit einiger Berechtigung wieder wie in den Anfängen der Lebermoosforschung *Marchantia quadrata* genannt werden.

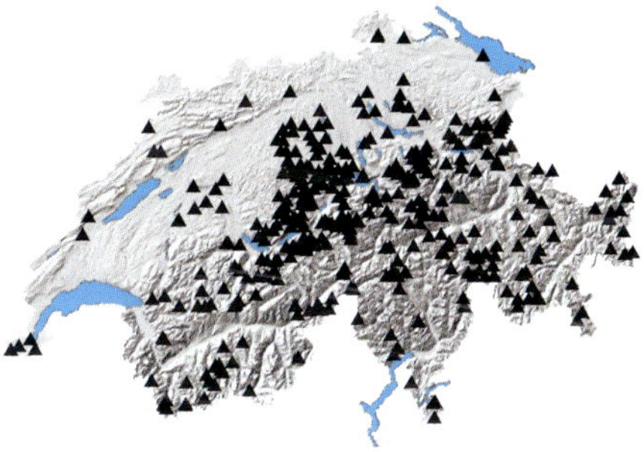

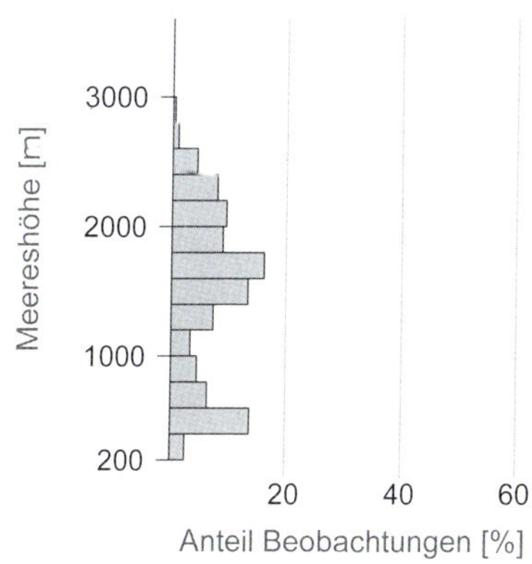

Metzgeria pubescens

Pelz-Gabellebermoos

Metzgérie pubescente

Felsen und Mauern | Einfache thallose Lebermoose

Pflanzen: Niederliegend, bandförmig thallos und gabelig verzweigt. Weisslich grün, ca. 1,0–3,5 cm lang und 0,8–2,0 mm breit. Nie mit Brutkörpern.

Thallus: Mit Mittelrippe. Rundum pelzig behaart, flach, oft etwas wellig, neben der Mittelrippe dünn. Oft mit Zweigen an der Unterseite der Mittelrippe.

Gametangien: Zweihäusige Art. Männliche Pflanzen mit behaarten, blasenförmigen Antheridienständen, weibliche mit behaarten, muschelförmigen Archegonienständen, bei beiden auf der Unterseite der Mittelrippe.

Sporophyten: Sehr selten, vom Frühling bis in den Herbst reif. Kapseln rotbraun auf farblosen Stielen. Sporen bräunlich.

Lebensraum/Ökologie: Hauptsächlich in Laubwäldern, seltener in Nadelwäldern, sonst vor allem in Felsfluren und Schluchten. Auf kalkhaltigen Felsen, seltener auch auf basenarmem Gestein, häufig auch epiphytisch auf Bäumen (meist an der Basis), selten auf Erde und totem Holz, oft über anderen Moosen wachsend. Nie an sonnigen, sondern fast durchwegs an schattigen Stellen. Neigt eher zu Vorkommen auf frischen bis trockenen als auf feuchten oder gar nassen Substraten.

Zeigerwerte: Feuchtigkeit 3, Reaktion 5, Nährstoffe 3, Licht 2, Temperatur 3

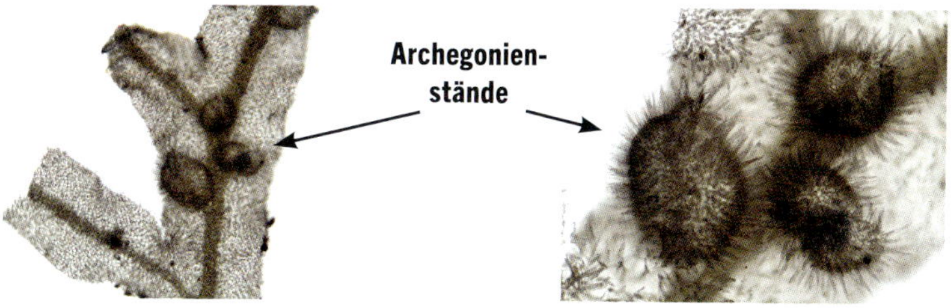

Ähnliche Arten: Durch die starke Behaarung ist *Metzgeria pubescens* sehr gut charakterisiert. Alle anderen *Metzgeria*-Arten (*M. furcata*, S. 360) und die weiteren thallosen Arten der Schweiz sind nicht pelzig behaart.

Wissenswertes: Dichte Behaarung ist bei Moosen äusserst selten. *Metzgeria pubescens* ist in Europa die einzige Art mit diesem Merkmal. Der «Pelz» ist es, der ihr die weisslich grüne Farbe verleiht.

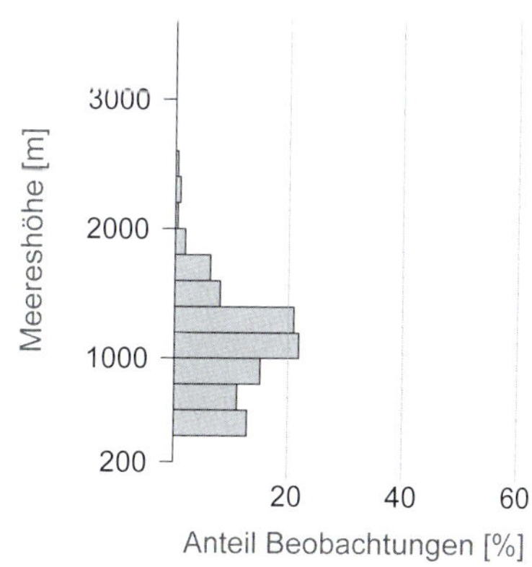

Diplophyllum albicans

Streifen-Faltlebermoos

Fausse-scapanie blanchâtre

Felsen und Mauern | Beblätterte Lebermoose

Pflanzen: In niederen, grünlichen bis bräunlichen Decken. Sprösschen 1,5–2,5 cm lang, um 3 mm breit. Flankenblätter dicht zweizeilig in einer Ebene angeordnet, Unterblätter fehlen. Häufige vegetative Vermehrung durch Brutkörper, die in gelbgrünen Häufchen an den Blatträndern der obersten Blätter gebildet werden.
Blätter: Flankenblätter aus einem kleinen, zungenförmigen Oberlappen und einem ungefähr doppelt so langen, zungenförmigen Unterlappen bestehend. Die beiden Blattlappen liegen übereinander, wobei der obere, kürzere Lappen etwas steiler steht. In der Mitte der beiden Lappen sind die Zellen verlängert und bilden eine «Pseudorippe», die besonders im Durchlicht recht gut zu sehen ist.
Gametangien: Zweihäusige Art. Männliche Pflanzen mit Antheridien in den Achseln etwas bauchiger Hüllblatter. Perianthien zylindrisch, 3–4 mm lang, an der Mündung gezähnt.
Sporophyten: Gelegentlich.
Lebensraum/Ökologie: An schattigen, sauren, mässig frischen Felsen, oft etwas geschützt in Felsnischen wachsend. Seltener auf Humus oder Totholz.
Zeigerwerte: Feuchtigkeit 3, Reaktion 2, Nährstoffe 1, Licht 2, Temperatur 3

Ähnliche Arten: Die weiteren einheimischen Arten in der Gattung *Diplophyllum (D. taxifolium, D. obtusifolium, D. obtusatum)* sind *D. albicans* sehr ähnlich, die Flankenblätter weisen aber keine Pseudorippe auf. Den Arten in der nahe verwandten, ähnlichen und sehr artenreichen Gattung *Scapania* (siehe z. B. *S. aequiloba,* S. 136) fehlt ebenfalls die Pseudorippe. Aufgrund der Pseudorippe und der zweizeiligen Beblätterung allenfalls mit *Fissidens*-Arten (siehe z. B. *F. taxifolius*, S. 300) zu verwechseln. Die Gattung *Fissidens* gehört aber zu den Laubmoosen und hat eine echte, deutliche Rippe, die meist bis in die Blattspitze geführt ist, und einen völlig anderen Blattaufbau.

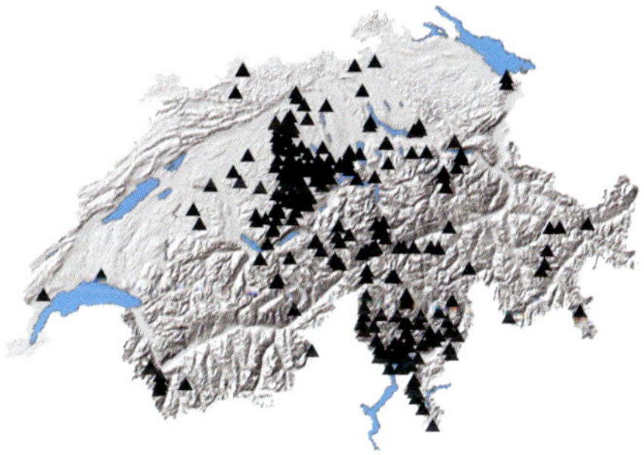

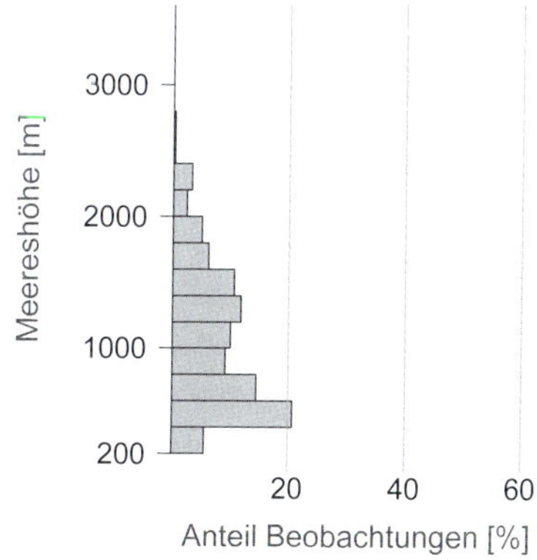

Scapania aequiloba

Gewöhnliches Spatenlebermoos

Scapanie équilobée

Felsen und Mauern | Beblätterte Lebermoose

Pflanzen: In grünen oder bräunlichen Decken. Sprösschen etwas verflacht, 1–10 cm lang und meist 1,5–3,0 mm breit, oft mit hellgrünen Brutkörpern an den Spitzen der Blattlappen.

Blätter: Flankenblätter zweilappig, der kleinere Oberlappen mit meist etwas gebogenem Kiel über den Unterlappen gefaltet, oft etwas sparrig abstehend und ca. ¾ bis fast so lang wie der Unterlappen. Der Oberlappen reicht über das Stämmchen auf die gegenüberliegende Seite. Beide Blattlappen ± spitz. Ihre Ränder sind meist fein gezähnt. Unterblätter fehlen.

Gametangien: Zweihäusige Art. Männliche Pflanzen mit Antheridien in den Achseln etwas bauchiger Hüllblätter. Perianthien ± flach, mit breit abgestutzter, fransiger Mündung.

Sporophyten: Selten. Kapseln ellipsoidisch, glänzend schwarz, auf ± langem, durchsichtigem Stiel. Sporenreife im Sommer.

Lebensraum/Ökologie: Wälder verschiedenster Art, in der alpinen Stufe vor allem Felsfluren, Weiden, alpine Rasen und Zwergstrauchheiden. Bevorzugt an beschatteten Kleinstandorten. Mit breitem Spektrum kalkreicher Substrate wie Felsen, Erde (oft auf dünner Humusschicht über Kalkfelsen) und Rohböden, gelegentlich aber auch auf Silikatgestein.

Zeigerwerte: Feuchtigkeit 2, Reaktion 4, Nährstoffe 3, Licht 2, Temperatur 2

Ähnliche Arten: Die Gattung *Scapania* ist in der Schweiz mit 28 schwer unterscheidbaren Arten vertreten. Sie sind mit einer Lupe kaum sicher zu bestimmen. Bei grösseren Pflanzen auf Kalkfelsen sind die oft abstehenden Oberlappen ein guter Hinweis, dass es sich um *S. aequiloba* handeln könnte. Bei der ähnlichen *S. aspera* sind die Oberlappen nicht abstehend.

Wissenswertes: Der Gattungsname *Scapania* leitet sich ab vom griechischen «skapanion», was so viel bedeutet wie kleiner Spaten und sich auf die Form des Perianths bezieht.

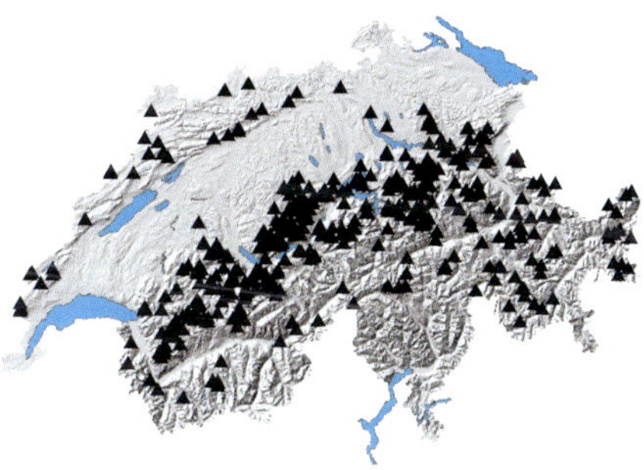

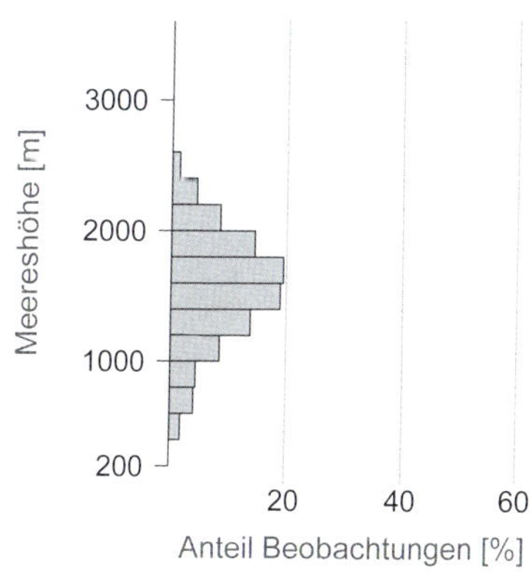

Scapania nemorea

Augen-Spatenlebermoos

Scapanie des bois

Felsen und Mauern | Beblätterte Lebermoose

Pflanzen: In rein grünen oder olivgrünen Rasen, oft rötlich überlaufen. Sprösschen abgeflacht, 1–10 cm lang und meist 1,5–5,5 mm breit, oft mit hell- bis dunkelbraunen Brutkörpern an den Spitzen der Blattlappen.

Blätter: Flankenblätter zweilappig, der kleinere Oberlappen mit meist etwas gebogenem Kiel über den Unterlappen gefaltet, ca. halb so lang wie der Unterlappen. Der Oberlappen reicht über das Stämmchen auf die gegenüberliegende Seite. Beide Blattlappen ± spitz, ihre Ränder dornig gezähnt. Unterblätter fehlen.

Gametangien: Zweihäusige Art. Männliche Pflanzen mit Antheridien in den Achseln etwas bauchiger Hüllblätter. Perianthien ± flach mit breit abgestutzter, gezähnter Mündung.

Sporophyten: Häufig. Kapseln ellipsoidisch, glänzend schwarz, auf ± langem, durchsichtigem Stiel. Sporenreife im Frühling.

Lebensraum/Ökologie: Besonders an schattigen Stellen in Laub-, Misch- und Nadelwäldern, auch in Moorwäldern, unbewaldeten Mooren, Felsfluren und an offenen Wegböschungen. Auf saurer Erde oder auf sauer verwitterndem Silikatgestein und zugehörigen Gesteinsrohböden, recht häufig auf morschem Holz, auch auf Rohhumus oder Torf. Die Ansprüche an Feuchtigkeit reichen von frisch und feucht bis nass.

Zeigerwerte: Feuchtigkeit 3, Reaktion 2, Nährstoffe 1, Licht 2, Temperatur 3

Ähnliche Arten: Die Gattung *Scapania* ist in der Schweiz mit 28 schwer unterscheidbaren Arten vertreten. Sie sind mit einer Handlupe kaum sicher zu bestimmen. *S. nemorea* ist auf sauren Substraten die häufigste Art, welche so auffällige, dunkle Brutkörperhäufchen aufweist. *S. aequiloba* (S. 136) ist ähnlich gross, hat aber hellgrüne Brutkörper und kommt auf kalkhaltigen Substraten vor.

Wissenswertes: Viele beblätterte Lebermoose zeigen eine besondere Form der vegetativen Vermehrung. An ihren Blättern bilden sie 1- bis 2-zellige Brutkörper. Diese lösen sich leicht von der Mutterpflanze und werden durch Wasser und Wind ausgebreitet. So auch das Augen-Spaltenlebermoos, bei welchem die Brutkörper als dunkel gefärbte Häufchen an den Spitzen der Sprösschen den Eindruck von schwarzen Äuglein erwecken. Daher der deutsche Name der Art.

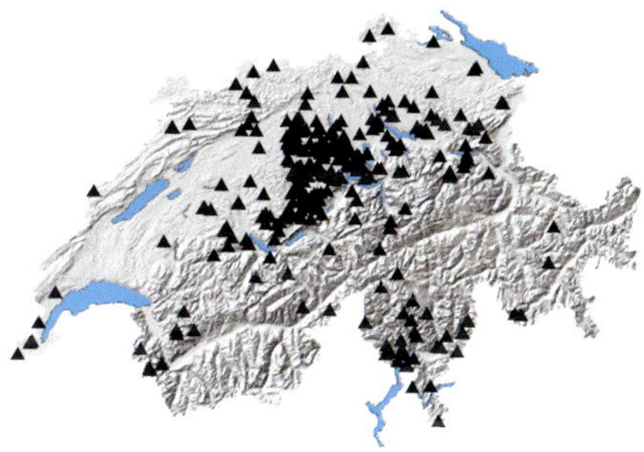

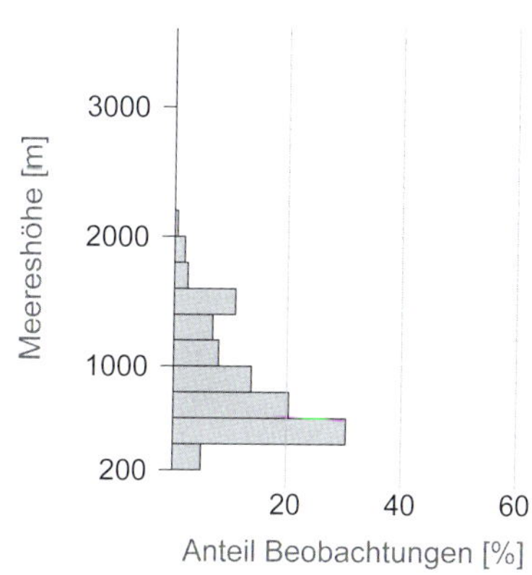

Andreaea rupestris aggr.

Umfasst 2 Arten *(A. alpestris, A. rupestris)*

Gruppe des Gewöhnlichen Klaffmooses

Groupe de la Lanterne des rochers

Felsen und Mauern | Akrokarpe Laubmoose

Pflanzen: Kleine bis mittelgrosse Polster, dunkelgrün oder braun- bis rötlich schwarz. Stämmchen aufrecht oder niederliegend, 1–3 cm lang. Blätter spiralig angeordnet, trocken am Stämmchen anliegend, feucht abstehend.

Blätter: Eiförmig-lanzettlich, stumpf zugespitzt, 0,8–1,0 mm lang, ohne Blattrippe. Meist etwas einseitswendig. Blattränder flach und ungezähnt.

Sporophyten: Häufig. Kapsel schwarzbraun, eiförmig, ca. 1 mm lang, bei der Reife sich mit vier Längsrissen öffnend, durch welche die Sporen freigelassen werden. Der eigentliche, durch den Sporophyten gebildete Kapselstiel ist sehr kurz. Die Kapsel wird stattdessen von einem stielähnlichen Fortsatz des Gametophyten emporgehoben.

Lebensraum/Ökologie: Auf trockenen bis zeitweise überrieselten, aber nicht ständig nassen, meist sonnigen bis halbschattigen, nährstoffarmen Silikatfelsen.

Zeigerwerte: Feuchtigkeit 3, Reaktion 2, Nährstoffe 1, Licht 3, Temperatur 1

Gefährdung: *Andreaea alpestris:* potenziell gefährdet (NT); *A. rupestris* nicht gefährdet (LC)

Ähnliche Arten: Alle anderen bei uns vorkommenden *Andreaea*-Arten sind habituell ähnlich, haben aber länger ausgezogene Blätter und vor allem eine deutliche Blattrippe. Von habituell ähnlich aussehenden Felsmoosen sind *Andreaea*-Arten einfach durch die Kapseln mit den vier Längsrissen zu unterscheiden. Zudem weisen sie nie Glashaare an den Blättern auf. *Didymodon subandreaeoides* sieht *Andreaea*-Arten sehr ähnlich. Die Blätter weisen aber eine Rippe auf und oft sind abfallende

Brutästchen in den Blattachseln vorhanden. Ausserdem wächst die Art nur an Kalkfelsen. Sporophyten sind bei *D. subandreaeoides* nicht bekannt.

Wissenswertes: Die Gattung *Andreaea* steht innerhalb der Laubmoose sehr isoliert, was sich unter anderem am deutlich verschiedenen Aufbau der Kapsel zeigt, die sich mit Längsrissen und nicht mit einem abfallenden Deckel öffnet.

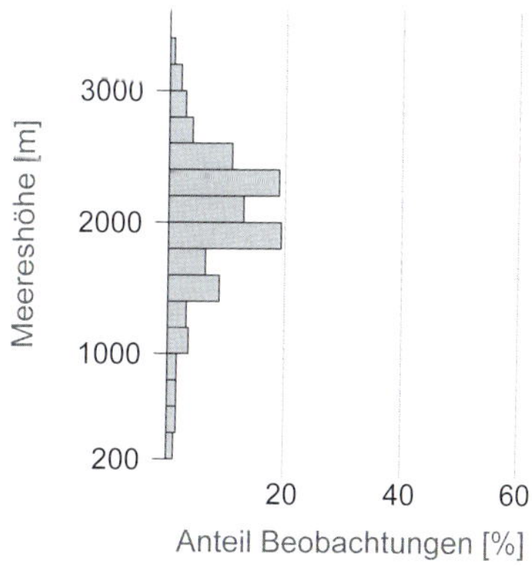

Bartramia halleriana

Hallers Apfelmoos

Bartramie de Haller

Felsen und Mauern | Akrokarpe Laubmoose

Pflanzen: Grosse, lockere, meist 5–10 cm hohe, gelblich grüne bis bläulich grüne, etwas blasse und glanzlose Polster.

Blätter: Borstenförmig, sehr schmal und lang, etwa 10 mm lang, allseitig abstehend, an den Stämmchenspitzen oft schwach einseitswendig gebogen, trocken verbogen bis gekräuselt.

Sporophyten: Häufig. Kapselstiele rot, leicht gebogen, 2–3 mm lang, nur wenig länger als die Kapseln, welche dadurch in den Polstern verborgen bleiben. Oft entspringen aus einem Archegonienstand zwei Kapseln zusammen. Kapseln jung grün und annähernd kugelig (Apfelmoos), im älteren und entleerten Zustand werden sie gelblich braun und ziehen sich zu einem gerillten, etwas gebogenen Zylinder zusammen.

Lebensraum/Ökologie: In Ritzen schattiger, meist kalkarmer Felswände oder auf Humusauflagen über kalkhaltigem Gestein, oft etwas regengeschützt, aber luftfeucht.

Zeigerwerte: Feuchtigkeit 3, Reaktion 3, Nährstoffe 1, Licht 1, Temperatur 3

Ähnliche Arten: Bei *Bartramia pomiformis* sind die Kapselstiele viel länger als die Kapseln und über 5 mm lang, die Kapseln ragen daher aus den Polstern hervor (wenn sie nicht tief im Inneren entspringen). Ausserdem sind die Polster meist stärker bläulich und die Blätter kürzer und steifer. Sterile Pflanzen können aber nicht immer sicher von *B. halleriana* unterschieden werden. Bei *B. ithyphylla* ist der obere Teil der Blätter deutlich von einer auffallend weisslichen, breiteren Blattscheide abgesetzt, die Blätter stehen trocken steif aufrecht ab, die Kapselstiele sind ebenfalls deutlich länger als die

Kapseln. Auch *Plagiopus oederianus* (S. 170) hat lange Kapselstiele, die Pflanzen weisen einen deutlichen Glanz auf und die Blätter sind kürzer und oft allseitig zurückgebogen statt aufrecht bis einseitswendig.

Wissenswertes: Die Blätter der *Bartramia*-Arten weisen eine dicke Wachsschicht (Kutikula) auf, welche sie schwer benetzbar macht und den Moosen den blassen, bläulichen Farbton verleiht. Solche Wachsschichten sind bei vielen Laub- und Lebermoosen vorhanden, besonders auffällig bei *Anthelia julacea* aggr. (S. 216), und helfen unter anderem dabei, den Wasserverlust zu verringern.

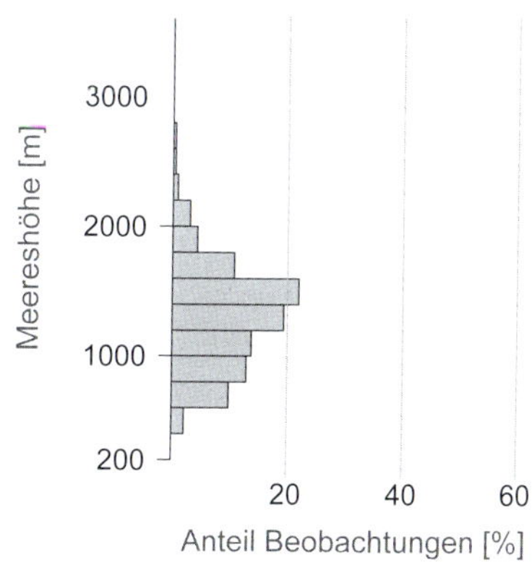

Blindiadelphus recurvatus

Gewöhnliches Zwergmoos

Séligérie àsoie courbée

Felsen und Mauern | Akrokarpe Laubmoose

Pflanzen: In niedrigen, nur wenige Millimeter hohen, dunkel- bis olivgrünen Rasen. Sprösschen aufrecht, meist unverzweigt, 1–3 mm hoch. Blätter aufrecht abstehend.
Blätter: 0,6–1,8 mm lang, aus eiförmig-lanzettlicher Basis in eine lange, schmale Spitze ausgezogen, ganzrandig. Rippe durchgehend breit, die lange Spitze ausfüllend.
Sporophyten: Kapselstiel 2–3 mm lang, gelb, trocken aufrecht verdreht, feucht schwanenhalsartig nach unten gebogen. Kapsel länglich eiförmig, bräunlich. Peristomzähne rotbraun, lanzettlich.
Lebensraum/Ökologie: Auf kalk- oder basenhaltigem Gestein in Wäldern und Schluchten, wo die Pflanzen aufgrund der vorhandenen Luftfeuchtigkeit kaum trockenfallen. Auf Molasse, Sandstein, Nagelfluh.
Zeigerwerte: Feuchtigkeit 3, Reaktion 4, Nährstoffe 1, Licht 2, Temperatur 3
Ähnliche Arten: *Blindiadelphus campylopodus* hat wie *B. recurvatus* einen gekrümmten Kapselstiel. *B. campylopodus* hat aber kürzere Blätter und ist sehr selten. Im Feld sind die beiden Arten aber nicht sicher zu unterscheiden. Auch *Campylostelium saxicola* hat im feuchten Zustand einen gekrümmten Kapselstiel. Im Vergleich zu *B. recurvatus* ist dieser aber deutlich länger (4–7 mm). *C. saxicola* kommt zudem nur auf saurem Gestein vor. Die in den gleichen Lebensräumen wie *B. recurvatus* vorkommenden *Seligeria*-Arten sowie *B. diversifolius* sind ebenso klein wie *B. recurvatus,* haben aber gerade Kapselstiele.

Wissenswertes: Die Gattung *Blindiadelphus* war lange in die Gattung *Seligeria* integriert. Erst molekulare Untersuchungen führten dazu, einige *Seligeria*-Arten in die neue Gattung *Blindiadelphus* zu verlegen.

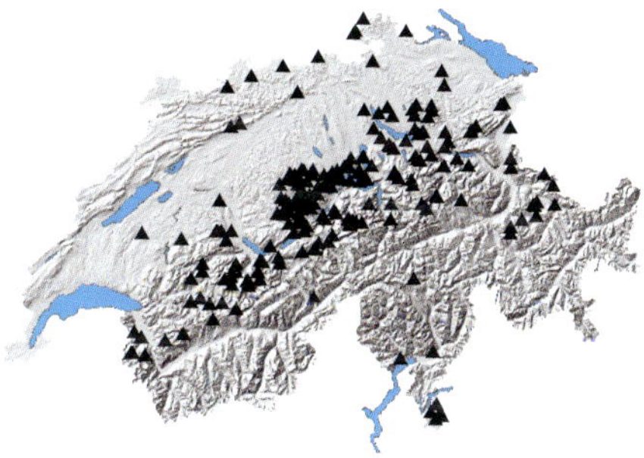

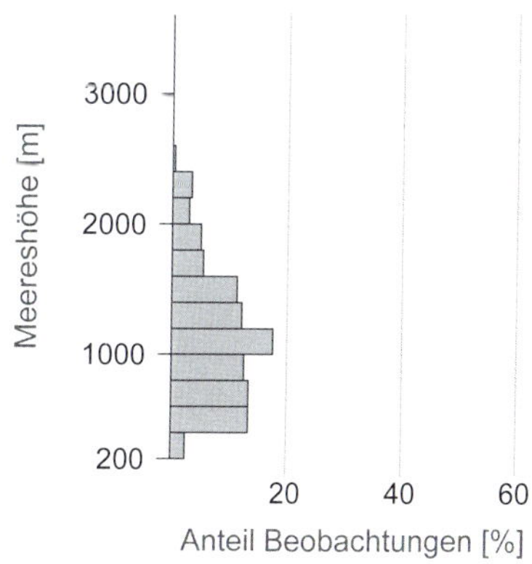

Bryum capillare aggr.

Umfasst 5 Arten

Gruppe des Haar-Birnmooses

Groupe du Bryum capillaire

Felsen und Mauern | Akrokarpe Laubmoose

Pflanzen: 0,5–4,0 cm hohe, lockere bis dichte, glänzend grüne bis schmutzig grüne, teilweise rötlich überlaufene Polster oder kleine Rasen bildend. Blätter trocken verbogen und schraubig um das Stämmchen gedreht (*B. capillare, B. torquescens* und *B. moravicum*) oder nicht oder kaum gedreht *(B. elegans, B. stirtonii).* Nur bei *B. moravicum* zahlreiche fadenförmige, bräunliche, leicht abfallende Brutkörper in den Blattachseln.
Blätter: 2–5 mm lang, elliptisch bis verkehrt eiförmig bis rundlich, teilweise deutlich hohl (v. a. bei *B. elegans* und *B. stirtonii*), an der Spitze plötzlich in eine lange oder kurze, deutlich abgesetzte Haarspitze verschmälert. Blattrippe grün bis rötlich, kurz vor oder in der Blattspitze endend.
Sporophyten: Kapseln waagrecht bis hängend, schmal birnförmig-zylindrisch bis birnförmig, ca. 5 mm lang. Reif hellbraun bis orangebraun. *B. capillare* und *B. torquescens* recht häufig mit Kapseln, *B. elegans, B. moravicum* und *B. stirtonii* dagegen sehr selten.
Lebensraum/Ökologie: An sonnigen bis halbschattigen, frischen bis trockenen Standorten. In Spalten und Nischen von kalkhaltigem Gestein, in Mauerfugen, auf etwas angewittertem Beton, auf Ziegeln und auf meist kalkhaltiger Erde an Wegböschungen und in Wäldern, seltener auch auf der Borke von Laubbäumen (vor allem *B. moravicum*) oder auf Totholz.
Zeigerwerte: Feuchtigkeit 3, Reaktion 4, Nährstoffe 3, Licht 3, Temperatur 3
Gefährdung: Eine Art im Aggregat potenziell gefährdet (*Bryum torquescens,* NT)

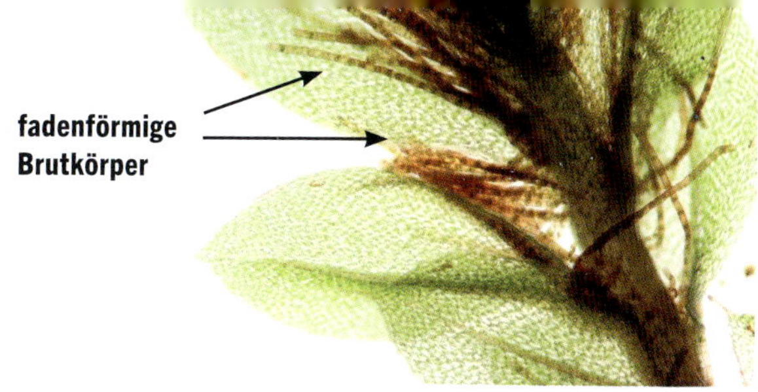

Ähnliche Arten: Die Gattung *Bryum* ist sehr artenreich und die Bestimmung der Arten oft schwierig. *Bryum capillare, B. torquescens* und *B. moravicum* sind allerdings gut durch die trocken spiralig um die Stämmchen gedrehten Blätter gekennzeichnet. *B. moravicum* ist zusätzlich durch die fadenförmigen Brutkörper in den Blattachseln gut erkennbar. *B. elegans* hat auffällig hohle, dachziegelig anliegende, trocken nicht oder kaum gedrehte Blätter, die Sprösschen wirken dadurch knospen- oder kätzchenförmig. Ebenfalls stark hohle Blätter hat *B. stirtonii,* die nur mit viel Erfahrung von *B. elegans* unterschieden werden kann. *Tortula muralis* (S. 184) kommt ebenfalls auf kalkhaltigen Felsen und Mauern vor, hat aber im Gegensatz zu *B. capillare* aggr. Blätter mit einem meist sehr langen, weissen Glashaar. Zudem ist die Kapsel aufrecht.

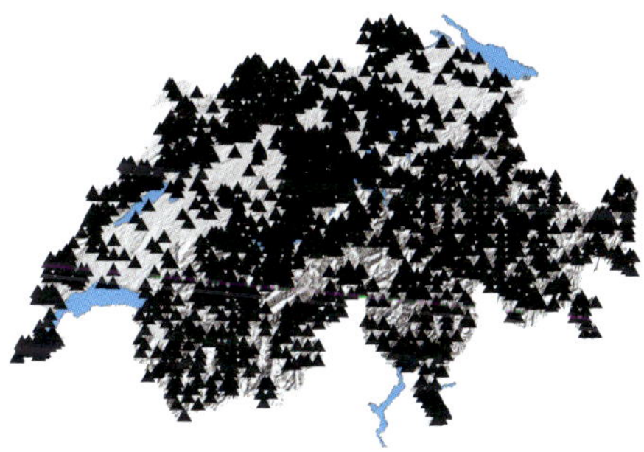

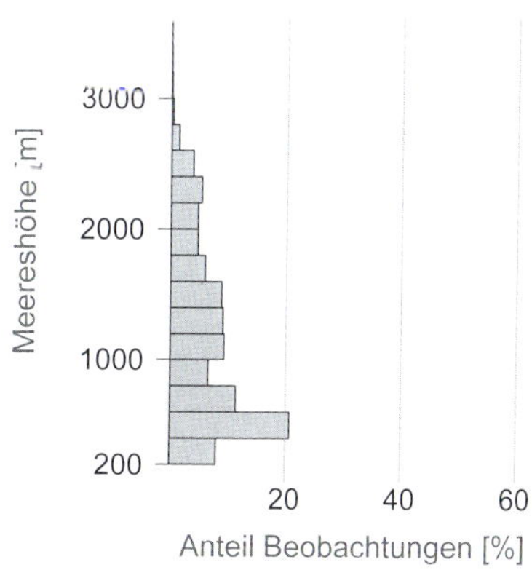

Didymodon ferrugineus

Sparriges Bärtchenmoos

Jumelline ferrugineuse

Felsen und Mauern | Akrokarpe Laubmoose

Pflanzen: Mittelgrosse, 1–2(–3) cm hohe, lockere, gelb- bis rötlich braune Polster oder Rasen. Die Blätter sind am Stämmchen dreizeilig angeordnet, im trockenen Zustand sind sie etwas verbogen, liegen dem Stämmchen ziemlich eng an und verleihen ihm ein fast fadenförmiges Aussehen, beim Anfeuchten biegen sie sich schnell und stark sichelförmig zurück.
Blätter: Aus ovalem Grund schmal lanzettlich, 2- bis 5-mal so lang wie breit. Blattrand zu ⅓–⅔ der Blattlänge breit umgebogen oder umgeschlagen, Rippe in der Spitze endend.
Sporophyten: Sehr selten, in Europa nie gefunden.
Lebensraum/Ökologie: An sonnigen oder schattigen Standorten auf kalkhaltigem Gestein, an Mauern, auch sehr häufig auf humusarmer, sandig-kiesiger, nährstoffarmer Erde, z. B. an Wegböschungen, in Wiesen und in Wäldern.
Zeigerwerte: Feuchtigkeit 2, Reaktion 4, Nährstoffe X, Licht 4, Temperatur 3
Ähnliche Arten: Dank der sichelförmig zurückgebogenen und deutlich dreizeilig gestellten Blätter ist *D. ferrugineus* eine der am einfachsten erkennbaren 18 *Didymodon*-Arten der Schweiz. Der häufigere *D. fallax* kommt eher an Ruderalstandorten vor, die Blätter sind aber kaum oder nur schwach zurückgebogen und weniger dreizeilig angeordnet. *D. giganteus* kommt an feuchten Felsen oder moorigen Standorten vor, die Pflanzen sind meist viel grösser, oft 3(–10) cm hoch, die Blätter nicht

nur zurückgebogen, sondern auch wellig und oft etwas spiralig gedreht. Im Gebirge, meist über 2000 m ü. M., kommt *D. asperifolius* vor, die Pflanzen sehen *D. ferrugineus* recht ähnlich, sind aber grösser, oft dunkler gefärbt, und die Blätter sind nicht dreizeilig angeordnet.

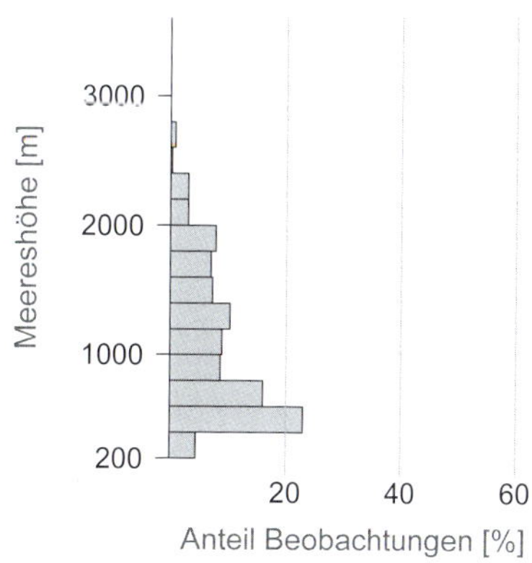

Distichium capillaceum aggr.

Umfasst 2 Arten *(D. capillaceum, D. inclinatum)*

Gruppe des Gewöhnlichen Fischgrätmooses

Groupe de la Tresse à feuilles étroites

Felsen und Mauern | Akrokarpe Laubmoose

Pflanzen: Rasen weich, glänzend, grün bis gelbgrün. Sprösschen schlank, an den älteren Bereichen mit rotbraunem Rhizoidfilz, 1–6 cm lang. Beblätterung deutlich zweizeilig, Sprösschen daher abgeflacht.

Blätter: 1,5–3,0 mm lang, mit auffallend weiss leuchtender, scheidig anliegender Basis, abrupt in eine lange, raue und sparrig abstehende Spitze verschmälert. Rippe kräftig, füllt die zusammengezogene, lange Blattspitze fast ganz aus.

Sporophyten: Häufig. Braune Kapseln auf rötlich braunem Stiel, eiförmig-zylindrisch und aufrecht bis geneigt, mit kurzkegeligem Deckel.

Lebensraum/Ökologie: Überwiegend in Ritzen, auf Absätzen oder unter Überhängen von Kalkfelsen in offenen oder halbschattigen, eher luftfeuchten Lebensräumen.

Zeigerwerte: Feuchtigkeit 2, Reaktion 5, Nährstoffe 1, Licht 3, Temperatur 1

Ähnliche Arten: Durch die langen, schmalen Blätter und die zweizeilige Beblätterung sehr gut charakterisiert. Ein ähnliches Erscheinungsbild hat *Ditrichum flexicaule* aggr. (S. 152), das oft zusammen mit *Distichium capillaceum* aggr. vorkommt. *D. flexicaule* aggr. kann aber gut durch die spiralige Beblätterung von *D. capillaceum* aggr. unterschieden werden und bildet auch nur selten Sporophyten aus. Die beiden *Distichium*-Arten unterscheiden sich in der Grösse, der Abspreizung der Blattspitzen und der Neigung der Kapsel. Für eine sichere Unterscheidung müssen mikroskopische Merkmale verwendet werden.

Wissenswertes: Zweizeilig beblätterte Laubmoose gibt es nur wenige. Bei der einheimischen Moosflora tritt dies ausser beim *Distichium capillaceum*-Aggregat nur noch bei der Gattung *Fissidens* (siehe z. B. *F. dubius*, S. 156) und bei *Schistostega pennata* (S. 178) auf. Abgeflacht beblätterte Moose wie *Neckera complanata* (S. 398), *N. crispa* (S. 198), *Homalia trichomanoides* (S. 392) oder die sterilen Sprösschen von *Plagiomnium affine* aggr. (S. 306) können auf den ersten Blick zweizeilig wirken, sind aber schraubig beblättert, was einfach daran zu erkennen ist, dass die Blätter überall am Stämmchen entspringen, nicht nur auf zwei Seiten.

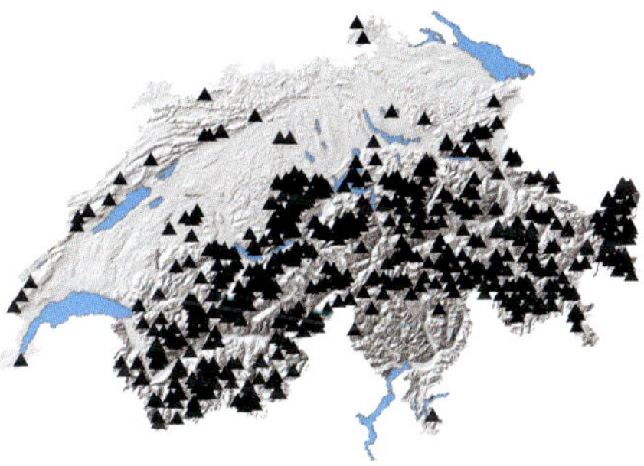

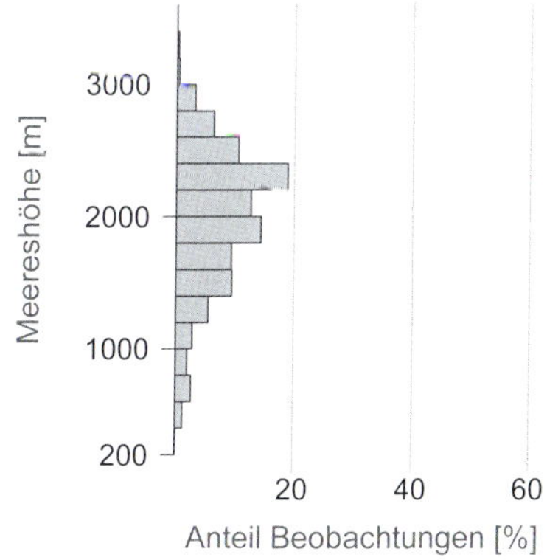

Ditrichum flexicaule aggr.

Umfasst 2 Arten *(D. flexicaule, D. gracile)*

Gruppe des Kurzen Grasmooses

Groupe du Ditric flexueux

Felsen und Mauern | Akrokarpe Laubmoose

Pflanzen: Dichte bis lockere Rasen von sehr unterschiedlicher Grösse, 1–13 cm hoch, matt- bis gelbgrün. Kleine Pflanzen gehören eher zu *Ditrichum flexicaule,* grosse meist zu *D. gracile.* Sprösschen aufrecht, mit Rhizoidenfilz. Blätter aufrecht abstehend, mehr oder weniger stark einseitswendig, trocken kaum verändert. *D. flexicaule* oft mit leicht abbrechenden, kurzblättrigen, aber wenig differenzierten Trieben an der Spitze (im Gegensatz zu *D. gracile*).
Blätter: 3–7 mm lang, aus scheidiger, eiförmiger, etwas röhrenförmiger Basis in eine feine, schmale Spitze ausgezogen. Blattränder ungezähnt, röhrenförmig eingebogen. Blattrippe bis zur Spitze oder austretend.
Sporophyten: Selten. Kapsel verlängert eiförmig bis zylindrisch, aufrecht bis geneigt.
Lebensraum/Ökologie: *Ditrichum gracile* bevorzugt Kalkfelsen in schattiger bis halbschattiger Lage, oft in Gebirgswäldern oder an nordexponierten Felsen. *D. flexicaule* kommt meist in mageren, sonnigen Gebirgsrasen oder auf dünner Humusauflage über Kalkfels vor.
Zeigerwerte: Feuchtigkeit 2, Reaktion 5, Nährstoffe 1, Licht 3, Temperatur 3
Ähnliche Arten: *Distichium capillaceum* aggr. (S. 150) bildet auch lockere, hellgrüne Polster an Kalkfelsen. Die Blätter sind aber zweizeilig angeordnet, die Blattspitzen stehen ab und sind nicht aufwärts gerichtet. *Dicranodontium denudatum* (S. 354) bildet dunkelgrüne, lockere Polster auf saurem Untergrund, meist auf Totholz oder Rohhumus. Die Blätter fallen beim Darüberstreichen ab, die verbleibenden blattlosen Stämmchen sind meist gut zu sehen. Einige *Dicranum*-Arten

D.gracile **D. flexicaule**

(*D. scoparium*, S. 296) können an ähnlichen Stellen wie *D. flexicaule* aggr. vorkommen, haben aber meist deutlich gezähnte Blätter, die zudem aus breiterem Grund nicht ganz so lang und schmal zugespitzt sind.

Wissenswertes: Bis vor wenigen Jahren wurden *Ditrichum flexicaule* und *D. gracile* nicht unterschieden, da sie sich morphologisch manchmal sehr ähnlich sind. Sie unterscheiden sich aber in den ökologischen Ansprüchen.

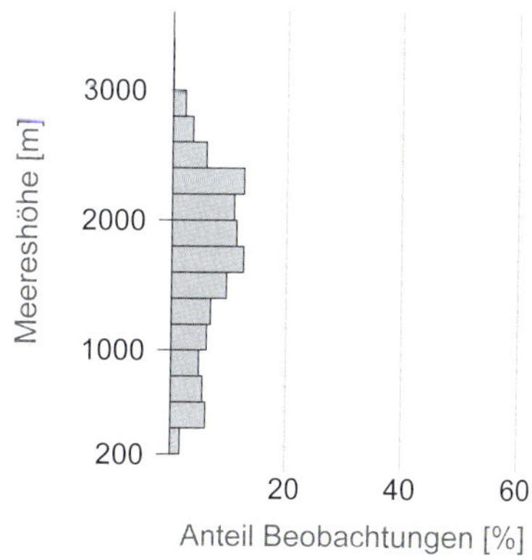

Encalypta streptocarpa

Gewöhnliches Glockenhutmoos

Éteignoir à capsule tordue

Felsen und Mauern | Akrokarpe Laubmoose

Pflanzen: In 1–3 cm hohen, polsterförmigen, mattgrünen Rasen. Stämmchen am Grund mit Rhizoiden. In den Blattachseln meist mit Büscheln von fadenförmigen, braunen und reich verzweigten Brutkörpern.

Blätter: Zungenförmig, 4–7 mm lang, trocken stark eingekrümmt. An der Spitze gerundet oder selten schwach kapuzenförmig. Rippe kräftig, in der Spitze endend. Blattgrund weisslich orange, durchscheinend, ca. ¼ der Blattlänge einnehmend.

Sporophyten: Selten. Kapselstiel rot, 1,0–1,5 cm lang. Haube glockenförmig, an der Basis unregelmässig gelappt sehr gross, verdeckt die zylindrische Kapsel vollständig. Kapsel trocken typischerweise spiralig gefurcht.

Lebensraum/Ökologie: Meist an schattigen bis halbschattigen, seltener auch an lichtreichen, frischen bis trockenen Standorten. Vor allem in Ritzen und auf erdigen Absätzen kalkreicher Felsen und Mauern, seltener auch auf kalkreicher, steiniger Erde.

Zeigerwerte: Feuchtigkeit 3, Reaktion 4, Nährstoffe 1, Licht 2, Temperatur 3

Ähnliche Arten: Sind die typischen fadenförmigen Brutkörper vorhanden, kann *Encalypta streptocarpa* mit kaum einer anderen Art verwechselt werden. Sind diese nicht vorhanden, was aber selten vorkommt, so kann sie mit anderen *Encalypta*-Arten verwechselt werden. Die anderen *Encalypta*-Arten haben allerdings meist Kapseln und die Blattrippe tritt bei fast allen Arten zumindest als kurze Spitze aus oder die Blätter sind zugespitzt. Einzig *E. vulgaris,* die auch im Tiefland vorkommt, ist steril

kaum von *E. streptocarpa* ohne Brutkörper zu unterscheiden. Auch gewisse *Syntrichia*-Arten (z. B. *S. latifolia*) oder *Tortula*-Arten *(T. inermis),* die kein Glashaar aufweisen, können ähnlich aussehen und sind fast nur mikroskopisch richtig zu bestimmen.

Wissenswertes: Der deutsche Gattungsname Glockenhutmoos kommt von der glockenförmigen Haube, welche die Kapsel vollständig einhüllt.

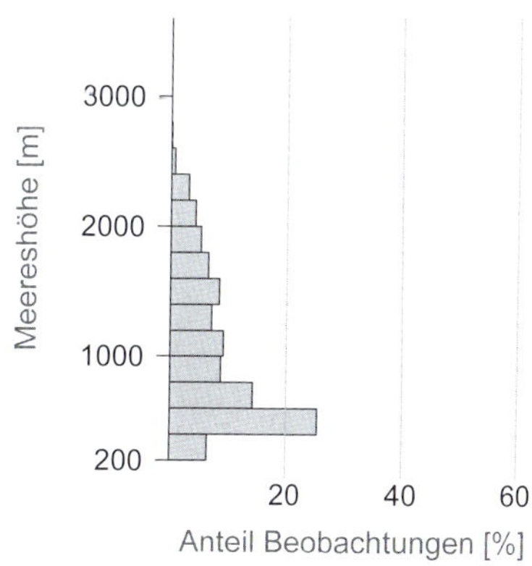

Fissidens dubius

Kamm-Schwertmoos

Fissident crête-de-coq

Felsen und Mauern | Akrokarpe Laubmoose

Pflanzen: Bildet mittelgrosse, lockere bis dichte Rasen aus ca. 1–5 cm langen Sprossen. Hell- bis dunkelgrün, im Gebirge oft gebräunt. Sprosse zweizeilig, abstehend und vielpaarig beblättert.
Blätter: Ei- bis zungenförmig-lanzettlich, breit gespitzt und 2,0–3,5 mm lang. Der Scheidenteil überragt die Blattmitte. Rippe vor der Blattspitze endend. Blattrand ungesäumt, aber in einem breiten Band mehr oder weniger heller gefärbt als der mittlere Teil des Blattes. Gegen die Blattspitze ist der Blattrand unregelmässig grob gezähnt.
Sporophyten: Mässig häufig. Kapselstiel rötlich. Kapsel schwach geneigt. Kapseldeckel lang geschnäbelt.
Lebensraum/Ökologie: An mässig trockenen bis feuchten Standorten in Wäldern, Felsfluren und seltener in Rasenlücken. Vorwiegend in schattigen Lagen. Wächst vor allem auf Karbonat- und basenreichem Silikatgestein, in Kalkgebieten auch auf basenreicher, humoser Erde, auf Totholz oder an Baumbasen.
Zeigerwerte: Feuchtigkeit 3, Reaktion 4, Nährstoffe 1, Licht 3, Temperatur 3
Ähnliche Arten: *Fissidens dubius* kann im Gelände leicht mit anderen Arten der Gattung *Fissidens* verwechselt werden. Die Unterscheidungsmerkmale sind mit einer Lupe nicht immer eindeutig zu erkennen. Wichtig sind die mittlere Grösse, die kurz vor der Blattspitze endende Rippe, der ungesäumte, aber heller erscheinende Blattrand und die gezähnten Blattspitzen. Sehr ähnlich ist das meist etwas grössere *F. adianthoides.* Der Blattrand bei dieser Art ist nicht heller und es wächst meist

an nassen Stellen. *F. taxifolius* (S. 300) und *F. osmundoides* sind meist kleiner, der Blattrand ist nicht heller gefärbt und ungezähnt (aber leicht krenuliert). *F. taxifolius* unterscheidet sich zusätzlich durch die kurz austretende Blattrippe.

Wissenswertes: Die Arten in der Gattung *Fissidens* haben einen unter den Moosen einzigartigen Blattaufbau: Die Blätter sind in einen das Stämmchen umfassenden, kahnförmigen Scheidenteil und einen oberen Spreitenteil gegliedert. Dadurch und aufgrund der zweizelligen Blattstellung lässt sich die Gattung immer problemlos erkennen.

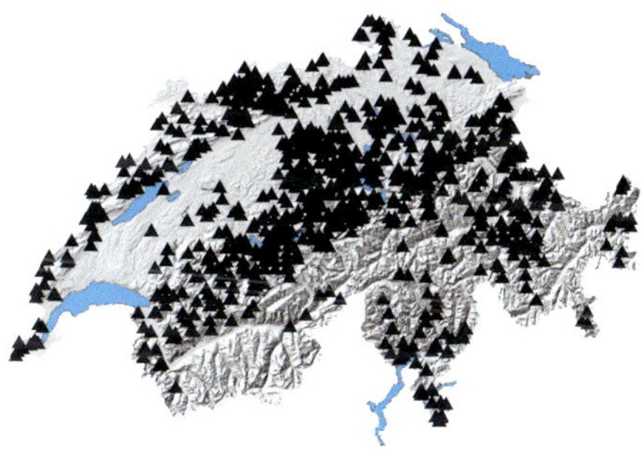

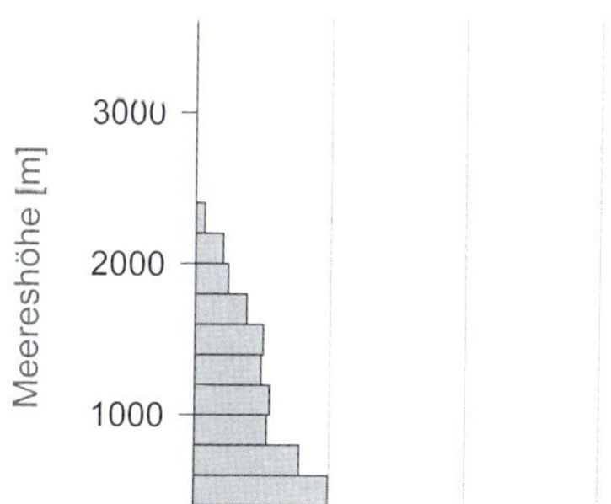

Grimmia hartmanii

Himbeer-Kissenmoos

Grimmie de Hartman

Felsen und Mauern | Akrokarpe Laubmoose

Pflanzen: In lockeren, ausgedehnten Polstern oder Rasen, 1–4 cm hoch, gelb- bis dunkelgrün, die einzelnen Sprösschen kaum verzweigt, oft etwas bogig aufsteigend. An den Blattspitzen meist mit himbeerartigen, gelb- bis braunroten Brutkörpern.
Blätter: Eilanzettlich, zugespitzt, mit Rippe und sehr kurzem Glashaar. Feucht oft etwas einseitswendig.
Sporophyten: Sehr selten. Kapseln auf 3,0–4,5 mm langem, trockenem, geradem, feucht etwas gekrümmtem Kapselstiel. Kapseln braun, zylindrisch mit kurzem, schiefem Schnabel.
Lebensraum/Ökologie: Auf kalkarmen Felsen an (halb)schattigen, oft etwas luftfeuchten Standorten, meist in Wäldern.
Zeigerwerte: Feuchtigkeit 2, Reaktion 2, Nährstoffe 1, Licht 2, Temperatur 3
Ähnliche Arten: Wenn die charakteristischen Brutkörper gefunden werden, ist die Art kaum mit anderen Arten zu verwechseln. Nur noch *Grimmia anomala* bildet ähnliche, aber hellbraune Brutkörper, die Blätter sind kürzer, und die Art kommt nur in höheren Lagen vor, oberhalb (1000–)1500 m ü. M. Ohne die typischen Brutkörper ist die Art im Gelände nur mit viel Erfahrung von anderen *Grimmia*- oder *Schistidium*-Arten zu unterscheiden.

Wissenswertes: Im kalkreichen Mittelland und Jura kommt *Grimmia hartmanii* fast ausschliesslich auf silikatischen Findlingen vor und ist auf diesen ein häufiger Bestandteil einer spezialisierten Findlingsflora, zu der noch weitere *Grimmia*-Arten wie *Grimmia trichophylla* und *Grimmia ovalis* oder auch *Hedwigia ciliata* (S. 162) und *Hymenoloma crispulum* (S. 164) gehören. Die meisten dieser Arten sind im Mittelland selten. Auch seltene Flechten und Farne können auf silikatischen Findlingen vorkommen. Gerade die silikatischen Findlinge, die im kalkreichen Mittelland wertvolle Lebensrauminseln darstellen, sind deshalb unbedingt zu schonen.

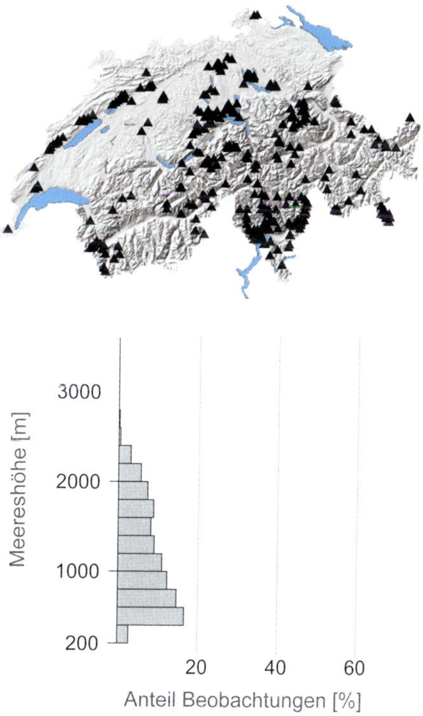

Grimmia pulvinata

Polster-Kissenmoos

Grimmie en coussinet

Felsen und Mauern | Akrokarpe Laubmoose

Pflanzen: Grau-grüne, dichte, rundliche, 1–2 cm hohe Polster mit meist 2–5 cm Durchmesser.
Blätter: Eilanzettlich, zugespitzt, mit Rippe und langem Glashaar (bis annähernd so lang wie die Blätter).
Sporophyten: Fast immer vorhanden. Kapseln auf ca. 4 mm langen Stielen. Diese bei jungen, noch grünen Kapseln herabgebogen, sodass die Kapseln zwischen den Sprösschen zu liegen kommen. Reife Kapseln braun, dann mit geradem Kapselstiel. Kapseldeckel mit langem Schnabel.
Lebensraum/Ökologie: Auf kalkhaltigen und kalkarmen Gesteinen und Mauern, auch häufig auf Beton. Immer in sonnenexponierten und trockenen Lebensräumen.
Zeigerwerte: Feuchtigkeit 2, Reaktion X, Nährstoffe 1, Licht 4, Temperatur 4
Ähnliche Arten: Die anderen auf kalkreichem Gestein vorkommenden *Grimmia*-Arten unterscheiden sich durch nicht geschnäbelte Kapseldeckel *(G. orbicularis),* viel kürzere Kapselstiele *(G. crinita, G. tergestina, G. anodon)* oder nicht gebogene Kapselstiele *(G. laevigata).* Die Blätter von *Tortula muralis* (S. 184) haben ebenfalls ein langes Glashaar, sind aber breiter, zungenförmig und die Kapsel ist auf langem, geradem Stiel emporgehoben. *Schistidium*-Arten (*S. apocarpum*, S. 174) können an gleichen Standorten vorkommen, bilden aber keine dichten, grau-grünen Polster und haben einen sehr kurzen Kapselstiel (< 1 mm).

Wissenswertes: *Grimmia pulvinata* kann als typischer Kulturfolger bezeichnet werden. Die sehr häufige Art besiedelt in vielen Regionen überwiegend künstliche Gesteins-Standorte (Mauern, Blöcke, Betonröhren etc.). In der Naturlandschaft des Mittellandes sind besonnte Felsen nur selten anzutreffen.

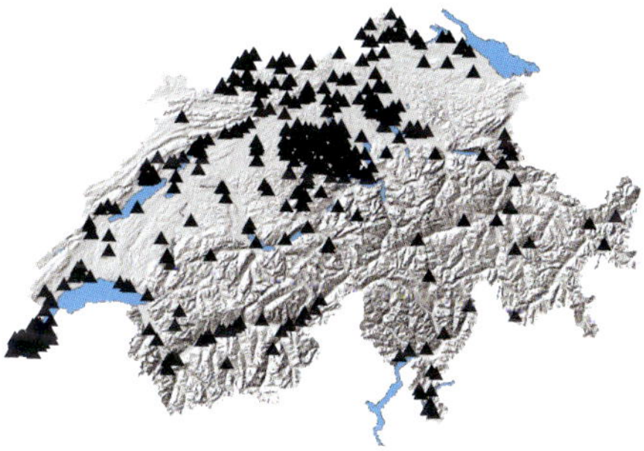

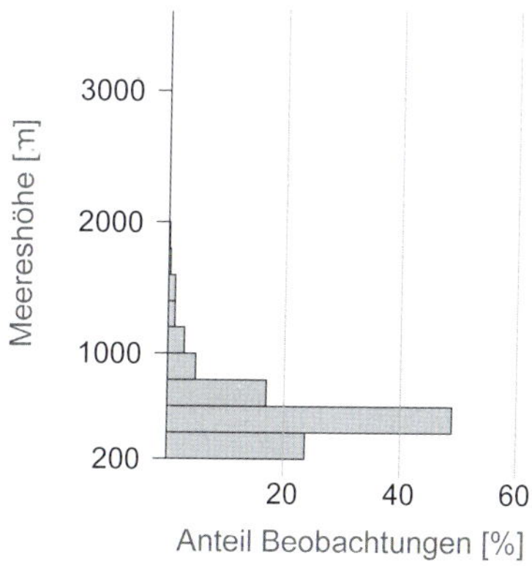

Hedwigia ciliata

Wimpern-Granitmoos

Hedwigie ciliée

Felsen und Mauern | Akrokarpe Laubmoose

Pflanzen: Kräftige, ausgedehnte Teppiche oder kleinere Polster, 1–2 cm hoch, matt, trocken graugrün bis weisslich, feucht grün. An schattigeren Standorten und bei Formen mit kürzeren Glasspitzen ist die sonst sehr auffällige Weissfärbung der Pflanzen schwächer. Die Stämmchen sind an den Spitzen meist etwas eingekrümmt.
Blätter: Eiförmig, allmählich in eine breite, mehr oder weniger lange, meist gezähnte Glasspitze verschmälert, welche im trockenen Zustand weiss erscheint. Ohne Rippe.
Sporophyten: Kapseln regelmässig vorhanden, auf kurzem Kapselstiel in die Blätter eingesenkt, umgeben von Hüllblättern, welche am Rand zahlreiche weissliche Wimpern tragen (Name!).
Lebensraum/Ökologie: An sonnigen Felsen, seltener auf stärker beschattetem Gestein im Wald. Ausschliesslich auf Silikatgestein (Gneis, Granit), im Mittelland und Jura deshalb vor allem auf Findlingen (Erratikern).
Zeigerwerte: Feuchtigkeit 2, Reaktion 2, Nährstoffe 1, Licht 4, Temperatur 3
Ähnliche Arten: Die seltenere *Hedwigia stellata* ist kleiner, die Blätter stehen trocken stärker ab (oft etwas sternförmig), was aber auch bei Formen von *H. ciliata* der Fall sein kann. Eine sichere Unterscheidung ist deshalb oft nur mikroskopisch möglich. *Racomitrium canescens* aggr. (S. 122) kommt eher auf Erde oder übererdetem Fels vor, die Blätter weisen eine (unauffällige) Rippe auf und die Kapseln sind auf langem Kapselstiel emporgehoben. Verwandt mit *Hedwigia* ist die ähnliche *Braunia alopecura,* welche in den Südalpen oft dieselben Felsen besiedelt, sie weist aber keine Glasspitze auf. Viele andere Felsmoose bilden silberweisse Polster, z. B. *Grimmia pulvinata* (S. 160). Bei diesen

ist aber nur ein schmales Glashaar weiss und nicht der breite Teil der Blattspitze. Zudem weisen sie eine deutliche Blattrippe auf.

Wissenswertes: Auf Findlingen kommen oft gemeinsam mehrere Polster von *Hedwigia ciliata* vor, welche unter Umständen aus Sporen unterschiedlichster Herkunft ausgewachsen sind, wie genetische Analysen gezeigt haben. Erst jüngst hat man zudem auch mittels genetischer Analysen erkannt, dass *H. ciliata* eigentlich aus mehreren (in der Schweiz mindestens vier) Arten besteht, die aber noch nicht ausreichend beschrieben sind.

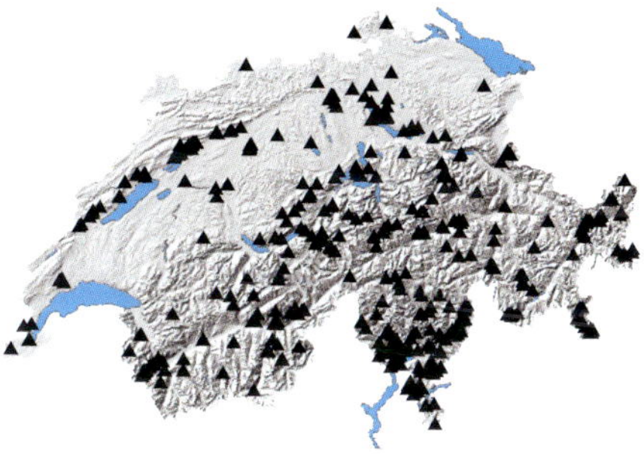

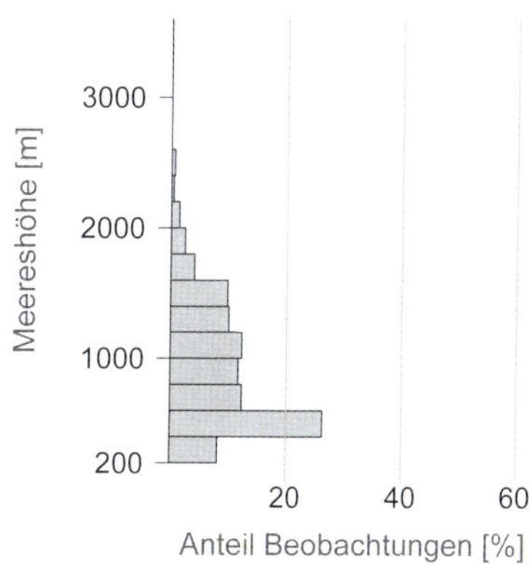

Hymenoloma crispulum

Krauses Kringelmoos

Coussin des rochers

Pflanzen: Gelbgrüne, seltener schwärzliche, (0,5–)2,0–3,0 cm hohe Polster. Blätter feucht aufrecht abstehend, gebogen bis geschlängelt, trocken stark gekräuselt.
Blätter: Aus eiförmiger oder lanzettlicher Basis lang rinnig zulaufend, 2,5–4,6 mm lang, Blattrand flach bis eingebogen, ganzrandig.
Sporophyten: Häufig. Kapselstiel gelblich braun bis hellbraun, dünn, 5–12(–15) mm lang. Kapsel aufrecht, ellipsoidisch bis zylindrisch, im trockenen Zustand fast glatt. Peristom vorhanden, aber unauffällig, einfach, Zähne weniger als ¼ mm lang.
Lebensraum/Ökologie: Auf kalkarmen Felsen und Blöcken (z. B. Gneis) an sonnigen bis halbschattigen Standorten, besonders im Gebirge. Selten auf nur oberflächlich entkalktem Gestein, auf Gesteinsrohboden, Humusauflagen oder Holz.
Zeigerwerte: Feuchtigkeit 2, Reaktion 3, Nährstoffe 1, Licht 4, Temperatur 1
Ähnliche Arten: *Dicranoweisia cirrata* sieht sehr ähnlich aus. Ihre Blätter haben einen umgebogenen Blattrand, was aber auch mit einer starken Lupe nicht einfach zu sehen ist. Einen guten Hinweis liefert die Ökologie: *D. cirrata* kommt besonders epiphytisch und auf totem Holz in tieferen Lagen vor (wie das ebenfalls ähnliche *Dicranum montanum*, S. 374), *H. crispulum* jedoch auf kalkarmem Gestein in höheren Lagen, selten unter 1000 m ü. M. Weitere Gebirgsarten, die an ähnlichen Standorten gefunden werden können, sind *Hymenoloma compactum* mit rötlich braunem, kräftigem und nur 3–5 mm langem Kapselstiel (oft auf kalkreicherem Substrat) und *H. mulahaceni* (sehr selten, mikroskopische Bestimmung notwendig). *Kiaeria blyttii* hat geneigte, kropfige Kapseln und bei

Cynodontium bruntonii sind die Blätter an der Spitze etwas gezähnelt und die Kapseln gedrungener.

Wissenswertes: Im Mittelland sind saure Gesteine und damit potenzielle Lebensräume für *Hymenoloma crispulum* selten. Mit viel Glück kann man es hier auf sonnigen, silikatischen Findlingen finden.

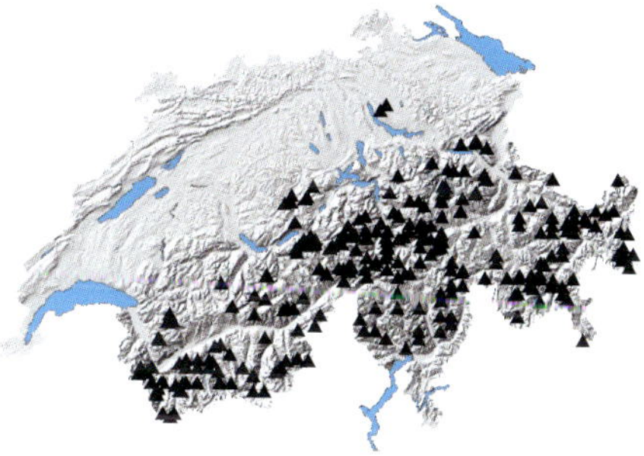

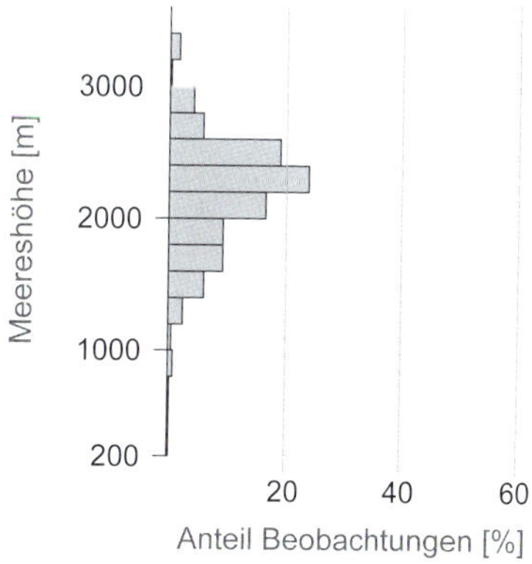

Mnium stellare

Echtes Sternmoos

Mnie étoilée

Felsen und Mauern | Akrokarpe Laubmoose

Pflanzen: In lockeren Rasen wachsend, dunkelgrün, unverzweigt, meist 3–5 cm gross. Sterile Sprösschen oft abgeflacht beblättert, fertile rundum beblättert, mit gegen die Spitze grösseren und dichter stehenden Blättern. Blätter im trockenen Zustand leicht verbogen.
Blätter: Breit elliptisch bis lanzettlich, etwa 2–4 mm lang. Blattrippe vor der Spitze endend. Blattrand ohne Saum, mit meist einfachen Zähnen.
Sporophyten: Selten. Einzeln am Ende der weiblichen Pflanzen gebildet. Kapseln auf langem Stiel, nickend bis waagrecht, zylindrisch, leicht gekrümmt, mit gewölbtem Deckel.
Lebensraum/Ökologie: In Laub- und Nadelwäldern, Schluchten, Felsspalten, gelegentlich an Mauern und in Höhlen, seltener in offenen Lebensräumen wie Weiden und Wiesen. Auf kalkhaltigem Gestein, frischer Erde, morschem Holz und epiphytisch auf verschiedenen Laubbaumarten. Immer an schattigen Standorten.
Zeigerwerte: Feuchtigkeit 3, Reaktion 4, Nährstoffe 3, Licht 1, Temperatur 3
Ähnliche Arten: *Mnium stellare* ist die einzige Art der Gattung *Mnium* (*M. spinosum*, S. 304) mit ungesäumten Blättern und überwiegend einfachen Blattzähnen (mit der Lupe kaum sichtbar). Charakteristisch sind auch die oft abgeflachten, scheinbar zweizeilig beblätterten Sprösschen und die Blaufärbung der Zellen nach dem Austrocknen. *Tetraphis pellucida* (S. 356) hat ungezähnte Blätter, Brutbecher an den Enden der Sprösschen und aufrechte Kapseln. Die Blätter von *Plagiomnium*-Arten (*P. affine* aggr., S. 306) haben ebenfalls einfache Zähne, aber einen Saum aus verlängerten Zellen.

Wissenswertes: Die Zellen von herbarisierten Pflanzen sind meist blau gefärbt. Die Verfärbung beginnt wenige Tage nachdem die Pflanzen getrocknet wurden. Die Ursache dafür ist noch nicht geklärt. Dieser Umstand bietet ein weiteres gutes Erkennungsmerkmal für die Art.

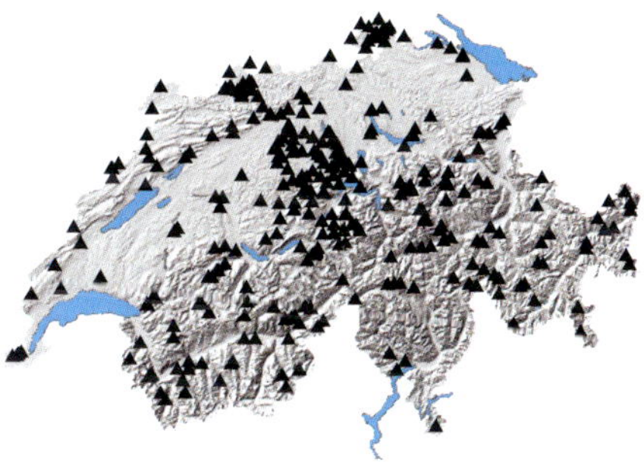

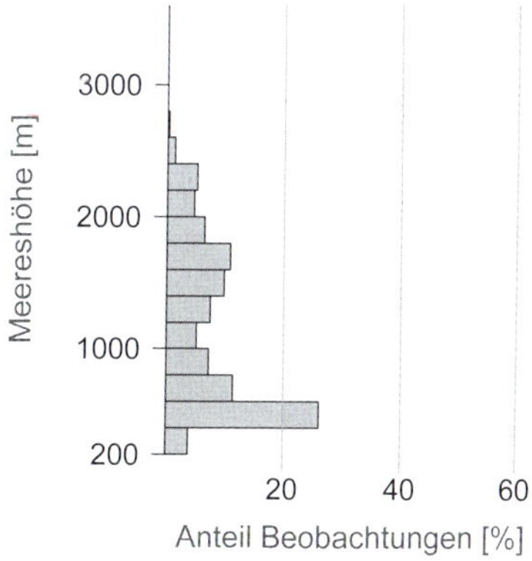

Orthotrichum anomalum

Stein-Goldhaarmoos

Houppe irrégulière

Felsen und Mauern | Akrokarpe Laubmoose

Pflanzen: Mittelgross, ca. 1–4 cm hohe, lockere bis dichte Polster bildend. Dunkelgrün, an der Basis oft bräunlich oder schwärzlich, matt. Blätter trocken den Sprösschen anliegend, feucht abstehend.
Blätter: Ca. 2–3 mm lang, lanzettlich, spitz, im oberen Blattbereich gekielt. Rippe kräftig, kurz vor der Blattspitze endend. Blattrand in der unteren Blatthälfte oder bis an die Spitze umgebogen, ganzrandig.
Sporophyten: Fast immer vorhanden, einzeln an der Spitze der Sprosse. Im unreifen Zustand von mützenförmigen, faltigen und mit hellen Haaren besetzten, bräunlichen Hauben bedeckt. Kapselstiele jung oben gelb, unten rötlich braun, später bräunlich. Kapseln über die weiblichen Hüllblätter emporgehoben, bräunlich, mit acht Längsstreifen. Die acht äusseren Peristomzähne trocken aufrecht oder abstehend.
Lebensraum/Ökologie: Vor allem auf basischen Substraten wie kalkhaltigem Gestein und Betonmauern, seltener auf silikatischem Gestein. Insbesondere in urbanen Lebensräumen bisweilen auch auf der Borke von Laubbäumen. An hellen bis mässig schattigen Standorten.
Zeigerwerte: Feuchtigkeit 2, Reaktion X, Nährstoffe 3, Licht 4, Temperatur 4
Ähnliche Arten: *Orthotrichum anomalum* ist von anderen *Orthotrichum*-Arten gut durch die deutlich über die Blätter emporgehobene Kapsel zu unterscheiden. *Lewinskya speciosa* (S. 376) unterscheidet sich durch bogig zurückgeschlagene äussere Peristomzähne, hellere, meist gelbliche Kapseln und wächst nur selten auf Gestein. *Lewinskya killiasii* und *L. laevigata* kommen nur oberhalb der Baumgrenze vor und unterscheiden sich durch ungestreifte oder fast ungestreifte Kapseln.

L. killiasii unterscheidet sich zusätzlich durch den kriechenden, Decken bildenden Wuchs. *Ulota hutchinsiae* kommt auf silikatischen Gesteinen vor und unterschiedet sich durch gelbliche Kapseln mit im trockenen Zustand zurückgeschlagenen, der Kapselwand anliegenden äusseren Peristomzähnen. Andere Arten der Gattung *Ulota* (*U. crispa* aggr., S. 388) unterscheiden sich durch die trocken gekräuselten Blätter.

Wissenswertes: *Orthothrichum anomalum* ist als Betonbesiedler im Siedlungsraum weit verbreitet und durch die Urbanisierung wahrscheinlich häufiger geworden. Wichtig ist allerdings, dass Betonmauern nicht mit dem Hochdruckreiniger geputzt werden und der Beton etwas angewittert ist.

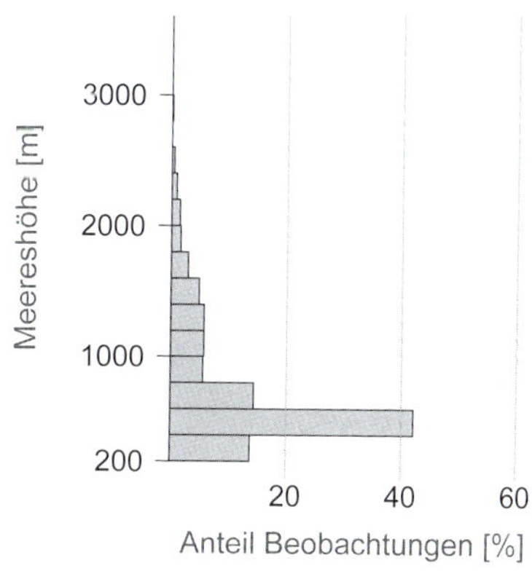

Plagiopus oederianus

Schieffussmoos

Obliquette

Felsen und Mauern | Akrokarpe Laubmoose

Pflanzen: Matt olivgrüne, lockere Polster oder Rasen. Stämmchen mit braunem, kräftigem Rhizoidenfilz, 2–7 cm lang. Blätter feucht abstehend bis zurückgebogen, trocken leicht gekräuselt.
Blätter: Schmal eilanzettlich, scharf gekielt. Blattgrund aufrecht, aber nicht scheidig. Blattrand bis weit hinauf zurückgerollt, in der Spitze flach und grob gezähnt. Rippe in der Blattspitze endend, dort auf der Unterseite gezähnt (starke Lupe).
Sporophyten: Meist vorhanden. Kapseln kugelig, auf 1,0–1,5 cm langen Stielen, geneigt, reif braun und gestreift, leer gefurcht. Deckel klein, kurz kegelförmig. Peristom doppelt, das äussere rotbraun, das innere orange bis bleichgelb.
Lebensraum/Ökologie: Luftfeuchte Wälder in Tobeln oder an schattigen Nordhängen. Typischerweise in Spalten oder auf Absätzen von feucht-schattigen, ± senkrechten, kalkhaltigen Felsen, seltener auf Gneis oder Waldboden.
Zeigerwerte: Feuchtigkeit 3, Reaktion X, Nährstoffe 1, Licht 2, Temperatur 2
Ähnliche Arten: *Plagiopus oederianus* kann ohne Kapseln mit *Amphidium mougeotii* verwechselt werden. Bei *A. mougeotii* sind jedoch die Polster dichter und in frischerem Grün und die Blätter haben flache, ungezähnte Ränder. Die Polster von *Bartramia pomiformis* sind blassblaugrün, deren Blättchen länger ausgezogen und fast borstlich aufrecht. Die Kapseln von *B. halleriana* (S. 142) sind auf kurzem Stiel im Polster verborgen und die sehr lang ausgezogenen borstenförmigen Blätter sind gerade, bisweilen etwas sichelförmig einseitswendig. *Bartramia*-Arten wachsen zudem kaum auf Kalkgestein.

Wissenswertes: *Plagiopus oederianus* gehört wie *Philonotis calcarea* (S. 234) und *Bartramia halleriana* (S. 142) zur Familie der Batramiaceae oder zu deutsch der Apfelmoose. Der deutsche Familienname bezieht sich auf die kugligen, im unreifen Zustand frischgrünen Kapseln. Der wissenschaftliche Familienname bezieht sich auf John Bartram (1699–1777), einen Botaniker in Nordamerika.

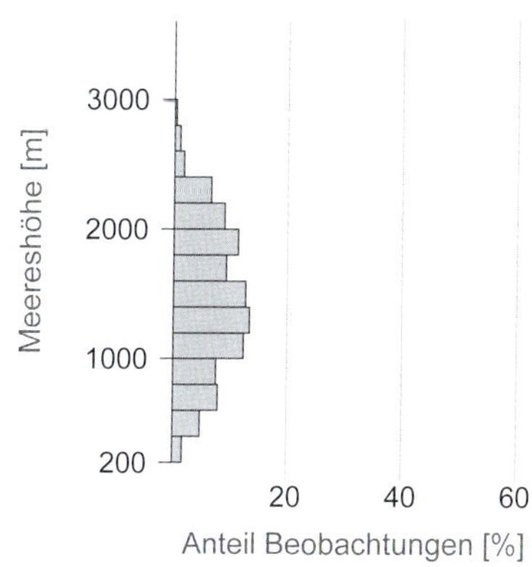

Pohlia cruda

Opal-Bohnenmoos

Poliette opalescente

Felsen und Mauern | Akrokarpe Laubmoose

Pflanzen: Sprösschen 1–4 cm lang, aufrecht, lockere bis dichte, bleich- bis bläulich grüne, im trockenen Zustand metallisch glänzende Rasen bildend. Stämmchen an der Basis bei älteren Pflanzen leuchtend rot, einen deutlichen Kontrast zu den bläulich grünen Blättern bildend. Blätter locker am Stämmchen angeordnet, von unten nach oben dichter und grösser werdend.
Blätter: Breit eilanzettlich, um 2 mm lang, in eine kürzere oder längere Spitze ausgezogen, nur in der Blattspitze gezähnt. Blattrippe grün, unten oft rötlich, kurz vor der Spitze endend.
Sporophyten: Häufig. Kapseln länglich, geneigt bis hängend, um 5 mm lang. Kapselstiel braunrot, ca. 2 cm lang.
Lebensraum/Ökologie: Auf frischer bis leicht feuchter Erde, an schattigen bis lichtreichen Stellen, in Erd- oder Felsnischen, auf übererdeten Felsblöcken und Felsabsätzen, an Böschungen, auf Trockenmauern und auch an vegetationsarmen Stellen in alpinen Rasen.
Zeigerwerte: Feuchtigkeit 3, Reaktion 3, Nährstoffe 1, Licht 2, Temperatur X
Gefährdung: Im Mittelland gefährdet.
Ähnliche Arten: Durch die bleich- bis bläulich grünen, stark metallisch glänzenden Blätter und die meist kräftigen Sprösschen ist *Pohlia cruda* schon recht gut charakterisiert. Verwechslung mit anderen *Pohlia*-Arten sind dennoch möglich. *P. longicolla* hat ebenfalls glänzende Blätter, aber diese sind

gras-, gold- oder dunkelgrün und schmal lanzettlich. Bei der ebenfalls kräftigen und bleichgrün gefärbten *P. wahlenbergii* sind die Blätter trocken nicht oder kaum glänzend. Die Arten der Gattung *Mielichhoferia* sind ebenfalls recht ähnlich, doch wachsen sie in sehr dichten, olivgrünen bis bläulich grünen Polstern.

Wissenswertes: Der Artname *cruda* (= roh, unreif, blutig) bezieht sich wahrscheinlich auf die Farbe der Blattrippen, die an der Basis rot sind.

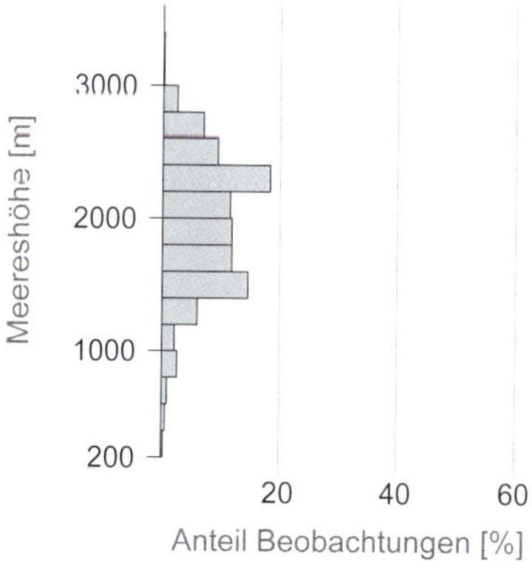

Schistidium apocarpum aggr.

Umfasst 23 Arten

Gruppe des Echten Rotkäppchenmooses

Groupe de la Fendillette commune

Felsen und Mauern | Akrokarpe Laubmoose

Pflanzen: Sehr klein bis gross. In lockeren bis dichten Rasen oder Polstern. Hell- bis dunkelgrün oder braun bis schwarz, matt bis glänzend. Sprösschen aufrecht oder aufsteigend, 0,3–8,0 cm lang, trocken meist anliegend, feucht aufrecht abstehend bis annähernd sparrig beblättert.

Blätter: Lanzettlich bis schmal dreieckig, mit meist lang ausgezogener Spitze, gekielt. Rippe kräftig, bis in die Blattspitze geführt oder austretend. Blattränder teilweise bis vollständig umgebogen, oft verdickt. Blattrippe meist als Glashaar austretend.

Sporophyten: Meist häufig und in grosser Anzahl vorhanden. Kapselstiele gerade, 0,2–1,0 mm lang. Kapseln in die Blätter eingesenkt oder teilweise herausragend, meist zylindrisch. Peristom aus 16 meist schmal dreieckigen, intensiv orange bis rot oder braunrot gefärbten Zähnen, selten gestutzt oder fast fehlend, trocken aufrecht, abstehend oder zurückgeschlagen.

Lebensraum/Ökologie: An kalkarmen bis kalkreichen, trockenen bis feuchten Felsstandorten, im Siedlungsraum sehr häufig auf Beton und Mörtel, selten an der Basis von Bäumen. In hellen bis halbschattigen Lagen.

Zeigerwerte: Feuchtigkeit 2, Reaktion 4, Nährstoffe X, Licht 4, Temperatur X

Gefährdung: Von den 23 Arten des *Schistidium apocarpum*-Aggregats sind drei Arten vom Aussterben bedroht (CR), eine Art stark gefährdet (EN), zwei Arten verletzlich (VU), drei Arten potenziell gefährdet und zwölf Arten nicht gefährdet. Bei zwei Arten ist die Gefährdung unbekannt (DD).

Ähnliche Arten: *Schistidium trichodon* (S. 176) unterscheidet sich durch an der Spitze haarförmige, zusammenneigende oder eine Kuppel bildende Peristomzähne. *S. rivulare* und *S. platyphyllum*

haben breitere, eiförmig bis eiförmig-dreieckige Blätter und wachsen in und an Bächen. Die drei seltenen Arten *S. agassizii, S. foraminis-martini* und *S. sordidum* haben abgerundete, haarlose Blattspitzen und nicht oder kaum gekielte Blätter. *S. apocarpum* aggr. kann auch leicht mit anderen Gattungen verwechselt werden. Die meisten *Grimmia*-Arten (*G. pulvinata*, S. 160) haben längere oder gebogene Kapselstiele. *Racomitrium*-Arten (*R. canescens* aggr., S. 122) bilden Matten und haben lange Kapselstiele. Pflanzen ohne hyaline Blattspitzen können mit *Didymodon*-Arten (*D. ferrugineus*, S. 148) verwechselt werden, auch diese unterscheiden sich durch lange Kapselstiele. *Orthotrichum*-Arten im weiteren Sinne (Gattungen *Lewinskya, Nyholmiella, Orthotrichum* und *Pulvigera*) haben auffällige, mützenförmige Kapselhauben, die oft behaart sind, haben abgesehen von *O. diaphanum* (S. 380) und *O. vittii* keine hyalinen Blattspitzen und die Peristomzähne weisen nur selten Rottöne auf.

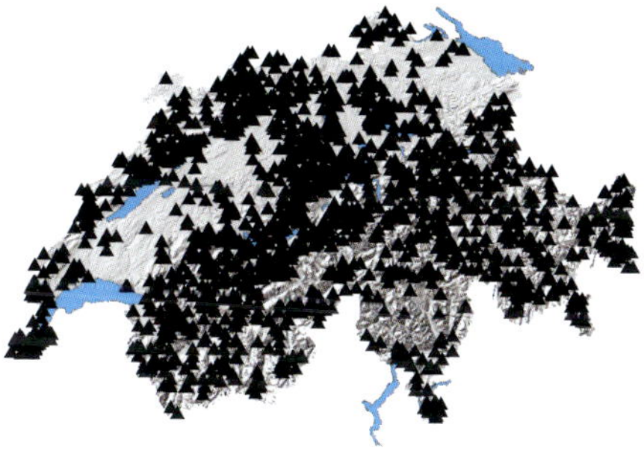

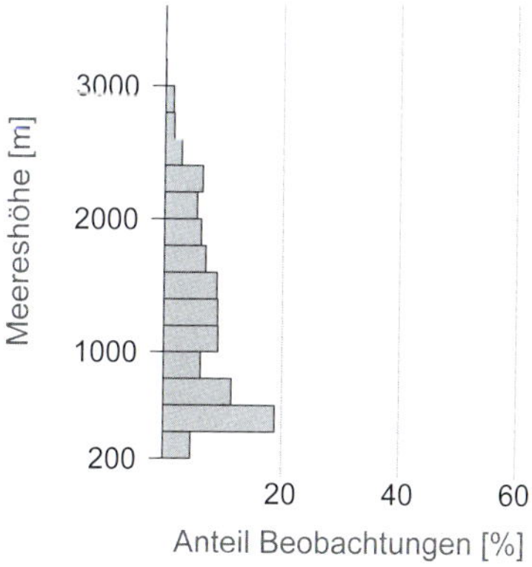

Schistidium trichodon

Schwarzes Rotkäppchenmoos

Fendillette à longues dents

Felsen und Mauern | Akrokarpe Laubmoose

Pflanzen: Mittelgross bis gross. In lockeren Rasen oder Polstern. Bräunlich grün bis braun oder schwarz und nur die jüngsten Blätter grünlich. Sprösschen aufrecht oder aufsteigend, ca. 1–8 cm lang, trocken anliegend, feucht aufrecht abstehend bis annähernd sparrig beblättert.
Blätter: Dreieckig-lanzettlich, mit meist schmal dreieckiger Spitze, gekielt. Rippe kräftig, bis in die Blattspitze geführt oder kurz austretend. Blattränder unten breit, oben schmal umgebogen. Hyaline Haarspitze kurz oder fehlend.
Sporophyten: Meist häufig und in grosser Anzahl vorhanden. Kapselstiele gerade, ca. 0,5 mm lang, zwischen den Blättern versteckt. Kapseln kurz aus den Hüllblättern herausragend, kurz zylindrisch. Peristom aus 16 langen, an der Spitze haarförmigen, rotbraunen Zähnen. Diese im trockenen Zustand aufrecht stehend und über der Kapsel kuppelförmig zusammenneigend oder verbunden.
Lebensraum/Ökologie: Im Tiefland vorwiegend an feuchten und kühlen Standorten, oft an Bächen, im Gebirge weniger stark an feuchte Stellen gebunden. Auf kalkhaltigen Gesteinen oder basenreichem Silikatgestein, im Siedlungsraum auch an Beton und Mörtel. In hellen bis mässig schattigen Lagen.
Zeigerwerte: Feuchtigkeit 3, Reaktion 5, Nährstoffe 1, Licht 4, Temperatur 2

Ähnliche Arten: Unterschiede zu anderen Gattungen sind bei *Schistidium apocarpum* aggr. (S. 174) aufgeführt. Bei allen anderen *Schistidium*-Arten sind die Peristomzähne schmal dreieckig, gestutzt oder fehlend, laufen nicht in eine feine Haarspitze aus und bilden keine Kuppel. Im Alter sind die Zähne bei *S. trichodon* oft abgebrochen oder stärker spreizend und das Merkmal wird zunehmend undeutlich.

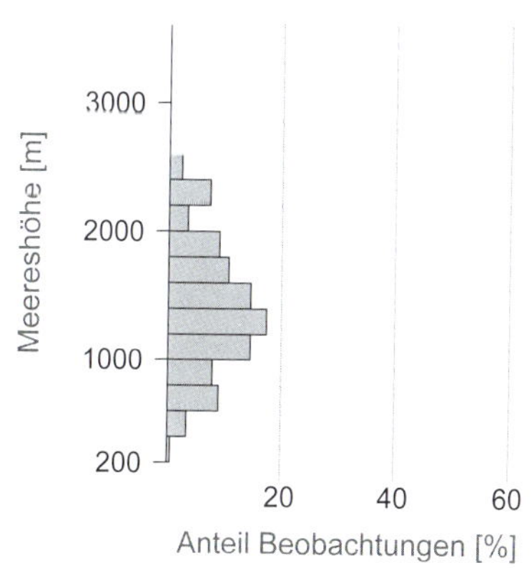

Schistostega pennata

Leuchtmoos

Or des lutins

Felsen und Mauern | Akrokarpe Laubmoose

Pflanzen: In blassen, blaugrünen Rasen. Sprösschen aufrecht, 3–15 mm hoch, unverzweigt, mit zweizeilig stehenden Blättern. Protonema ausdauernd und Licht reflektierend.
Blätter: Lanzettlich, ohne Rippe, durch dünnen, wachsartigen Überzug schwer benetzbar. Blattgrund herablaufend und mit dem nächsten Blatt verwachsen.
Sporophyten: An der Spitze der Sprösschen aus kleiner Blattrosette entspringend. Kapselstiel auffallend kräftig. Kapsel kurz eiförmig, reif braun mit flachkegeligem Deckel, ohne Peristom.
Lebensraum/Ökologie: In Felsspalten und Höhlungen, unter Überhängen, auch in alten, zusammengefallenen Steinhütten. Immer regengeschützt, aber luftfeucht, auf meist etwas sandiger Erde. Streng kalkmeidend, nur in Gebieten mit silikatischen Gesteinen zu finden.
Zeigerwerte: Feuchtigkeit 3, Reaktion 1, Nährstoffe 3, Licht 1, Temperatur 2
Gefährdung: Verletzlich (VU)
Ähnliche Arten: Als lichtempfindliches Höhlenmoos mit zweizeiliger Beblätterung kaum zu verwechseln. Bei den ebenfalls zweizeilig beblätterten *Fissidens*-Arten (*F. taxifolius* (S. 300), *F. dubius* (S. 156)) haben die Blätter eine deutliche Rippe. *Calypogeia*-Arten (*C. azurea*, S. 282) können oberflächlich ähnlich aussehen. Diese gehören aber zu den Lebermoosen, haben rundliche Flankenblätter, zweizipflige Unterblätter und ihre Stämmchen wachsen horizontal.

Wissenswertes: *Schistostega pennata* hat ein Protonema mit hochspezialisierten Zellen entwickelt, sodass die Besiedelung sehr lichtschwacher Habitate möglich wird: Flächig angeordnete kugelförmige Zellen im Protonema richten sich im Raum wie kleine Parabol-Schirmchen aus, fokussieren durch ihre Linsenform die wenigen Lichtstrahlen auf die Chloroplasten im hinteren Teil der Zelle und ermöglichen dadurch eine ausreichende Fotosyntheseleistung. Das durch die Chloroplasten zurückgeworfene Licht leuchtet intensiv goldgrün aus der dunklen Höhle.

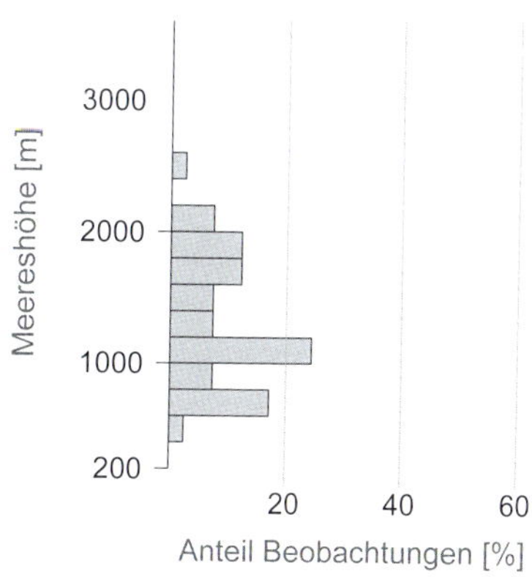

Syntrichia ruralis aggr.

Umfasst 3 Arten *(S. ruralis, S. norvegica, S. calcicola)*

Gruppe des Land-Schraubenmooses

Groupe de la Tressule des champs

Felsen und Mauern | Akrokarpe Laubmoose

Pflanzen: 2–5 cm hohe, hellgrüne bis rotbraune, ausgedehnte Rasen, im unteren Teil bräunlich. Blätter feucht sparrig abstehend und stark zurückgekrümmt, trocken anliegend und gedreht.
Blätter: Zungenförmig, vorne abgerundet bis leicht zugespitzt, in der Mitte nicht zusammengezogen, mit weissem bis rotem, stark gezähntem Glashaar. Blattrand von der Basis bis zur Blattmitte oder zur Blattspitze zurückgerollt. Blattrippe kräftig, braun. Blattgrund mit hellen Bereichen, verursacht durch vergrösserte, durchscheinende Zellen.
Sporophyten: Selten. Kapselstiel rot, 1–2 cm lang. Kapsel aufrecht, verlängert eiförmig-zylindrisch, leicht gekrümmt, 3–5 mm lang. Peristomzähne fadenförmig, zweimal links gewunden.
Lebensraum/Ökologie: Halbtrockenrasen, Felsrasen, Felsformationen, Kiesflächen, Rebberge, lichte Wälder, oft an anthropogenen Standorten wie Mauern und Dächern, sonnig bis halbschattig. Von der kollinen bis in die alpine Stufe. Auf flachgründiger, steiniger Erde und übererdeten Felsen, auch epiphytisch, meist auf Pappeln oder Bergahorn.
Zeigerwerte: Feuchtigkeit 2, Reaktion 4, Nährstoffe 3, Licht 3, Temperatur X
Ähnliche Arten: Die Arten innerhalb des *Syntrichia ruralis*-Aggregats unterscheiden sich nur wenig. Am besten ist *S. norvegica* abgegrenzt, bei diesem ist das Glashaar fast vollständig rot. Grosse Pflanzen (über ca. 4 cm) mit bis fast zur Spitze umgerolltem Blattrand sind wohl meistens *S. ruralis*. *S. montana* und *S. virescens* unterscheiden sich durch geringere Grösse, in der Mitte zusammengezogene Blätter und den nur bis zur Blattmitte zurückgerollten Blattrand. Zur sicheren

Unterscheidung der zwölf *Syntrichia*-Arten der Schweiz ist aber oft eine mikroskopische Untersuchung notwendig. Grosse Pflanzen im Mittelland gehören fast immer zum *S. ruralis*-Aggregat.

Wissenswertes: Arten trockener, warmer Standorte können wochenlang in ausgetrocknetem Zustand überleben. Die Arten des *Syntrichia ruralis*-Aggregats bilden trocken wenig ansehnliche, trübe, braun-graue Teppiche. Wird ein trockenes Polster mit einem Wasserspray befeuchtet, lebt es sofort auf und wird innert wenigen Minuten wieder zum üppigen, leuchtend gelblich grünen Polster.

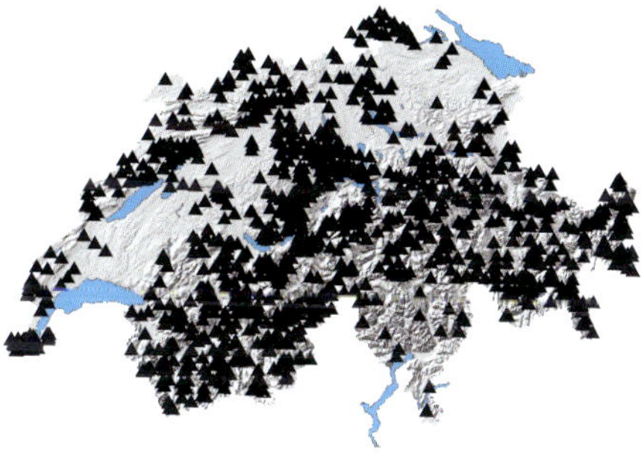

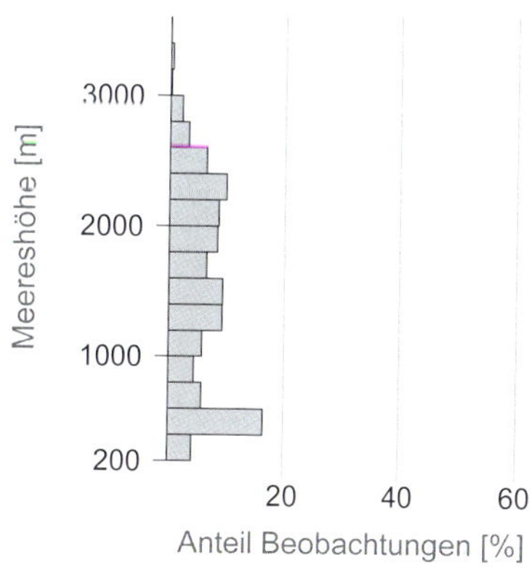

Tortella tortuosa

Echtes Kräuselmoos

Tortelle tortueuse

Felsen und Mauern | Akrokarpe Laubmoose

Pflanzen: In frischgrünen, bisweilen auch gelbgrünen oder bräunlichen, dichten, oft ausgedehnten, 1–6 cm hohen Polstern. Sprösschen gabelig verzweigt, bräunlich, im unteren Teil rhizoidfilzig. Blätter feucht locker zurückgebogen und gewellt, trocken stark gekräuselt.
Blätter: Linealisch-lanzettlich, im oberen Bereich gekielt, 3–7 mm lang. Blattgrund hyalin, hell leuchtend und scharf V-förmig vom oberen, grünen Teil der Blattfläche abgesetzt. Blattrand flach. Rippe kurz austretend, trocken am Rücken glänzend.
Sporophyten: Eher selten und vorwiegend in höheren Lagen. Kapsel aufrecht, lang zylindrisch, gerade bis schwach gekrümmt. Deckel lang kegelförmig. Peristom rot, lang, gedreht und fragil.
Lebensraum/Ökologie: Meist kalkhaltige, sonnige bis halbschattige Felsstandorte, aber auch in lückigen Trockenrasen, auf Mauern, selten auch auf der Borke von Laubbäumen.
Zeigerwerte: Feuchtigkeit 2, Reaktion 4, Nährstoffe 1, Licht 3, Temperatur 3
Ähnliche Arten: *Tortella fasciculata, T. pseudofragilis* und *T. bambergeri* sind sehr ähnlich, aber mit brüchigen Blattspitzen und nur mit dem Mikroskop sicher unterscheidbar. *T. inclinata* (S. 124) und *T. densa* wachsen in niedrigeren Rasen und ihre feuchten Blättchen sind straff aufrecht abstehend. *T. inclinata* hat zudem kahnförmige Blattspitzen. *Oxystegus tenuirostris* auf kalkarmen Substraten ist habituell ähnlich, aber seine Blättchen sind brüchig und ohne scharf V-förmig abgesetzten hyalinen Blattgrund, auch fehlt ihm der Rhizoidenfilz. *Didymodon sinuosus* ist ebenfalls durch den fehlenden V-förmig abgesetzten Blattgrund, den unregelmässig gekerbten Blattrand sowie durch die grob und

unregelmässig gezähnte Blattspitze zu unterscheiden. Von weiteren ähnlichen Arten anderer Gattungen lässt sich *T. tortuosa* durch den bei allen *Tortella*-Arten vorhandenen scharf V-förmig abgesetzten hyalinen Blattgrund unterscheiden.

Wissenswertes: *Tortella tortuosa* besteht wahrscheinlich aus mehreren, nahe verwandten Arten, wie genetische Untersuchungen gezeigt haben. Die Arten lassen sich allerdings nur mikroskopisch unterscheiden.

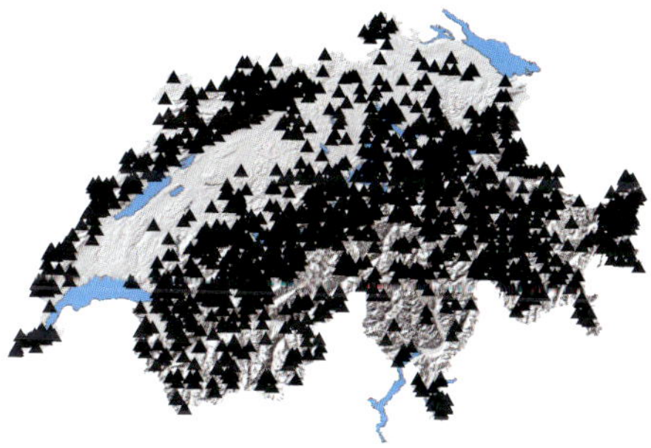

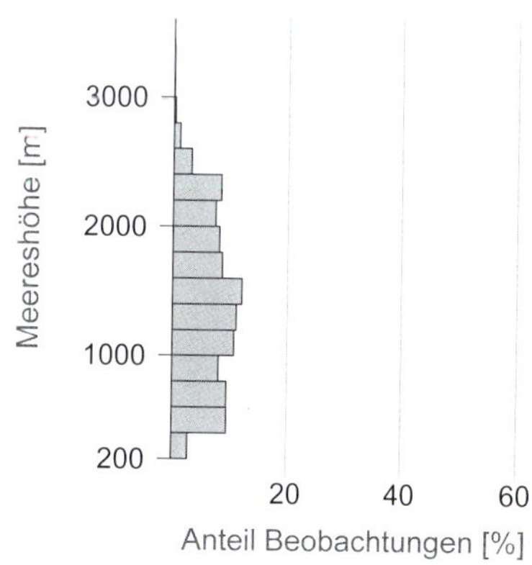

Tortula muralis

Gewöhnliches Schraubenmoos

Tortule des murs

Felsen und Mauern | **Akrokarpe Laubmoose**

Pflanzen: Kleine, kaum mehr als 1 cm hohe, grüne bis bläuliche oder wegen der langen Glashaare vor allem in trockenem Zustand graugrüne Polster oder ausgedehnte Rasen.
Blätter: 2–3 mm lang, zungen- bis spatelförmig, feucht aufrecht abstehend, trocken etwas verdreht. Blattränder bis fast zur Spitze umgerollt, ungezähnt. Blattrippe meist als langes, weisses, ungezähntes Glashaar austretend, seltener in der Blattspitze endend (subsp. *obtusifolia*).
Sporophyten: Sehr häufig. Kapselstiel 15–20 mm lang, gelblich rot. Kapsel schmal, länglich zylindrisch, aufrecht und leicht gekrümmt. Peristomzähne lang, 2- bis 3-mal links gewunden.
Lebensraum/Ökologie: Häufig im Siedlungsraum an Stein- oder Betonmauern, auf Dächern, auch an besonnten Kalkfelsen. Erträgt auch halbschattige Lagen. Wächst direkt auf dem Gesteinsuntergrund. Die seltenere subsp. *obtusifolia* scheint eher auf Kalkfelsen in höheren Lagen vorzukommen.
Zeigerwerte: Feuchtigkeit 2, Reaktion X, Nährstoffe 5, Licht 3, Temperatur 4
Ähnliche Arten: *Tortula muralis* ist durch das ungezähnte Glashaar und den fast bis zur Blattspitze umgerollten Blattrand gut charakterisiert. Es gibt allerdings mehrere kleine *Tortula*-Arten, die ähnlich aussehen und leicht verwechselt werden können. Diese sind aber meist selten. In tiefen Lagen ist *T. muralis* mit Abstand die häufigste *Tortula*-Art. *Syntrichia*-Arten wie *S. ruralis* aggr. (S. 180) sind grösser und haben ein gezähntes Glashaar. *Grimmia pulvinata* (S. 160) bildet wie *T. muralis* fast immer Sporophyten, ihre Kapselstiele sind aber nur wenige Millimeter lang und meist gebogen, die Blätter sind nicht zungenförmig, sondern allmählich verschmälert und die Polster meist dicker, runder und deutlicher begrenzt.

Wissenswertes: *Tortula muralis* ist mit *Orthotrichum anomalum* (S. 168), *Grimmia pulvinata* (S. 160) und *Schistidium apocarpum* aggr. (S. 174) eine der häufigsten Moosarten auf trockenen Mauern im Siedlungsraum.

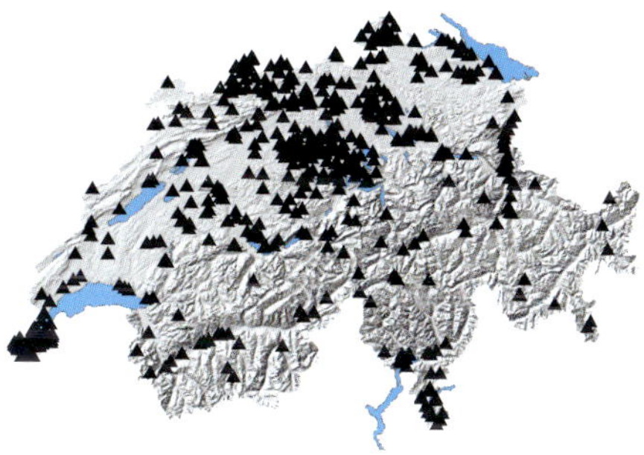

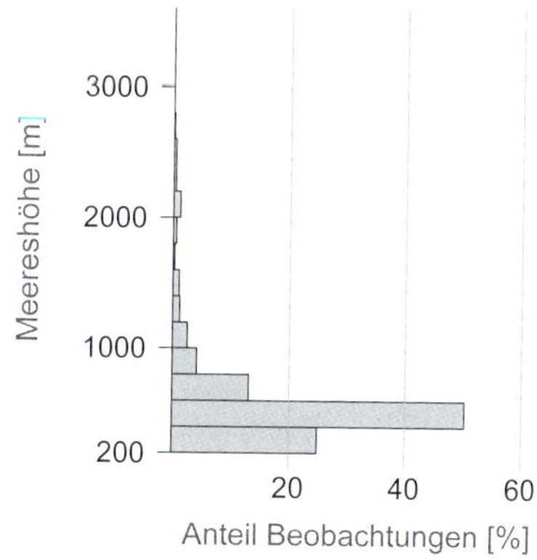

Anomodon viticulosus

Echtes Wolfsfussmoos

Anomodon robuste

Felsen und Mauern | Pleurokarpe Laubmoose

Pflanzen: Kräftige, ziemlich starre, gelbgrüne, glanzlose Rasen, manchmal über mehrere Quadratmeter ausgedehnt. Hauptstämmchen kriechend, am Substrat anhaftend, mit mehreren Zentimeter langen, unverzweigten und abstehenden Ästen.
Blätter: Astblätter aus eiförmiger Basis in eine abgerundete, zungenförmige Spitze ausgezogen, meist etwas einseitswendig. Blattrand fast ganzrandig oder kaum sichtbar krenuliert. Rippe kräftig.
Sporophyten: Gelegentlich vorhanden. Kapselstiel blassgelb, manchmal unterhalb der Kapsel rotbraun, 1–2 cm lang. Kapsel aufrecht, schmal zylindrisch.
Lebensraum/Ökologie: Kalkfelsen in Laubwäldern, auch epiphytisch an Baumbasen, meist an trockenen Standorten, aber auch in Bachnähe.
Zeigerwerte: Feuchtigkeit 3, Reaktion 4, Nährstoffe 3, Licht 2, Temperatur 4
Ähnliche Arten: *Pseudanomodon attenuatus* (S. 200) kommt an ähnlichen Standorten vor. Die Pflanzen sind viel kleiner. Die Äste sind stark, fast fächerförmig verzweigt und neben normalen Ästen kommen auch Flagellenäste mit winzigen Blättern vor. *Anomodon rugelii* ist deutlich seltener als *A. viticulosus* und kommt auch auf kalkarmem Substrat vor, seine Blätter sind trocken stärker verbogen und dunkler, eher bräunlich grün. Zur sicheren Unterscheidung von *A. viticulosus* ist meist eine mikroskopische Untersuchung der Blattbasis notwendig. Andere, ähnlich grosse Laubmoose auf Felsen (*Homalothecium*- oder *Brachythecium*-Arten) unterscheiden sich durch viel spitzere und oft glänzende Blätter und die Stämmchen und ihre Seitenäste sind sich ähnlich. *Dichodontium pellucidum* aggr. (S. 230) hat ebenfalls stumpfe, jedoch gezähnte Blattspitzen und kommt auf feuchtem

Gestein vor. Die Art bildet aber meist viel kleinere, aufrechte Pölsterchen ohne kriechendes Hauptstämmchen.

Wissenswertes: *Anomodon viticulosus* ist in Europa, Asien und Nordamerika heimisch – aus nicht geklärten Gründen sind aber Sporophyten (abgesehen von ganz vereinzelten Ausnahmen) nur aus Europa bekannt, in den anderen Regionen sind wahrscheinlich männliche Pflanzen viel seltener und die Art muss sich dort vollständig auf vegetative Vermehrung verlassen.

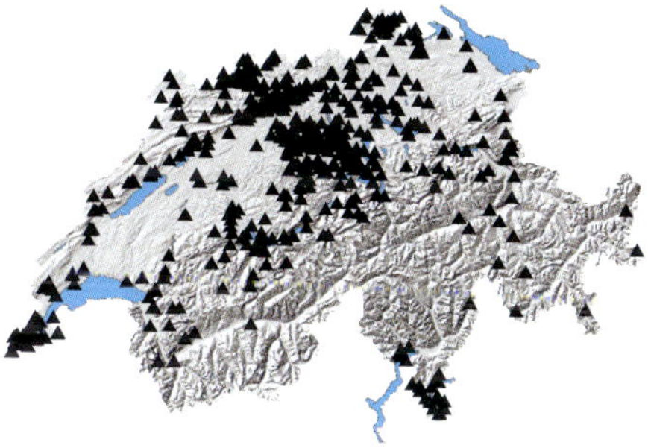

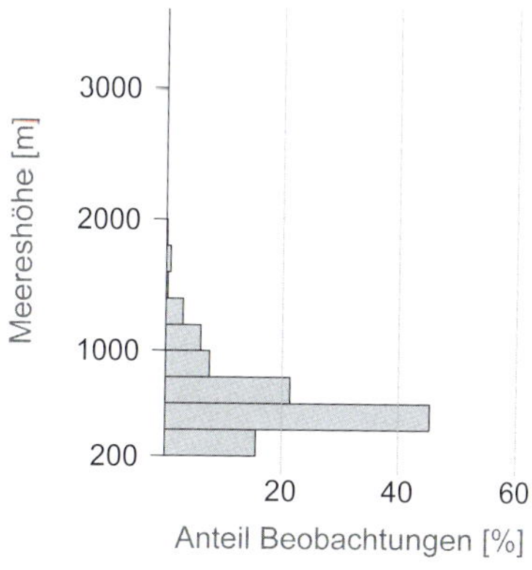

Campylophyllum halleri

Berg-Goldmoos

Campylie des rochers

Felsen und Mauern | Pleurokarpe Laubmoose

Pflanzen: Diese hübsche, kleine Art bildet flache, grün-bräunliche bis orangebraune, meist mehrere Quadratzentimeter bis -dezimeter grosse Teppiche. Sprösschen mehr oder weniger regelmässig verzweigt, Äste wenige Millimeter lang.

Blätter: Klein, 0,4–1,0 mm lang, an der Basis verbreitert und ab der Blattmitte plötzlich verschmälert und stark zurückgekrümmt. Blattrippe fehlend oder stark reduziert und jedenfalls mit der Lupe nicht sichtbar.

Sporophyten: Ziemlich häufig, meist im Spätsommer reif. Kapseln braun, aufrecht bis leicht geneigt, auf ca. 1,5 cm langem, glattem Stiel.

Lebensraum/Ökologie: Auf halbschattigen bis lichten Kalkfelsen an etwas luftfeuchten Stellen, oft in Wäldern.

Zeigerwerte: Feuchtigkeit 3, Reaktion 5, Nährstoffe 3, Licht 2, Temperatur 2

Ähnliche Arten: Durch die stark zurückgekrümmten, kleinen Blätter, die meist bräunliche Farbe der dichten Teppiche und den typischen Lebensraum ist die Art im Feld leicht zu erkennen. Verwechslungen mit anderen Arten sind selten. *Campylium stellatum* (S. 268) hat deutlich grössere Blätter, die weniger stark zurückgekrümmt sind. *Ctenidium molluscum* (S. 190) kann an ähnlichen Stellen vorkommen, ist aber regelmässig gefiedert und die Blätter sind sichelig-einseitswendig. Das Gegenstück zu *C. halleri* auf kalkhaltigem Substrat in tieferen Lagen, *Campylophyllopsis calcarea,* kommt nicht nur auf Felsen, sondern auch auf Erde vor. Die Blätter sind schmaler, in eine lange, dünne Spitze ausgezogen und meist weniger zurückgebogen als bei *C. halleri.*

Wissenswertes: Der Botaniker Albrecht von Haller (18. Jh.) gilt als Vater der Schweizer Bryologie. Er verfasste die erste wissenschaftliche Flora der Schweiz, in der er auch die Moose berücksichtigte. Er beschrieb darin 133 verschiedene Moosarten. Um von Hallers Entdeckungen und Vorarbeiten zu würdigen, hat Johannes Hedwig *Bartramia halleriana* und *Campylophyllum halleri* nach ihm benannt.

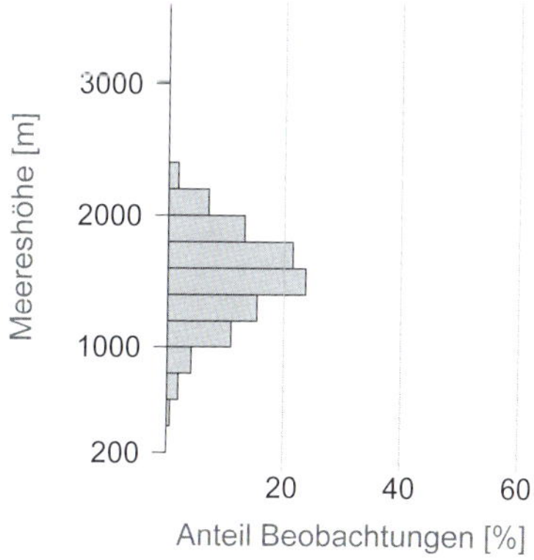

Ctenidium molluscum

Plattenmoos

Hypne plaque

Felsen und Mauern | Pleurokarpe Laubmoose

Pflanzen: Dichte, gelblich grüne Decken. Stämmchen niederliegend bis aufsteigend, sehr regelmässig und dicht kammartig verzweigt, mit hellen Spitzen.
Blätter: Sichelförmig einseitswendig, etwas faltig und wellig, gezähnt, mit kurzer Doppelrippe (mit der Lupe kaum sichtbar). Die Stämmchenblätter haben einen breit dreieckig-herzförmigen Grund und sind zu einer haarfeinen, oft wellig verbogenen Spitze verschmälert, die Astblätter sind kleiner, eiförmig-lanzettlich.
Sporophyten: Selten. Kapselstiel rotbraun, glatt, um 15 mm lang. Kapsel eiförmig, geneigt, mit kegelförmigem Deckel.
Lebensraum/Ökologie: Besonders an trockenen Kalkfelsen in Wäldern oder an halbschattigen Standorten, oft ausgedehnte Reinbestände bildend. Auch auf kalkhaltiger Erde (Böschungen an Waldwegen), in Trockenwiesen oder Flachmooren, hier meist in Mischrasen mit anderen Arten.
Zeigerwerte: Feuchtigkeit 3, Reaktion 4, Nährstoffe 3, Licht 2, Temperatur 3
Ähnliche Arten: *Hypnum cupressiforme* (S. 70) ist weniger regelmässig und dicht verzweigt, ohne auffällig helle Sprösschen-Spitzen, eher dunkeloliv- als gelbgrün. *Ptilium crista-castrensis* (S. 334) bildet ähnlich kammartig verzweigte Sprösschen, welche aber senkrecht vom Waldboden aufstehen, stark faltige Blätter haben und deutlich grösser sind als die Sprösschen von *C. molluscum. Palustriella commutata* aggr. (S. 244) und *Cratoneuron filicinum* (S. 236) kommen an nassen Standorten vor, die Blätter weisen eine deutliche Rippe auf. *Brachytheciastrum velutinum* (S. 318) ist kleiner und bildet keine ausgedehnten Decken, die Blätter haben eine schwache, aber lange Rippe, Sporophyten

kommen häufig vor. Im Gebirge kommt *Pseudostereodon procerrimus* vor, die Pflanzen sind kräftiger, stärker glänzend und leichter anhand mikroskopischer Merkmale von *C. molluscum* zu unterscheiden als mit der Lupe.

Wissenswertes: Die leicht vom Gestein abhebbaren Decken («Plattenmoos») werden gerne zu Dekorationszwecken verwendet und sind oft in Blumengeschäften zu sehen. Allerdings dauert es wohl viele Jahre, bis die Bestände nachgewachsen sind.

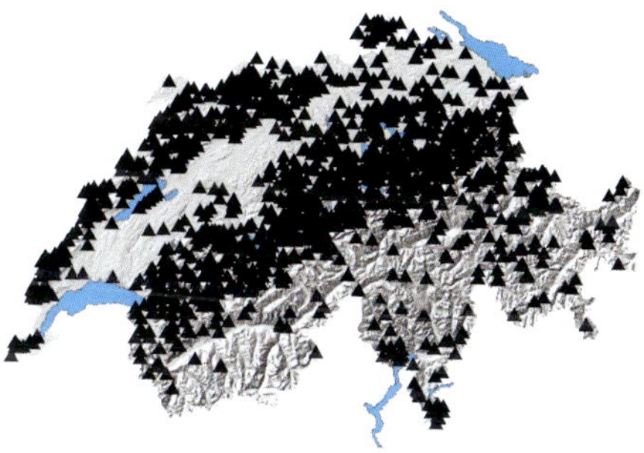

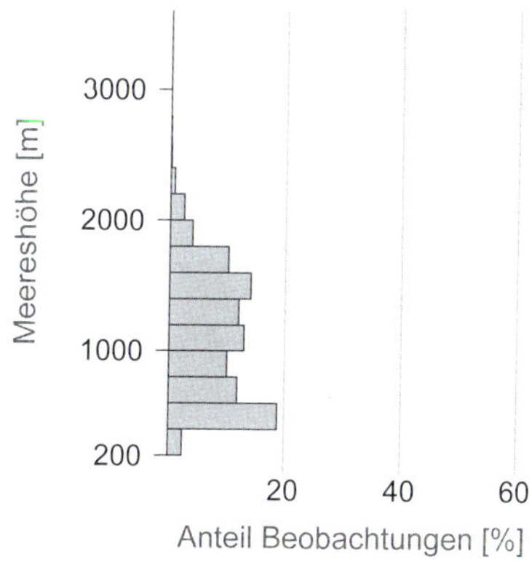

Homalothecium lutescens

Gewöhnliches Seidenmoos

Soyette jaune

Felsen und Mauern | Pleurokarpe Laubmoose

Pflanzen: Kräftig, oft ausgedehnte, lockere, gelbgrüne Rasen bildend. Sprösschen 6–10(–15) cm lang, mit langen Seitenästen, welche auch im trockenen Zustand gerade sind. Auf schattigen Felsen sind die Pflanzen oft etwas gedrungener, eher rein- als goldgrün, und haften stärker dem Substrat an.
Blätter: Dicht stehend, stark längsfaltig, gerade, spitz, lang dreieckig. Rippe etwa ¾ der Blattlänge erreichend, von den Blattfalten oft verdeckt.
Sporophyten: Selten. Kapsel auf langem Stiel kurz zylindrisch, meist leicht gebogen. Kapselstiel rau.
Lebensraum/Ökologie: Auf kalkhaltiger Erde an Böschungen, in lückigen Wiesen, ausserdem auf Kalkfelsen und Mauern. An trockenen, sonnigen bis schattigeren Standorten. Vorwiegend in tiefen Lagen.
Zeigerwerte: Feuchtigkeit 2, Reaktion 5, Nährstoffe 1, Licht 3, Temperatur 3
Ähnliche Arten: *Homalothecium philippeanum* ist *H. lutescens* sehr ähnlich, unterscheidet sich aber durch eine bis in die Blattspitze reichende Rippe und einen glatten Kapselstiel. *H. sericeum* (S. 194) hat ebenfalls faltige Blätter und einen ähnlichen Seidenglanz, die Pflanzen sind aber kleiner, die Äste kürzer und trocken stark eingebogen. Das ähnlich grosse *Brachythecium glareosum* hat ebenfalls stark faltige Blätter, aber die Blattspitzen sind fast haarartig ausgezogen und verdreht. *B. albicans* hat eher lanzettliche als dreieckige Blätter, welche dem Stämmchen eng anliegen und den Pflanzen ein etwas fadenförmiges Aussehen verleihen. Ausserdem bevorzugt die Art kalkärmere Standorte. *Lescuraea plicata* (S. 196) kommt fast nur in höheren Lagen vor (meist über 1000 m ü. M.) und unterscheidet sich durch das Vorhandensein zahlreicher Paraphyllien. Nur in Mooren kommt

Tomentypnum nitens (S. 276) vor, welches mit auffälligen, dem Stämmchen und sogar den Blättern entspringenden Rhizoiden am Substrat festgewachsen ist.

Wissenswertes: Die *Homalothecium*-Arten gehören zu einer grossen Gruppe von zweihäusigen Moosarten, welche sogenannte Zwergmännchen hervorbringen: Die männlichen Pflanzen sind winzig klein und bestehen nur aus wenigen Blättern und den Gametangien. Sie leben epiphytisch auf den weiblichen Pflanzen. Die Nähe von weiblichen und männlichen Pflanzen erleichtert die Fortpflanzung. Mit etwas Glück können die Zwergmännchen im Feld mit der Lupe entdeckt werden.

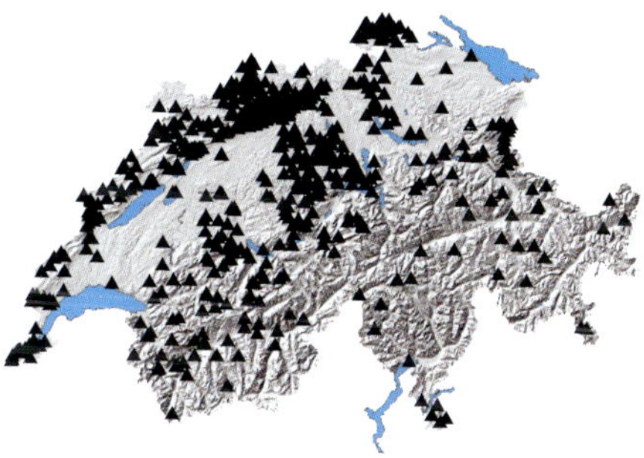

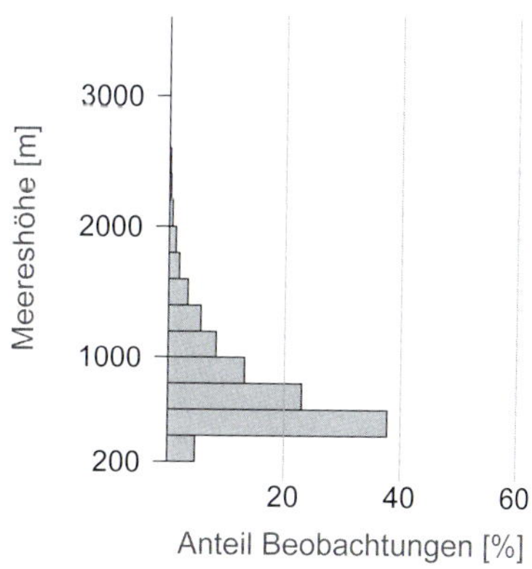

Homalothecium sericeum

Echtes Seidenmoos

Soyette vraie

Felsen und Mauern | Pleurokarpe Laubmoose

Pflanzen: Goldgrün oder grün, auffällig glänzend. Stämmchen kriechend, am Substrat anhaftend, mit dicht stehenden, kurzen Seitenästen. Die Seitenäste rollen sich trocken ein, feucht sind sie gerade.
Blätter: Dicht stehend, stark längsfaltig, gerade, spitz, lang dreieckig. Rippe etwa ¾ der Blattlänge erreichend, von den Blattfalten oft verdeckt.
Sporophyten: Gelegentlich vorhanden. Kapselstiel rotbraun, schwach rau. Kapsel aufrecht und gerade, kurz zylindrisch, hellbraun, mit kurz geschnäbeltem Deckel.
Lebensraum/Ökologie: Auf Kalkfelsen, Mauern sowie auf der Borke von Laubbäumen. An sonnigen bis schattigen Standorten.
Zeigerwerte: Feuchtigkeit 2, Reaktion 4, Nährstoffe 1, Licht 3, Temperatur 4
Ähnliche Arten: *Homalothecium lutescens* (S. 192) ist grösser, die Seitenäste sind länger und lockerer gestellt und auch im trockenen Zustand immer gerade. Das seltenere *H. philippeanum* hat trocken ebenfalls gerade Äste, die zudem etwas büschelig gehäuft sind, die Pflanzen sind eher frisch- als goldgrün. Auf Bäumen kommen zwei weitere Arten mit trocken eingerollten Ästen vor: *Pylaisia polyantha* ist quasi eine Miniaturausgabe, die Pflanzen sind viel kleiner, die Blätter rippen- und faltenlos, Sporophyten sind häufig und zahlreich. *Leucodon sciuroides* (S. 396) ist dagegen grösser, haftet weniger am Substrat an, erscheint eher braungrün als hell- bis gelbgrün und sieht aufgrund vieler winziger Brutästchen oft etwas unordentlich aus. Seine Blätter sind kurz eiförmig-lanzettlich statt lang dreieckig und rippenlos.

Wissenswertes: Im Gegensatz zu den meisten anderen Laubmoosen ist bei *Homalothecium sericeum* die Kapselöffnung unter feuchten Bedingungen nicht durch die Peristomzähne verdeckt. Die Sporen werden also dann frei, wenn es regnet. Es wird angenommen, dass dadurch die Sporen in der Nähe verbreitet werden, es sich also um eine Strategie handelt, lokal günstige Stellen zu besiedeln. Fernverbreitung scheint bei dieser Art weniger wichtig zu sein.

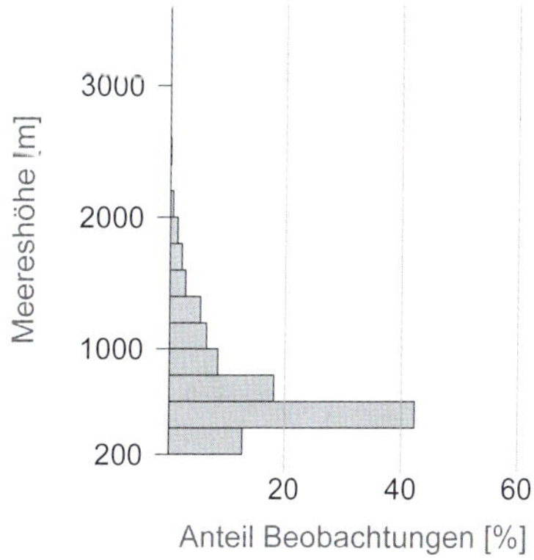

Lescuraea plicata

Schuttmoos

Plissée

Felsen und Mauern | Pleurokarpe Laubmoose

Pflanzen: Meist ausgedehnte, gelbgrüne bis bräunliche Teppiche bildend. Sprösschen kriechend und unregelmässig verzweigt, 6–12 cm lang.

Blätter: Stark längsfaltig, hohl, eilanzettlich mit meist lang ausgezogener Spitze. Trocken den Sprösschen dicht dachziegelig anliegend, feucht aufrecht abstehend. Sprösschen zwischen den Blättchen dicht mit Paraphyllien bedeckt. Blättchen an den Astenden häufig etwas einseitswendig und die Astenden etwas gebogen. Stammblättchen gross, 3,0–3,5 mm lang, Astblättchen kleiner. Blattrand bis gegen die Spitze breit umgerollt. Rippe kräftig, bis gegen ¾ der Blattspitze reichend.

Sporophyten: Selten. Kapselstiel 1,5–2,0 cm lang. Kapsel länglich, geneigt, braunrot.

Lebensraum/Ökologie: Kalkliebend, häufig auf sonnigen bis halbschattigen Kalkfelsen und -blöcken, auch in Kalktrockenrasen auf Erde.

Zeigerwerte: Feuchtigkeit 3, Reaktion 5, Nährstoffe 3, Licht 2, Temperatur 2

Ähnliche Arten: Verschiedene Arten mit längsfaltigen Blättern können mit *Lescuraea plicata* verwechselt werden, wie *Homalothecium lutescens* (S. 192), *Homalothecium sericeum* (S. 194), *Rhytidium rugosum* (S. 90) oder gewisse *Brachythecium*-Arten wie *B. salebrosum* (S. 78). Alle diese

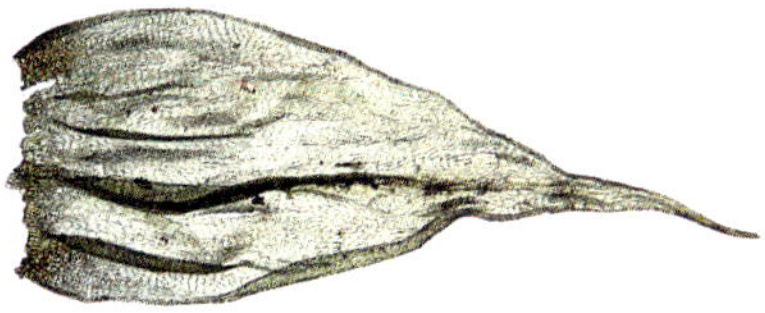

Arten haben aber keine Paraphyllien, die das Stämmchen bedecken. *Antitrichia curtipendula* (S. 390) hat ebenfalls keine Paraphyllien und eine stark gezähnte Blattspitze. Die weiteren *Lescuraea*-Arten der Schweiz haben auch Paraphyllien, sind aber kleiner und haben keine oder viel schwächer längsfaltige Blätter als *L. plicata.*

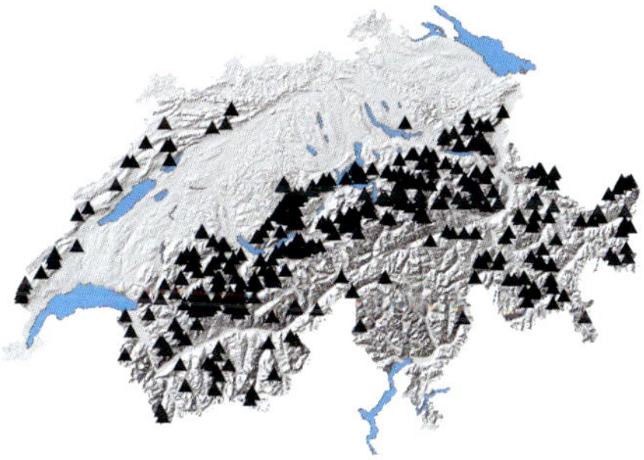

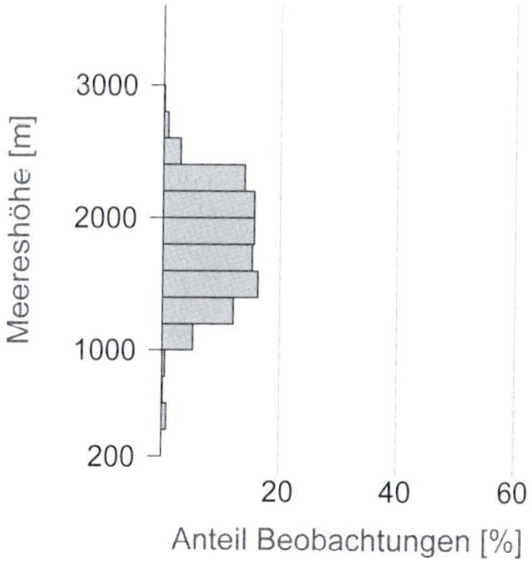

Neckera crispa

Krausblättriges Neckermoos

Neckère crispée

Felsen und Mauern | Pleurokarpe Laubmoose

Pflanzen: Oft ausgedehnte, dicke, gelblich grün glänzende Teppiche bildend. Primärsprösschen rhizomartig kriechend, Sekundärsprösschen vom Substrat abstehend, hängend oder aufwärts gebogen (besonders wenn trocken), 5–15(–20) cm lang, verflacht beblättert.
Blätter: Zungenförmig mit kurzer Spitze, stark querwellig, 2,5–4,0 mm lang, Rippe sehr kurz oder fehlend.
Sporophyten: Nicht häufig. Kapselstiel 8–15 mm lang, Kapsel ellipsoidisch, braun, ± aufrecht und symmetrisch, Kapseldeckel geschnäbelt.
Lebensraum/Ökologie: Besonders in Laubwäldern. Auf naturnahen, nicht zu stark besonnten Kalkfelsen oft artenarme, ausgedehnte Bestände bildend, daneben nicht selten an den Stämmen von Laubbäumen, besonders auf älteren Bäumen an luftfeuchten Standorten. An schattigen bis halbschattigen Lagen.
Zeigerwerte: Feuchtigkeit 3, Reaktion 4, Nährstoffe 1, Licht 2, Temperatur 3
Ähnliche Arten: *Neckera complanata* (S. 398), die häufigste *Neckera*-Art, ist sofort zu unterscheiden durch die nicht querwelligen Blätter. Die Pflanzen sind kleiner und bilden oft Flagellenäste aus. Auf Laubbäumen kommen zwei weitere *Neckera*-Arten mit querwelligen Blättern vor, ihre Blätter sind aber nicht zungenförmig, sondern allmählicher dreieckig zugespitzt: *N. pumila* (Pflanze kleiner, oft mit Flagellenästen, Kapselstiel nur doppelt so lang wie die Kapsel) und *N. pennata* (Kapseln häufig vorhanden, auf sehr kurzem Kapselstiel in den Blättern fast verborgen). Auf Kalkfelsen ist *N. crispa* nur mit der selteneren *N. menziesii* zu verwechseln, die aber Blätter mit langer, dünner Rippe

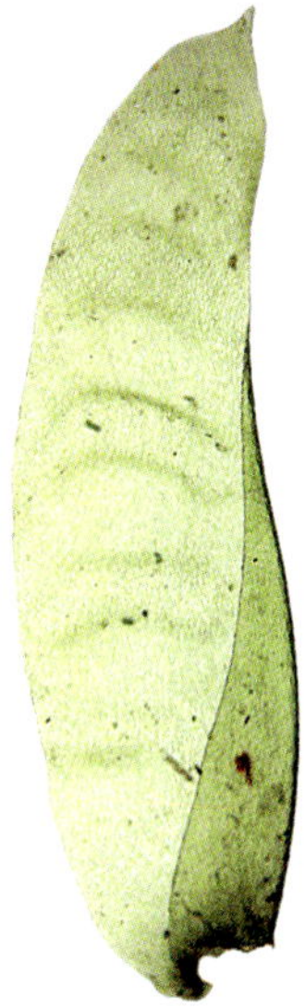

aufweist (starke Lupe!) und das Stämmchen ist mit zahlreichen Paraphyllien besetzt (nur diese *Neckera*-Art). Auf den ersten Blick ähnlich können aufgrund der verflachten Beblätterung grosse *Plagiothecium*-Arten (*P. undulatum*, S. 328) mit querwelligen Blättern wirken. Sie kommen aber auf Waldboden oder kalkarmen Felsen vor, ihre Blätter sind allmählicher zugespitzt und weisen eine deutliche (Doppel-)Rippe auf.

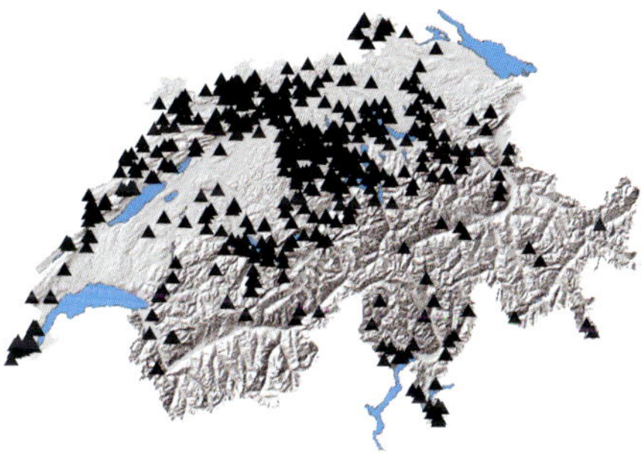

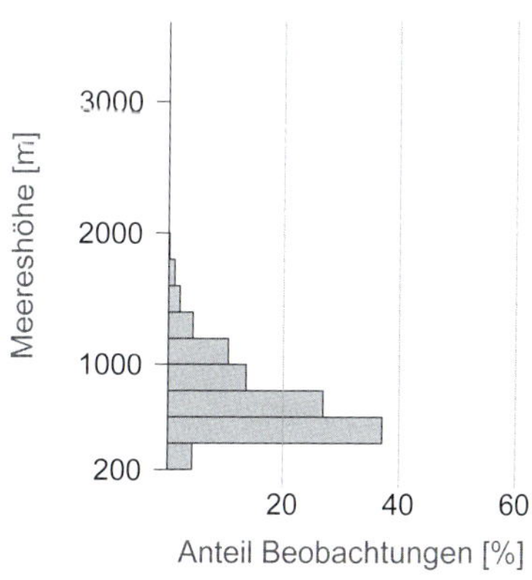

Pseudanomodon attenuatus

Dünnes Wolfsfussmoos

Anomodon atténué

Felsen und Mauern | Pleurokarpe Laubmoose

Pflanzen: Dicht verwebte, etwas wirre, meist ausgedehnte, gelbgrüne, glanzlose Rasen. Primärsprösschen rhizomartig kriechend, sekundäre Stämmchen vom Substrat abstehend, fiedrig bis fast handförmig verzweigt, 2–5 cm lang, die Astspitzen besonders im trockenen Zustand pfötchenartig eingebogen. Blätter trocken anliegend, feucht aufrecht abstehend. Zwischen den normalen Ästen meist zahlreiche Flagellenäste mit sehr kleinen, anliegenden Blättern.
Blätter: Aus breit eiförmiger Basis zungenförmig, 1–2 mm lang. Blattspitze meist mit aufgesetztem Stachelspitzchen und einigen groben Zähnen. Blattrippe lang und kräftig.
Sporophyten: Sehr selten. Kapselstiel ca. 10 mm lang, Kapsel aufrecht, zylindrisch, leicht gekrümmt.
Lebensraum/Ökologie: In Laubwäldern, besonders an der Basis von Laubbäumen, hier oft an Bachufern. Ebenfalls an kalkhaltigen, übererdeten Felsen, mit *Anomodon viticulosus* (S. 186), aber etwas weniger stark an Kalk gebunden als dieser.
Zeigerwerte: Feuchtigkeit 2, Reaktion 4, Nährstoffe 1, Licht 2, Temperatur 4
Ähnliche Arten: *Anomodon viticulosus* (S. 186) kommt an ähnlichen Standorten vor, ist aber viel grösser, die Äste sind unverzweigt und Flagellenäste fehlen. *Neckera complanata* (S. 398) wirkt zarter, die Äste stehen mehr vom Substrat ab und glänzen stark.

Wissenswertes: Die Art ist näher mit Vertretern der Familie Neckeraceae wie *Neckera* (*N. complanata* (S. 398), *N. crispa* (S. 198)) und *Homalia* (*H. trichomanoides*, S. 392) verwandt als mit *Anomodon*-Arten (daher der neue Name *Pseudanomodon*) – obwohl die papillösen Zellen (und dadurch glanzlosen Rasen) das Gegenteil vermuten lassen.

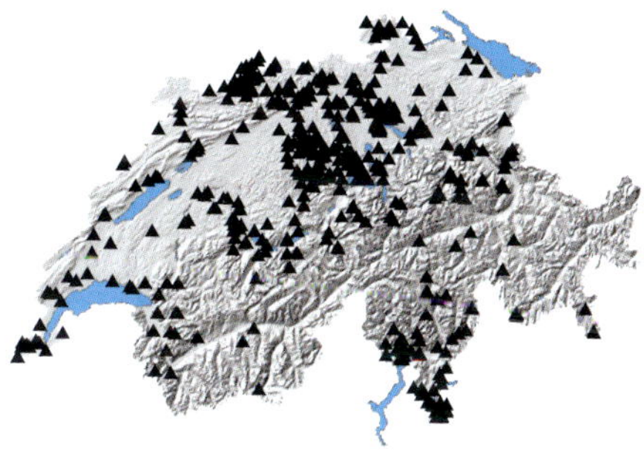

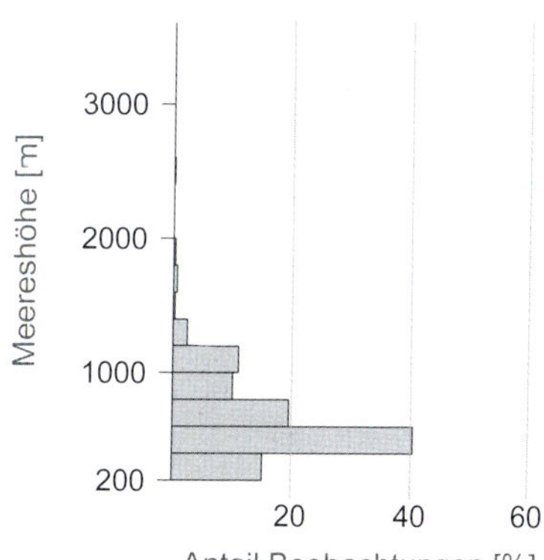

Pseudoleskeella catenulata

Echtes Kettenmoos

Leskée enchaînée

Felsen und Mauern | Pleurokarpe Laubmoose

Pflanzen: In dichten, flachen, meist dunkelgrünen bis bräunlichen, matten Decken. Sprösschen sehr dünn, niederliegend, kriechend, wenig verzweigt, Äste oft aufrecht. Zwischen den Blättern mit kleinen Paraphyllien (mit der Lupe allerdings kaum sichtbar).
Blätter: Stämmchenblätter klein, nur 0,6–1,0 mm lang, trocken dem Stämmchen anliegend, feucht abstehend, aus eiförmiger Basis kurz zugespitzt, die Spitze etwas einseitswendig. Astblätter kleiner und schmaler. Blattrippe kräftig, bis etwa zur Blattmitte reichend.
Sporophyten: Kapseln sehr selten entwickelt, zylindrisch, geneigt und gekrümmt, auf 1,0–1,5 cm langem Kapselstiel.
Lebensraum/Ökologie: An sonnigen bis halbschattigen Kalkfelsen und -blöcken, an Trockenmauern, seltener auf kalkhaltiger Erde oder epiphytisch.
Zeigerwerte: Feuchtigkeit 2, Reaktion 5, Nährstoffe 3, Licht 2, Temperatur 3
Ähnliche Arten: Eine Reihe verwandter Arten kann an ähnlichen Stellen wie *Pseudoleskeella catenulata* vorkommen und mit dieser verwechselt werden. Diese sind im Allgemeinen aber grösser und/oder haben eine deutlich längere Rippe. Eine Ausnahme ist die ebenfalls kleine *P. tectorum,* die aber stärker verzweigt ist und eine gegabelte Blattrippe hat, die meist nicht bis zur Blattmitte reicht.

Wissenswertes: Der Name «catenulata» kommt von Catena (Kette) und bezieht sich auf die Sprösschen, die einem Halskettchen ähneln.

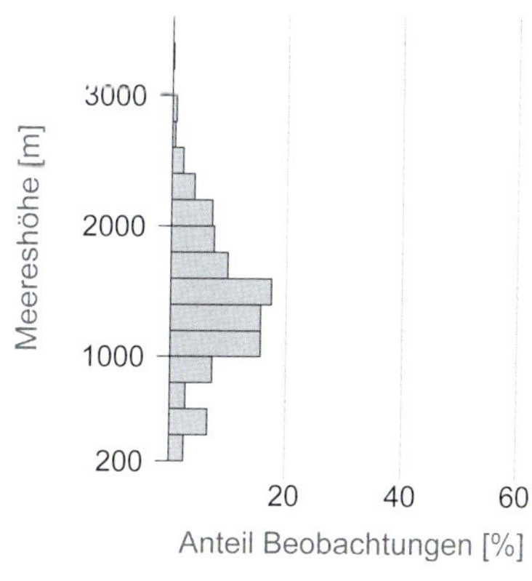

Rhynchostegium murale

Gewöhnliches Schnabeldeckelmoos

Longbec des murs

Felsen und Mauern | Pleurokarpe Laubmoose

Pflanzen: In glänzenden, frisch- bis dunkelgrünen, im älteren Zustand gelb-bräunlichen, flachen, mittelgrossen Rasen. Sprösschen kriechend, dicht und unregelmässig verzweigt mit kurzen, stumpfen, kätzchenartig beblätterten Ästen.

Blätter: Länglich, oval, stark hohl und mit einer stumpfen Blattspitze. Blattrippe dünn, bis zur Blattmitte reichend. Blattrand ganzrandig oder gegen die Spitze manchmal fein gesägt.

Sporophyten: Häufig. Kapselstiel glatt. Kapsel geneigt, leicht gekrümmt. Kapseldeckel mit einem langen Schnabel, dieser fast so lang wie die Kapsel.

Lebensraum/Ökologie: Auf kalk- oder basenhaltigem Gestein. An frischen bis feuchten, schattigen bis halbschattigen Stellen. Häufig über Blöcken oder Steinen in Wäldern, aber auch an schattigen Mauern.

Zeigerwerte: Feuchtigkeit 3, Reaktion 4, Nährstoffe 1, Licht 3, Temperatur 3

Ähnliche Arten: Die anderen *Rhynchostegium*-Arten der Schweiz sind stärker zugespitzt und nicht so stark hohl wie bei *R. murale.* Andere pleurokarpe Arten mit hohlen Blättern und stumpflicher Spitze (zuweilen auch etwas zugespitzt oder mit aufgesetztem Spitzchen) sind

Entodon concinnus (S. 86), *Isothecium alopecuroides* (S. 394), *Pleurozium schreberi* (S.330) und *Pseudoscleropodium purum* (S. 332). Diese kommen aber in anderen Habitaten vor, sind in der Regel kräftiger und regelmässig oder, im Fall von *I. alopecuroides,* oft etwas bäumchenförmig verzweigt.

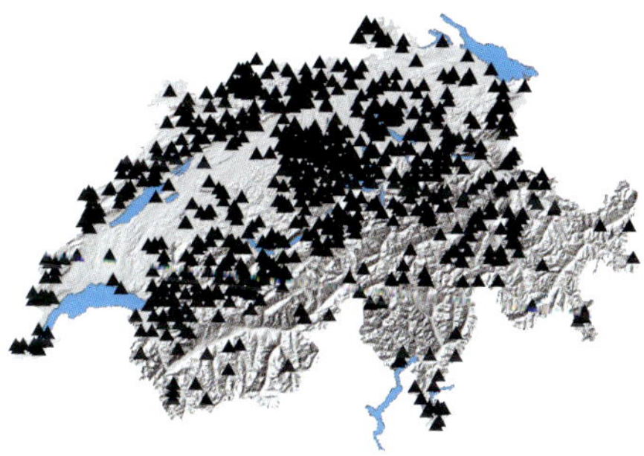

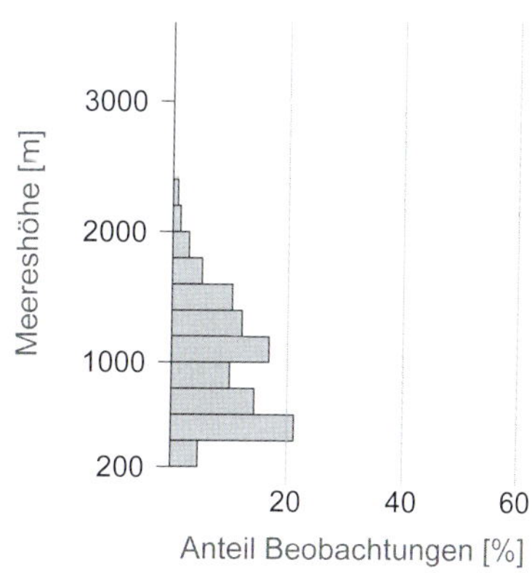

Sciuro-Hypnum populeum

Pappel-Kegelmoos

Buissonnette à nervure longue

Felsen und Mauern | Pleurokarpe Laubmoose

Pflanzen: Bildet mittelgrosse, mässig lockere bis dichte, 1–4 cm hohe Teppiche. Pflanzen hell- oder gelbgrün bis grün und meist seidig glänzend. Sprösschen niederliegend bis aufsteigend, Äste meist mehr oder weniger dicht aufrecht abstehend. Blätter feucht aufrecht abstehend, trocken anliegend. Astblätter dicht stehend.

Blätter: Stämmchenblätter eiförmig-dreieckig, in eine lange Spitze ausgezogen, nicht gefaltet, Blattrand flach oder an der Basis umgeschlagen, 1,5–2,0 mm lang. Rippe bis in die Blattspitze geführt. Astblätter schmal lanzettlich mit langer und gerader Spitze.

Sporophyten: Mässig häufig. Kapselstiele rötlich braun, fein papillös (starke Lupe), 10–15 mm lang. Kapseln jung grünlich, später bräunlich, geneigt, mit kurz geschnäbeltem Deckel.

Lebensraum/Ökologie: Vor allem auf Borke an der Basis von Laubbäumen, Gestein und wenig zersetztem Totholz. Schattig bis sonnig stehend.

Zeigerwerte: Feuchtigkeit 3, Reaktion X, Nährstoffe 1, Licht 2, Temperatur 3

Ähnliche Arten: *Sciuro-Hypnum populeum* kann im Feld leicht mit anderen Arten verwechselt werden. *Sciuro-Hypnum flotowianum* ist sehr ähnlich und unterscheidet sich durch teilweise verdrehte Astblattspitzen und dem lang und schief geschnäbelten Deckel. *Homalothecium sericeum* (S. 194) unterscheidet sich durch die stark faltigen Blätter und die trocken nach oben gebogenen Äste.

Brachytheciastrum velutinum (S. 318) hat eine kürzere Rippe (ca. 75 % der Blattlänge) und oft etwas sichelförmige Blätter. *Sciuro-Hypnum populeum* kann mit vielen weiteren pleurokarpen Arten (z. B. *Brachythecium rutabulum* (S. 68), *B. salebrosum* (S. 78)) verwechselt werden, nur wenige Arten besitzen aber eine bis in die Blattspitze geführte Rippe (starke Lupe).

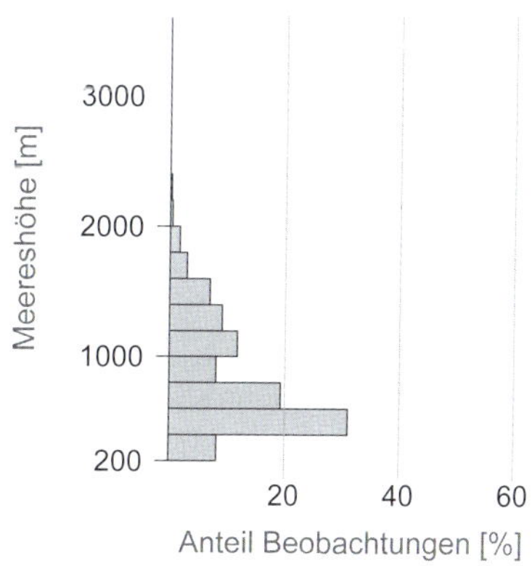

Conocephalum conicum aggr.

Umfasst 2 Arten *(C. conicum, C. salebrosum)*

Gruppe des Echten Heil-Lebermooses

Groupe du Coprinet conique

Gewässer, Ufer und feuchte Felsen | Komplexe thallose Lebermoose

Pflanzen: Thallus kräftig, robust, saftig grün, bandförmig, 1–2 cm breit und 5–10(–15) cm lang, unregelmässig verzweigt. Oft in dichten, mehrere Quadratdezimeter bis Quadratmeter grossen Decken.
Thallus: Oberseite gefeldert. Atemporen im Zentrum der Felder als helle Punkte sichtbar. Beim grösseren und stärker glänzenden *C. conicum* sind die Poren auffälliger als die Begrenzungen der Felder, währenddessen beim matteren *C. salebrosum* die Feldbegrenzungen deutlicher sind als die Poren, da diese mehr eingesenkt sind und daher dunkler wirken.
Gametangien: Zweihäusige Art. Antheridienstände in Form dicker, ovaler Scheiben gegen die Spitze der Thalluszweige. Archegonienträger werden an den Thallusspitzen gebildet und mit einem mehrere Zentimeter langen Stiel über den Thallus emporgehoben.
Sporophyten: Ziemlich häufig. Zu mehreren an der Unterseite der gestielten Köpfchen, wo die schwarzen, kugeligen Kapseln bei Reife sichtbar werden. Kapseln sehr kurz gestielt, sich unregelmässig öffnend.
Lebensraum/Ökologie: An frischen bis feuchten, auch zeitweise überfluteten, schattigen Standorten. Auf kalk- oder basenreichen Substraten. Vor allem in Schluchtwäldern, am Grund von sickerfeuchten Felsen, auf Erde und Gestein am Rande von Bächen.
Zeigerwerte: Feuchtigkeit 4, Reaktion 4, Nährstoffe 3, Licht 2, Temperatur 3

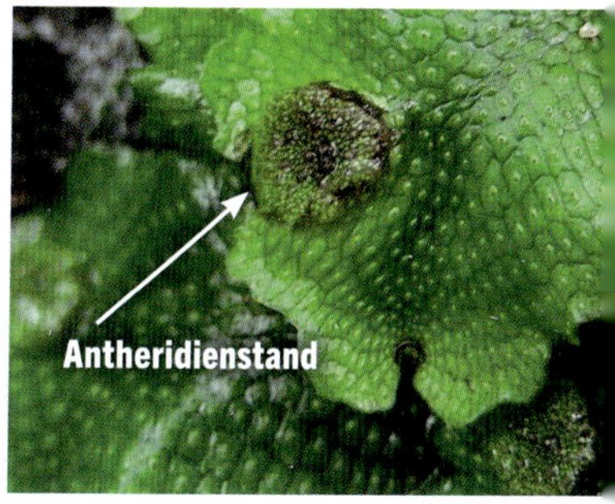

Ähnliche Arten: Ebenfalls grosse, gefelderte Thalli haben *Lunularia cruciata* (S. 96) und *Marchantia polymorpha* (S. 98). Diese beiden Arten bilden aber im Gegensatz zu *Conocephalum conicum* aggr. Brutbecher aus. Andere thallose Lebermoose ohne Brutbecher sind entweder nicht gefeldert, kleiner oder weisen violette oder rote Farbtöne auf.

Wissenswertes: Die Ähnlichkeit der Thalluslappen von *C. conicum* aggr. und anderen grossen thallosen Lebermoosen mit menschlichen Leberlappen hat im Mittelalter dazu geführt, dass das «Lebermoos» entsprechend der Signaturenlehre zur Heilung von Lebererkrankungen eingesetzt wurde. Der Artname *conicum* kommt von der konischen Form der Köpfchen der Archegonienträger.

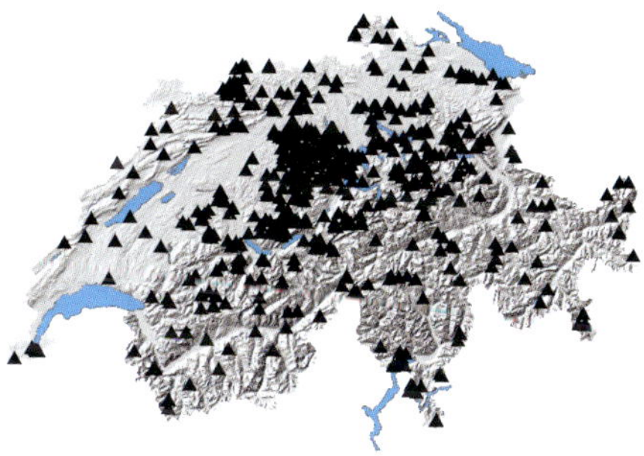

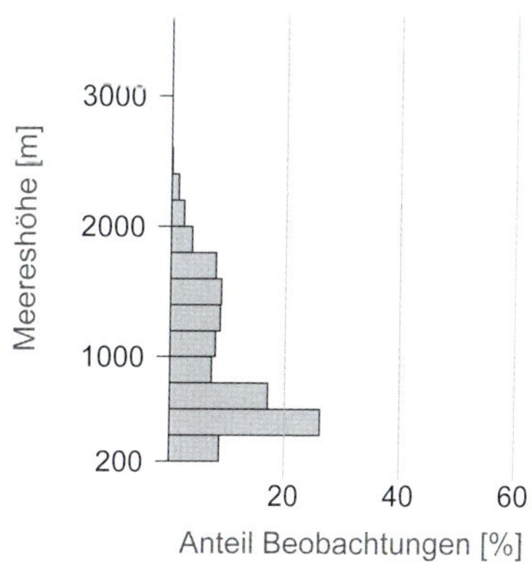

Riccia fluitans aggr.

Umfasst 2 Arten *(R. fluitans, R. rhenana)*

Gruppe des Teich-Sternlebermooses

Groupe de la Riccie flottante

Gewässer, Ufer und feuchte Felsen | Komplexe thallose Lebermoose

Pflanzen: Amphibische Art, die in einer Wasser- und einer Landform auftreten kann. Wasserformen bilden mehr oder weniger dichte, oft grosse, etwas unter der Wasseroberfläche schwebende Bestände aus grünen, leicht durchscheinenden Thalli ohne Rhizoide. Landformen in bläulich grünen bis gelblich grünen, manchmal violett überlaufenen, kleinen Rosetten mit zahlreichen Rhizoiden.
Thallus: Schwammig, fast durchscheinend. Bei den Wasserformen schmal bandförmig, 1-5 cm lang, ca. 1 mm breit und 2–6(–10)-fach gabelig verzweigt. Thallus bei Landformen breiter, bis 2,8 mm. Bei Wasser- und Landformen Thalli ohne Längsfurche auf der Oberseite und ohne Zilien. Durch Luftkammern im Inneren gefeldert erscheinend.
Sporophyten: Sehr selten, nur bei der Landform ausgebildet. Die Kapseln sind im Thallus eingeschlossen und stehen auf der Unterseite etwas hervor (auf der Oberseite sind sie kaum sichtbar).
Lebensraum/Ökologie: In und an ruhigen, nährstoffreichen, oft schwach beschatteten Stillgewässern, am Rande von Seen, Tümpeln, Altarmen, seltener auf Schlamm, austrocknendem Lehm oder Ton.
Zeigerwerte: Feuchtigkeit 5, Reaktion X, Nährstoffe 3, Licht 3, Temperatur 4
Gefährdung: *Riccia fluitans:* verletzlich (VU); *R. rhenana:* stark gefährdet (EN)
Ähnliche Arten: Die beiden Arten des Aggregats sind morphologisch kaum zu trennen, doch unterscheiden sie sich in der Zahl der Chromosomen (*Riccia fluitans* hat 8, *R. rhenana* 16 Chromosomen). Mindestens die Wasserformen sind kaum mit anderen Moosarten zu verwechseln. Die ähnliche *R. canaliculata* ist weniger verzweigt (1- bis 2-mal) und besitzt hyaline Bauchschuppen, die die

Thallusspitzen helmförmig bedecken. Sie kommt an Ufern von Gewässern auf feuchter Erde und Schlamm vor und bildet keine Wasserformen aus. *Ricciocarpus natans* bildet auf dem Wasser schwimmende, herzförmige bis rosettenförmige Thalli mit Mittelfurche. Auf der Thallusunterseite befinden sich bandförmige, am Rande gezähnte Bauchschuppen.

Wissenswertes: *Riccia fluitans* wird auch als Aquarienpflanze verwendet. Die Herkunft der in der Aquaristik verwendeten Pflanzen ist allerdings meist unklar und es ist nicht ausgeschlossen, dass in der Schweiz bereits nichteinheimische Genotypen von *R. fluitans* in die Umwelt gelangten. Ebenso gibt es Hinweise, dass eine nichteinheimische Art, *R. stenophylla,* die *R. fluitans* sehr ähnlich sieht, in Europa stellenweise verwildert ist. Aus der Schweiz fehlen entsprechende Hinweise allerdings noch.

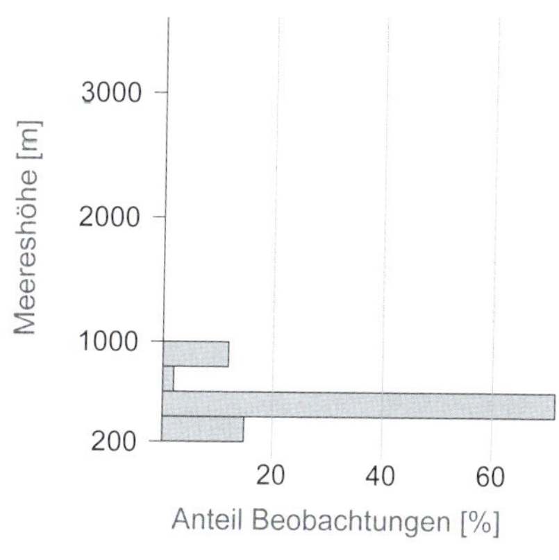

Aneura pinguis

Kleines Fettlebermoos

Aneura gras

Gewässer, Ufer und feuchte Felsen | Einfache thallose Lebermoose

Pflanzen: Thallos, meist zu mehreren beisammen und dann kleinere bis grössere Teppiche bildend, bisweilen übereinander wachsend.
Thallus: Grasgrün und speckig glänzend, starr, leicht zerbrechend, bandförmig kriechend, wenig und unregelmäßig verzweigt, 1–6 cm lang und 2–8 mm breit, sehr variabel in der Grösse. Die Lappen flachrinnig, ohne Mittelrippe. Thallusränder oft gewellt und etwas aufgebogen.
Sporophyten: Auf sehr kurzen Seitenästen an den älteren Thallusrändern der grösseren weiblichen Pflanzen. Kalyptra hellgrün, fleischig, keulenförmig. Kapselstiel bleich. Kapsel kurz zylindrisch und schwarz.
Lebensraum/Ökologie: Als konkurrenzschwache Pionierart in zahlreichen Feuchtstandorten wie Nasswiesen und Flachmooren, Quellfluren und Ufern, aber auch auf kiesigen Rohböden, beschotterten Waldwegen und feuchten Felsen. Immer auf basenreichem Untergrund.
Zeigerwerte: Feuchtigkeit 4, Reaktion 4, Nährstoffe 3, Licht 3, Temperatur X
Ähnliche Arten: Die grünen, speckig glänzenden Thalli von *Aneura* erlauben schon im Feld eine gute Ansprache. Die Thalli von *Pellia endiviifolia* (S. 214) und weiteren *Pellia*-Arten weisen in der Mitte oft ein schwärzliches Längsband auf und sind nicht speckig glänzend. Die Thalli von *Anthoceros agrestis* (S. 94) und *Phaeoceros laevis* wachsen deutlich rosettenförmig und weisen praktisch immer die für Hornmoose typischen Sporophyten auf.

Wissenswertes: Unter den Moosen steht *Aneura mirabilis,* eine verwandte Art, hinsichtlich ihrer Ernährungsweise einzigartig da. Sie enthält kein Chlorophyll und ist deshalb in der Farbe mit Blumenkohl vergleichbar. Das parasitisch lebende Lebermoos erhält Stärke von einem Pilz, der die Stärke wiederum von Bäumen erhält. *A. mirabilis* lebt von Substrat überdeckt. Sie könnte in der Schweiz durchaus vorkommen, wurde aber bisher nicht gefunden.

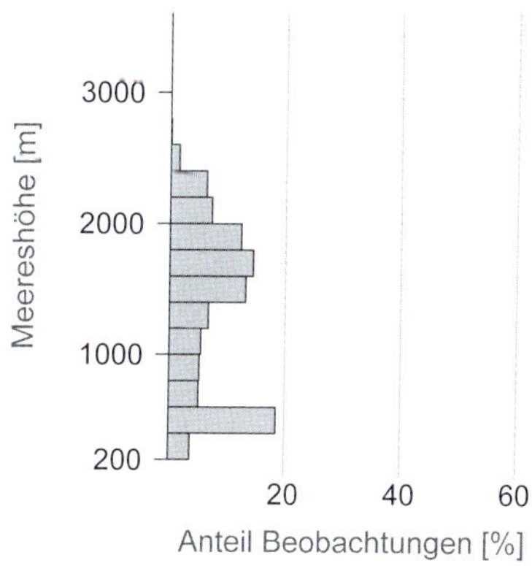

Pellia endiviifolia

Geweih-Beckenlebermoos

Pellie ramifiée

Gewässer, Ufer und feuchte Felsen | Einfache thallose Lebermoose

Pflanzen: In oft grossen, teilweise mehrere Quadratdezimeter umfassenden, hellgrünen bis dunkelgrün-schwärzlichen Decken. Im Herbst häufig mit charakteristisch geweihartigen Brutthalli, die abbrechen und der vegetativen Vermehrung dienen.
Thallus: 5–10 mm breit, 1–3 cm lang, undeutlich gabelig geteilt, mit flachen oder auch etwas welligen Rändern. Thallus in der Mitte oft mit einem dunklen Längsband.
Gametangien: Zweihäusige Art. Antheridien unauffällig, auf der Oberseite der männlichen Thalli in die Thalli eingesenkt. Archegonien am Grund von auffälligen, röhrenförmigen, ca. 4–5 mm langen Hüllen auf der Oberseite der weiblichen Thalli.
Sporophyten: Regelmässig zu finden. Kapselstiele auffällig lang (5–10 cm). Am Grunde der Kapseln bleibt nach der Sporenausstreuung ein fädiges Büschel aus sogenannten Elaterenträgern zurück.
Lebensraum/Ökologie: Auf kalkreichen, feuchten bis nassen Böden oder seltener auch auf Felsen. An Wegborden, Bachufern, quelligen Stellen und in Kalkflachmooren.
Zeigerwerte: Feuchtigkeit 4, Reaktion 4, Nährstoffe 3, Licht 2, Temperatur 3
Ähnliche Arten: *Pellia endiviifolia* kann leicht mit *Aneura pinguis* (S. 212) verwechselt werden, einer häufigen Art, die an ähnlichen Stellen vorkommt. Bei *A. pinguis* ist der Thallus aber etwas fettglänzend, ein schwarzer Mittelstreifen ist nie vorhanden und es werden auch keine geweihartigen Brutthalli ausgebildet. Sehr ähnlich sind zudem die beiden nahe verwandten Arten *Pellia epiphylla* und *Pellia neesiana.* Die beiden Arten kommen allerdings nur auf kalkarmen Substraten vor und

bilden keine Brutthalli aus. Die Perichaetien sind bei diesen beiden Arten zudem nicht tonnenförmig, sondern bestehen nur aus einem kurzen Kragen oder einer Schuppe auf der Thallusoberfläche.

Wissenswertes: Die Elaterenträger dienen der Auflockerung der bei *Pellia* recht dichten Sporenmasse aus relativ grossen Sporen, sodass diese besser durch den Wind verbreitet werden können.

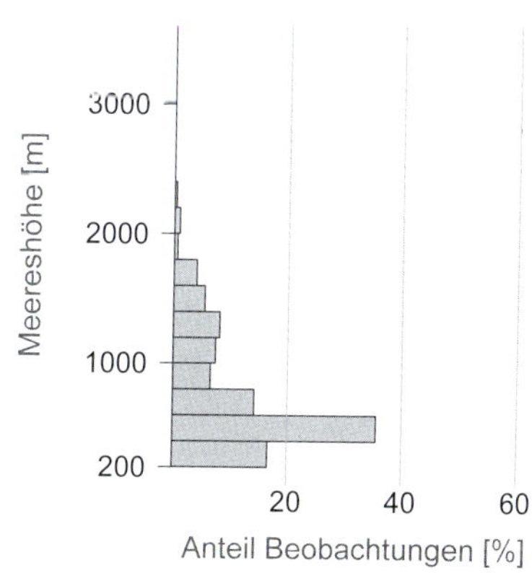

Anthelia julacea aggr.

Umfasst 2 Arten *(A. julacea, A. juratzkana)*

Gruppe des Nass-Schneelebermooses

Groupe de la Anthélie bleue

Gewässer, Ufer und feuchte Felsen | Beblätterte Lebermoose

Pflanzen: Niedrige, meist dichte, blaugrüne bis weissgraue Rasen, oft über mehrere Quadratdezimeter und mehr ausgedehnt. Sprösschen kriechend, wenige Millimeter bis 3 cm lang, oft verzweigt, am Substrat mehr oder weniger anhaftend. Blätter in drei Reihen angeordnet, eng am Stämmchen anliegend.

Blätter: Flankenblätter in der oberen Hälfte in zwei dreieckige Lappen gespalten. Unterblätter etwas kleiner als Flankenblätter, sonst gleich aussehend.

Sporophyten: Beim einhäusigen Gewöhnlichen Schneelebermoos *(A. juratzkana)* oft vorhanden, beim zweihäusigen Nass-Schneelebermoos *(A. julacea)* nur selten. Kapsel schwarz, kugelförmig auf wenige Millimeter langem Stiel.

Lebensraum/Ökologie: Silikat-Schneetälchen (Charakterart des Salicion herbaceae). Bis in den Juli schneebedeckte, alpine Böden. Kalte, kalkarme Gebirgsbäche.

Zeigerwerte: Feuchtigkeit 4, Reaktion 2, Nährstoffe 1, Licht 4, Temperatur 1

Gefährdung: *Anthelia julacea:* verletzlich (VU); *A. juratzkana:* potenziell gefährdet (NT)

Ähnliche Arten: *Cephalozia albescens (= Pleurocladula albescens)* ist auch bläulich und kommt an ähnlichen Standorten vor. Die Pflanze ist etwas grösser und die rundlichen, hohlen Blätter haben kürzere Lappen und überdecken sich weniger stark. Die Unterblätter sind ebenfalls gross, aber nicht zweilappig, sondern ungeteilt. *Isopaches decolorans (= Lophozia decolorans)* ist ebenfalls ein kleines Lebermoos mit dichten, ausgebleichten, manchmal bläulich schimmernden Blättern.

Die Flankenblätter sind nur wenig geteilt, Unterblätter fehlen. An den Triebspitzen sind oft bräunliche Brutkörper zu sehen. Kommt ebenfalls alpin vor, aber an trockeneren Stellen. *Gymnomitrion corallioides* ist auch ein sehr dicht beblättertes, wurmförmiges Lebermoos von grauer Farbe. Die Blätter sind nur kurz eingeschnitten. Die Art wächst in Ritzen von Silikatfelsen.

Wissenswertes: Die grauweisse Färbung der Schneelebermoose kommt daher, dass ihre Blätter von einer wachsartigen Schicht (Kutikula) bedeckt sind. Dieses Wachs kann bei getrockneten Herbarproben mit der Zeit auskristallisieren und die Pflanzen wie schimmlig aussehen lassen. Ein anderer deutscher Name für diese Arten ist denn auch «Schimmelmoose».

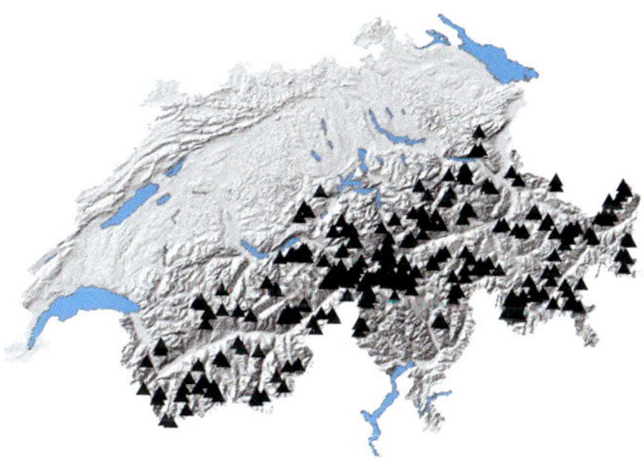

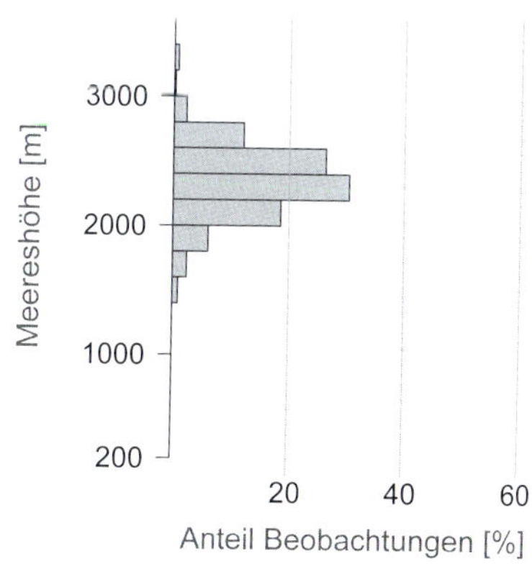

Chiloscyphus polyanthos aggr.

Umfasst 2 Arten *(C. pallescens, C. polyanthos)*

Gruppe des Bach-Lippenlebermooses

Groupe de la Tourmantine mâle

Gewässer, Ufer und feuchte Felsen | Beblätterte Lebermoose

Pflanzen: Bleichgrüne oder gelblich bis bräunlich grüne Rasen oder flache Überzüge. Sprösschen 1–6(–12) cm lang und 2,0–4,5(–6,0) mm breit. Ohne Brutkörper.

Blätter: Flankenblätter am Stämmchen sehr schief ansetzend und auf dessen Oberseite etwas herablaufend. Ungeteilt, ± schief zungenförmig, oft etwas ausgerandet, ca. 2 mm lang und etwas durchscheinend. Unterblätter viel kleiner, zweilappig und gefranst.

Gametangien: Einhäusige Art. Antheridien in kleinen Taschen, die von einem eingeschlagenen Zahn am Grund der Hüllblätter gebildet werden. Perianthien an sehr kurzen Ästen, nicht gefaltet und mit gefranster Mündung.

Sporophyten: Häufig (Ende Winter bis anfangs Sommer). Kapseln ellipsoidisch, glänzend schwarz, auf durchsichtigem Stiel. Sporen gelbbraun.

Lebensraum/Ökologie: Fast durchwegs an feuchten bis nassen Standorten. In Wäldern, dabei vor allem an Bächen und Gräben, auch auf Wiesen und in Hochstaudenfluren, in Mooren und Sümpfen, im Röhricht, an und in Seen und Teichen. Bevorzugt schattige Stellen, kommt aber auch an hellen Stellen vor, jedenfalls im Hochgebirge. Auf vielen verschiedenen Substraten, sofern sie genügend feucht sind: kalkreiche bis mässig saure Gesteine, Erde (oft humos), Torf, auch totes Holz.

Zeigerwerte: Feuchtigkeit 4, Reaktion 4, Nährstoffe 3, Licht 2, Temperatur 3

Ähnliche Arten: Die beiden unter *Chiloscyphus polyanthos* aggr. zusammengefassten Arten sind im Feld kaum zu unterscheiden. *Plagiochila*-Arten (*P. asplenioides* aggr., S. 288) und *Pedinophyllum*

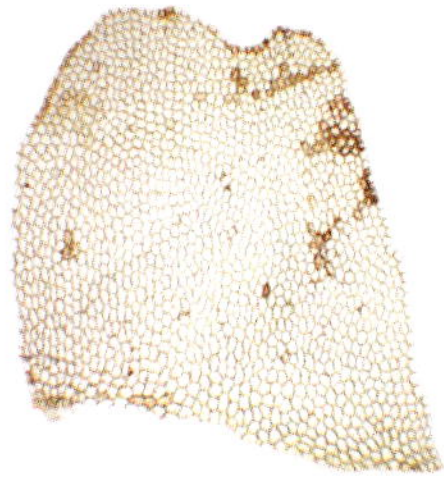

Unterblatt

interruptum haben etwas ähnlich geformte Blätter, sind aber meist grüner und haben keine Unterblätter. Auch bei den *Jungermannia*-Arten (*J. atrovirens*, S. 220) fehlen die Unterblätter, bei *Nardia*-Arten sind sie nicht zweilappig.

Wissenswertes: Die Gattung *Chiloscyphus* ist so nahe mit der Gattung *Lophocolea* (*L. heterophylla* (S. 348), *L. bidentata* (S. 286)) verwandt, dass die beiden von einigen Autoren vereinigt werden. Neben morphologischen Merkmalen unterscheiden sich die beiden Gattungen auch im Bestand der flüchtigen Inhaltsstoffe in den Ölkörpern, die bei Lebermoosen für ihren Geruch verantwortlich sind. Während die Arten von *Lophocolea* stark aromatisch riechen, fehlt der Geruch bei den Arten von *Chiloscyphus* oder ist doch sehr schwach und deutlich anders.

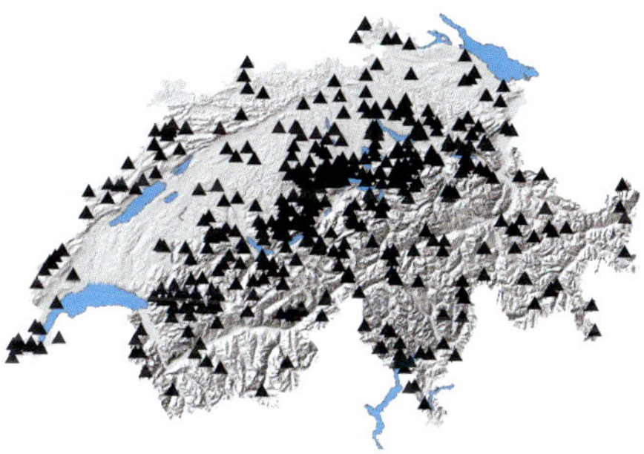

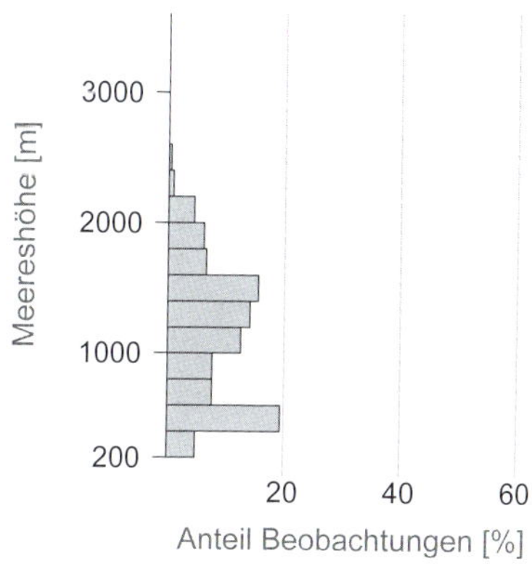

Jungermannia atrovirens

Gewöhnliches Rundlebermoos

Jongermanne vert foncé

Gewässer, Ufer und feuchte Felsen | Beblätterte Lebermoose

Pflanzen: Meist dunkelgrüne oder gelb- bis braungrüne flache Rasen. Sprösschen 0,3–4,0 cm lang und 0,5–5,0 mm breit. Ohne Brutkörper.

Blätter: Flankenblätter am Stämmchen schief ansetzend, 0,3–0,6(–1,0) mm lang, ungeteilt und eiförmig. Unterblätter fehlen.

Gametangien: Zweihäusige Art. Männliche Pflanzen mit Antheridien in den Achseln etwas bauchiger Hüllblätter. Weibliche Pflanzen mit ± spindelförmigen, oben zusammengezogenen und gefalteten Perianthien.

Sporophyten: Häufig im Frühling und Sommer. Kapseln ellipsoidisch oder kugelrund, glänzend schwarz, auf ± langem, durchsichtigem Stiel. Sporen gelblich braun oder rötlich braun.

Lebensraum/Ökologie: In Wäldern, aber auch an vielen anderen Standorten, soweit kalkhaltiges oder anderes basenreiches, nicht zu trockenes Gestein zur Verfügung steht. Im Mittelland vor allem auf kalkhaltigem, frischem bis nassem Sandstein.

Zeigerwerte: Feuchtigkeit 4, Reaktion 5, Nährstoffe 3, Licht 2, Temperatur 3

Ähnliche Arten: *Jungermannia atrovirens* ist die häufigste der fünf Arten dieser Gattung, die in der Schweiz vorkommen. Alle sind sehr ähnlich und lassen sich nur mikroskopisch bestimmen. Mehr als 20 weitere Arten mit ungeteilten Blättern könnten auch mit *Jungermannia*-Arten verwechselt werden (z. B. Arten aus den Gattungen *Solenostoma* oder *Nardia*). Die meisten sind relativ selten. *Chiloscyphus* polyanthos aggr. (S. 218) hat ebenfalls ungeteilte Blätter, aber zweilappige Unterblätter.

Wissenswertes: Die heutigen Möglichkeiten, das Erbgut der Pflanzen im Detail zu untersuchen, zeigen immer wieder, dass morphologische Ähnlichkeit nicht unbedingt eine nähere Verwandtschaft anzeigt. Umgekehrt hat sich erwiesen, dass die Arten von z. B. *Mesoptychia* (Glattkelch-Lebermoose) zur gleichen Familie gehören wie *Jungermannia atrovirens,* obwohl sie zweilappige Blätter haben.

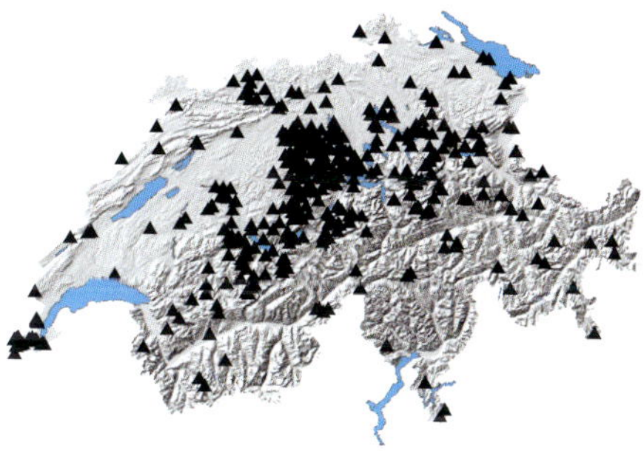

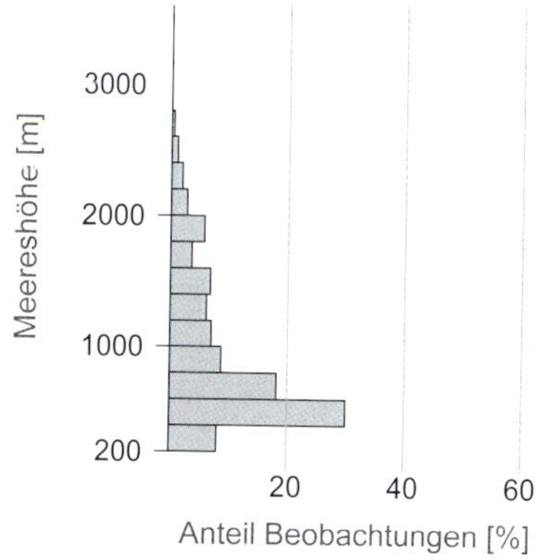

Scapania undulata

Bach-Spatenlebermoos

Scapanie ondulée

Gewässer, Ufer und feuchte Felsen | Beblätterte Lebermoose

Pflanzen: In rein grünen oder weinroten Rasen. Sprösschen verflacht, 1–20 cm lang und meist 1,5–4,5 mm breit, oft mit grünen oder rötlichen Brutkörpern an den Spitzen der Blattlappen.
Blätter: Flankenblätter zweilappig, der kleinere Oberlappen mit schwach gebogenem oder geradem Kiel über den Unterlappen gefaltet, ca. ½–⅔ so lang wie der Unterlappen. Der Oberlappen reicht über das Stämmchen auf die gegenüberliegende Seite. Beide Blattlappen elliptisch bis fast kreisrund. Ränder der Blattlappen glatt oder fein gezähnt. Unterblätter fehlen.
Gametangien: Zweihäusige Art. Männliche Pflanzen mit Antheridien in den Achseln etwas bauchiger Hüllblätter. Perianthien ± flach, mit breit abgestutzter, meist ganzrandiger Mündung.
Sporophyten: Häufig. Kapseln ellipsoidisch, glänzend schwarz, auf ± langem, durchsichtigem Stiel. Sporenreife im Winter bis Sommer.
Lebensraum/Ökologie: In Bächen, an Bachufern, in Flachmooren und Quellfluren, in Felsfluren, in Wäldern und Grünerlengebüschen, wenig abhängig von den Lichtverhältnissen. Hauptsächlich auf anstehendem Silikatgestein oder sonst wie kalkarmem Gestein (häufig oberflächlich entkalkter Sandstein), auch auf sauer verwitterndem Lockergestein (Blöcke, Steine oder Sand in Bachbetten), auf Torf und Erde. Viel häufiger auf nassen oder feuchten Substraten als auf bloss frischen.
Zeigerwerte: Feuchtigkeit 4, Reaktion 2, Nährstoffe 3, Licht 2, Temperatur 2

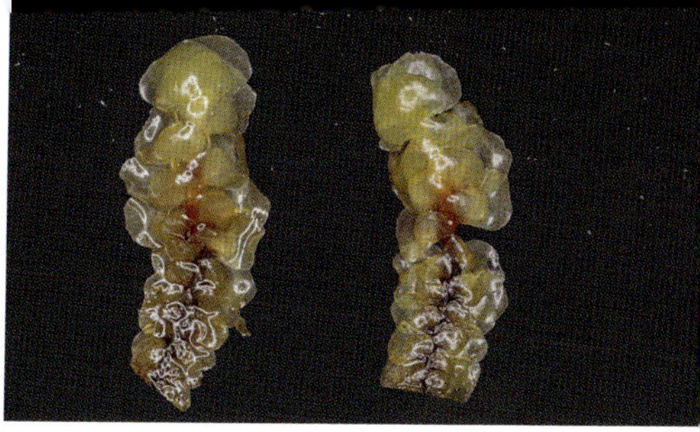

Ähnliche Arten: Die Gattung *Scapania* ist in der Schweiz mit 28 schwer unterscheidbaren Arten vertreten. Sie sind mit einer Handlupe kaum sicher zu bestimmen. *S. undulata* ist auf kalkarmen Felsen in Bächen die häufigste Art.

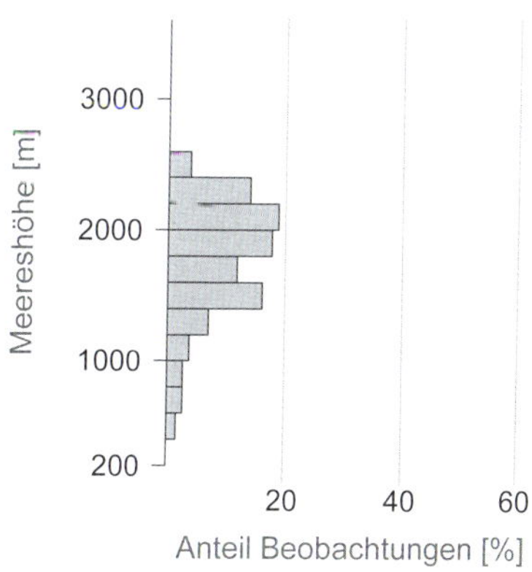

Blindia acuta

Zahn-Rieselmoos

Blindie aigue

Gewässer, Ufer und feuchte Felsen | Akrokarpe Laubmoose

Pflanzen: In dichten, oft ausgedehnten Rasen, gelb- bis dunkelgrün mit Rottönen. Sprösschen aufrecht, 1–3 cm hoch. Blätter aufrecht abstehend, etwas einseitswendig.
Blätter: 2–3 mm lang, aus schmalem, eiförmigem Grund in eine lange, etwas stumpfliche Spitze ausgezogen, die weitgehend aus der breiten Blattrippe besteht. Blattrand ganzrandig oder in der Spitze schwach gezähnelt. Blattflügel rotbraun, auffällig vergrössert.
Sporophyten: Häufig. Kapsel aufrecht, eiförmig bis birnförmig, orangebraun, mit braunrotem, einfachem Peristom. Kapselstiel 6–8 mm lang, rot, aufrecht, etwas geschlängelt und verdreht.
Lebensraum/Ökologie: Mindestens zeitweise überrieselte, kalkarme, meist eher schattige Felsen.
Zeigerwerte: Feuchtigkeit 4, Reaktion 3, Nährstoffe 1, Licht 2, Temperatur 2
Ähnliche Arten: *Blindia caespiticia* ist ähnlich, hat aber eingesenkte Kapseln auf kurzem Stiel und wächst an schattigen Kalkfelsen. *Seligeria-* und *Blindiadelphus*-Arten (z. B. *B. recurvatus*, S. 144) sind wesentlich kleiner, nur 2–3 mm hoch, wachsen an kalkhaltigen Felsen, vor allem an Sandstein, sind nicht rötlich und haben keine auffälligen Blattflügel. *Dicranella*-Arten (*D. heteromalla*, 294) können ebenfalls ähnlich aussehen, wachsen aber nicht an überrieselten, kalkarmen Felsen und die auffälligen Blattflügel fehlen ebenfalls.
Wissenswertes: Im Gegensatz zur häufigen und nicht gefährdeten *Blindia acuta* steht *B. caespiticia* in der Schweiz auf der Roten Liste und gilt als verletzlich (VU). *B. caespiticia* kommt in der Schweiz nur in den Alpen vor und hat ihren Verbreitungsschwerpunkt oberhalb von 1800 m ü. M. In Europa

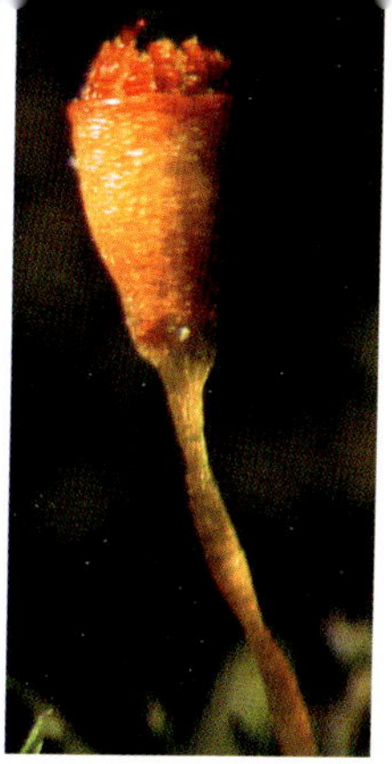

kommen beide Arten in Nordeuropa sowie in den Alpen und teilweise weiteren mitteleuropäischen und südeuropäischen Gebirgszügen vor. Solche nicht zusammenhängenden, arktisch-alpinen Verbreitungsgebiete lassen sich gut mit der Erwärmung und dem Rückzug der Gletscher am Ende der letzten Eiszeit erklären. Damals zogen sich viele kälteliebende Arten in die nun eisfreien Gebiete im Norden und in den Gebirgen zurück. Ob dies bei den beiden *Blindia*-Arten auch so war, müssen genetische Untersuchungen allerdings erst noch zeigen.

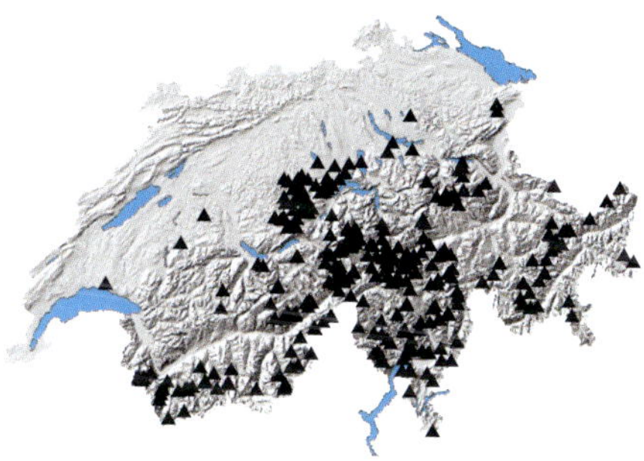

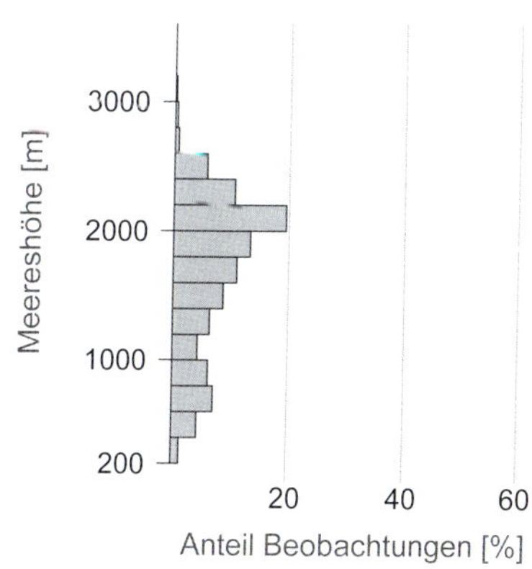

Bryum schleicheri

Schleichers Birnmoos

Bryum de Schleicher

Gewässer, Ufer und feuchte Felsen | Akrokarpe Laubmoose

Pflanzen: 3–5(–10) cm hoch, in lockeren, hellgrünen Polstern oder Rasen wachsend, oft grosse Bestände bildend. Blätter im oberen Teil der Sprösschen anliegend, dieses dadurch oben fast wurmartig, Blätter weiter unten aufrecht abstehend.

Blätter: Breit eiförmig, hohl, mit einem kurzen Spitzchen, 3–4 mm lang, 1,5–2,0 mm breit. Blattgrund grün oder rötlich, schmal am Stämmchen herablaufend. Blätter ganzrandig, nur an der Spitze gelegentlich schwach gezähnelt. Rippe vor oder in der Spitze endend, seltener kurz austretend.

Sporophyten: Gelegentlich vorhanden. Kapseln hängend oder nickend, feucht breit birnförmig, trocken spindelförmig, hellbraun, auf 4–6 cm langen Kapselstielen.

Lebensraum/Ökologie: In lichtreichen Quellfluren und Bächen auf sandigem, kiesigem oder steinigem Untergrund, seltener auch auf humoser Erde.

Zeigerwerte: Feuchtigkeit 5, Reaktion 3, Nährstoffe 1, Licht 4, Temperatur 1

Ähnliche Arten: *Bryum*-Arten können im Gelände oft nicht sicher bestimmt werden. *B. schleicheri* ist durch seinen Lebensraum, die wurmartige Beblätterung im oberen Teil der Sprösschen und die hohlen Blätter allerdings gut charakterisiert. An ähnlichen Stellen wächst *Pohlia wahlenbergii,* die aber eine bläulich grüne Färbung aufweist, kaum hohle Blätter hat und schwer benetzbar ist. *B. turbinatum* ist oft rötlich gefärbt, hat keine hohlen Blätter und der Blattgrund ist nicht herablaufend. *B. pseudotriquetrum* (S. 262) ist olivgrün, teilweise rötlich überlaufen und hat keine hohlen Blätter.

Wissenswertes: Die Art ist nach Johann Christoph Schleicher (1770–1834) benannt, der in Bex eine Apotheke und einen Pflanzenhandel führte und verschiedene Moose neu für die Wissenschaft beschrieben hat.

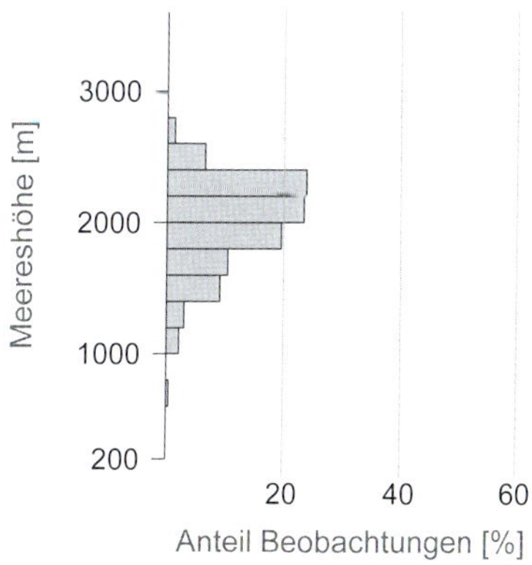

Cinclidotus fontinaloides

Ufer-Flussmoos

Cinclidote des fontaines

Gewässer, Ufer und feuchte Felsen | Akrokarpe Laubmoose

Pflanzen: In lockeren Polstern, seltener in grösseren Überzügen. Sprösschen unregelmässig verzweigt, oft mit vielen kurzen Seitentrieben besetzt. Sprösschen 5–10 cm lang, dunkelgrün bis schwärzlich, bei hohem Wasserstand flutend. Blätter feucht aufrecht, trocken charakteristisch korkenzieherartig verdreht (wenigstens einige Blätter).

Blätter: Breit eilanzettlich, bis 4–5 mm lang, gerade, unterhalb der Blattmitte am breitesten, mit kurzer Spitze und aufgesetztem Spitzchen. Blattrand mit sehr kräftigem Saum. Rippe bis in die Blattspitze geführt und deutlich austretend.

Sporophyten: Kapseln regelmässig ausgebildet, auf sehr kurzem Stiel an den Seitentrieben, in die Perichaetialblätter eingesenkt. Peristom mit langen, feinen, brüchigen Zähnen.

Lebensraum/Ökologie: Am Ufer von grösseren Flüssen und Bächen in tiefen bis mittleren Lagen, kaum über 1000 m steigend. An Stellen, die nur bei Hochwasser und damit relativ selten überflutet sind (oberhalb der Mittelwasserlinie). Auf zeitweise überfluteten, kalkhaltigen Blöcken, Felsen und Ufermauern.

Zeigerwerte: Feuchtigkeit 4, Reaktion 4, Nährstoffe 3, Licht 4, Temperatur 4

Ähnliche Arten: *Cinclidotus fontinaloides* ist die häufigste der fünf «Flussmoos»-Arten, die in der Schweiz vorkommen. Von den anderen *Cinclidotus*-Arten unterscheidet sich *C. fontinaloides* vor allem durch die im trockenen Zustand stark verdrehten statt nur leicht verbogenen oder geraden Blätter (im Zweifelsfall ist eine Bestimmung anhand mikroskopischer Merkmale sicherer). *C. riparius* hat

kürzere, elliptisch bis zungenförmige Blätter mit der breitesten Stelle in der Blattmitte, die Kapselstiele sind länger. *C. danubicus* hat eine kräftigere Rippe, welche oft als Spitzchen austritt. Die Blätter von *C. aquaticus* sind schmal lineal-lanzettlich mit breiter Rippe und feucht fast sichelig einseitswendig. Die Blätter von *Dialytrichia mucronata* drehen sich trocken noch stärker spiralig ein als bei *C. fontinaloides,* auffällig ist dann die weissliche Blattrippe, welche als Stachelspitze austritt. Ausserdem bildet *D. mucronata* meist niedere, klar begrenzte Polster. Bei *Fontinalis antipyretica* (S. 238) sind Blätter in drei Reihen angeordnet und deutlich gekielt.

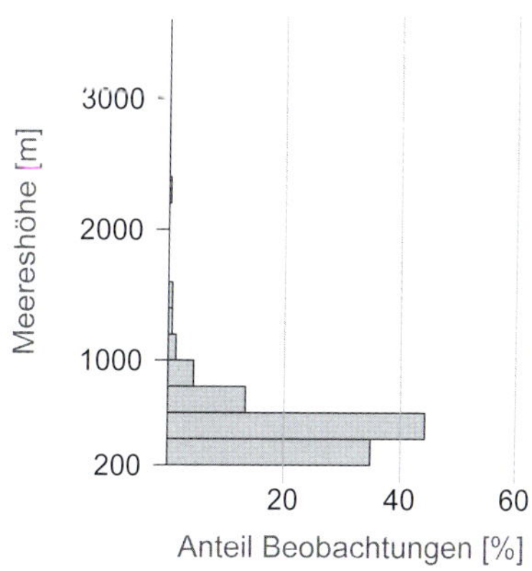

Dichodontium flavescens

Dichodontium pellucidum

Dichodontium pellucidum aggr.

Umfasst 2 Arten *(D. flavescens, D. pellucidum)*

Gruppe des Gewöhnlichen Bachsternchenmooses

Groupe de la Dicranelle pellucide

Gewässer, Ufer und feuchte Felsen | Akrokarpe Laubmoose

Pflanzen: In der Grösse sehr variabel, 0,5–10,0 cm hoch, in kleinen bis ausgedehnten, weichen Rasen. Sprösschen aufrecht, hell- bis dunkelgrün. Blätter aus anliegender bis scheidiger Basis aufrecht abstehend, oft auch zurückgebogen und leicht einseitswendig (vor allem bei *D. flavescens*), trocken verbogen bis gekräuselt.

Blätter: Eiförmig-lanzettlich bis zungenförmig, 1,6–2,6 mm lang. Spitze abgerundet bis zugespitzt. Obere Blatthälfte grob gezähnt. Blattrippe kräftig, bis fast zur Spitze reichend.

Sporophyten: Selten. Kapsel eiförmig, geneigt und gekrümmt bei *D. pellucidum,* aufrecht bei *D. flavescens.*

Lebensraum/Ökologie: Bachtobel, schattige Bachufer, kalkhaltige Quellfluren und überrieselte Hangmoore, Feuchtwiesen. Auf feuchten, kalkhaltigen und kalkarmen Felsen, Kiesboden und nasser Erde.

Zeigerwerte: Feuchtigkeit 4, Reaktion 4, Nährstoffe 1, Licht 2, Temperatur X

Gefährdung: *Dichodontium flavescens:* verletzlich (VU); *D. pellucidum:* nicht gefährdet (LC)

Ähnliche Arten: Die ähnliche *Diobelonella palustris* bildet lockere Rasen an nassen, aber stets kalkarmen Stellen. Blätter sind stärker, fast sparrig zurückgekrümmt (bei *Dichodontium pellucidum* aggr. höchstens waagrecht abstehend). Die Blattränder sind nicht gezähnt und die Blattspitze ist stumpf abgerundet. *Hydrogonium croceum* hat ebenfalls gezähnte, zurückgebogene Blätter. Meist sind allerdings grosse, traubenförmige Brutkörper in den oberen Blattachseln vorhanden. Polster sind

Dichodontium flavescens

Dichodontium pellucidum

dichter und durch Rhizoide verwebt. *H. croceum* wächst an feuchten, kalkhaltigen, meist stark geneigten bis senkrechten Flächen an Felsen und Blöcken.

Wissenswertes: *Dichodontium flavescens* wird teilweise nur als Varietät von *D. pellucidum* aufgefasst. *D. flavescens* unterscheidet sich vor allem durch aufrechte, längere Kapseln, die aber relativ selten gebildet werden. Zudem sind die Pflanzen allgemein grösser, die Blätter langgestreckter als bei *D. pellucidum* und oft einseitswendig.

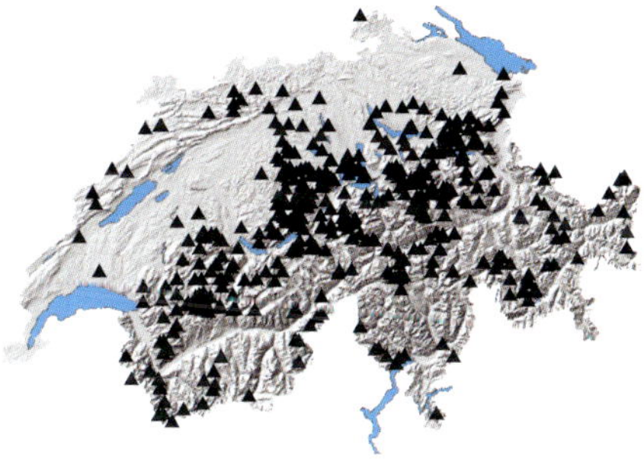

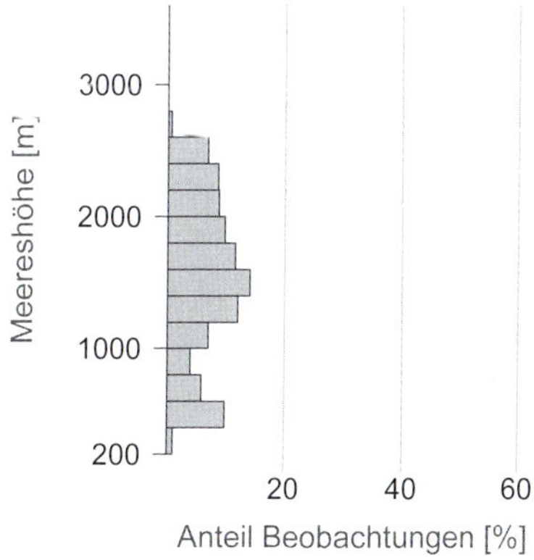

Eucladium verticillatum

Tuffmoos
Percillette

Gewässer, Ufer und feuchte Felsen | Akrokarpe Laubmoose

Pflanzen: 1–4 cm hoch, in bläulich grünen bis olivgrünen, ausgedehnten Polstern, fast immer stark kalkinkrustiert. Stämmchen aufrecht, unregelmässig verzweigt.
Blätter: Lanzettlich bis linealisch, ca. 2,0–3,5 mm lang, im unteren Teil oft abrupt erweitert, mit scharfer Spitze, feucht starr aufrecht abstehend bis schwach zurückgebogen, trocken leicht eingebogen. Blattgrund weisslich durchscheinend, ca. ¼ der Blattlänge einnehmend. Blattrand flach, im unteren Teil mit vorspringenden, z. T. zurückgebogenen Zähnen. Die Zähne sind nicht immer typisch ausgebildet und nur mit einer starken Lupe zu sehen. Rippe kräftig, in der Spitze endend oder kurz austretend.
Sporophyten: Selten. Kapselstiel gelblich bis rötlich, 1–2 cm lang. Kapsel ellipsoidisch, aufrecht bis schwach geneigt. Deckel lang und schief geschnäbelt. Peristom mit 16 aufrechten Zähnen.
Lebensraum/Ökologie: Meist an von kalkhaltigem Wasser überrieselten Felsen, typischerweise an Tuffstellen, oft auch im Spritzwasserbereich an zeitweise trockeneren Stellen, in feuchten Nischen von Kalkfelsen, in Quellfluren, an felsigen Flussufern, in Grotten, auch auf feuchtem Mörtel und Beton von Mauern und Brunnen. Oft an stark geneigten bis überhängenden Standorten. Schattig bis hell (wenn ausreichend feucht, auch sonnig).
Zeigerwerte: Feuchtigkeit 5, Reaktion 5, Nährstoffe 1, Licht 2, Temperatur 4
Ähnliche Arten: *Gymnostomum aeruginosum* und *Hymenostylium recurvirostrum* bilden ebenfalls ausgedehnte Polster und wachsen ab und zu mit *Eucladium verticillatum* zusammen. Beide Arten haben aber kürzere, nur etwa 1,5 mm lange, allmählich statt abrupt verschmälerte Blätter. Der

Blattgrund ist nicht auffällig weisslich durchscheinend und weist keine Zähne auf. Wenn reife Sporophyten vorhanden sind, können die beiden Arten ausserdem durch die fehlenden Peristomzähne unterschieden werden. Die habituell ähnlichen *Amphidium mougeotii* und *Anoectangium aestivum* besiedeln nur kalkarme Felsen, besonders in höheren Gebirgslagen, auch ihnen fehlt der verbreiterte, helle Blattgrund. Die neben *E. verticillatum* einzige Art mit ausgeprägten Zähnen am Blattgrund ist *Anoectangium hornschuchianum.* Sie bildet meist grössere, bis 15 cm hohe Polster, ist ziemlich selten und kommt meist in Lagen über 1000 m ü. M. vor, wo *Eucladium* nur noch selten auftritt.

Wissenswertes: *Eucladium verticillatum* gehört neben *Palustriella commutata* (S. 244) zu den wichtigsten Tuffbildnern. Kalktuff war früher ein beliebtes Baumaterial.

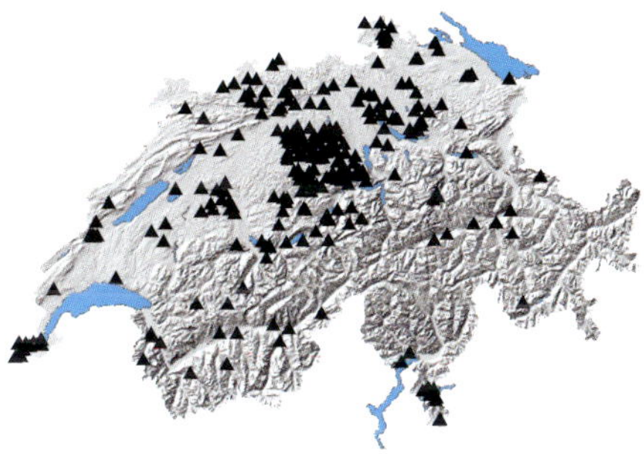

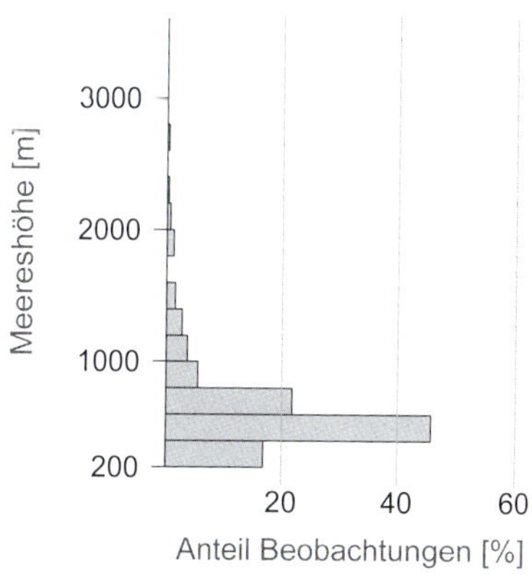

Philonotis calcarea

Kalk-Quellmoos

Philonotis calcicole

Gewässer, Ufer und feuchte Felsen | Akrokarpe Laubmoose

Pflanzen: Meist in kräftigen, ausgedehnten und dichten, bläulich grünen bis gelblich grünen Polstern. Sprösschen aufrecht, 2 bis über 10 cm hoch, unregelmässig verzweigt, im unteren Teil dicht rhizoidfilzig. Blätter dicht stehend, trocken und feucht aufrecht abstehend, stark einseitswendig gebogen, spiralig am Stämmchen angeordnet. Stämmchen rot gefärbt.
Blätter: Aus elliptischem Grund in eine lange, scharfe Spitze ausgezogen, bis 3 mm lang, am Grund faltig. Blattrand an der Basis umgerollt, oft auch in der oberen Blatthälfte, mit scharfen, doppelten Zähnen versehen. Rippe in der Spitze endend oder kurz austretend, kräftig.
Sporophyten: Kapseln gelegentlich entwickelt, kugelförmig, geneigt, trocken gefurcht.
Lebensraum/Ökologie: Quellfluren und Bachränder mit kalkhaltigem Wasser, Kalkflachmoore, auch in nassen Strassengräben; sonnig bis halbschattig. Auf nasser Erde, überrieseltem, kalkhaltigem Sand und nassen Kalkfelsen; auch auf torfigem Boden, der von kalkhaltigem Wasser beeinflusst wird.
Zeigerwerte: Feuchtigkeit 5, Reaktion 5, Nährstoffe 1, Licht 3, Temperatur 3
Ähnliche Arten: *Philonotis calcarea* ist eine der grössten der acht *Philonotis*-Arten der Schweiz und neben der Grösse vor allem an den stark einseitswendigen, spiralig gestellten Blättern erkennbar. Die ähnliche *P. fontana* ist deutlich kleiner, die Blätter weniger als 1,8 mm lang, im Gegensatz zu *P. calcarea* erscheint der Blattgrund aufgrund kleinerer Zellen weniger hell. Männliche Pflanzen

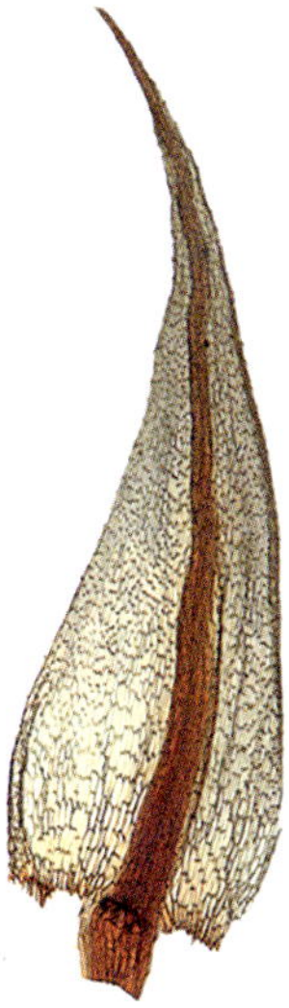

unterscheiden sich zudem durch die Form der Hüllblätter des Gametangienstandes: stumpf mit abgerundeter Spitze bei *P. fontana,* lang ausgezogen und zugespitzt bei *P. calcarea. P. tomentella* ist ebenfalls kleiner als *P. calcarea,* und die Blattrippe ist lang austretend. *P. seriata* besiedelt kalkarme Standorte und die Blätter sind in deutlichen Längsreihen angeordnet.

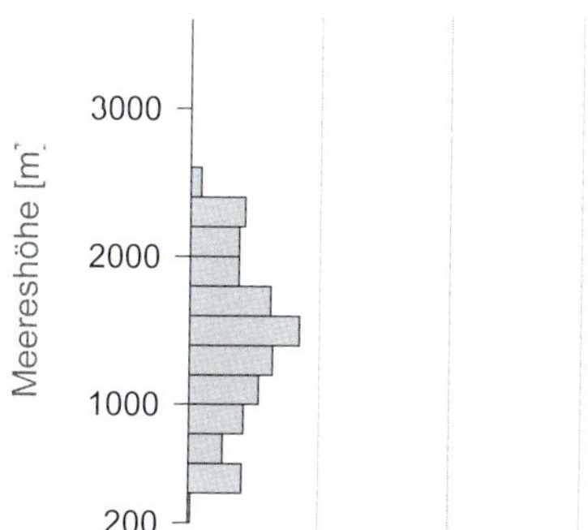

Cratoneuron filicinum

Farn-Starknervmoos

Cratoneuron crochet

Gewässer, Ufer und feuchte Felsen | Pleurokarpe Laubmoose

Pflanzen: In grünen bis gelbgrünen, teils ausgedehnten Rasen. Sprösschen meist aufrecht, unregelmässig bis fiedrig verzweigt. Paraphyllien oval, blattartig, wenige bis viele, teils nur an jungen Sprösschen. Rhizoide im unteren Sprossbereich oft sehr dicht und einen Filz bildend.

Blätter: Stämmchenblätter schmal bis breit dreieckig, nicht faltig, in eine lange, teilweise sichelförmige Spitze ausgezogen. Astblätter schmaler und stärker sichelförmig. Blattrippe sehr kräftig, vor der Blattspitze endend. Blattrand gesägt. Blattflügel durch vergrösserte und aufgeblasene Zellen deutlich abgesetzt.

Sporophyten: Selten. Kapselstiel 3–4 cm lang und purpurn. Kapsel stark gebogen, zylindrisch. Peristom mit gelben Zähnen.

Lebensraum/Ökologie: In kalkreichen Quellen, Flachmooren, auf überrieselten Felsen oder am Ufer von Fliessgewässern. Auf feuchter Erde, Steinen oder an der Basis von Bäumen.

Zeigerwerte: Feuchtigkeit 4, Reaktion 5, Nährstoffe 1, Licht 3, Temperatur X

Ähnliche Arten: *Cratoneuron filicinum*-Individuen ohne oder mit sehr wenigen Paraphyllien können mit *C. curvicaule* verwechselt werden. *C. curvicaule* bildet aber kaum einen Rhizoidenfilz aus und ist viel seltener. Arten der Gattung *Palustriella* (z. B. *P. commutata* aggr., S. 244) haben stark faltige Blätter und die Paraphyllien sind lanzettlich und stehen viel dichter. *Hygroamblystegium*-Arten unterscheiden sich durch das Fehlen von Paraphyllien, nicht abgesetzte Blattflügel und die unregelmässig verzweigten Sprösschen. *Ctenidium molluscum* (S. 190) kann aufgrund der Stämmchenblätter (breit

herzförmiger Grund, ohne Rippe, sichelförmig einseitswendig), der fehlenden Paraphyllien und der sehr regelmässig und dicht stehenden Ästchen gut von *C. filicinum* unterschieden werden.

Wissenswertes: Die *Cratoneuron*- und *Palustriella*-Arten sind charakteristische Arten der kalkreichen Quellfluren (= Cratoneurion). Obwohl die Arten häufig sind – sie kommen auch in anderen Lebensräumen vor –, gilt der Lebensraum als vom Aussterben bedroht (CR). Als Gefährdungsursachen gelten Entwässerungen, das Fassen von Quellen, aber auch Nährstoffeintrag durch die Landwirtschaft.

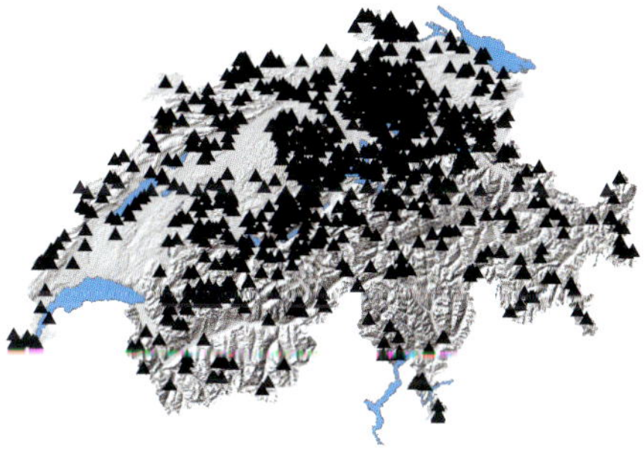

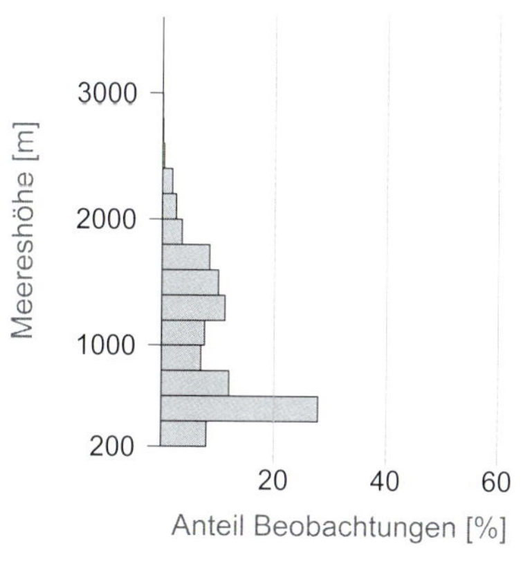

Fontinalis antipyretica

Gewöhnliches Brunnenmoos

Fontinale commune

Gewässer, Ufer und feuchte Felsen | Pleurokarpe Laubmoose

Pflanzen: Im Wasser flutend, ein bis mehrere Dezimeter lang, dunkelgrün bis olivgrün. Die Blätter sind meist auffällig in drei Reihen angeordnet. Dadurch erscheinen die Sprösschen dreikantig, was besonders gut an ihren Spitzen zu sehen ist. Sehr formenreiche Art.

Blätter: Lanzettlich, deutlich gekielt, ohne Rippe, 3–8 mm lang.

Sporophyten: Sehr selten und nur an periodisch trockenfallenden Stellen. Kapseln auf kurzen Stielen an kleinen Seitenästen, Kapsel dadurch nur wenig aus den Perichaetialblättern herausragend.

Lebensraum/Ökologie: In stehenden und fliessenden Gewässern aller Art an Gestein und Baumwurzeln, meist untergetaucht, oft in Schwaden am Grund der Gewässer. Nur wenig austrocknungstolerant.

Zeigerwerte: Feuchtigkeit 5, Reaktion X, Nährstoffe 3, Licht 3, Temperatur 4

Ähnliche Arten: Aufgrund des Standortes und der typischen dreizeiligen Anordnung der Blätter kaum mit anderen Moosen zu verwechseln. Weitere Arten aus der Gattung sind sehr selten oder möglicherweise ausgestorben. *Fontinalis hypnoides* hat durchwegs ausgebreitete und nicht gekielte, zusammengefaltete Blätter. Andere grosse Wassermoose wie *Cinclidotus fontinaloides* (S. 228) haben ungekielte, spiralig angeordnete Blätter mit kräftiger Rippe.

Wissenswertes: Der Artname «*antipyretica*» deutet auf einen Aberglauben hin, dass das Wassermoos «gegen das Feuer» helfen soll und deshalb an Häusern aufgehängt wurde. Die Art gehört sicher zu den längsten Moosen bei uns, kann sie im Wasser flutend doch bis zu einem Meter Länge und mehr erreichen.

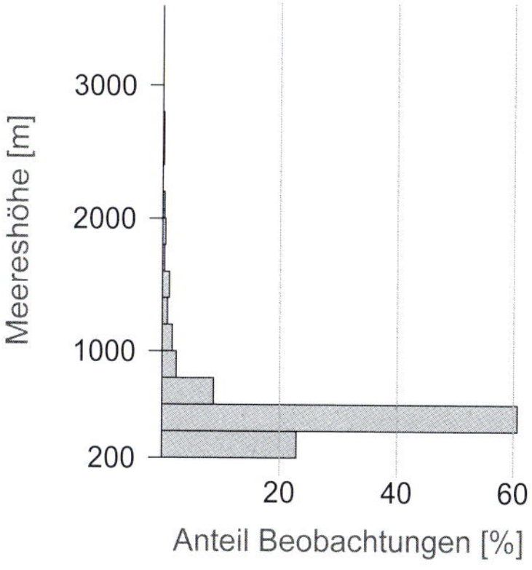

Hygrohypnum luridum

Gewöhnliches Bachmoos

Riverine terne

Gewässer, Ufer und feuchte Felsen | Pleurokarpe Laubmoose

Pflanzen: In grünen oder (gelblich) braunen lockeren Decken. Sprösschen unregelmässig verzweigt, (2–)4–6 cm lang, kriechend bis aufsteigend, aufrecht abstehend beblättert.

Blätter: Eiförmig, leicht sichelförmig, hohl, mit einer kurzen, meist stumpfen Spitze und glatten, an der Spitze oft eingeschlagenen Rändern, 1,0–2,5 mm lang. Blattrippe meist einfach und über die Blattmitte reichend, zuweilen aber auch kürzer und gegabelt.

Sporophyten: Sehr häufig. Kapselstiel 15–20 mm lang. Kapsel eiförmig-zylindrisch und ockerfarben, trocken stark gebogen.

Lebensraum/Ökologie: An Fliessgewässern über der Mittelwasserlinie oder an feuchten, schattigen Felsen. An frischen bis nassen, kalkreichen und nährstoffreichen Standorten. Meist auf Kalkgestein, aber auch auf Holz oder Beton.

Zeigerwerte: Feuchtigkeit 5, Reaktion 5, Nährstoffe 3, Licht 2, Temperatur 3

Ähnliche Arten: *H. luridum* kann mit folgenden Arten aus dem gleichen Lebensraum verwechselt werden: *Brachythecium rivulare* ist deutlich grösser, gelb- oder bleichgrün, die Blätter sind dreieckig-eiförmig, zugespitzt, mit herablaufenden Blattflügeln und nicht sichelig. *Rhynchostegium riparioides* (S. 246) ist ebenfalls kräftiger als *H. luridum,* dunkelgrün, die Blattränder sind an der Spitze nicht eingeschlagen, die Blattrippe ist kräftig und reicht bis über ¾ der Blattlänge. Untypische Formen von *Leptodictyum riparium* können auch gelbgrüne bis bräunliche Überzüge bilden. Die Blätter sind aber oft locker gestellt und scheinbar zweizeilig angeordnet. Zudem ist die Blattspitze meist lang und

fein ausgezogen. In Bächen der Hochlagen kann eine Reihe weiterer ähnlicher Arten aus den Gattungen *Hygrohypnum, Hygrohypnella, Platyhypnum* und *Pseudohygrohypnum* vorkommen. Diese haben aber entweder rundliche Blätter und/oder die Rippe (mit der Lupe kaum sichtbar) ist gegabelt.

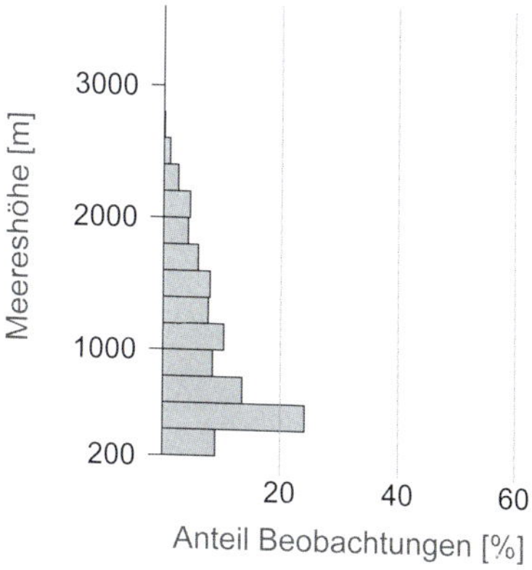

Orthothecium rufescens

Echtes Feuermoos

Stylite rouge

Gewässer, Ufer und feuchte Felsen | Pleurokarpe Laubmoose

Pflanzen: Auffällige, in der Sonne weinrote oder kupferrote, im Schatten nur rot überlaufene, glänzende Teppiche aus niederliegenden bis aufsteigenden, nur wenig verzweigten, 5–8 cm langen Sprösschen.
Blätter: Ca. 3 mm lang, schmal dreieckig, lang zugespitzt, stark längsfaltig, ohne Rippe.
Sporophyten: Selten. Kapselstiel 20–35 mm lang. Kapsel aufrecht, schmal zylindrisch, ca. 3 mm lang. Kapseldeckel kegelig.
Lebensraum/Ökologie: Auf Absätzen und in Rissen nasser, mindestens zeitweise überrieselter Kalkfelsen, an sonnigen bis halbschattigen Stellen.
Zeigerwerte: Feuchtigkeit 4, Reaktion 5, Nährstoffe 1, Licht 3, Temperatur 3
Ähnliche Arten: Aufgrund der Grösse und der roten Färbung kaum mit Arten anderer Gattungen zu verwechseln. Das nahe verwandte *Orthothecium intricatum* ist kleiner (Blätter weniger als 2 mm lang), grünlich bis kupferbraun ohne deutliche Rotfärbung und hat kaum faltige, an den

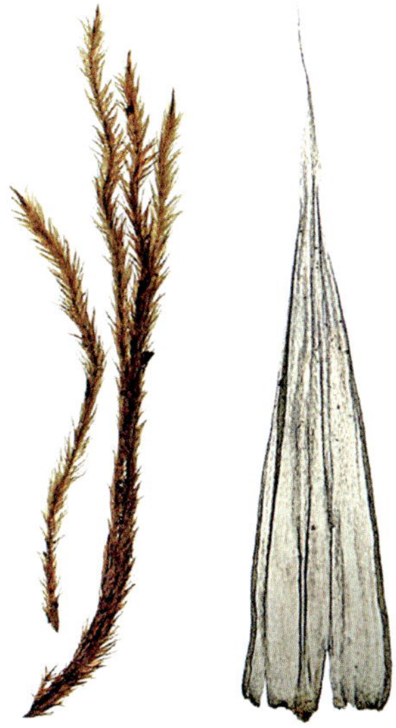

Sprösschenspitzen oft etwas einseitswendige Blätter. Zur Gattung gehören auch zwei seltene Gebirgsarten: *O. strictum* hat eiförmig-dreieckige, kaum faltige Blätter und ist kleiner, *O. chryseon* hat zwar auch faltige Blätter, diese sind aber eiförmig-dreieckig, mit weniger lang ausgezogener Spitze und nicht rot gefärbt.

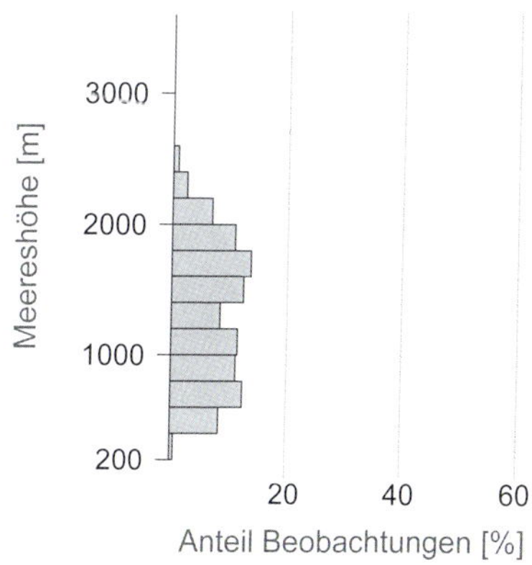

Palustriella commutata aggr.

Umfasst 2 Arten *(P. commutata, P. falcata)*

Gruppe des Gewöhnlichen Starknervmooses

Groupe de la Palustrielle confondue

Gewässer, Ufer und feuchte Felsen | Pleurokarpe Laubmoose

Pflanzen: In grünen bis gelblich braunen oder goldbraunen, zum Teil ausgedehnten Rasen, die häufig kalkinkrustiert sind. Sprösschen niederliegend bis aufsteigend, in einer Ebene regelmässig *(P. commutata)* oder unregelmässig *(P. falcata)* verzweigt, 5–12 cm lang. Rhizoide teilweise einen dichten, braunen Filz bildend. Stämmchen mit zahlreichen schmalen, unverzweigten Paraphyllien (diese können bei Wasserformen von *P. falcata* fast vollständig fehlen).
Blätter: Aus ovaler, z. T. herzförmiger Basis plötzlich *(P. commutata)* oder allmählich *(P. falcata)* in eine Spitze ausgezogen, sichelförmig und faltig. Rippe sehr kräftig und vor der Blattspitze endend. Blattrand am Grund gezähnt. Blattflügel meist gross und deutlich, seltener nur schwach ausgebildet.
Sporophyten: Kapselstiel bis 5 cm lang, purpurn. Kapsel horizontal. Peristomzähne gelb bis orange.
Lebensraum/Ökologie: An kalkhaltigen, feuchten bis nassen Standorten, häufig an quelligen Stellen, wie in Quellaustritten, Quellbächen oder Quellmooren. *P. falcata* auch in kalkarmen Gebirgsbächen und Flachmooren. Auf Kalksinter, Erde, Torf oder überrieselten Felsen.
Zeigerwerte: Feuchtigkeit 5, Reaktion 5, Nährstoffe 1, Licht 3, Temperatur 3
Ähnliche Arten: In den höheren Lagen kann *Palustriella commutata* leicht mit *P. decipiens* verwechselt werden. Letztere ist etwas kleiner und die Blätter sind weniger lang ausgezogen. Die Unterscheidung ist schwierig und gelingt besser mit mikroskopischen Merkmalen. Die Blätter des zarteren *Cratoneuron filicinum* (S. 236) sind nicht faltig und seine Paraphyllien sind weniger zahlreich, grösser und lanzettlich statt linear. Weitere Arten an Feuchtstandorten mit sichelförmigen Blättern wie

Palustriella falcata

Scorpidium cossonii (S. 274), *Drepanocladus aduncus* (S. 270) oder *Hamatocaulis vernicosus* haben keine Paraphyllien und sind höchstens schwach faltig.

Wissenswertes: Die *Palustriella*-Arten wurden früher in der Gattung *Cratoneuron* geführt, wobei *Cratoneuron commutatum* (= *P. commutata*) die namensgebende Art der kalkreichen Quellfluren (Cratoneurion) ist. Weil die Arten durch die Aufnahme von CO_2 aus dem Wasser die Kalkausfällung begünstigen, tragen sie so wesentlich zur Kalktuffbildung bei. Deshalb ist die *Palustriella commutata* an kalkreichen Standorten oft mit einer Kalkkruste bedeckt.

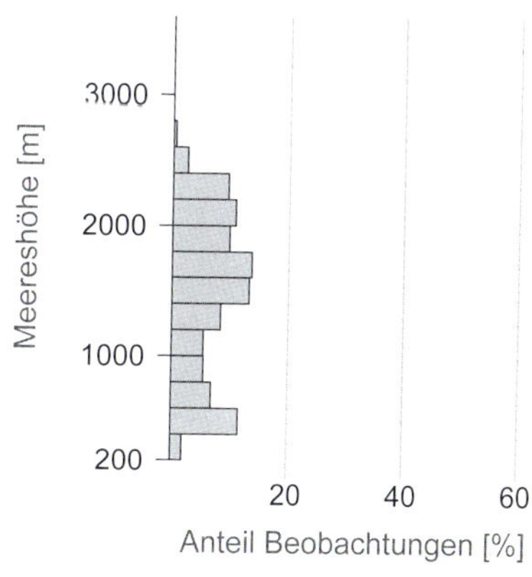

Rhynchostegium riparioides

Wasser-Schnabeldeckelmoos

Longbec des rives

Gewässer, Ufer und feuchte Felsen | Pleurokarpe Laubmoose

Pflanzen: Kräftige, teils flutende, meist lockere Teppiche bildend. Sprösschen 5–15 cm lang, jung frischgrün, glänzend, ältere Sprösschen dunkelgrün bis fast schwärzlich. Blätter aufrecht bis waagrecht abstehend. Ältere Blätter von flutenden Sprösschen häufig zerfasert oder nur noch aus der Blattrippe bestehend.

Blätter: 1,5–2,9 mm lang, eiförmig, schwach hohl, zugespitzt, an der Basis zusammengezogen, höchstens leicht am Stämmchen herablaufend. Blattrand flach, an der Spitze deutlich und zur Basis hin undeutlich gesägt. Blattrippe meist einzeln, seltener zweigeteilt, bis ca. 75 % der Blattlänge erreichend.

Sporophyten: Nicht häufig. Kapselstiel 1,0–1,5 cm lang, glatt, rot. Kapsel geneigt bis horizontal, gekrümmt. Kapseldeckel lang geschnäbelt.

Lebensraum/Ökologie: An meist eher schnell fliessenden Bächen und Flüssen vom Bereich der Spritzwasserzone bis unter die Mittelwasserlinie. Auf kalkhaltigem und silikatischem Gestein sowie auf Beton an Uferverbauungen.

Zeigerwerte: Feuchtigkeit 5, Reaktion 4, Nährstoffe 1, Licht X, Temperatur 4

Ähnliche Arten: *Brachythecium rivulare* kann von *Rhynchostegium riparioides* aufgrund der gelbgrünen Farbe und der grossen und lang herablaufenden Blattflügel unterschieden werden. Diese sind bei *R. riparioides* kurz oder undeutlich herablaufend. Auch *Hygrohypnum luridum* (S. 240) kann unter Umständen mit *R. riparioides* verwechselt werden. *H. luridum* ist allerdings weniger kräftig als

R. riparioides, der Blattrand ist an der Spitze eingeschlagen und die Pflanzen sind nicht dunkelgrün, sondern gelb, grün oder bräunlich. Die anderen einheimischen *Rhynchostegium*-Arten kommen an anderen trockeneren Standorten vor (*R. murale*, S. 204).

Wissenswertes: In Westeuropa kommt noch eine weitere *Rhynchostegium*-Art vor, nämlich *R. alopecuroides,* die auch im Nordschwarzwald, nicht so weit weg von der Schweiz, an wenigen Stellen in schnell fliessenden Bächen wächst. In der Schweiz wurde diese Art bisher nicht gefunden.

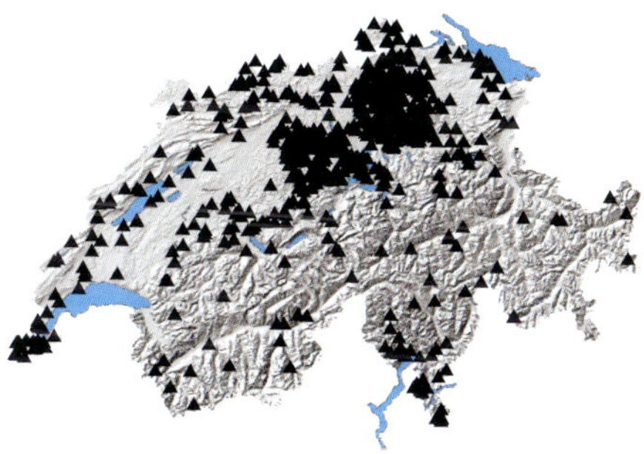

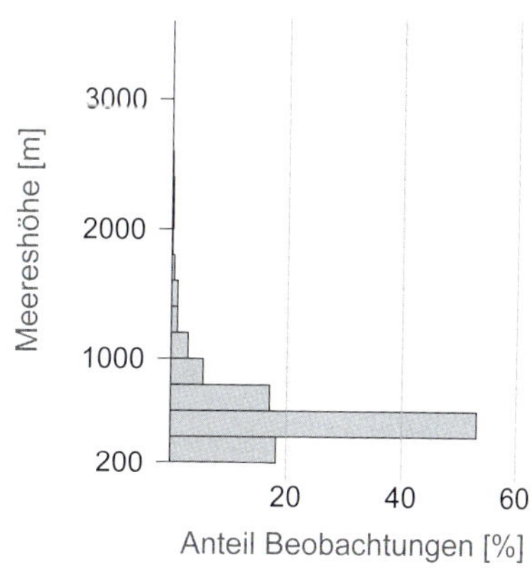

Thamnobryum alopecurum

Gewöhnliches Wedelmoos

Arbuscule commun

Gewässer, Ufer und feuchte Felsen | Pleurokarpe Laubmoose

Pflanzen: In kleineren oder ausgedehnten, dunkelgrünen, dicken Teppichen. Kräftige, etwas starre Pflanzen mit dem Substrat anliegenden Primärsprösschen und mit bogig abstehenden und meist nach unten hängenden, stark verzweigten und mehr oder weniger bäumchen- oder wedelförmigen, 7–15 cm langen Sekundärsprösschen. Die Äste der Sekundärsprösschen liegen oft fast in einer Ebene, manchmal stehen sie allseitig büschelig ab.
Blätter: Am stämmchenartigen Bereich der Sekundärsprösschen breit dreieckig, mit gezähntem Rand, ca. 2 mm lang. Astblätter eiförmig zugespitzt, im oberen Blattdrittel grob gezähnt, 2,2–2,5 mm lang, an den Astspitzen kleiner. Alle Blätter mit deutlicher, kräftiger Rippe, die bis in die Blattspitze reicht.
Sporophyten: Nicht selten. Kapselstiel 10–15 mm lang. Kapsel kastanienbraun, gekrümmt, ca. 4 mm lang, mit einem lang geschnäbelten Kapseldeckel.
Lebensraum/Ökologie: An frischen bis nassen, schattigen, kalkhaltigen Felsen. Oft in Schluchten, entlang von Bächen oder an Wasserfällen. In luftfeuchten, schattigen Schluchten auch am Stammfuss von Laubbäumen (Esche, Ahorn).
Zeigerwerte: Feuchtigkeit 4, Reaktion X, Nährstoffe 3, Licht 2, Temperatur 4
Ähnliche Arten: Aufgrund der Grösse, der stark gezähnten Astblätter und des bäumchenartigen Wuchses der Sekundärsprösschen kaum mit anderen Moosen zu verwechseln. Ähnlich ist die nahe verwandte, sehr seltene Art *Thamnobryum neckeroides*. Diese weist aber im Gegensatz zu

T. alopecurum hohle, stumpfe Blätter auf. *Climacium dendroides* (S. 84) wächst noch ausgeprägter bäumchenartig, mit aufrechten Sekundärsprösschen und Ästen in allen Richtungen und kommt an anderen Standorten vor (z. B. in feuchten Wiesen, Flachmooren, Auen). *Isothecium alopecuroides* (S. 394) kann ebenfalls angedeutet bäumchenartig wachsen, ist aber viel kleiner, die Blätter sind nur schwach gezähnt, sehr hohl und liegen dachziegelig an.

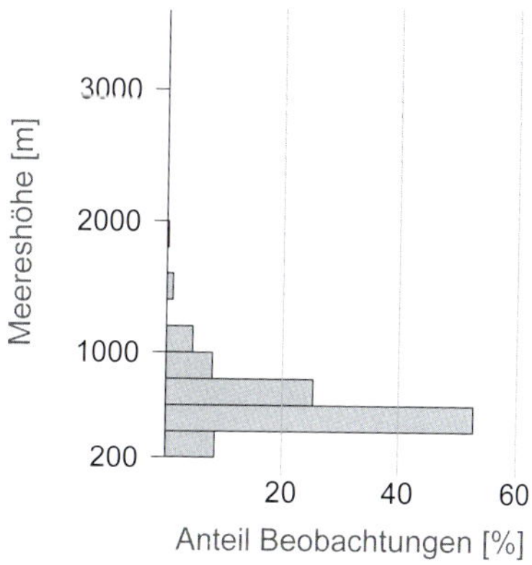

Sphagnum angustifolium

Schmalblättriges Torfmoos

Sphaigne à feuilles étroites

Flach- und Hochmoore | Torfmoose

Pflanzen: Zierlich, mit schlanken Ästen, grün, gelb- oder braungrün. Astbüschel mit 4–5(–6) Ästen, davon 2–3 abstehend. Die abstehenden Ästchen an der Basis oft etwas rötlich.
Blätter: Stämmchenblätter sehr klein (< 1 mm), kurz dreieckig abgerundet, mehr oder weniger gleichseitig, zurückgebogen und dem Stämmchen anliegend. Astblätter eiförmig-lanzettlich, lang zugespitzt, in trockenem Zustand wellig verbogen.
Sporophyten: Regelmässig vorhanden. Reife Kapseln dunkelbraun bis schwarz, kugelig.
Lebensraum/Ökologie: In Hochmooren vor allem an nassen Stellen zwischen Bulten, in nassen Randbereichen oder in ehemaligen Torfstichen und Gräben. In Zwischenmooren oft in grossflächigen Teppichen. Auch in sauren Flachmooren.
Zeigerwerte: Feuchtigkeit 5, Reaktion 1, Nährstoffe 1, Licht 4, Temperatur 3
Gefährdung: Potenziell gefährdet (NT). Abhängig vom Schutz der Moore.
Ähnliche Arten: Sehr ähnlich sind *S. fallax* und *S. flexuosum,* die zusammen mit *S. angustifolium* das *S. recurvum*-Aggregat bilden. Sie unterscheiden sich vor allem in Form und Grösse der Stämmchenblätter. Formen von sehr nassen Standorten können auch mit *S. cuspidatum* oder *S. majus* verwechselt werden. Auch das in der Schweiz sehr seltene *S. balticum* ist ähnlich. Zur sicheren Bestimmung von *S. angustifolium* müssen mikroskopische Merkmale beigezogen werden.

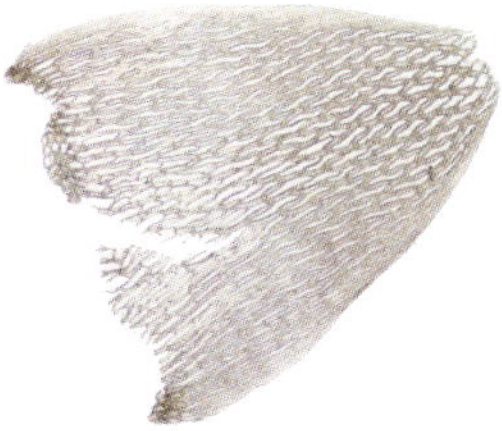

Wissenswertes: Torfmoos-Arten wie *Sphagnum angustifolium,* die in nassen Bereichen der Hochmoore vorkommen und deshalb eher lockere Teppiche bilden, können in warmen, trockenen Sommern leicht austrocknen. Solche Arten sind durch die Klimaerwärmung vermutlich am stärksten gefährdet, insbesondere wenn die sommerlichen Trockenperioden länger und häufiger werden.

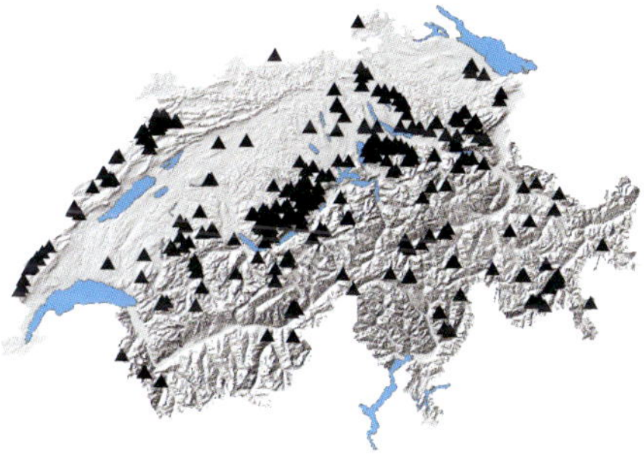

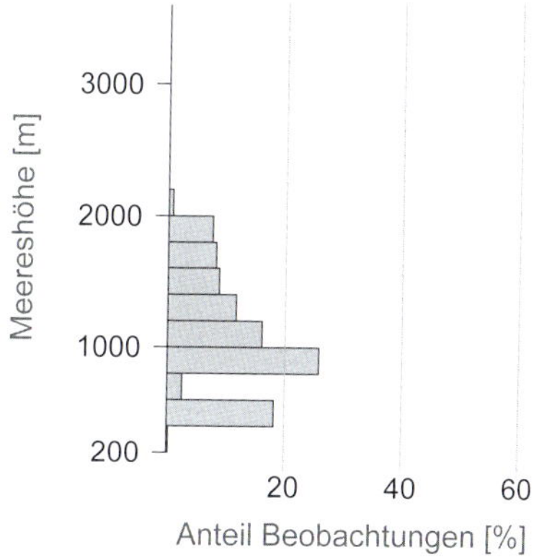

Sphagnum capillifolium

Spitzblättriges Torfmoos

Sphaigne grêle

Flach- und Hochmoore | Torfmoose

Pflanzen: Oft in sehr dichten, rötlichen bis grünlichen, oft auch farblich gemischten Teppichen oder Polstern («Bulten») wachsend. Köpfchen oft kompakt und rundlich, vor allem an stark besonnten Standorten. Astbüschel mit meist vier Ästen, davon zwei abstehend und zwei dem Stämmchen nach herunterhängend.

Blätter: Stämmchenblätter ca. 1,2 mm lang, aufrecht und dem Stämmchen mehr oder weniger anliegend; in der unteren Hälfte mit parallelen Rändern, in der oberen dreieckig und etwas zugespitzt. Astblätter der abstehenden Äste eiförmig-lanzettlich, gerade, zugespitzt, an der Spitze leicht gezähnt.

Sporophyten: Gelegentlich. Reife Kapseln dunkelbraun bis schwarz, kugelig.

Lebensraum/Ökologie: Typische Art der Hochmoore und Moorwälder, wo sie teilweise dichte, bis 0,5 m hohe Bulten, an feuchteren Stellen aber auch ausgedehnte Teppiche bildet.

Zeigerwerte: Feuchtigkeit 4, Reaktion 2, Nährstoffe 1, Licht 3, Temperatur 3

Gefährdung: Potenziell gefährdet (NT). Abhängig vom Schutz der Moore.

Ähnliche Arten: Sehr ähnlich und wegen der grossen Variabilität oft schwer zu unterscheiden sind folgende Arten: *S. quinquefarium* hat Astbündel mit drei abstehenden, 5-reihig beblätterten Ästen und kommt in Wäldern vor; *S. rubellum* hat typischerweise verbogene Äste und stumpfe Stämmchenblätter; *S. russowii* ist kräftiger, typischerweise rot-grün gefleckt und hat abgerundete Stämmchenblätter; *S. subnitens* ist kräftiger, die Stämmchenblätter weisen eine ausgezogene, eingerollte Spitze auf und sind in trockenem Zustand durch einen bläulich irisierenden Glanz gekennzeichnet;

S. warnstorfii hat oft 5-reihig beblätterte Äste, wächst eher an quelligen Stellen. Eine Überprüfung der Feldbestimmung anhand mikroskopischer Merkmale ist bei allen diesen Arten wichtig.

Wissenswertes: Die dichten, oft mehr oder weniger halbkugeligen Bulten von *Sphagnum capillifolium* bleiben auch bei längerer Trockenheit feucht, da die Verdunstung aufgrund der im Vergleich zum Volumen kleinen Oberfläche der Bulten und der sehr dicht stehenden Torfmoos-Köpfchen stark herabgesetzt ist. *S. capillifolium* ist deshalb oft die einzige *Sphagnum*-Art, die in trockenen, entwässerten Mooren noch zu finden ist.

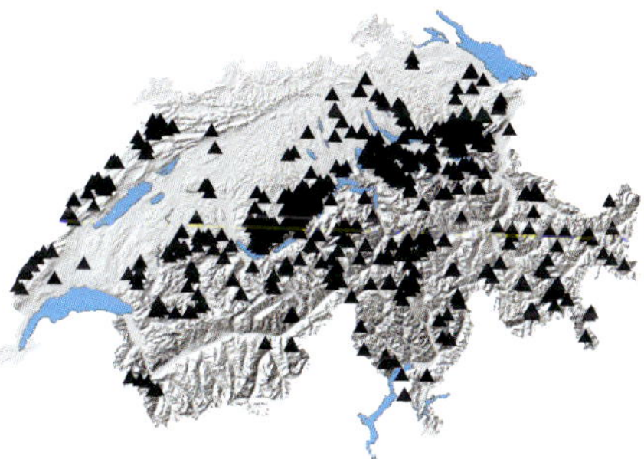

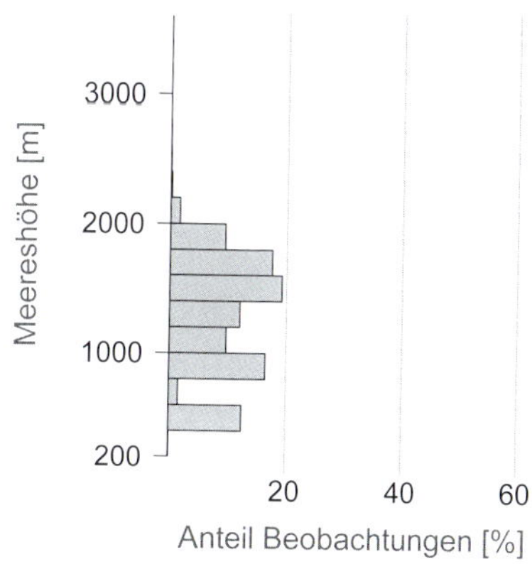

Sphagnum magellanicum aggr.

Umfasst 2 Arten *(S. medium, S. divinum)*

Gruppe des Magellan-Torfmooses

Groupe de la Sphaigne de Magellan

Flach- und Hochmoore | Torfmoose

Pflanzen: Kräftig, mit dicken, wurmförmigen Ästen, teilweise in grossen Decken (mehrere Quadratmeter). Meist intensiv rot bis purpurn, seltener teilweise oder ganz grün (vor allem Schattenformen). Astbüschel meist mit vier Ästchen, davon zwei abstehend und zwei locker dem Stämmchen anliegend.

Blätter: Stämmchenblätter bis 2 mm lang, flach, mehr oder weniger rechteckig, oben abgerundet. Astblätter breit eiförmig, konkav und stumpf (kapuzenförmig).

Sporophyten: Sehr selten. Reife Kapseln dunkelbraun bis schwarz, kugelig.

Lebensraum/Ökologie: Typische Art der Hochmoore, wo sie grössere Decken oder auch niedere Bulten bilden kann.

Zeigerwerte: Feuchtigkeit 4, Reaktion 1, Nährstoffe 1, Licht 4, Temperatur 3

Gefährdung: *Sphagnum divinum* und *S. medium*: beide potenziell gefährdet (NT). Beide abhängig vom Schutz der Moore.

Ähnliche Arten: *S. magellanicum* aggr. ist durch seine Grösse, die dicken, wurmförmigen Äste und die intensive rote bis purpurne Färbung gut kenntlich und unverwechselbar. Andere rot gefärbte *Sphagnum*-Arten sind deutlich kleiner (*S. capillifolium*, S. 252). Grüne Formen sind im Gelände allerdings nur mit viel Erfahrung von anderen grossen *Sphagnum*-Arten zu unterscheiden und müssen meist mikroskopisch bestimmt werden.

Wissenswertes: *S. magellanicum* aggr. enthält weltweit fünf Arten, wie genetische Untersuchungen gezeigt haben. In Europa kommen nur die beiden Arten *S. divinum* und *S. medium* vor, die allerdings schwierig zu unterscheiden sind, selbst mittels mikroskopischer Merkmale. Die übrigen drei Arten des Aggregats kommen nur in Amerika vor.

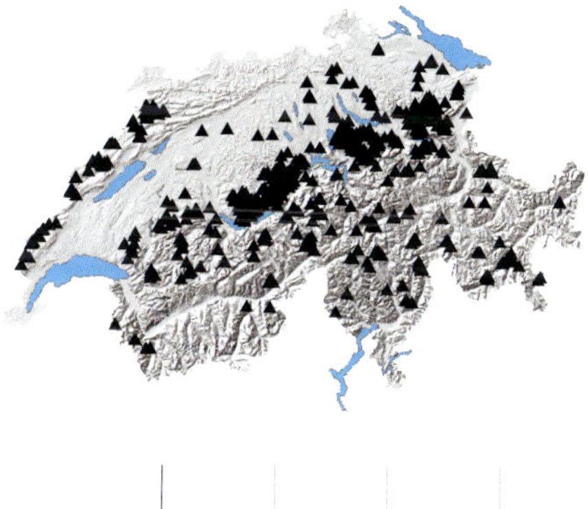

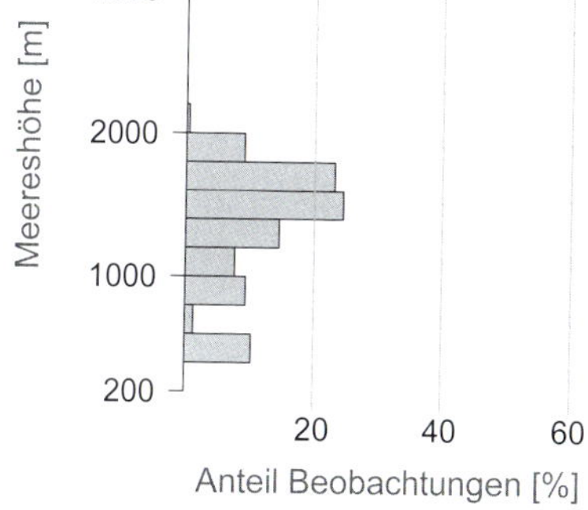

Sphagnum squarrosum

Sparriges Torfmoos

Sphaigne squarreuse

Flach- und Hochmoore | Torfmoose

Pflanzen: Kräftig, grün bis gelbgrün, mit langen, ausgebreiteten, sparrig beblätterten Ästen und grosser, auffälliger Endknospe. Astbüschel mit 4–6 Ästen, davon 2–3 abstehend.
Blätter: Stämmchenblätter gross, abstehend bis hängend, zungenförmig, oben abgerundet und oft etwas ausgefranst. Astblätter aus breit eiförmiger Basis in der Mitte stark in eine scharfe, zurückgekrümmte Spitze zusammengezogen.
Sporophyten: Ziemlich häufig. Reife Kapseln dunkelbraun bis schwarz, kugelig.
Lebensraum/Ökologie: In sauren Flachmooren, Bruchwäldern, feuchten Fichtenwäldern, an nassen Rändern von Hochmooren («Randlagg»), aber nicht in deren Zentrum. Auch auf überrieselten Silikatfelsen.
Zeigerwerte: Feuchtigkeit 4, Reaktion 2, Nährstoffe 1, Licht 2, Temperatur 3
Ähnliche Arten: *Sphagnum squarrosum* ist durch die sparrigen Blätter und die kräftige Gestalt schon gut charakterisiert. Die nahe verwandte Art *Sphagnum teres* ist kleiner, meist nur wenig sparrig beblättert und meist von braungrüner bis dunkelbrauner Farbe. *S. palustre* ist von ähnlicher Grösse wie *S. squarrosum* und kann in schattiger Lage ebenfalls sparrig zurückgekrümmte Blätter aufweisen, diese sind aber stumpf und konkav (kapuzenförmig), nicht spitz.

Wissenwertes: Der Name «squarrosum», wie man ihn auch bei anderen Moosarten (z. B. bei *Rhytidiadelphus squarrosus*, S. 88) findet, bezieht sich auf die stark zurückgekrümmten («sparrigen») Blätter.

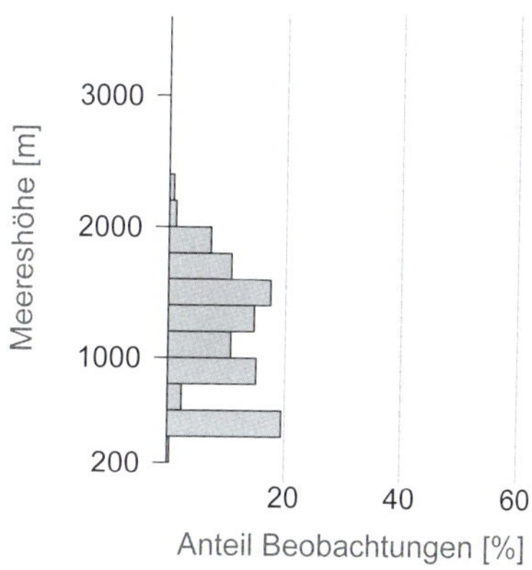

Sphagnum subsecundum

Einseitswendiges Torfmoos

Sphaigne courbée

Flach- und Hochmoore | Torfmoose

Pflanzen: In meist ausgedehnten, gelbgrünen bis ockerfarbenen, nie roten, etwas glänzenden Teppichen. Sprösschen eher klein, mit dichten Köpfchen und verbogenen bis geschlängelten, abstehenden Ästen. Astbüschel mit 4–7 Ästen, davon 2–3 abstehend. Stämmchen dunkelbraun.
Blätter: Stämmchenblätter sehr klein (kürzer als 1 mm), stumpf dreieckig, zurückgebogen. Astblätter eiförmig-lanzettlich, zugespitzt, hohl und meist schwach sichelförmig einseitswendig.
Sporophyten: Selten. Reife Kapseln dunkelbraun bis schwarz, kugelig.
Lebensraum/Ökologie: In mässig sauren, basenreichen Flach- oder Zwischenmooren, in Hochmooren nur im Randbereich. Selten auch auf überrieselten Silikatfelsen.
Zeigerwerte: Feuchtigkeit 5, Reaktion 3, Nährstoffe 1, Licht 3, Temperatur 2
Ähnliche Arten: Sehr ähnlich sind folgende Arten: *Sphganum contortum* unterscheidet sich durch stärker einseitswendige Astblätter und das hellere Stämmchen. *S. auriculatum* und *S. inundatum* sind grösser, haben längere Stämmchenblätter und stärker verbogene (hornförmige) Äste. Im Feld sind diese Arten nur schwer zu unterscheiden, es müssen mikroskopische Merkmale beigezogen werden.

Wissenswertes: *Sphagnum subsecundum* produziert gegen 50 000 Sporen pro Kapsel. Dies ist im Vergleich zu anderen *Sphagnum*-Arten eher wenig. Bei *S. squarrosum* (S. 256) und *S. magellanicum* (S. 254) enthalten die Kapseln über 200 000 Sporen. Die Sporen von *S. subsecundum* sind denn auch um etwa 20 % grösser als diejenigen der anderen beiden Arten.

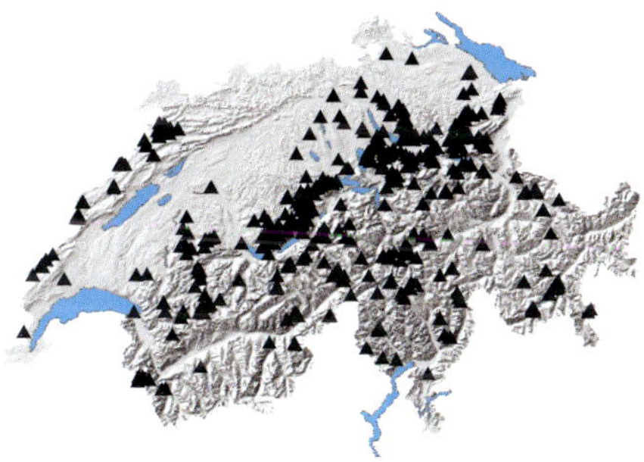

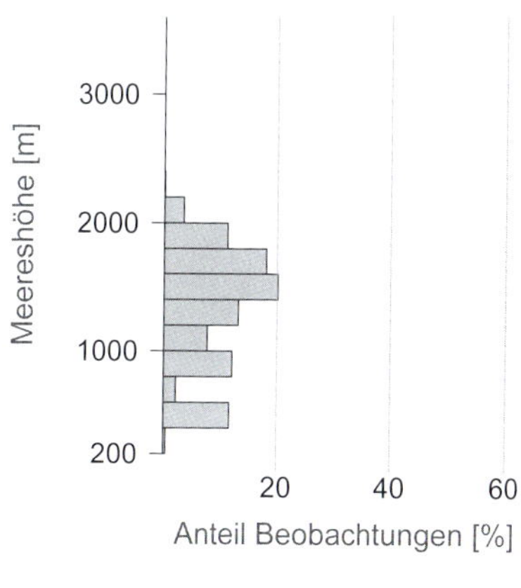

Aulacomnium palustre

Sumpf-Streifensternmoos

Aulacomnie des marais

Flach- und Hochmoore | Akrokarpe Laubmoose

Pflanzen: Aufrecht, wenig verzweigt, in 4–6(–10) cm hohen, grünen bis gelblich grünen, lockeren bis dichteren Rasen oder als Einzelpflanzen zwischen anderen Moosen, mit starkem, braunem Rhizoidenfilz. Blätter feucht aufrecht abstehend, trocken verbogen. Ab und zu vegetative Vermehrung durch blattähnliche Brutkörper, die an der Spitze von kurzen, auffälligen Stielchen gebildet werden («Stecknadeln»).

Blätter: Eilanzettlich, 4–5 mm lang. Blattrand bis weit hinauf umgerollt, ganzrandig oder an der Spitze schwach gezähnt. Rippe bis in die Spitze reichend.

Gametangien: Zweihäusige Art. Männliche Pflanzen mit auffälligen, scheibenförmigen Antheridienständen an der Sprossspitze. Archegonienstände der weiblichen Pflanzen ebenfalls an der Sprossspitze, aber unauffällig.

Sporophyten: Selten. Kapselstiel 3–5 cm lang. Kapseln gekrümmt, trocken mit deutlichen Längsfurchen. Deckel kegelig, geschnäbelt.

Lebensraum/Ökologie: Typischerweise in Hochmooren sowie in sauren bis mässig kalkreichen Flachmooren, meist auf Torf und feuchter Erde. In den Alpen auch ausserhalb der Moore, z. B. in Gratlagen auf trockeneren Böden.

Zeigerwerte: Feuchtigkeit 4, Reaktion 3, Nährstoffe 1, Licht 4, Temperatur 3

Ähnliche Arten: Verschiedene grosse Arten aus der Gattung *Philonotis* (*P. calcarea*, S. 234) sehen *Aulacomnium palustre* ähnlich. Diese haben aber alle einen deutlich gezähnten Blattrand (von der Spitze bis ca. zur Blattmitte). Bei *Philonotis seriata* stehen die Blätter zusätzlich in deutlichen Reihen.

Zudem sind alle *Philonotis*-Arten trocken schwer benetzbar (Wasser perlt ab). Auch grosse *Dicranum*-Arten (*D. scoparium*, 296) in Mooren können ähnlich aussehen. Diese sind aber auch stärker gezähnt und/oder haben querwellige Blätter. Auch andere Moose bilden Brutkörperstände, die ähnlich aussehen wie diejenigen von *A. palustre. A. androgynum* sieht mit den regelmässig gebildeten stecknadelförmigen Brutkörperständen sehr ähnlich aus, ist aber mit 1 3 cm Höhe deutlich kleiner als *A. palustre* und kommt vor allem auf Totholz oder kalkarmer Erde in Wäldern vor. *Tetraphis pellucida* (S. 356) bildet die Brutkörper am Ende der Sprösschen in kleinen Schüsselchen und kommt vorwiegend auf Totholz vor.

Wissenswertes: Eine ähnliche Art, *Aulacomnium turgidum*, kommt in Europa vor allem in Skandinavien, Schottland und Island vor. Allerdings wurde die Art auch in den österreichischen Alpen einmal gefunden. Es ist daher nicht auszuschliessen, dass die Art auch in den Schweizer Alpen gefunden werden könnte.

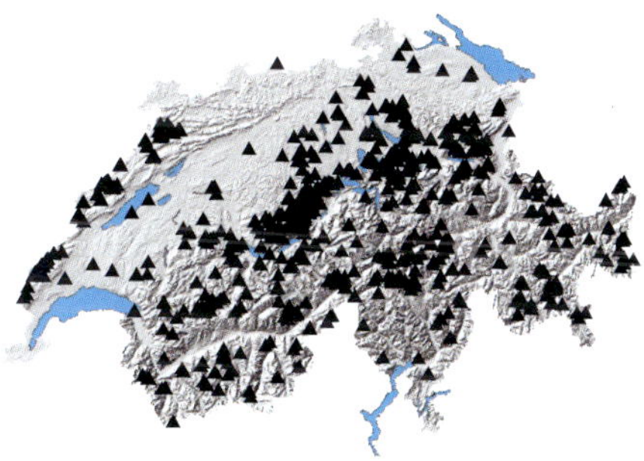

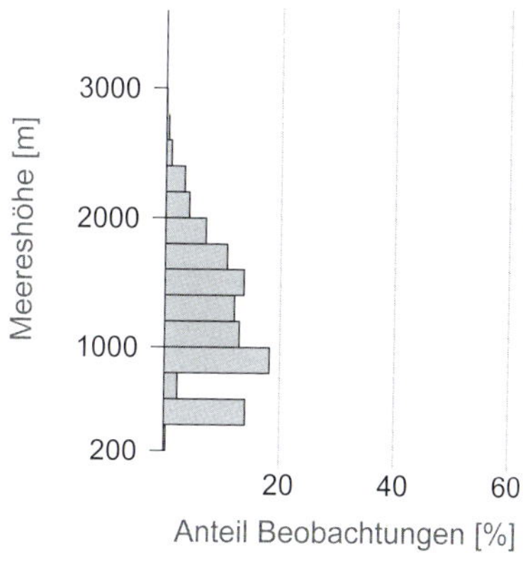

Bryum pseudotriquetrum

Nass-Birnmoos

Grand bryum

Flach- und Hochmoore | Akrokarpe Laubmoose

Pflanzen: 3–10 cm hohe, olivgrüne, oft rot überlaufene Rasen oder Einzelpflanzen. Pflanzen gleichmässig beblättert, kaum verzweigt und oft bis gegen die Spitze mit Rhizoiden. Blätter feucht aufrecht bis schräg abstehend. Gelegentlich an trockenen Standorten mit fadenförmigen Brutkörpern in den Blattachseln.

Blätter: Eiförmig-lanzettlich mit rötlichem Blattgrund, allmählich kurz zugespitzt, 2,0–3,5 mm lang. Rippe meist rötlich, zumindest in der unteren Blatthälfte, in der Spitze endend oder kurz austretend. Blätter deutlich am Stämmchen herablaufend.

Sporophyten: Kapseln nickend, bis 5 mm lang, schmal birnförmig, auf 2–3 cm langen Kapselstielen. Die Unterart *pseudotriquetrum* (zweihäusig) eher selten mit Sporophyten, die Unterart *bimum* (einhäusig) dagegen häufig mit Sporophyten.

Lebensraum/Ökologie: In kalkhaltigen Flachmooren, in Grossseggenbeständen und Röhrichten, an Bachufern und weiteren feuchten bis nassen Stellen auf nasser Erde, Torf sowie auf sandig-kiesigen Böden.

Zeigerwerte: Feuchtigkeit 5, Reaktion 4, Nährstoffe 1, Licht 3, Temperatur X

Ähnliche Arten: An feuchten Stellen können eine Reihe weiterer *Bryum*-Arten vorkommen, die nur mit viel Erfahrung bereits im Gelände von *B. pseudotriquetrum* unterschieden werden können, wie *B. schleicheri* (S. 226) mit hohlen, in der Sprossspitze anliegenden Blättern und hellgrüner Färbung, *B. weigelii*, das oft rosa überlaufen ist und auffällig breit herablaufende Blätter hat, *B. turbinatum* mit kaum herablaufendem Blattgrund, *B. pallens*, das meist vollständig rot gefärbt ist, oder das sehr

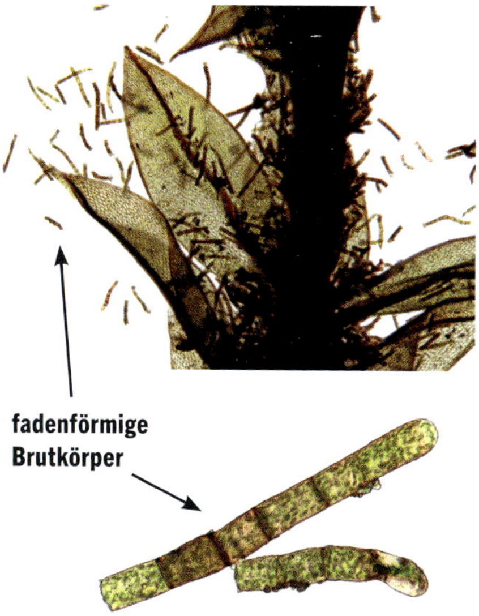

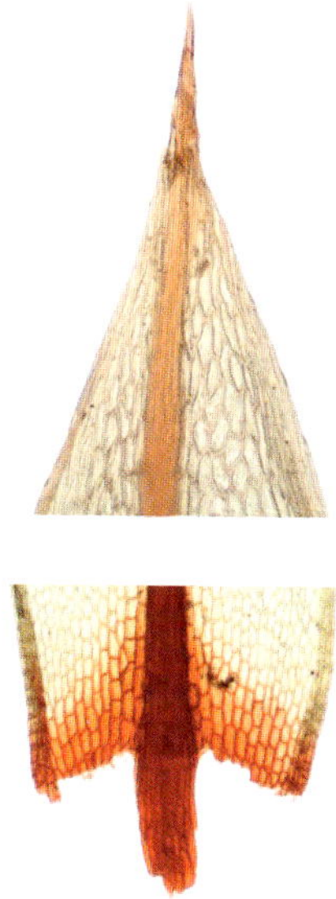

seltene, nur 1–2 cm grosse *B. longisetum* mit schopfiger Beblätterung und Rhizoiden nur an der Basis.

Wissenswertes: Wie auch viele andere *Bryum*-Arten weist *B. pseudotriquetrum* rote Färbungen auf, z. B. im Blattgrund oder an der Blattrippe. Die Intensität der Rotfärbung ist bei den verschiedenen Arten aber meist nicht konstant, sondern hängt vom Wuchsort ab: Pflanzen, die sonnenexponiert wachsen, sind im Allgemeinen stärker rot gefärbt als Pflanzen, die im Schatten wachsen. Die Rotfärbung dient denn auch als Sonnenschutz, insbesondere als Schutz vor hoher UVB-Strahlung.

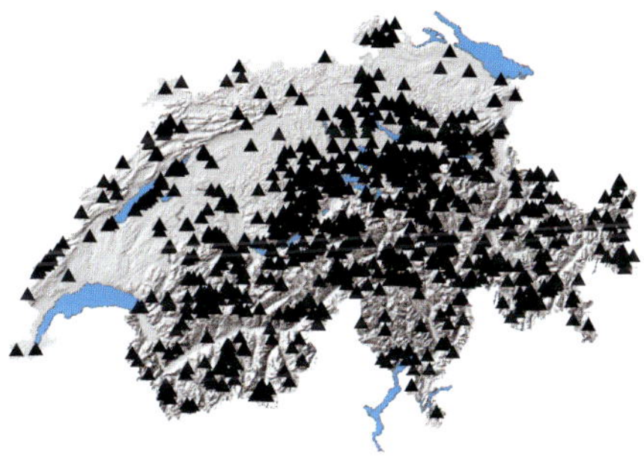

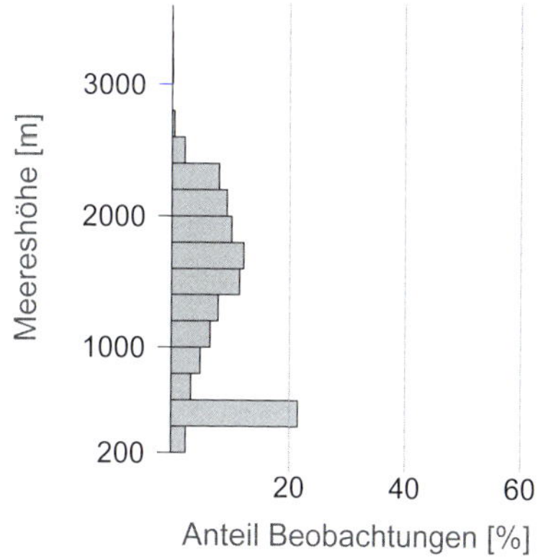

Polytrichum commune

Grosses Widertonmoos

Perce-mousse commun

Flach- und Hochmoore | Akrokarpe Laubmoose

Pflanzen: 5–20(–40) cm hoch, in lockeren bis dichten Rasen, hell- bis dunkel- oder blaugrün, meist unverzweigt. Blätter trocken locker anliegend, feucht abstehend bis schwach zurückgekrümmt.

Blätter: Aus breit scheidig anliegendem, farblosem Grund abrupt in längeren grünen Teil verschmälert, 7–15 mm lang. Die Rippe nimmt fast die ganze Breite des Blattes ein und trägt auf der Oberseite sehr feine, dicht stehende Längslamellen (im Blattquerschnitt mit Lupe zu sehen) und tritt kurz aus. Blattrand sehr schmal, scharf gezähnt und oft aufgebogen.

Gametangien: Zweihäusige Art. Männliche Pflanzen mit becherförmigen Antheridienständen (Splash Cups).

Sporophyten: Kapseln auf 3–12 cm langem, fast einfarbig rotbraunem Kapselstiel, unreif von langhaariger Haube fast ganz verhüllt, reif geneigt bis waagrecht, prismatisch, mit vier scharfen Kanten. Kapselhals scheibenförmig verdickt und deutlich von der Kapsel abgesetzt. Deckel geschnäbelt. Peristomzähne 64, kurz, durch eine flache Paukenhaut verbunden.

Lebensraum/Ökologie: In Hoch- und Flachmooren oder Wäldern (oft Waldmooren), aber auch in Weiden und Zwergstrauchheiden. Auf nassen, sauren Böden (Torf, nasse bis frische Erde, feuchter Rohhumus), an schattigen bis hellen Stellen.

Zeigerwerte: Feuchtigkeit 3, Reaktion 2, Nährstoffe 1, Licht 2, Temperatur 3

Ähnliche Arten: Bei grossen Pflanzen an nassen, sauren Standorten handelt es sich mit hoher Wahrscheinlichkeit um *Polytrichum commune.* An trockeneren Standorten sind die Pflanzen aber kleiner (oft handelt es sich dann um subsp. *perigoniale*) und sind im Feld schwer von anderen

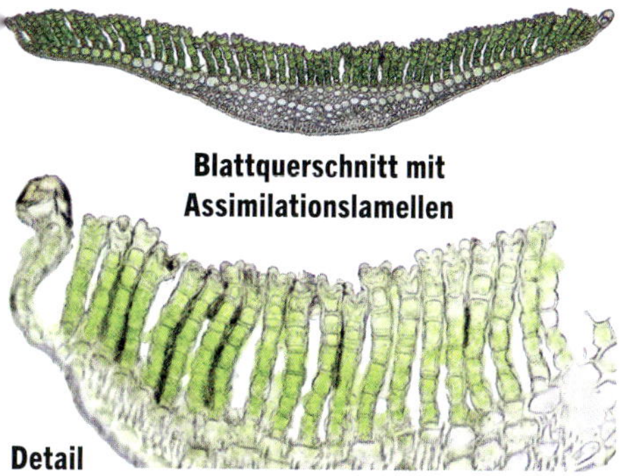

Polytrichum-Arten zu unterscheiden. *P. formosum* (S. 312) hat zweifarbige Kapselstiele (unten rötlich, in der oberen Hälfte gelblich), der Kapselhals ist etwas weniger deutlich abgesetzt. Die ähnlich aussehenden *Atrichum*-Arten (*Atrichum undulatum*, S. 292) haben nur 4–5 Längslamellen auf einer schmalen Rippe, sind deutlich kleiner und kommen an trockeneren Standorten vor.

Wissenswertes: Mit einer Stämmchenlänge, die im Extremfall bis zu 80 cm betragen kann, ist *Polytrichum commune* die grösste europäische Moosart. Im Mittelalter wurden daraus Mooszöpfe oder Mooseile geflochten, welche wahrscheinlich als Polster- oder Dichtungsmaterial genutzt wurden und aufgrund ihrer Zähigkeit vielleicht auch als Seile oder Schiffstaue verwendet wurden.

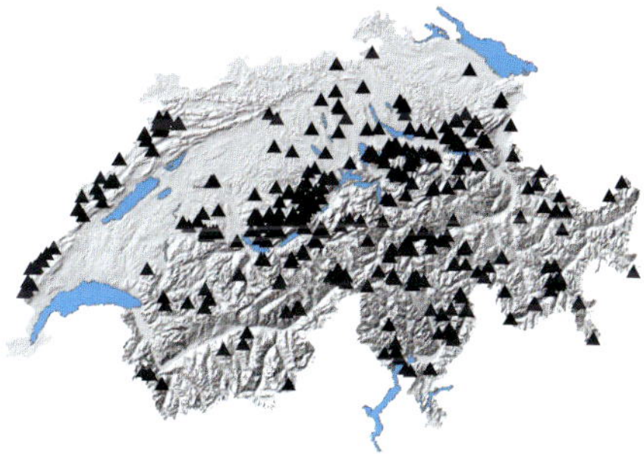

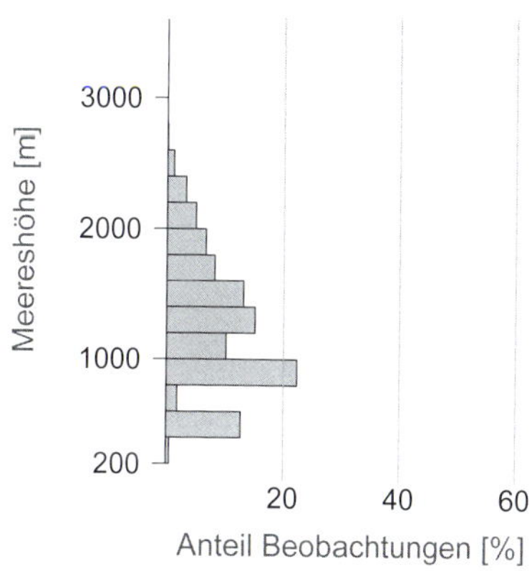

Splachnum sphaericum

Kugeliges Dungmoos

Splanc sphérique

Flach- und Hochmoore | Akrokarpe Laubmoose

Pflanzen: In lockeren, oben hellgrünen, unten gelbbraunen Polstern. Sprösschen aufrecht, oft verzweigt, 1–2 cm hoch. Obere Blätter grösser und rosettig angeordnet, trocken verdreht und zusammengeschrumpft, feucht aufrecht abstehend.

Blätter: Leicht hohl, breit verkehrt eiförmig, plötzlich und kurz zugespitzt, an der Basis verengt, 2–4 mm lang. Rippe unterhalb der Spitze endend. Blattränder flach, gegen oben teilweise undeutlich stumpf gezähnt.

Sporophyten: Kapselstiel 1–8 cm lang oder selten länger, dünn, unten rot, oben gelb. Kapsel gegliedert in einen oberen (Urne) und unteren Teil (Kapselhals). Urne zylindrisch, orangerot. Kapselhals kugelig bis eiförmig, so breit wie die Urne bis wenig breiter, jung grünlich, reif violett oder schwärzlich. Peristom mit 16 dunkelgelben bis orangen Zähnen.

Lebensraum/Ökologie: In Mooren, Sümpfen, Nasswiesen und Quellgebieten. Auf ständig feuchtem Rinderdung an nassen, lichtreichen Stellen.

Zeigerwerte: Feuchtigkeit 3, Reaktion 3, Nährstoffe 5, Licht 4, Temperatur 2

Ähnliche Arten: Das ähnliche *Splachnum ampullaceum* hat grössere Kapseln mit einem viel breiteren, aufgeblasenen Kapselhals und Blätter mit einer lang ausgezogenen, gesägten Spitze. Arten aus den Gattungen *Tetraplodon* und *Tayloria* haben zwar ähnliche Kapseln, die Blätter sind aber anders gestaltet und der Kapselstiel ist kürzer.

Wissenswertes: Die Arten der Familie der *Splachnaceae* oder der Dungmoose haben eine spannende Ökologie: Die meisten Arten der Familie besiedeln organische Substrate wie Dung oder vermodernde Tierleichen. Die Sporen sind klebrig und werden häufig durch Fliegen verbreitet. Fliegen deshalb, weil diese Dung und Tierleichen gezielt aufsuchen und so die Sporen an für Dungmoose günstige Stellen deponieren. Um die Fliegen anzulocken, ist der Kapselhals bei vielen Arten auffällig gross (Landplattformen) und besonders gefärbt. Zudem sondern die Kapseln einen Geruch ab, der potenzielle Verbreiter anlockt. Eine besonders ansehnliche Art ist *Splachnum luteum.* Sie bildet einen schirmförmigen Kapselhals aus, kommt aber leider in der Schweiz nicht vor.

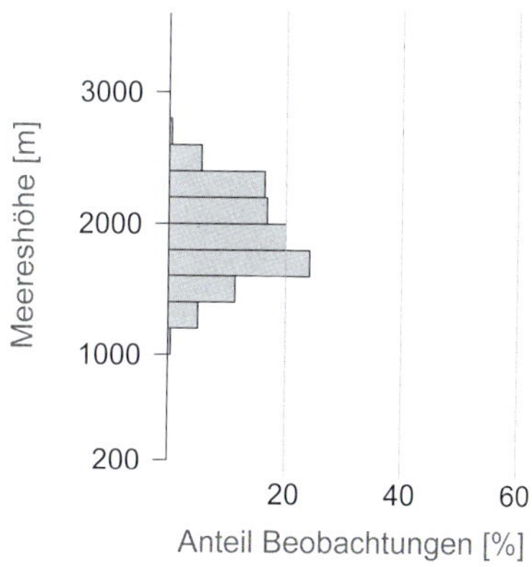

Campylium stellatum

Stern-Goldmoos

Campylie étoilée

Flach- und Hochmoore | Pleurokarpe Laubmoose

Pflanzen: Gelbgrüne bis bräunlich orange, mehr oder weniger dichte Teppiche. Sprösschen unregelmässig verzweigt, 3–8 cm lang. Die Blätter stehen trocken und feucht aufrecht bis waagrecht ab oder sind zurückgekrümmt. *Campylium stellatum* subsp. *protensum* ist kleiner als *C. stellatum* subsp. *stellatum,* wächst eher kriechend als aufrecht und ist stärker und etwas regelmässiger verzweigt.
Blätter: 1–3 mm lang, aus breiter Basis allmählich oder plötzlich (besonders bei subsp. *protensum*) in eine lange und schmale Spitze zusammengezogen. Rippe kurz und doppelt, mit der Lupe kaum sichtbar.
Sporophyten: Selten. Kapselstiel um 3–4 cm lang, rotbraun. Kapsel horizontal bis gebogen.
Lebensraum/Ökologie: Häufig in Flachmooren und Feuchtwiesen, auf nasser Erde und Torf. Auch auf feuchtem Gestein in Wäldern.
Zeigerwerte: Feuchtigkeit 4, Reaktion 4, Nährstoffe 3, Licht 3, Temperatur X
Ähnliche Arten: *Campylophyllopsis calcarea* ist viel kleiner und kommt an trockenen Standorten vor. Die Arten der Gattung *Campyliadelphus* haben eine längere Rippe (mindestens die Hälfte der Blattlänge erreichend). Bei *Campylophyllum halleri* (S. 188) sind die Blätter kleiner und viel stärker zurückgekrümmt. *Rhytidiadelphus squarrosus* (S. 88) ist robuster (Stämmchenblätter über 3 mm lang), die Blätter sind stark zurückgekrümmt und das Stämmchen rot (gelblich bis bräunlich rot bei *C. stellatum*). *C. stellatum* kann im Feld auch mit dem seltenen *Drepanocladus polygamus* verwechselt werden, aber bei dieser Art reicht die Rippe bis ungefähr zur Blattmitte.

Wissenswertes: Der Artname *stellatum* (*stella* [lateinisch]: Stern) leitet sich davon ab, dass die Sprösschen von oben betrachtet durch die allseitig abstehenden Blätter wie kleine Sternchen aussehen, was aber bei einigen anderen Moosarten auch der Fall ist.

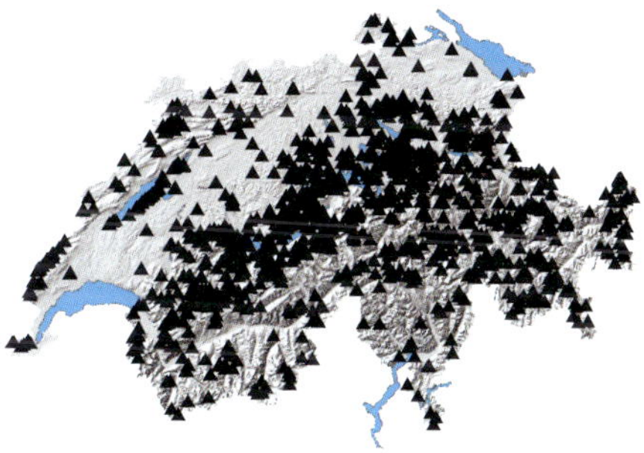

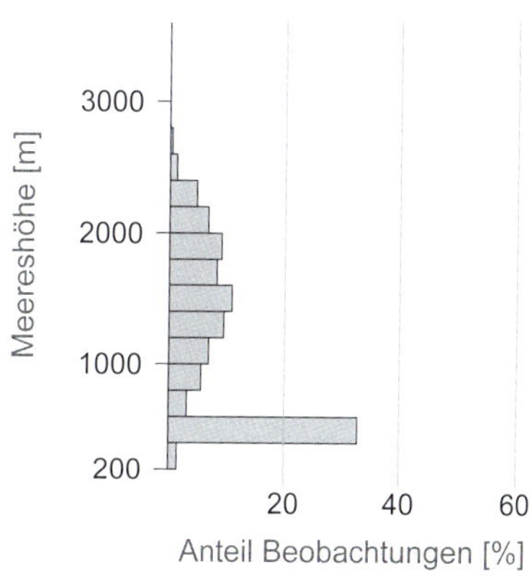

Drepanocladus aduncus

Krallen-Sichelmoos

Faucillette courbée

Flach- und Hochmoore | Pleurokarpe Laubmoose

Pflanzen: Mittelgrosse Pflanzen in dichten oder lockeren, dunkel- bis gelbgrünen Teppichen. Sprösschen kriechend bis aufrecht oder im Wasser flutend, unregelmässig bis fiedrig verzweigt, 5–10(–20) cm lang.

Blätter: Gerade bis sichelförmig, leicht hohl, eiförmig-lanzettlich bis eiförmig-dreieckig, meist in eine lange, schmale Spitze ausgezogen, nicht oder kaum faltig, ganzrandig. Rippe ungefähr ⅔ bis ¾ der Blattlänge erreichend. Blattflügelzellen eine deutlich abgesetzte Gruppe bildend, die meist bis zur Blattrippe reicht und teilweise leicht herabläuft.

Sporophyten: Kapselstiel orange bis rötlich, 2,5–5,0 cm lang. Kapsel geneigt bis waagrecht, länglich zylindrisch. Deckel kegelig, mit einem kurzen Spitzchen.

Lebensraum/Ökologie: An feuchten bis nassen, teilweise auch nährstoffreichen, basenreichen, lichten bis beschatteten Standorten in Flach- und Quellmooren, Feuchtwiesen sowie an See- und Teichrändern.

Zeigerwerte: Feuchtigkeit 5, Reaktion 4, Nährstoffe 2, Licht 4, Temperatur X

Ähnliche Arten: Eine Reihe von Arten, die in ähnlichen Lebensräumen wie *Drepanocladus aduncus* vorkommen, hat ebenfalls sichelförmige Blätter mit einer Rippe und kann leicht mit *D. aduncus* verwechselt werden. Die beiden sehr seltenen Arten *D. sendtneri* und *D. sordidus* können nur mikroskopisch von *D. aduncus* unterschieden werden. *Warnstorfia fluitans* und *Sarmentypnum exannulata* sind im Feld ebenfalls schwierig von *D. aduncus* zu unterscheiden. Beide Arten kommen allerdings nur in

sauren Mooren vor und sind im Tiefland selten. Kleine Formen können mit *Cratoneuron filicinum* (S. 236) verwechselt werden. *C. filicinum* hat aber Paraphyllien und eine kräftigere Rippe. *Palustriella*-Arten (*P. commutata* aggr., S. 244) haben deutlich faltige Blätter und ebenfalls Paraphyllien. *Hamatocaulis vernicosus* hat leicht faltige Blätter. *Leptodictyum riparium* hat keine erweiterten Blattflügelzellen und die Blätter sind häufig in einer Ebene ausgerichtet, sodass die Sprösschen etwas abgeflacht erscheinen.

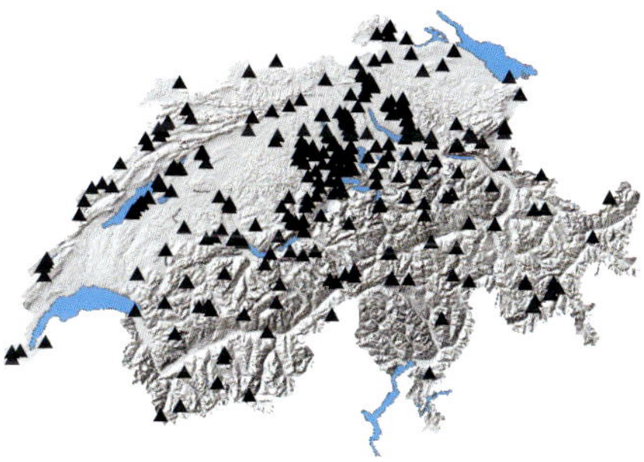

Wissenswertes: *Drepanocladus aduncus* ist ungemein formenreich und es wurden schon unzählige Varietäten beschrieben. In vielen Fällen gibt es aber kaum genetische Unterschiede zwischen den Varietäten und das unterschiedliche Erscheinungsbild ist lediglich eine Anpassung an den jeweiligen Standort der Pflanze (z. B. Land- oder Wasserform).

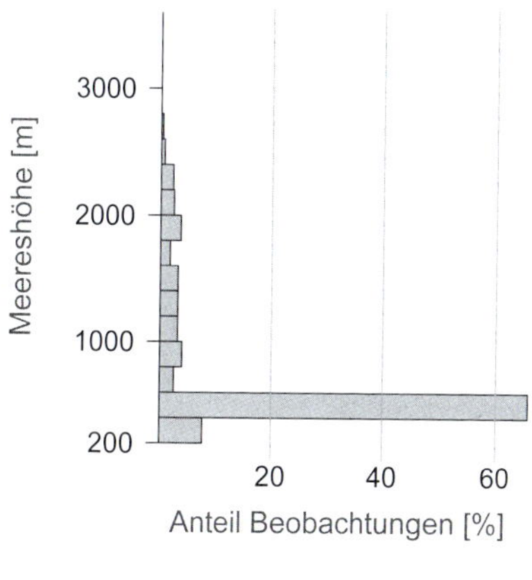

Drepanocladus trifarius

Schlangen-Prachtmoos

Faucillette linéaire

Flach- und Hochmoore | Pleurokarpe Laubmoose

Pflanzen: Spitzen der Sprösschen grün oder gelblich braun, ältere Abschnitte braun bis braungrün. Entweder als einzelne Sprösschen zwischen anderen Moosen oder seltener in Teppichen mit mehr oder weniger parallel angeordneten Sprösschen. 5–10(–15) cm lang, kriechend, kaum verzweigt, meist astlos, drehrund beblättert und Blätter dicht dachziegelig anliegend, Sprosse deshalb wurmförmig erscheinend.
Blätter: Löffelartig hohl, breit eiförmig bis kreisförmig mit einer breit abgerundeten Spitze, um 1 mm lang. Blattrippe dünn, ⅓–⅔ der Blattlänge erreichend. Blattrand ganzrandig und flach.
Sporophyten: Sehr selten. Kapselstiel 3–5 cm lang. Kapsel länglich zylindrisch, geneigt bis waagrecht rostfarben. Kapseldeckel stumpf.
Lebensraum/Ökologie: In kalkreichen Flach- und Zwischenmooren. An sehr feuchten bis nassen, zeitweise auch überfluteten, lichten Stellen.
Zeigerwerte: Feuchtigkeit 5, Reaktion 3, Nährstoffe 1, Licht 4, Temperatur X
Gefährdung: Potenziell gefährdet (NT). Abhängig vom Schutz der Moore. Im Mittelland stärker gefährdet.
Ähnliche Arten: *Drepanocladus trifarius* ist aufgrund des astlosen, wurmartigen Erscheinungsbildes kaum mit anderen Arten aus denselben Lebensräumen zu verwechseln. *Straminergon stramineum* ist zierlicher, hat schmalere Blätter und kommt nur in sauren Mooren vor. *Sarmentypnum sarmentosum* ist typischerweise purpurn überlaufen, regelmässig verzweigt und hat längere und etwas

schmalere Blätter. *Calliergon*-Arten haben sehr ähnliche Blätter, diese sind aber stärker verzweigt und die Blätter sind nicht anliegend (ausser in der Sprösschenspitze). Arten aus den Gattungen *Platyhypnum, Hygrohypnum* und *Pseudohygrohypnum* können recht ähnlich aussehen, sind aber meist stärker verzweigt und kommen nicht in Mooren vor, sondern wachsen auf nassen, mindestens zeitweise überspülten Felsen in Flüssen und Bächen.

Wissenswertes: Aufgrund der geraden, eiförmigen Blätter mit einer abgerundeten Spitze passt *D. trifarius* nicht in das typische Erscheinungsbild der Gattung *Drcpanocladus* mit Arten, die in der Regel sichelförmige und zugespitzte Blätter haben (*D. aduncus*, S. 270). Tatsächlich wurde die Art früher in die Gattung *Calliergon* gestellt, wo sie morphologisch besser hinpassen würde. Aufgrund von genetischen Untersuchungen konnte allerdings gezeigt werden, dass die Art zur Gattung *Drepanocladus* gehört.

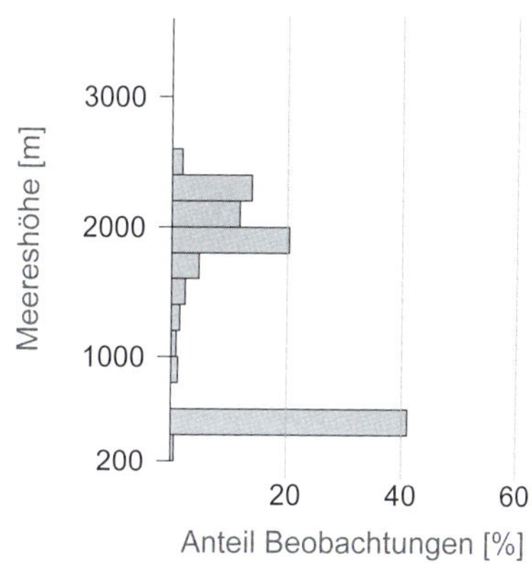

Scorpidium cossonii

Cossons Sichelmoos

Scorpidie verdâtre

Flach- und Hochmoore | Pleurokarpe Laubmoose

Pflanzen: 5–10 cm lang, in lockeren bis dichten, (gelb)grünen bis (rot)braunen Teppichen. Stämmchen meist unregelmässig oder selten auch regelmässig verzweigt.

Blätter: 2,0–2,5 mm lang, sichelförmig, hohl, nicht längsfaltig, aus einer eiförmigen bis breit eiförmigen Basis allmählich in eine lange Spitze verschmälert. Blattrand glatt, an der Spitze undeutlich gezähnt. Rippe einfach, bis in die obere Blatthälfte reichend.

Sporophyten: Sehr selten. Kapselstiel 4 cm lang. Kapsel ca. 2,5 mm lang.

Lebensraum/Ökologie: Kalkreiche Flach- und Zwischenmoore, Quellen. An nassen bis sehr nassen, nährstoffarmen, offenen Standorten. Auf torfigen Böden, seltener auch flutend.

Zeigerwerte: Feuchtigkeit 5, Reaktion 4, Nährstoffe 3, Licht 4, Temperatur 3

Gefährdung: Potenziell gefährdet (NT). Abhängig vom Schutz der Moore.

Ähnliche Arten: Von den beiden weiteren Arten in der Gattung *Scorpidium* unterscheidet sich *S. cossonii* deutlich von *S. scorpioides. S. scorpioides* hat nur eine sehr kurze, undeutliche Blattrippe und nur schwach sichelförmige Blätter. Für die sichere Unterscheidung von *S. cossonii* und *S. revolvens* müssen mikroskopische Merkmale verwendet werden. Im Feld gibt einzig der Lebensraum Hinweise: *S. revolvens* kommt nur in kalkarmen Mooren vor. Weiter kann *S. cossonii* mit *Hamatocaulis vernicosus* und *Palustriella*-Arten (*P. commutata* aggr., S. 244) verwechselt werden. Diese haben mindestens schwach faltige Blätter. Die *Palustriella*-Arten bilden zusätzlich Paraphyllien. Weitere Gattungen mit Arten in ähnlichen Lebensräumen und sichelförmigen Blättern sind *Drepanocladus*

(*D. aduncus*, S. 270) und *Warnstorfia.* Die Blätter dieser Arten sind aber meist schwächer sichelförmig. Eine Unterscheidung im Feld ist oft nur mit Erfahrung möglich.

Wissenswertes: Weil die nahe verwandte Art *Scorpidium revolvens* einhäusig ist, bildet sie im Gegensatz zur zweihäusigen *S. cossonii* öfter Sporophyten. Grund dafür ist, dass bei einhäusigen Arten Antheridien und Archegonien immer nahe zusammen sind, d. h., die Spermatozoide brauchen nur kurze Distanzen bis zur Eizelle zurückzulegen. Selbstbefruchtung ist bei Moosen zudem kein Problem. Bei zweihäusigen Arten sind die Geschlechter oft zu weit voneinander entfernt für eine erfolgreiche Befruchtung.

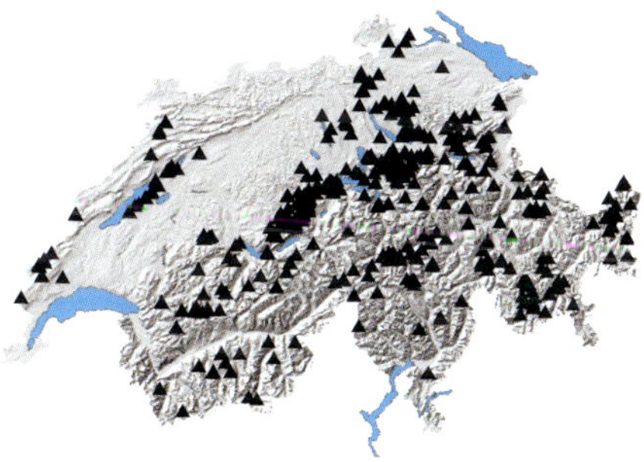

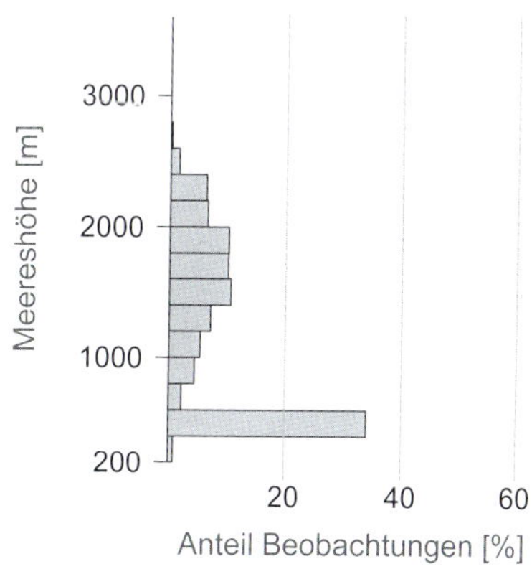

Tomentypnum nitens

Sumpfbärchenmoos

Tomenteuse

Flach- und Hochmoore | Pleurokarpe Laubmoose

Pflanzen: Kräftig, stark glänzend, in gelbgrünen bis goldenen Teppichen oder in kleinen Grüppchen zwischen anderen Moosen. Sprösschen regelmäßig einfach gefiedert, dicht mit rostbraunem Rhizoidenfilz besetzt, 5–10(–12) cm lang. Äste kurz, 0,5–1,5 cm lang.
Blätter: Steif aufrecht abstehend, dicht gestellt, lanzettlich, lang und fein zugespitzt und stark längsfaltig, 3–4 mm lang. Blattrand flach bis schmal zurückgebogen, glatt. Rippe ca. ¾ der Blattlänge erreichend.
Sporophyten: Äusserst selten. Kapselstiel glatt, purpurn, bis 6 cm lang. Kapsel geneigt, zylindrisch, hochrückig, rotbraun, entleert unter der Mündung zusammengezogen.
Lebensraum/Ökologie: In Flach-, Übergangs- oder Quellmooren, auch an gestörten Stellen von Hochmooren.
Zeigerwerte: Feuchtigkeit 5, Reaktion X, Nährstoffe 1, Licht 4, Temperatur 3
Ähnliche Arten: *Tomentypnum nitens* ist kaum mit einer anderen Moosart zu verwechseln. Das ähnliche *Homalothecium lutescens* (S. 192) wächst vor allem in lückigen, trockenen Wiesen, seltener auf Kalkfelsen und Mauern und seine niederliegenden, dem Substrat anliegenden Stämmchen tragen keinen Rhizoidenfilz. Längsfaltige *Brachythecium*-Arten (siehe z. B. *B. salebrosum*, S. 78) weisen ebenfalls nie einen Rhizoidenfilz auf.

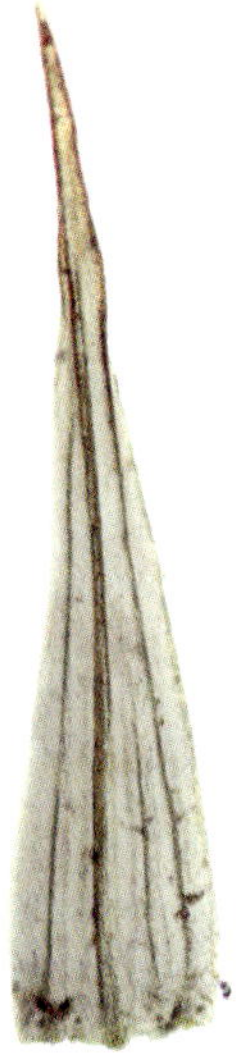

Wissenswertes: In der Gipfelregion von Kalkgebirgen kommt eine zweite Art der Gattung vor, *Tomentypnum involutum.* Sie ist an den durch eingerollte Blattränder röhrenförmigen und oft abgebrochenen Blattspitzen zu erkennen und wurde in der Schweiz letztmals im 19. Jahrhundert bei Davos auf 2500 m ü. M. gesichtet.

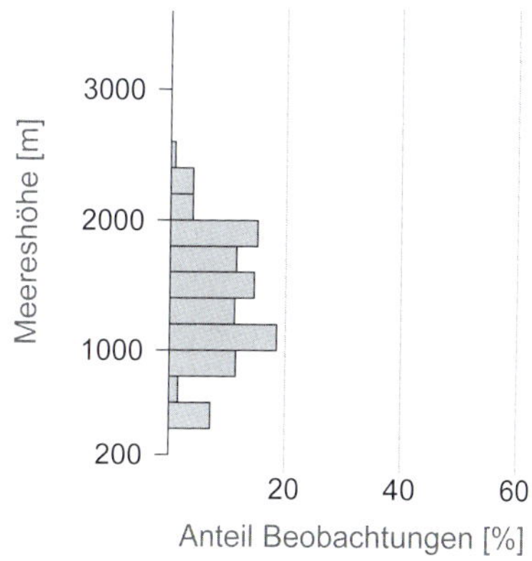

Barbilophozia lycopodioides aggr.

Umfasst 2 Arten *(B. hatcheri, B. lycopodioides)*

Gruppe des Grossen Zilienlebermooses

Groupe de la Grande barbille

Waldboden | Beblätterte Lebermoose

Pflanzen: Sprösschen 2–8 cm lang, niederliegend bis aufrecht, 1,5–5,0 mm breit, gelbgrün bis dunkelgrün oder bräunlich. Brutkörper rot, eckig, an der Spitze der Blattlappen gebildet. Brutkörper bei *B. hatcheri* häufig, bei *B. lycopodioides* selten vorhanden.
Blätter: Flankenblätter deutlich schräg angewachsen, schwach bis stark wellig, meist vierlappig (bei kleinen Pflanzen aus der alpinen Stufe oft nur dreilappig), bis ⅓ tief geteilt. Lappen ± gleich gross und mit Stachelspitze (bei *B. hatcheri* äussere Lappen meist ohne Stachelspitze). Blattrand an der Basis mit Zilien, die aber im Feld schwierig zu sehen sind. Unterblätter gross, zweilappig, mit Zilien am Rand.
Sporophyten: Sehr selten. Kapsel schwarz, kugelförmig, bei der Reife in vier Klappen aufbrechend.
Lebensraum/Ökologie: Subalpine Wälder, Alpenrosengebüsche, Zwergstrauchheiden, alpine Rasen, Schutthalden, Silikatfelsen, vereinzelt in Mooren. Schattige bis halbschattige Lagen. Auf saurem, humosem Boden, Nadelstreu oder – seltener – Totholz.
Zeigerwerte: Feuchtigkeit 3, Reaktion 2, Nährstoffe 1, Licht 2, Temperatur 2
Ähnliche Arten: *Barbilophozia lycopodioides* aggr. kann mit anderen Arten der Gattung *Barbilophozia* und *Tritomaria quinquedentata* verwechselt werden: *B. floerkei* hat meist nur dreilappige Blätter, die Blattlappen haben keine Stachelspitzen, Brutkörper sind sehr selten. Die Blätter von *B. barbata* haben einen fast quadratischen (statt trapezförmigen) Umriss, die Blattlappen sind nicht stachelspitzig, der Blattgrund hat keine Zilien, die Unterblätter fehlen oder sind sehr klein. Die kleine und

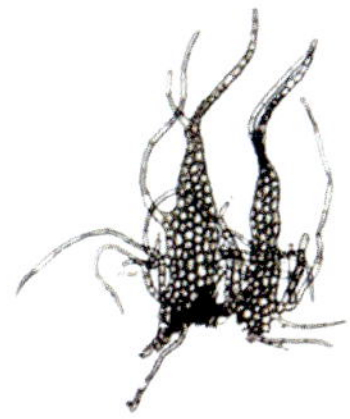

seltene *B. atlantica* hat weder am Blattgrund noch an den kleinen Unterblättern Zilien. *B. kunzeana* hat nur zweilappige Blätter und *B. attenuata* auffällige Brutkörper tragende Sprossen mit deutlich kleineren Blättern. Bei *T. quinquedentata* sind die drei Blattlappen ungleich gross, gegen die Unterseite deutlich grösser als gegen die Oberseite, die Blätter daher asymmetrisch, und Unterblätter fehlen meist.

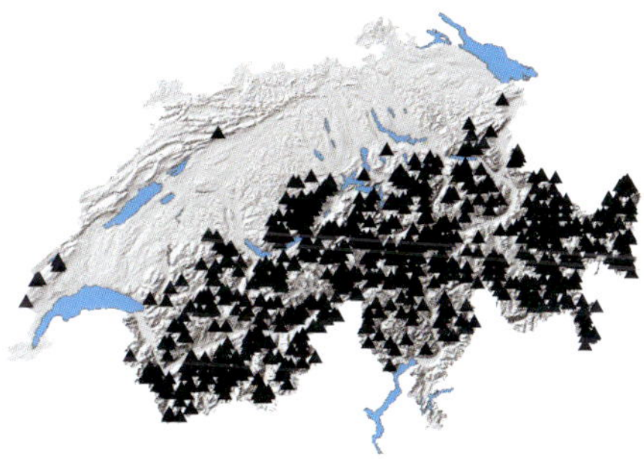

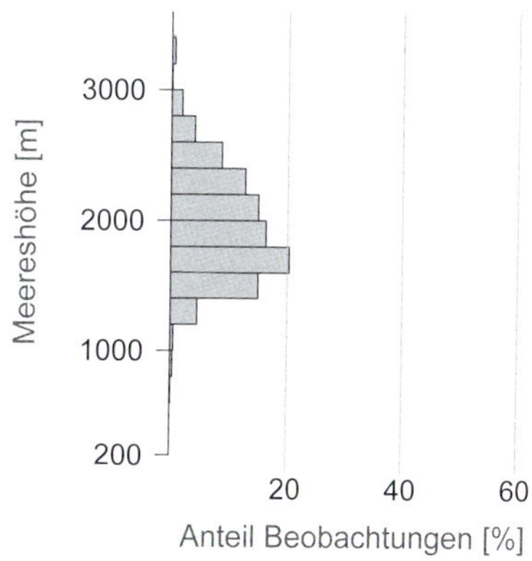

Bazzania trilobata

Grosses Peitschenlebermoos

Bazzanie trilobée

Waldboden | Beblätterte Lebermoose

Pflanzen: Oft grössere, meist dunkelgrüne Teppiche bildend. Sprösschen 4–5(–10) cm lang und 0,5 cm breit, gabelig verzweigt, mit zweizeilig, sich dachziegelartig deckenden und auch seitlich überlappenden, meist deutlich nach unten umgebogenen Flankenblättern und deutlich kleineren, aber gut sichtbaren Unterblättern. Auf der Unterseite der Sprosse entspringen auffällige, ca. 1,5–2,0 cm lange Flagellenäste mit schuppenförmigen Blättern.

Blätter: Flankenblätter asymmetrisch, auf der einen Seite mit geradem, auf der anderen Seite mit stark gebogenem Rand, an der Spitze mit drei grossen, auffälligen Zähnen. Unterblätter breiter als lang, gezähnt und teilweise auch mehrlappig, etwas breiter als das Stämmchen.

Sporophyten: Sehr selten.

Lebensraum/Ökologie: Auf mindestens schwach sauren Substraten in halbschattigen bis schattigen, frischen Lagen. In verschiedenen Waldgesellschaften auf Erde, Rohhumus, Totholz und Felsblöcken.

Zeigerwerte: Feuchtigkeit 3, Reaktion 2, Nährstoffe 3, Licht 1, Temperatur 3

Ähnliche Arten: Die Art ist kaum zu verwechseln. Die beiden anderen einheimischen Arten in der Gattung *(Bazzania tricrenata, Bazzania flaccida)* sind deutlich kleiner. Von ähnlicher Grösse sind einige *Plagiochila*- (*P. asplenioides* aggr., S. 288) und *Barbilophozia*-Arten (*B. lycopodioides* aggr., S. 278) sowie *Tritomaria quinquedentata.* Diese weisen aber deutlich andere Blattformen auf. *Plagiochila*-Arten haben zudem höchstens sehr kleine, mit der Lupe nicht sichtbare Unterblätter und *Barbilophozia*-Arten haben keine Flagellenäste. *Tritomaria quinquedentata* hat ebenfalls keine Unterblätter und das Stämmchen ist von oben gut sichtbar.

Wissenswertes: Die Gattung *Bazzania* gehört mit ca. 100 Arten weltweit zu den artenreicheren Lebermoos-Gattungen. Die Arten sind vor allem in den Tropen und Subtropen verbreitet. Eine einheimische Waldgesellschaft ist nach *Bazzania trilobata* benannt, nämlich der Peitschenmoos-Fichtenwald (Bazzanio-Piceetum).

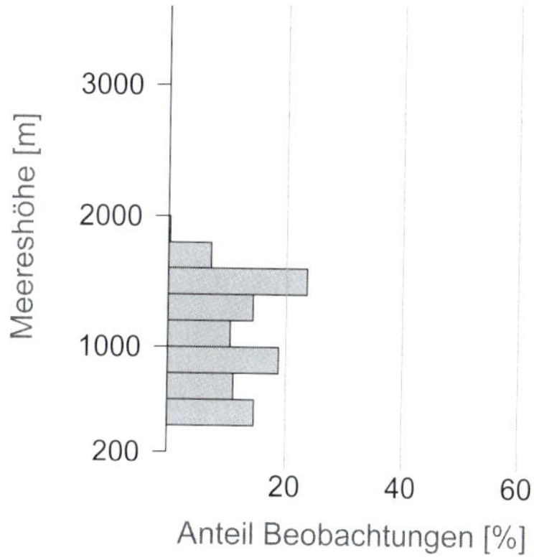

Calypogeia azurea

Echtes Azurlebermoos

Calypogée doradille

Waldboden | Beblätterte Lebermoose

Pflanzen: Sprösschen mittelgross, 2–4 mm breit, 1–4 cm lang, wenig verzweigt, dem Substrat meist dicht anliegend in dunkel- bis blaugrünen Überzügen. Die flach ausgebreiteten Flankenblätter überlappen sich zur Hälfte oder mehr. Häufig werden an aufrechten, verschmälerten Enden der Sprösschen Brutkörper gebildet.
Blätter: Flankenblätter im Umriss zungenförmig bis oval, an der Spitze abgerundet, selten gekerbt. Unterblätter gross, rundlich, bis zur Hälfte oder mehr in zwei stumpfe Lappen geteilt, an den Seitenrändern abgerundet, manchmal etwas buckelig.
Sporophyten: Gelegentlich.
Lebensraum/Ökologie: Häufig an Waldweg- und Grabenböschungen, in Laub-, Misch- und Nadelwäldern, auch in Mooren. Immer auf sauren, frischen bis nassen Substraten (kalkarme Erde, Humus, Torf, auch Totholz).
Zeigerwerte: Feuchtigkeit 4, Reaktion 1, Nährstoffe 1, Licht 1, Temperatur 3
Ähnliche Arten: *Calypogeia azurea* ist vor allem an der Blaufärbung zu erkennen, welche besonders deutlich an der Unterseite der Sprösschenspitzen zu sehen ist. Im Herbar verliert sich die Blaufärbung bald. Andere Arten aus der Gattung *Calypogeia* wirken manchmal auch etwas blaugrau und sind dann ohne mikroskopische Betrachtung nicht einfach zu unterscheiden. *C. fissa* hat häufiger gekerbte statt abgerundete Blattspitzen, bei anderen Arten wie *C. muelleriana, C. integristipula* und *C. neesiana* sind die Unterblätter weniger tief geteilt (höchstens bis zu ⅓, bei *C. azurea* bis ¾). *C. suecica* (vor allem auf Totholz wachsend) ist gelb- bis olivgrün gefärbt.

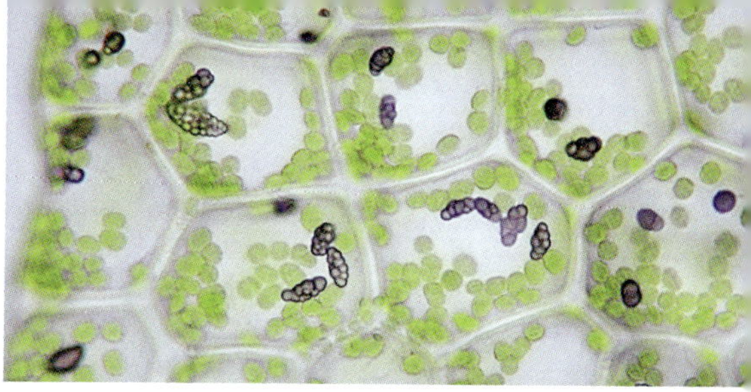

Wissenswertes: Wie bei den meisten Lebermoosen enthalten auch die Zellen von *Calypogeia azurea* zahlreiche Ölkörper. Doch nur bei *C. azurea* sind diese blau, was durch die Einlagerung von speziellen Sekundärstoffen («Azulenen») zustande kommt. Die Ölkörper sind zwar nur bei mikroskopischer Betrachtung sichtbar, verleihen aber der ganzen Pflanze eine bläuliche Färbung.

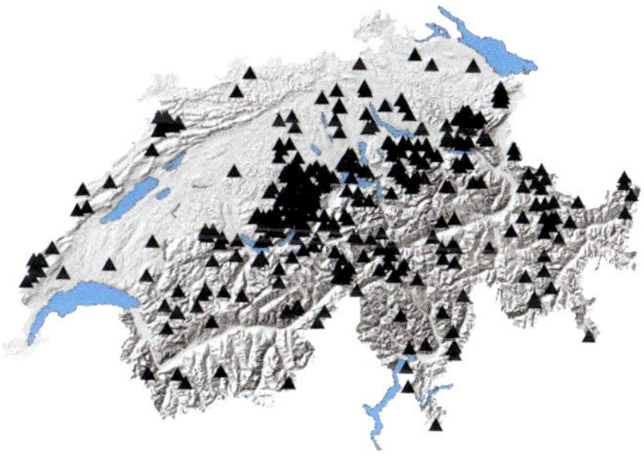

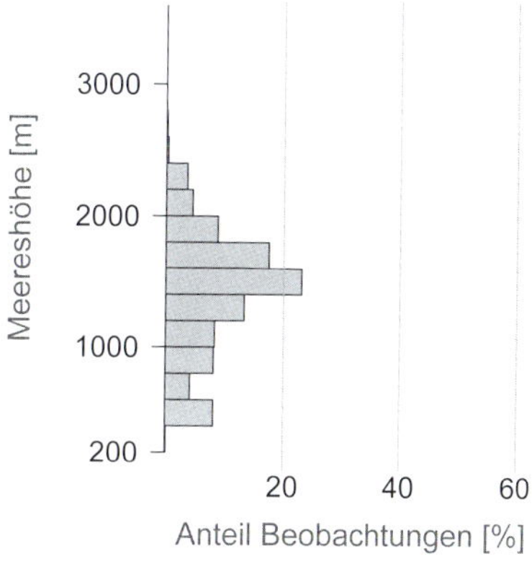

Cephalozia bicuspidata

Gewöhnliches Kopflebermoos

Céphalozie cornue

Waldboden | Beblätterte Lebermoose

Pflanzen: Meist in kleinen, grünen Überzügen wachsend. Sprösschen klein, meist nur 0,5–1,5 cm lang, ca. 0,5 mm breit. Unterblätter fehlen. Selten mit Brutkörpern an der Spitze modifizierter Sprösschen.

Blätter: Flankenblätter schräg (fast quer) am Stämmchen angewachsen, mit zwei spitzen Lappen, welche etwa die Hälfte der Blattlänge einnehmen.

Gametangien: Einhäusige Art. Perianthien regelmässig vorhanden, gross, 3 mm lang, an der Mündung gezähnt.

Sporophyten: Häufig.

Lebensraum/Ökologie: An eher frischen, mindestens schwach sauren, halbschattigen bis schattigen Standorten vorkommend; auf Erde, Torf, Totholz, über Felsen. Vor allem in Wäldern und in Mooren, besonders entlang von Gräben, an Böschungen oder auch am Rande von Trampelpfaden.

Zeigerwerte: Feuchtigkeit 3, Reaktion 2, Nährstoffe 1, Licht X, Temperatur 2

Ähnliche Arten: Die anderen Arten aus der Gattung *Cephalozia* können sehr ähnlich sein. Eine sichere Unterscheidung der Arten ist im Feld deshalb schwierig und nur mit genügend Erfahrung möglich. Verwechslungen mit Arten anderer Gattungen sind auch möglich, z. B. mit Arten aus der Gattung *Cephaloziella* (siehe S. 24 f.), die aber meist noch kleiner sind, oder auch mit *Nowellia curvifolia* (S. 350), die aber sehr lang ausgezogene Blattspitzen hat und meist bräunlich bis weinrot gefärbt ist.

Wissenswertes: *Cephalozia bicuspidata* ist die häufigste der zehn *Cephalozia*-Arten der Schweiz und die einzige, die auch im Mittelland zumindest stellenweise recht verbreitet ist. Der Gattungsname *Cephalozia* bezieht sich übrigens auf die Gametangienstände, die durch die sehr grossen Hüllblätter kopfartig angeschwollen wirken.

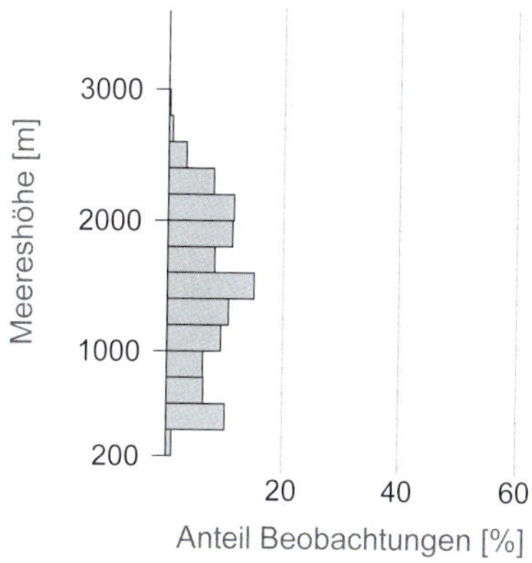

Lophocolea bidentata

Grosses Ruchlebermoos

Tourmentine à deux dents

Waldboden | Beblätterte Lebermoose

Pflanzen: In lockeren, blassgrünen Teppichen mit niederliegenden, aufsteigenden oder aufrechten, 3–5 cm langen Sprösschen. Sprösschen mit zweizeilig stehenden Flankenblättern und kleineren, aber deutlich sichtbaren Unterblättern. Meist mit auffälligem, etwas stechendem Geruch.

Blätter: Flankenblätter breit eiförmig bis rechteckig, sich etwas überdeckend, in zwei Lappen geteilt, die bis ⅓ der Blattlänge ausmachen können; die Lappen in feine, filigrane Spitzen ausgezogen. Unterblätter tief zweilappig (bis ⅔ der Länge), mit lanzettlichen Lappen, die seitlich noch je einen grossen Zahn aufweisen.

Gametangien: Ein- oder zweihäusige Art. Perianthien gross und auffällig, bis 6 mm lang, an der Spitze dreilappig und gezähnt.

Sporophyten: Gelegentlich vorhanden.

Lebensraum/Ökologie: In frischen bis feuchten, lichtreichen bis schattigen Standorten, meist auf Erde oder Rohhumus wachsend. In Wäldern, Gebüschen, Hochstaudenfluren und Wiesen vorkommend.

Zeigerwerte: Feuchtigkeit 3, Reaktion 3, Nährstoffe 3, Licht 3, Temperatur 3

Ähnliche Arten: *Lophocolea heterophylla* (S. 348) unterscheidet sich durch das Vorkommen auf Totholz und Flankenblätter, die am gleichen Sprösschen meist variabel gestaltet und dichter angeordnet sind. Die Flankenblätter sind an der Spitze nur ausgerandet oder auch mehr oder weniger tief zweilappig. Wenn zweilappig, dann sind die Lappen nie in eine feine, filigrane Spitze ausgezogen. *Lophocolea minor* ist viel kleiner und die Blätter bilden an den Rändern zahlreiche Brutkörper aus, wodurch

Unterblatt

die Blattränder deutlich grobkörnig erscheinen. Arten aus der Gattungen *Lophozia* und *Mesoptychia* haben ebenfalls meist zweilappige Flankenblätter, doch sind diese nicht so filigran zugespitzt wie bei *L. bidentata.* Auch fehlt der für *Lophocolea* typische Geruch.

Wissenswertes: Die Art hat 9 oder 18 Chromosomen. Pflanzen mit 9 Chromosomen sind zweihäusig und bilden selten Sporophyten aus, Pflanzen mit 18 Chromosomen sind dagegen einhäusig und bilden oft Sporophyten aus. Solche Chromosomenverdoppelungen sind bei Moosen häufig zu finden und sind ein Hinweis auf Hybridisierung.

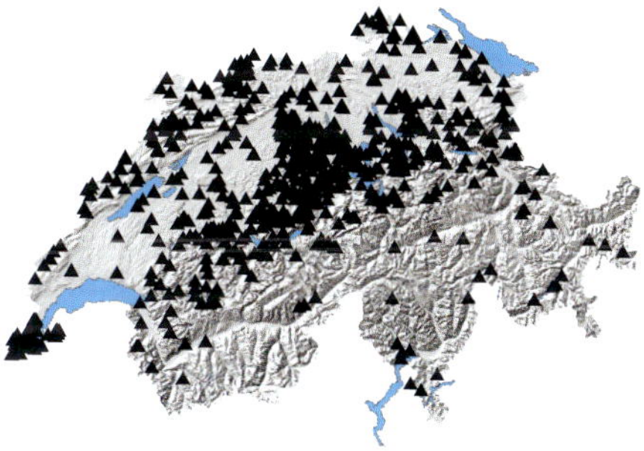

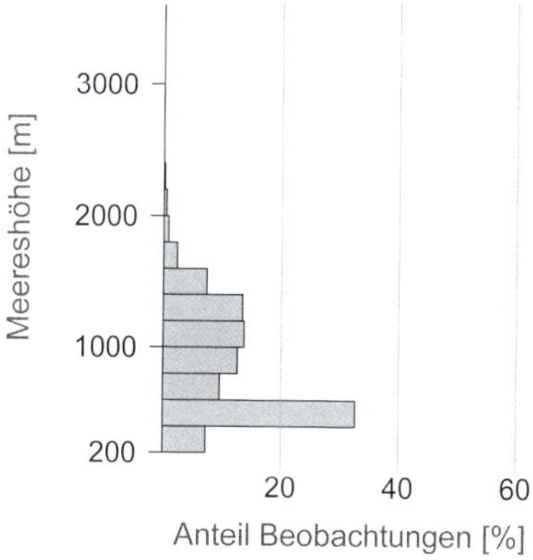

Plagiochila asplenioides aggr.

Gruppe des Grossen Muschellebermooses

Groupe de la Plumette doradille

Umfasst 3 Arten *(P. asplenioides, P. britannica, P. porelloides)*

Waldboden | Beblätterte Lebermoose

Pflanzen: Lockere Teppiche, Sprösschen 3–8 cm lang und 6–10 mm breit, wenig und unregelmässig verzweigt *(Plagiochila asplenioides)* oder in dichteren Rasen, welche durch kleinblättrige Flagellenäste zusammengehalten werden, und dann Sprösschen deutlich kleiner, 2–3(–4) cm lang und 3–6 mm breit *(P. porelloides).*
Blätter: Flankenblätter ungeteilt, rundlich, meist gezähnt (besonders stark bei *P. britannica*), schräg am Stämmchen angewachsen. Durch die herabgebogenen Ränder erscheinen die Blätter hohlrückig und manchmal fast gefaltet. Unterblätter fehlen oder sind sehr klein und mit der Lupe kaum sichtbar.
Sporophyten: Selten.
Lebensraum/Ökologie: Auf Waldboden oder Totholz in schattigen Lagen, auch an Bachufern, in Gräben, an lehmigen Böschungen, an Baumbasen oder auf Gestein.
Zeigerwerte: Feuchtigkeit 3, Reaktion 3, Nährstoffe 3, Licht 2, Temperatur 3
Gefährdung: *Plagiochila asplenioides* und *P. porelloides:* nicht gefährdet (LC); *P. britannica:* potenziell gefährdet (NT)
Ähnliche Arten: *Bazzania trilobata* (S. 280) hat im Gegensatz zu *Plagiochila*-Arten deutlich gabelig verzweigte Sprösschen mit dreispitzigen Blättern. Bei *Pedinophyllum interruptum* liegen die Ansatzstellen der Flankenblätter weiter auseinander, sodass von oben ein breiteres Band der Stämmchenoberfläche sichtbar ist. Die Art ist kleiner und die Sprösschen liegen dem Substrat (feuchte, kalkreiche Felsen) meist dicht an, die Blätter sind flacher und nur an der Spitze gezähnt und oft etwas ausgerandet. Sehr kleine, junge Pflanzen von *Plagiochila asplenioides* aggr. und

Lophocolea heterophylla (S. 348) haben zweispitzige Flankenblätter und sehen einander ähnlich. *Lophocolea*-Arten haben im Gegensatz zu *Plagiochila* aber gut sichtbare, mehrzipflige Unterblätter, wie auch *Chiloscyphus polyanthos* aggr. (S. 218).

Wissenswertes: *Plagiochila* ist mit ca. 450 Arten weltweit die grösste Lebermoos-Gattung. Die meisten Arten kommen in feuchten, tropischen Gebieten vor. Auch in Europa ist die Diversität in den dauerfeuchten Gebieten der Atlantikküsten grösser. Ein Vertreter dieser Flora, *Plagiochila exigua,* kommt auch im Tessin vor. Die in der Schweiz nicht häufige, aber wohl auch oft übersehene *P. britannica* ist eine allopolyploide Art, welche aus der Verschmelzung der Gene von *P. asplenioides* und *P. porelloides* hervorgegangen ist.

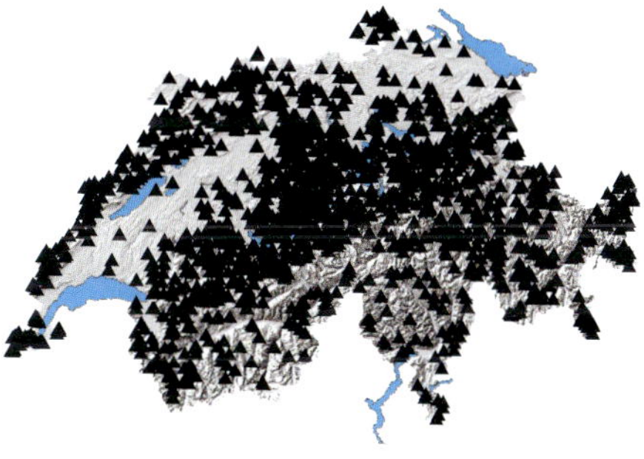

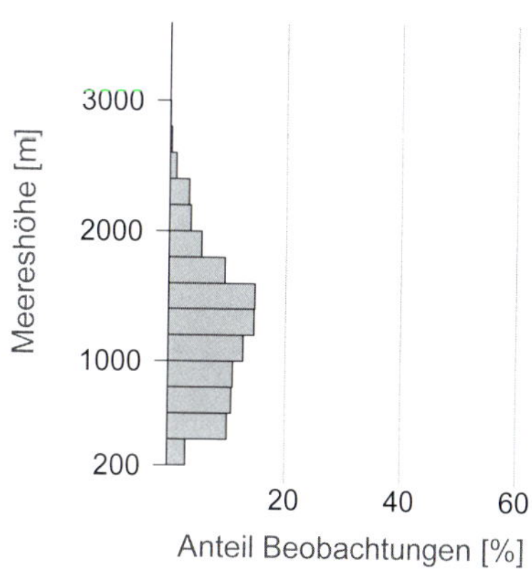

Trichocolea tomentella

Filz-Lebermoos

Égipan

Waldboden | Beblätterte Lebermoose

Pflanzen: Hell- bis gelbgrün, regelmässig 2- bis 3-fach fiedrig verzweigt, mit fast rechtwinklig abstehenden Ästen. Etwa 2 cm breit und 5–10 cm lang. Zu etwas schwammig wirkenden Teppichen vereinigt, welche unter günstigen Bedingungen quadratmetergross werden können. Stämmchen mit feinen, verzweigten Paraphyllien zwischen den dicht gestellten Blättern.

Blätter: Flanken- und Unterblätter bis fast zum Grund in 3–4 schmale Lappen geteilt, die Lappen einfach oder doppelt fiedrig zerschlitzt, dadurch haarförmig wirkend. Die fein zerschlitzten Blätter verleihen der Art ein samtartiges, filziges Aussehen.

Sporophyten: Sehr selten.

Lebensraum/Ökologie: An nassen bis feuchten, schattigen Standorten, so in Quellmooren, Erlensümpfen und an Bachufern. Auf Humus, Erde, Gestein und Totholz. Meidet sehr kalkreiche und sehr saure Substrate.

Zeigerwerte: Feuchtigkeit 4, Reaktion 3, Nährstoffe 3, Licht 3, Temperatur 3

Gefährdung: Potenziell gefährdet (NT)

Ähnliche Arten: *Trichocolea tomentella* ist durch ihr samtiges Aussehen mit den fein zerschlitzten Blättern kaum mit anderen Moosen zu verwechseln. Etwas ähnlich ist *Ptilidium ciliare* aggr. (S. 370), das aber nur bewimperte und nicht zerschlitzte Blätter besitzt und an trockeneren Standorten vorkommt.

Wissenswertes: In der Gattung *Trichocolea* gibt es weltweit über 20 Arten, die vor allem südhemisphärisch verbreitet sind. In Europa kommt nur *T. tomentella* vor, die zweifellos zu den attraktivsten Moosen bei uns gehört.

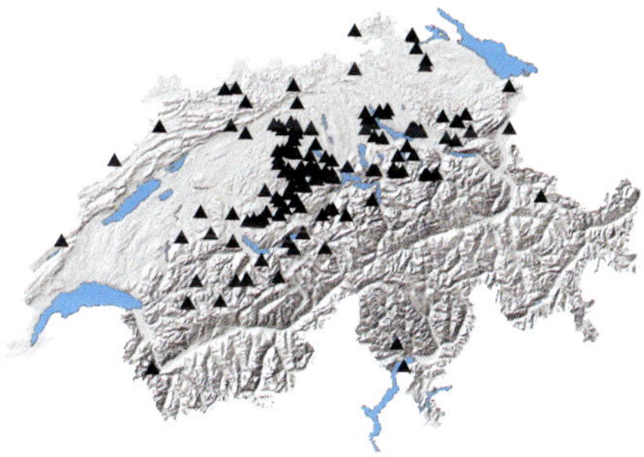

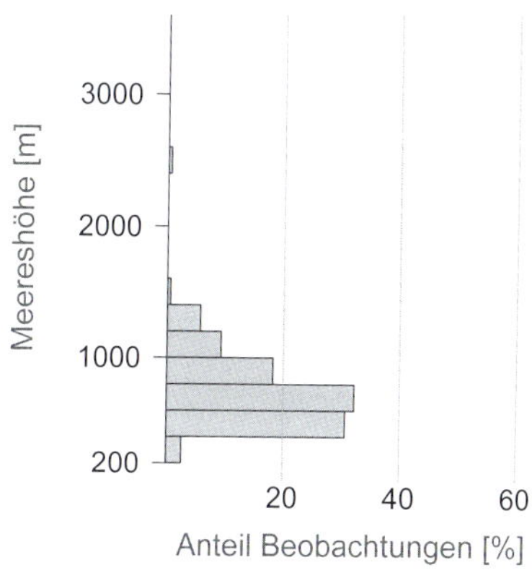

Atrichum undulatum

Grosses Katharinenmoos

Catherinette ondulée

Waldboden | **Akrokarpe Laubmoose**

Pflanzen: In lockeren, oft ausgedehnten, dunkelgrünen, stattlichen Rasen. Stämmchen 2–5(–8) cm hoch, aufrecht, unverzweigt.
Blätter: Linealisch-dreieckig, 7–10 mm lang. Trocken gekräuselt, feucht abstehend, auffallend querwellig, am Rücken mit dornigen Zähnchen in Schrägreihen (starke Lupe!). Blattrand gesäumt und dornig gezähnt. Rippe in der Spitze endend, auf der Oberseite mit mehreren niedrigen Assimilationslamellen, die mit der Lupe als längliche Strukturen gesehen werden können.
Gametangien: Ein- oder zweihäusige Art. Die Antheridienstände werden am Ende der Sprosse gebildet und bilden dort auffällige, schüsselförmige Strukturen (Splash Cups). Auch die Archegonienstände werden am Ende der Sprosse gebildet, sind aber weniger auffällig und werden erst offensichtlich, wenn die jungen Sporophyten sichtbar werden.
Sporophyten: Häufig. Meist einzeln, bisweilen zu zweit am Ende der Sprösschen. Kapsel zylindrisch, gekrümmt, bis 4 mm lang, auf robustem, braunem, ca. 2,5 cm langem Stiel. Deckel braun und lang geschnäbelt. Peristom aus 32 bleichen Zähnen, diese durch eine Paukenhaut verbunden.
Lebensraum/Ökologie: Häufiges Pioniermoos in lichten bis schattigen Wäldern auf offenerdigen Waldböden, an Wegböschungen und auf Wurzeltellern. Auf frischen, kalkarmen, steinigen oder lehmigen Böden, auch auf Rohhumus, Torf oder verwitterndem Holz.
Zeigerwerte: Feuchtigkeit 3, Reaktion 2, Nährstoffe 3, Licht 2, Temperatur 3
Ähnliche Arten: *Atrichum undulatum* ist im Feld oft nicht sicher von den anderen drei Arten der Gattung zu unterscheiden. Die in der Schweiz vor allem im Tessin vorkommende Art *A. angustatum*

ist deutlich kleiner und oft rötlich überlaufen, die Blätter nur ca. 5 mm lang und weniger querwellig. Das seltene *A. tenellum* hat nur 1,5 cm hohe Sprösschen, die Blätter sind eilanzettlich und kaum querwellig. *A. flavisetum* ist nur mit Sporophyten von *A. undulatum* zu unterscheiden: *A. flavisetum* weist 2–6 Sporophyten pro Sprösschen auf, *A. undulatum* nur einen oder selten zwei. An ähnlichen Standorten wie *A. undulatum* kommen *Plagiomnium undulatum* (S. 308) und *Mnium hornum* vor, diese haben aber keine Längslamellen auf der Rippe und die Blätter sind anders geformt. *Polytrichum formosum* (S. 312) kommt häufig mit *A. undulatum* zusammen vor, ist aber durch seine schmaleren, ungewellten und kräftigeren Blätter zu unterscheiden. Die ähnlich aussehenden *Timmia*-Arten haben keine Längslamellen auf der Rippe und die Blätter sind nicht querwellig.

Wissenswertes: Der deutsche Name Katharinenmoos wurde 1780 vom deutschen Botaniker J. F. Erhart zu Ehren der russischen Zarin Katharina der Grossen gewählt.

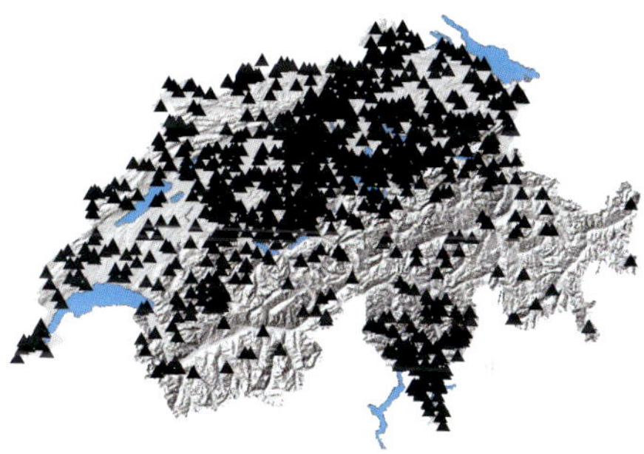

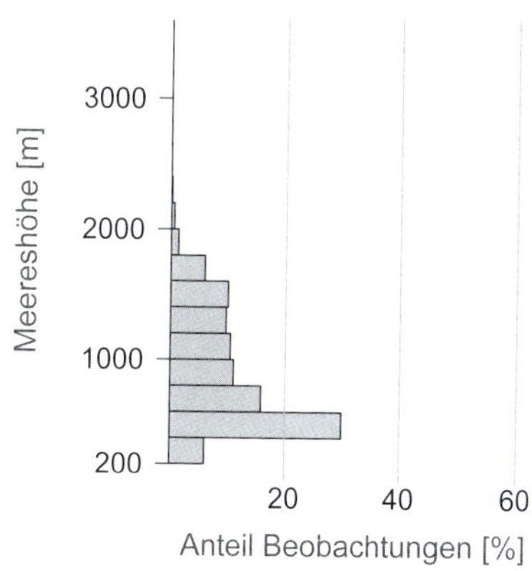

Dicranella heteromalla

Gewöhnliches Gabelzähnchenmoos

Dicranelle soyeuse

Waldboden | Akrokarpe Laubmoose

Pflanzen: In dichten, manchmal grossen Rasen, hell- bis dunkelgrün und etwas glänzend, 0,5–2,0 cm oder gelegentlich auch höher. Blätter aufrecht abstehend bis stark sichelförmig einseitswendig, trocken unverändert.

Blätter: Lanzettlich, abrupt in eine lange schmale Spitze auslaufend, bis weit hinab ringsherum gezähnelt. Blattrippe sehr lang, austretend, am Grund ⅓ bis ½ der Blattbreite einnehmend.

Sporophyten: Häufig. Kapselstiel gelb, 1–2 cm lang. Kapsel hochrückig, geneigt und gekrümmt, entleert eingeschnürt, reif gestreift. Deckel schief geschnäbelt, etwa von Kapsellänge.

Lebensraum/Ökologie: Meist in Wäldern, an sauren oder oberflächlich versauerten, offenen bis schattigen Stellen an Wegborden, auf Wurzeltellern, an Baumbasen. Auf lehmiger oder sandiger Erde, auf Rohhumus und morschem Holz, auch auf übererdetem, kalkarmem Gestein.

Zeigerwerte: Feuchtigkeit 2, Reaktion 2, Nährstoffe 1, Licht 2, Temperatur 3

Ähnliche Arten: Ausser *Dicranella heteromalla* und *D. cerviculata* haben alle anderen *Dicranella*-Arten rote Kapselstiele. *D. cerviculata* hat im Gegensatz zu *D. heteromalla* einen deutlichen Kropf am Grund der Kapsel. In Wäldern auf totem Holz oder Rohhumus kommt das ähnliche *Dicranodontium denudatum* (S. 354) vor, das sich vor allem darin unterscheidet, dass die Blätter beim Darüberstreichen von der Pflanze leicht abfallen. Bei *Pleuridium acuminatum* und *P. subulatum* sind die Kapselstiele

sehr kurz und in etwas grössere Schopfblätter eingesenkt. Bei den teilweise ähnlichen *Ditrichum*-Arten sind die Peristomzähne bis zum Grund gestielt (bei *D. heteromalla* nur bis zur Mitte). Falls die typischen Kapseln nicht vorhanden sind, kann *D. heteromalla* fast nur anhand mikroskopischer Merkmale bestimmt werden.

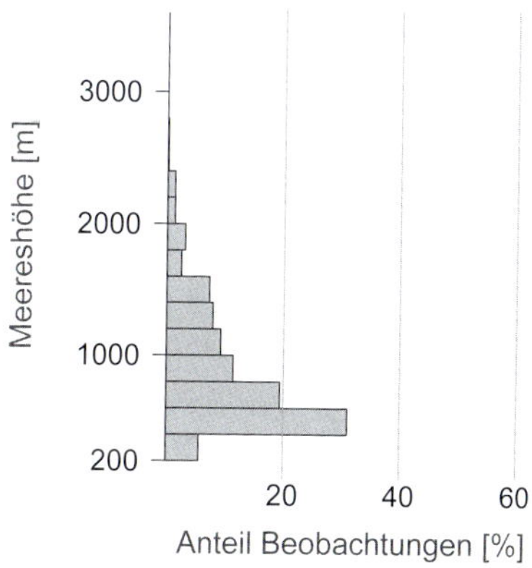

Dicranum scoparium

Echtes Besenmoos

Dicrane en balais

Waldboden | Akrokarpe Laubmoose

Pflanzen: Grosse und sehr variable Art. Polster 1–8 cm hoch, hell- bis dunkelgrün, gelblich oder bräunlich gefärbt, matt oder glänzend. Sprosse trocken und feucht aufrecht abstehend bis spreizend, sichelig einseitswendig, seltener allseitswendig beblättert. Rhizoidenfilz meist schwach ausgebildet, kann aber auch auffällig und dicht sein.

Blätter: 5–10 mm lang. Schmal eilanzettlich, oft lang ausgezogen und schwach querwellig. Im oberen Blattbereich V-förmig gekielt, darunter röhrig bis breit rinnig. Rippe über die gesamte Blattlänge kräftig, an der Basis meist etwa ein Zehntel der Blattbreite einnehmend. Blattrand in der Blattspitze gezähnt.

Sporophyten: Bisweilen vorhanden, einzeln oder selten zu zweit an der Spitze der Sprösschen. Kapselstiele gelblich rötlich, reif rotbraun. Kapseln braun bis rotbraun, schwach geneigt und teils stark gekrümmt, trocken meist glatt. Kapseldeckel mit langem Schnabel.

Lebensraum/Ökologie: Typisches Waldmoos mit breiter Ökologie, das auch in Gebüschen, Heiden, Mooren, Rasen und Felsfluren vorkommt. In hellen und schattigen Lagen. Wächst auf Humus, Erde, Borke, Totholz, Silikatgestein, seltener Kalkgestein und Sand. In trockenen und feuchten Lagen.

Zeigerwerte: Feuchtigkeit 3, Reaktion 2, Nährstoffe 1, Licht X, Temperatur X

Ähnliche Arten: Kann vor allem mit anderen *Dicranum*-Arten verwechselt werden. *D. bonjeanii* unterscheidet sich durch die kaum einseitswendigen und meist stärker querwelligen Blätter und kommt fast ausschliesslich in Mooren vor. Bei *D. polysetum* sind die Blätter ausser an der Sprossspitze waagrecht abstehend bis zurückgeschlagen, stark querwellig und auffällig stark gezähnt. *D. majus*

hat längere, meist über 10 mm lange Blätter und bildet mehrere Sporophyten je Sprossspitze. Eine sichere Bestimmung von *D. scoparium* ist oft nur anhand mikroskopischer Merkmale möglich.

Wissenswertes: Das Besenmoos ist zweihäusig. Während die weiblichen Pflanzen immer normal ausgebildet sind, können die männlichen Pflanzen auch als sogenannte «Zwergmännchen» ausgebildet sein. Die männlichen Pflanzen sind dann nur wenige Millimeter gross und wachsen als kleine Knospen im Rhizoidenfilz der weiblichen Pflanzen.

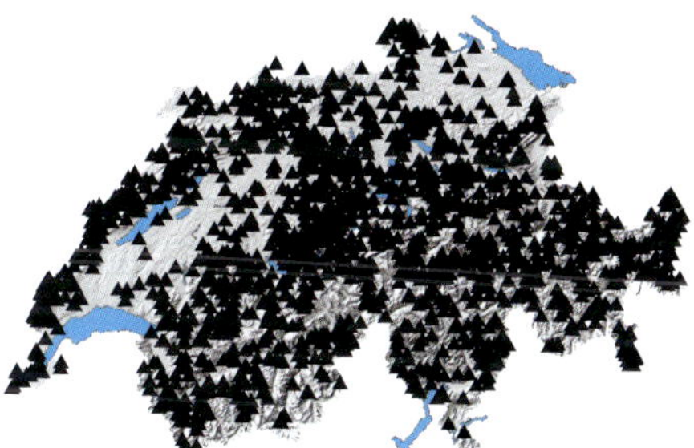

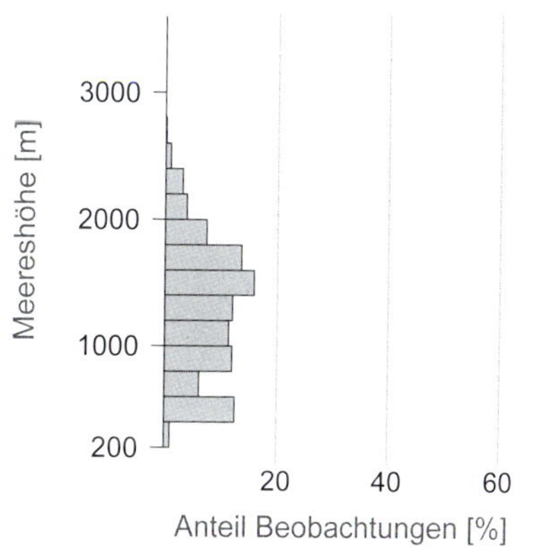

Diphyscium foliosum

Blasebalgmoos

Bonnet d'elfe

Waldboden | Akrokarpe Laubmoose

Pflanzen: In dichten, dunkelgrünen bis braungrünen Rasen. Sprösschen niedrig, nur wenige Millimeter hoch, unverzweigt.
Blätter: Aufrecht abstehend bis etwas zurückgebogen, trocken gekräuselt, schmal zungenförmig, an der Spitze abgerundet, ca. 2 mm lang. Rippe undeutlich, vor der Spitze endend. Weibliche Hüllblätter, die den Sporophyten auffällig umgeben, ca. 6 mm lang, lanzettlich, an der Spitze wimpernartig zerschlitzt und mit lang austretender Rippe.
Sporophyten: Häufig, in alpinen Lagen aber meist steril. Im Verhältnis zum Gametophyten sehr gross. Kapseln ungestielt, deutlich asymmetrisch, mit einer stark konvexen, bauchigen und einer flacheren Seite, hellbraun, 3–4 mm lang. Kapseldeckel spitz, kegelförmig.
Lebensraum/Ökologie: An schattigen bis lichtreichen Standorten auf kalkarmer, humoser oder auch sandiger Erde an Wegböschungen oder auf Erdauflagen über Silikatfelsen, oft in Wäldern.
Zeigerwerte: Feuchtigkeit 3, Reaktion 2, Nährstoffe 1, Licht 2, Temperatur X
Ähnliche Arten: Wenn die typischen, sehr grossen, sitzenden Sporophyten vorhanden sind, dann ist die Art unverwechselbar. Ohne Sporophyten ist die Art durch ihre geringe Grösse und die schmal zungenförmigen Blätter gut charakterisiert. Andere kleine Erdmoose haben andere Blattformen (z. B. zugespitzte oder eiförmige Blätter oder Blätter mit eingebogenen Blatträndern) und/oder Glashaare.

Wissenswertes: Die Kapseln von *D. foliosum* funktionieren ähnlich wie ein Blasebalg (Name!): Trifft ein Regentropfen auf die Kapsel oder tritt ein kleines Tier darauf, so werden Sporen durch den auffällig weissen, röhrenförmig verwachsenen inneren Peristom einige Zentimeter weit aus der Kapsel geblasen. Mit etwas Glück werden dadurch einige Sporen vom Wind erfasst und weiter fortgetragen.

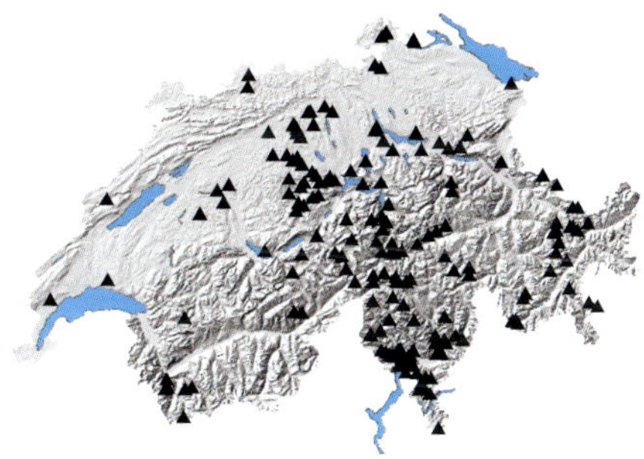

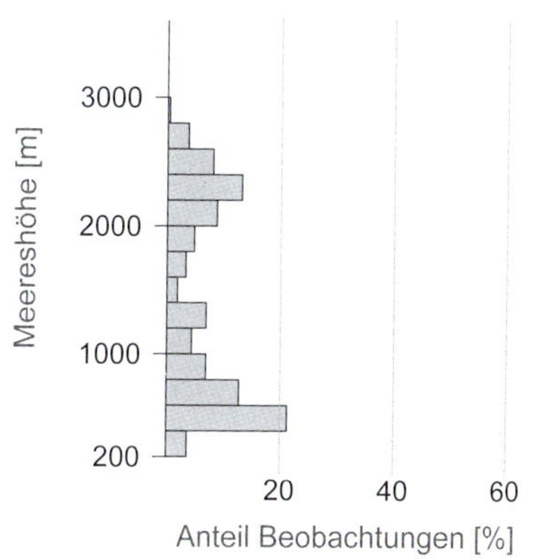

Fissidens taxifolius

Gewöhnliches Schwertmoos

Fissident à feuilles d'if

Waldboden | **Akrokarpe Laubmoose**

Pflanzen: Bildet lockere bis mässig dichte Rasen. Pflanzen klein bis mittelgross, ca. 0,5–2,0 cm lang. Gelb- bis dunkelgrün, matt. Sprosse mehr oder weniger (schräg) aufrecht, zweizeilig, abstehend und wenig- bis vielpaarig beblättert.

Blätter: Ei- bis zungenförmig-lanzettlich, breit gespitzt, ca. 1–2 mm lang. Der Scheidenteil überragt die Blattmitte. Rippe meist kurz austretend. Blattrand ungesäumt und ungezähnt, aber fein krenuliert (mit starker Lupe zu sehen).

Sporophyten: Häufig. Kapselstiel rot, etwa 1 cm lang. Kapsel hochrückig und leicht gekrümmt, geneigt bis waagrecht.

Lebensraum/Ökologie: Gestörte Stellen in Wäldern und Gebüschen, seltener in Lücken von Wiesen und Weiden sowie auf Brachäckern, an Böschungen und in Ruderalfluren. In mässig hellen bis schattigen Lagen. Wächst auf feuchter und lehmiger, toniger oder humoser Erde, selten auch in Ritzen von Kalkfelsen.

Zeigerwerte: Feuchtigkeit 3, Reaktion X, Nährstoffe 3, Licht 2, Temperatur 3

Ähnliche Arten: Kann im Gelände leicht mit anderen Arten der Gattung *Fissidens* verwechselt werden. Die Unterscheidungsmerkmale sind mit einer Lupe nicht immer eindeutig zu erkennen. Wichtig sind die geringe bis mittlere Grösse, die austretende Rippe, der ungesäumte Blattrand und die ungezähnten, aber fein krenulierten Blattspitzen. *F. osmundoides* unterscheidet sich durch die kurz vor der Blattspitze endende Rippe und wächst vor allem in Mooren und im Gebirge an feuchten Felsen. *F. dubius* (S. 156) und *F. adianthoides* sind meist grösser und haben unregelmässig gezähnte

Blattspitzen. Die Arten der *F. bryoides*-Gruppe (*F. bryoides* aggr.) kommen oft gemeinsam mit *F. taxifolius* vor und unterscheiden sich durch den Saum aus langgestreckten Zellen am Blattrand (mit der Lupe erkennt man am Rand eine helle, etwas glänzende Linie).

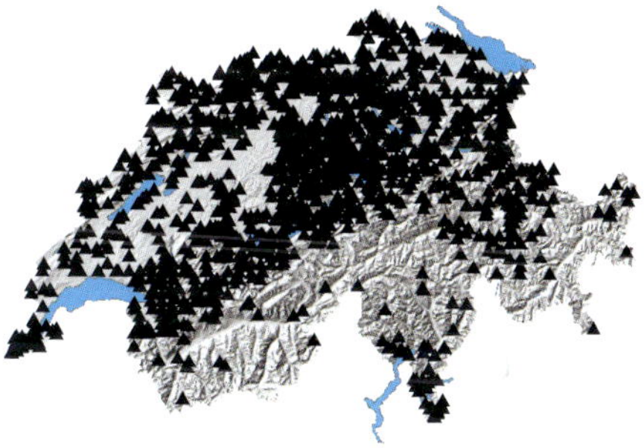

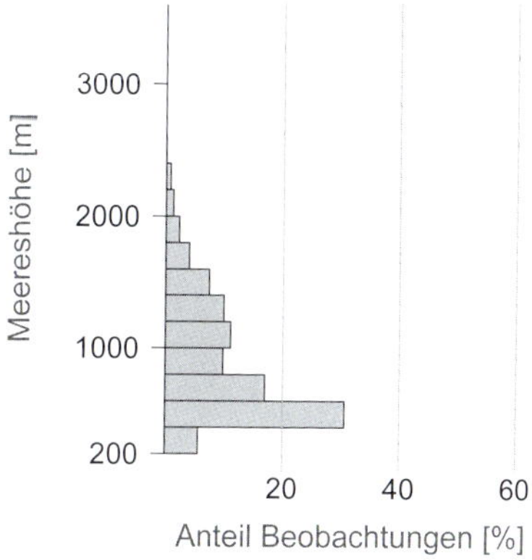

Leucobryum glaucum aggr.

Umfasst 2 Arten *(L. glaucum, L. juniperoideum)*

Gruppe des Gewöhnlichen Klumpenmooses

Groupe du Coussinet des bois

Waldboden | Akrokarpe Laubmoose

Pflanzen: In trocken weisslichen, feucht blaugrünen, 5–10(–15) cm hohen, dichten, zum Teil stark gewölbten, halbkugeligen, manchmal sehr grossen Polstern. Blätter aufrecht abstehend, an der Sprösschenspitze oft etwas einseitswendig.
Blätter: 4–12 mm lang, eher abrupt von einem scheidigen unteren in einen röhrenförmigen oberen Teil übergehend. Blattrippe fast das ganze Blatt ausfüllend, dadurch mit der Lupe betrachtet scheinbar ohne Rippe. Mit farblosen, toten Zellen, die als Wasserspeicher dienen und die bei trockenen Individuen die weissliche Färbung verursachen. Blattbasis am Rand gesäumt.
Sporophyten: Sehr selten. Kapselstiele 1,0–1,8 cm lang. Kapsel wenig bis stark gekrümmt, mit einem Kropf an der Kapselbasis, trocken längsfurchig.
Lebensraum/Ökologie: In Mooren, Heiden oder Laub- und Nadelwäldern. An leicht bis stark schattigen Stellen. Kalk meidend. Auf Torf, humusreicher Erde, Wurzeln, Baumstrünken, Totholz, zuweilen auch auf saurem Gestein.
Zeigerwerte: Feuchtigkeit 3, Reaktion 2, Nährstoffe 1, Licht 2, Temperatur 4
Ähnliche Arten: Typische Polster von *Leucobryum glaucum* aggr. können kaum mit anderen Moosen verwechselt werden. Arten der Gattung *Paraleucobryum* können auch weisslich gefärbte Polster bilden, ihre Blätter sind aber im Gegensatz zu denen von *L. glaucum* aggr. allmählich in eine lange Spitze ausgezogen, die Polster sind deutlich kleiner und wachsen auf kalkarmen Felsen. Auch *Dicranum*-Arten (*D. scoparium* (S. 296), *D. montanum* (S. 374)) weisen länger zugespitzte Blätter auf, die Polster sind grün, nicht blaugrün und meist lockerer.

Wissenswertes: *Leucobryum*-Polster werden oft für Dekorationszwecke verwendet, z. B. in Blumengestecken oder in Kränzen. Allerdings dürfen dafür keine Pflanzen aus der Schweiz verwendet werden, da *L. glaucum* aggr. in der Schweiz durch die Natur- und Heimatschutzverordnung geschützt ist.

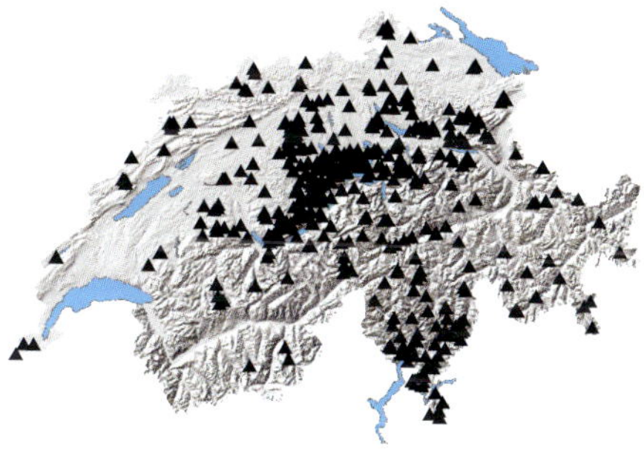

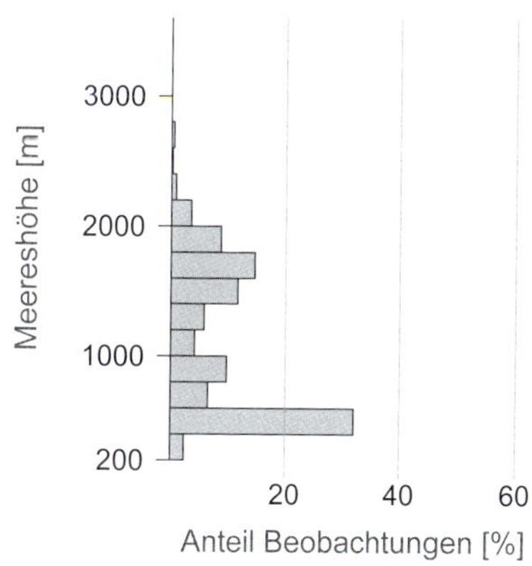

Mnium spinosum

Dorniges Sternmoos

Mnie épineuse

Waldboden | Akrokarpe Laubmoose

Pflanzen: In lockeren Rasen wachsend, dunkelgrün, unverzweigt, meist 3–5 cm gross. Sterile Sprösschen leicht übergebogen, fertile aufrecht, mit gegen die Spitze grösseren und dichter stehenden Blättern. Blätter im trockenen Zustand stark gekräuselt.

Blätter: Elliptisch bis verkehrt-eiförmig, etwa 4–7 mm lang. Blattrippe bis in die Spitze reichend und kurz austretend. Blattrand mit deutlichem Saum aus langgestreckten Zellen und doppelten Zähnen.

Sporophyten: Nicht häufig. Zu mehreren am Ende der weiblichen Pflanzen gebildet. Kapseln auf langem Stiel, hängend bis nickend, zylindrisch, leicht gekrümmt, mit kurz geschnäbeltem Deckel.

Lebensraum/Ökologie: In Nadel- und Laubwäldern in etwas höheren Lagen, seltener in Alpweiden und -wiesen, Zwergstrauchheiden, Grünerlengebüschen oder über Felsen. Auf frischem Waldboden, Rohhumus, Nadelstreu, totem Holz, an übererdeten Felsen, auch epiphytisch an Bergahorn und anderen Baumarten. An schattigen bis halbschattigen Standorten.

Zeigerwerte: Feuchtigkeit 3, Reaktion X, Nährstoffe 3, Licht 2, Temperatur 2

Ähnliche Arten: Viele *Mnium*-Arten sehen ähnlich aus, die Unterscheidung im Gelände braucht Erfahrung. *M. spinosum* zeichnet sich durch relativ breit-elliptische, gewellte Blätter mit deutlichem Saum und spitzen Doppelzähnen aus sowie durch die trocken stark gekräuselten Blätter. *M. hornum* hat schmal elliptische bis lanzettliche Blätter, die nicht gewellt sind, und wächst nicht über kalkhaltigen Böden. *M. spinulosum* hat trocken keine gekräuselten Blätter.

Atrichum undulatum (S. 292) unterscheidet sich durch Assimilationslamellen auf der Rippe, lanzettliche Blätter und aufrechte Kapseln. *Plagiomnium*-Arten (*P. affine* aggr. (S. 306), *P. undulatum* (S. 308)) haben einfache Zähne am Blattrand und meist findet man dazugehörende sterile Pflanzen, die niederliegend wachsen.

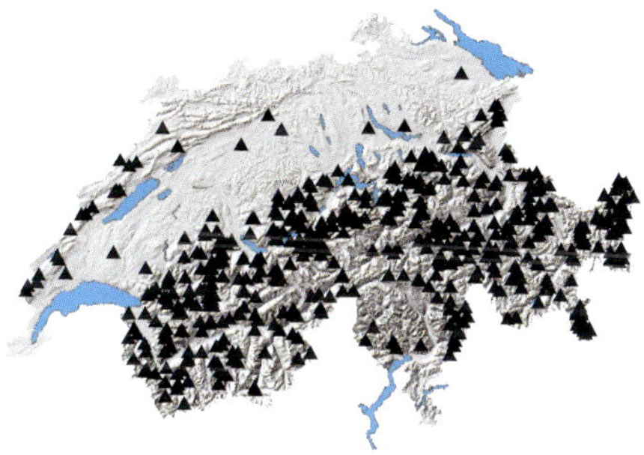

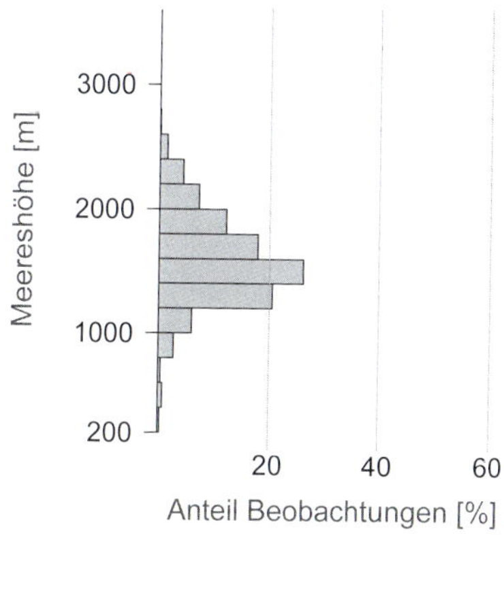

Plagiomnium affine aggr.

Umfassst 4 Arten *(P. affine, P. elatum, P. ellipticum, P. medium)*

Gruppe des Dornigen Kriechsternmooses

Groupe de la Mnie apparentée

Waldboden | Akrokarpe Laubmoose

Pflanzen: Gross, mittel- bis hellgrün, meist 5–10 cm hoch bzw. lang. Sterile Stämmchen bogenförmig wachsend, verflacht beblättert. Fertile Pflanzen aufrecht, spiralig beblättert.

Blätter: Elliptisch, feucht glatt oder schwach wellig verbogen, bis 10 mm lang. Rippe kräftig, bis kurz vor die Spitze reichend. Blattrand mit Saum aus langgestreckten Zellen, von der Basis bis zur Spitze gezähnt. Blattgrund mehr oder weniger lang herablaufend (schmal oder breit). Blätter trocken stark zusammengeschrumpft.

Gametangien: Ein- *(P. medium)* oder zweihäusig *(P. affine, P. elatum, P. ellipticum).* Gametangien am Ende der aufrechten Sprösschen. Vor allem die Antheridienstände auffällig, die als Splash Cups ausgebildet sind.

Sporophyten: Selten. Kapsel nickend, länger oder kürzer zylindrisch, auf 3–5 cm langem Kapselstiel. Deckel kegelförmig. Oft mehrere Sporophyten pro Archegonienstand.

Lebensraum/Ökologie: In Flachmooren, Sümpfen, Wäldern, Wiesen, Böschungen, Hochstaudenfluren, Parkanlagen und weiteren Lebensräumen auf Erde, torfigem Boden, morschem Holz, Laub- und Nadelstreu, an Baumbasen und Wurzeln. Während *P. elatum* und *P. ellipticum* nur an Feuchtstandorten vorkommen, gedeihen *P. affine* und *P. medium* auch in Wäldern an trockeneren Standorten.

Zeigerwerte: Feuchtigkeit 4, Reaktion X, Nährstoffe 3, Licht 2, Temperatur 3

Gefährdung: *Plagiomnium affine, P. elatum, P. medium:* nicht gefährdet (LC); *P. ellipticum:* potenziell gefährdet (NT)

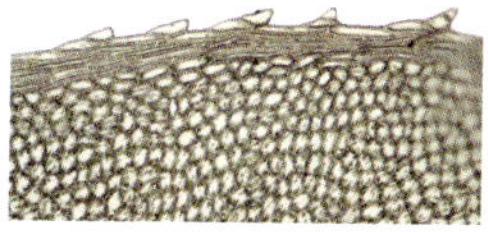

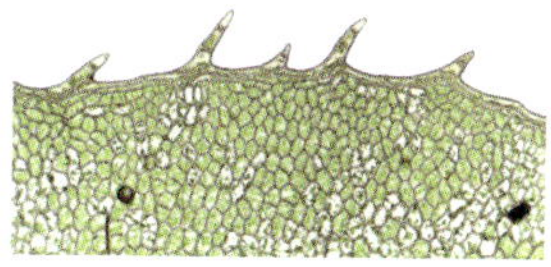

Ähnliche Arten: *Plagiomnium affine* aggr. ist nicht immer leicht zu erkennen. Besonders sterile Pflanzen können schwierig sein, da Merkmale wie die Blattzähnung variabel sind. *P. cuspidatum* hat Blätter, die nur in der oberen Hälfte deutlich spitz gezähnt sind, in der unteren Hälfte aber ganzrandig sind. *P. rostratum* unterscheidet sich durch sterile Stämmchen, die auf ihrer ganzen Länge mit Rhizoiden am Substrat wurzeln (nicht bogig wachsend), und nicht herablaufende Blätter. Diese Art bildet relativ oft Kapseln. Als einzige *Plagiomnium*-Art hat sie einen lang geschnäbelten Deckel. *P. undulatum* (S. 308) hat lange, zungenförmige Blätter, die stark querwellig sind. Bei den ähnlichen *Rhizomnium*-Arten (*R. punctatum*, S. 314) sind die Blätter rundlich und haben keine Zähne am Blattrand. Bei den *Mnium*-Arten (*M. spinosum*, S. 304) wachsen auch sterile Pflanzen aufrecht und der Rand der Blätter ist mit Doppelzähnen besetzt (mit der Lupe nicht immer leicht erkennbar).

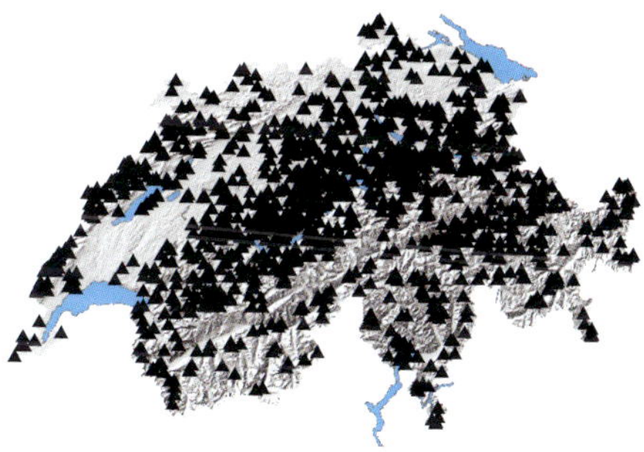

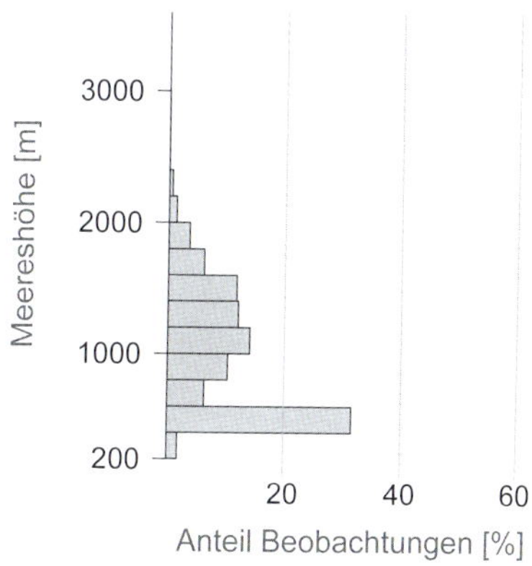

Plagiomnium undulatum

Grosses Kriechsternmoos

Mnie ondulée

Waldboden | Akrokarpe Laubmoose

Pflanzen: Gross, mittel- bis hellgrün, meist zwischen 5 und 10 cm hoch. Sterile und fertile Pflänzchen unterscheiden sich in der Wuchsform und sind oft nebeneinander anzutreffen: Sterile Pflänzchen sind unverzweigt und wachsen bogenförmig, fertile Pflanzen wachsen dagegen aufrecht und bilden unter der Spitze einen Kranz von Seitenästchen.
Blätter: Zungenförmig, querwellig, die längsten bis 15 mm lang. Rippe kräftig, bis in die Spitze reichend oder kurz austretend. Blattrand mit etwas hellerem Saum aus langgestreckten Zellen, von der Basis bis zur Spitze deutlich gezähnt. Blattgrund lang und breit herablaufend.
Gametangien: Zweihäusige Art. Die männlichen Pflanzen bilden an der Spitze von aufrechten Trieben Splash Cups, in denen die Antheridien dicht gedrängt stehen und eine auffällige, dunkelbraune Scheibe bilden, die von grünen Hüllblättern und einem Kranz von Seitenästchen umgeben sind.
Sporophyten: Nicht selten. Eine der wenigen Arten, bei denen am Ende der Pflänzchen mehrere (bis zu 10!) Sporophyten gebildet werden. Kapsel nickend, zylindrisch bis bauchig-zylindrisch, auf einem ca. 3 cm langen Kapselstiel. Deckel kegelförmig.
Lebensraum/Ökologie: In Wäldern, Wiesen, verschiedenen Feuchtstandorten, Parkanlagen, Gärten und weiteren Lebensräumen. Wächst auf Erde, übererdetem Gestein und morschem Holz. Meist an eher schattigen, etwas frischen Stellen.
Zeigerwerte: Feuchtigkeit 3, Reaktion X, Nährstoffe 5, Licht 2, Temperatur 3

Ähnliche Arten: *Plagiomnium undulatum* ist eine leicht kenntliche Art, die im Normalfall bereits im Gelände an den langen, zungenförmigen, querwelligen Blättern sicher identifiziert werden kann. Andere *Plagiomnium*-Arten (*P. affine,* S. 306) haben anders gestaltete Blätter und keine Seitenästchen an den fertilen Trieben. Achtung: Frische Frühlingstriebe von *P. undulatum* haben noch keine zungenförmigen Blätter. Wenn man aber nach weiter unten liegenden, älteren Blättern sucht, findet man normal geformte Blätter. *Atrichum*-Arten (*A. undulatum,* S. 292), die in Wäldern oft an ähnlichen Stellen wachsen, haben spitz zulaufende Blätter und Längslamellen auf der Blattrippe (mit der Lupe als Längsstreifen erkennbar).

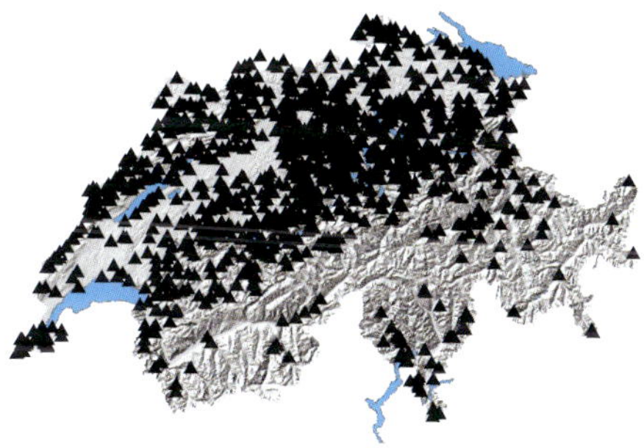

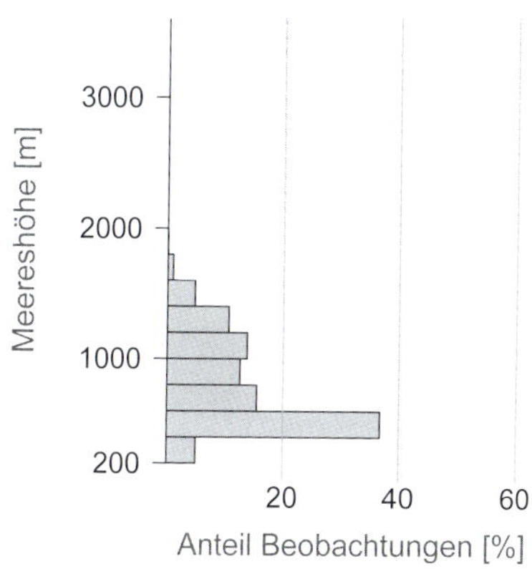

Polytrichum aloides

Gewöhnliches Filzmützenmoos

Perce-mousse aloès

Waldboden | **Akrokarpe Laubmoose**

Pflanzen: 0,5–1,0(–2,0) cm hoch, in lockeren bis dichten Rasen, dunkelgrün, Sprösschen unverzweigt. Blätter trocken einwärts gekrümmt, feucht abstehend. Protonema ausdauernd.
Blätter: Aus breit scheidigem, farblosem Grund abrupt in längeren grünen Teil verschmälert, 4–7 mm lang. Die Rippe nimmt fast die ganze Breite des Blattes ein und trägt auf der Oberseite sehr feine, dicht stehende Längslamellen (im Blattquerschnitt mit Lupe zu sehen). Blattrand fein gezähnt.
Gametangien: Zweihäusige Art. Männliche Pflanzen mit becherförmigen Antheridienständen.
Sporophyten: Häufig. Kapselstiel 1–4 cm lang, rot. Kapseln zylindrisch, etwa doppelt so lang wie breit, ohne Kanten. Peristomzähne durch eine Paukenhaut verbunden. Haube mit dichtem Haarfilz, die ganze Kapsel bedeckend.
Lebensraum/Ökologie: Pioniermoos in Laub- und Nadelwäldern, auch auf Weiden. Fast immer an offenerdigen, oft stark geneigten Böschungen oder auf Wurzeltellern umgestürzter Bäume. Auf kalk- und nährstoffarmen, sandig-lehmigen Böden, an schattigen bis hellen Stellen.
Zeigerwerte: Feuchtigkeit 3, Reaktion 2, Nährstoffe 1, Licht 2, Temperatur 3
Ähnliche Arten: Das viel seltenere und vom Aussterben bedrohte Zwerg-Filzmützenmoos *Polytrichum nanum* hat kürzere Kapseln, welche nur wenig länger als breit sind, und die Blätter sind kürzer und weniger stark gezähnt. *P. urnigerum* hat ähnliche Kapseln und Blätter wie *P. aloides,* doch sind die Pflanzen grau- bis blaugrün statt dunkelgrün und weisen kein ausdauerndes Protonema auf. Die weiteren *Polytrichum*-Arten (*P. commune* (S. 264), *P. formosum* (S. 312), *P. piliferum* (S. 120)) sind entweder grösser, nicht blaugrün, haben einen eingeschlagenen Blattrand oder eine austretende

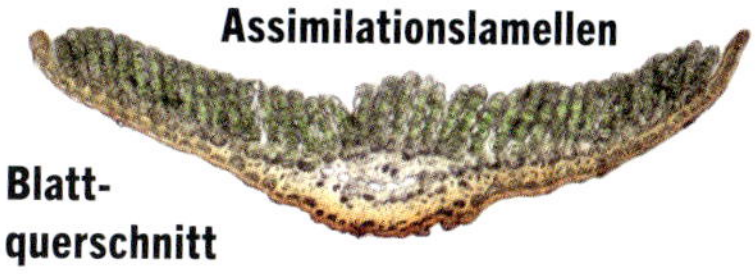

Rippe. Die ähnlich aussehenden *Atrichum*-Arten (*Atrichum undulatum*, S. 292) haben nur 4–5 Längslamellen auf einer schmalen Rippe. Eine oberflächliche Ähnlichkeit mit *Polytrichum* haben auch die Arten der Gattung *Timmia.* Bei diesen fehlen aber die Lamellen auf der Blattrippe.

Wissenswertes: Eines der auffälligsten Merkmale von *Polytrichum aloides* ist das ausdauernde Protonema. Es besteht aus verzweigten, algenartigen Fäden und bildet einen dichten hell- bis dunkelgrünen Filz. Es bleibt im Gegensatz zu den meisten anderen Moosarten auch dann bestehen, wenn sich die eigentlichen Moospflänzchen entwickelt haben. Bei den meisten anderen Moosarten ist das Protonema sehr kurzlebig.

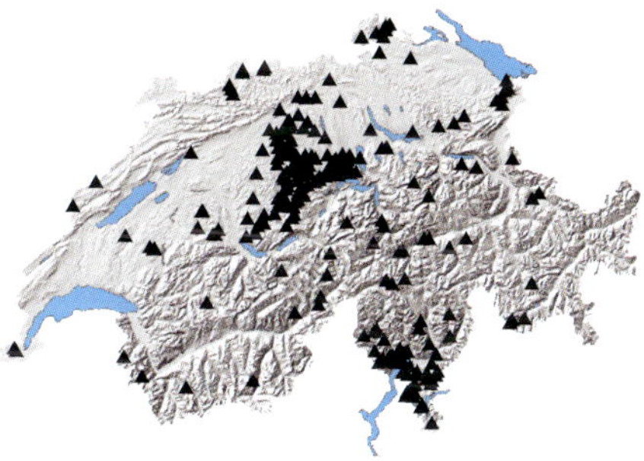

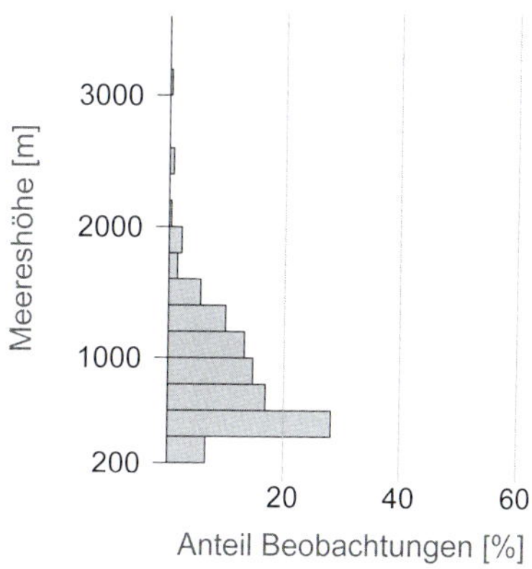

Polytrichum formosum

Wald-Widertonmoos

Perce-mousse élégant

Waldboden | Akrokarpe Laubmoose

Pflanzen: Tännchenartig, meist 5–15 cm hoch, in lockeren bis dichten Rasen, hell- bis dunkelgrün, meist unverzweigt. Blätter trocken locker anliegend, feucht abstehend bis zurückgekrümmt.

Blätter: Aus breit scheidig anliegendem, farblosem Grund abrupt in längeren grünen Teil verschmälert, 6–12(–17) mm lang. Die Rippe nimmt fast die ganze Breite des Blattes ein und trägt auf der Oberseite sehr feine, dicht stehende Lamellen (im Blattquerschnitt mit Lupe zu sehen) und tritt kurz aus. Blattrand sehr schmal, scharf gezähnt und oft aufgebogen.

Gametangien: Zweihäusige Art, oft fertil. Männliche Pflanzen mit becherförmigen Antheridienständen.

Sporophyten: Kapselstiel 3–8 cm lang, unten rötlich, in der oberen Hälfte gelblich. Kapsel unreif von langhaariger Haube fast ganz verhüllt, reif geneigt bis waagrecht, prismatisch, mit 4–6 Kanten. Kapselhals knotig verdickt. Deckel geschnäbelt. Peristomzähne kurz, durch eine Paukenhaut verbunden.

Lebensraum/Ökologie: Vorwiegend in Wäldern, seltener unter Gebüsch, auch in trockeneren Teilen von Mooren, fast durchwegs an schattigen Stellen. Auf mässig saurer, meist frischer Erde, gelegentlich auf Rohhumus oder Torf oder gar auf morschem Holz.

Ähnliche Arten: Von den 13 einheimischen *Polytrichum*-Arten ist *P. piliferum* (S. 120) durch sein Glashaar leicht zu erkennen. Runde statt kantige Kapseln haben *P. aloides* (S. 310), *P. nanum, P. urnigerum* und *P. alpinum* aggr. Von den übrigen sind wenigstens *P. longisetum* und *P. pallidisetum* dem *P. formosum* so ähnlich, dass sie sich nur mikroskopisch sicher von diesem unterscheiden lassen. *P. commune* (S. 264) hat einen einfarbig rotbraunen Kapselstiel, sterile Formen von trockenen Stand-

orten sind im Feld nicht immer sicher unterscheidbar. In Wäldern der Tieflagen ist aber *P. formosum* mit Abstand die häufigste *Polytrichum*-Art. Die ähnlich aussehenden *Atrichum*-Arten (*A. undulatum*, S. 292) haben nur 4–5 Längslamellen auf einer schmalen Rippe. Eine oberflächliche Ähnlichkeit mit *Polytrichum* haben auch die Arten der Gattung *Timmia.* Bei diesen fehlen aber die Lamellen auf der Blattrippe.

Wissenswertes: Der deutsche Name Widertonmoos kommt daher, dass die Pflanzen vor langer Zeit bei abergläubischen Leuten «wider das Tun» böser Geister im Gebrauch waren.

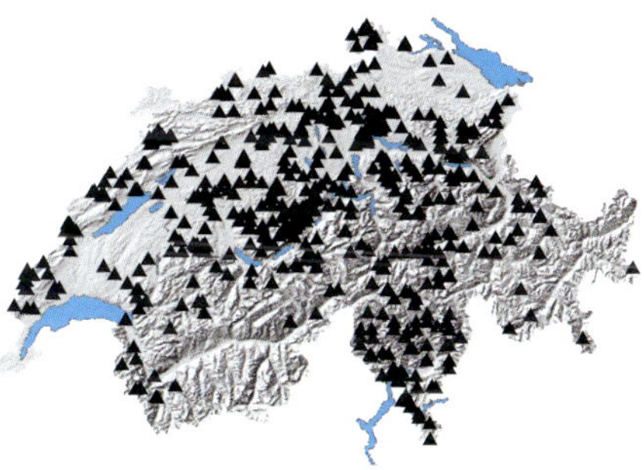

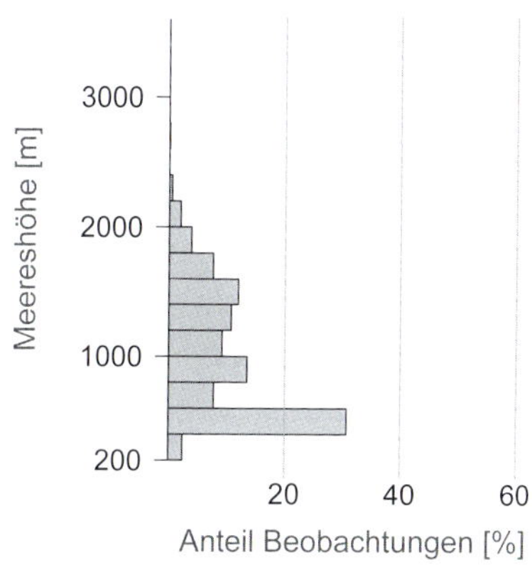

Rhizomnium punctatum

Gewöhnliches Wurzelsternmoos

Mnie ponctuée

Waldboden | Akrokarpe Laubmoose

Pflanzen: In lockeren Rasen, dunkelgrün, unverzweigt, aufrecht wachsend, meist 2–5 cm hoch, mit grossen, rundlichen Blättern und dichtem Rhizoidenfilz.
Blätter: Verkehrt eiförmig bis rundlich, etwa 6–10 mm lang, zur Basis hin stark verschmälert, an der Spitze mit kleinem, abgesetztem Spitzchen, das aber bei einzelnen Blättern fehlen kann. Blattrand glatt (ohne Zähne), mit deutlichem, hellem Saum aus langgestreckten Zellen.
Gametangien: Zweihäusige Art. Besonders die männlichen Pflanzen sehen wie kleine Blumen aus, wenn sie Antheridien bilden. Die Antheridien werden von einem Kranz aus «Blumenblättern» umgeben, die das Wasser sammeln und als sogenannte Splash Cups dienen.
Sporophyten: Regelmässig anzutreffen. Kapseln nickend, zylindrisch bis bauchig, mit geschnäbeltem Deckel.
Lebensraum/Ökologie: In nicht zu trockenen Laub- und Nadelwäldern, seltener an Feuchtstandorten wie Bachufern, Flachmooren, Waldsümpfen, Quellfluren und Feuchtwiesen. In der Regel an feucht-schattigen Standorten, aber an nassen Stellen auch sonnig wachsend. Meist auf totem Holz, seltener auch auf Erde, vermodertem Laub- und Nadelstreu, Torf und übererdetem Gestein.
Zeigerwerte: Feuchtigkeit 4, Reaktion X, Nährstoffe 1, Licht 2, Temperatur 3
Ähnliche Arten: An ähnlichen Stellen in Wäldern sind auch ähnlich aussehende *Plagiomnium*-Arten anzutreffen (*P. affine* aggr. (S. 306), *P. undulatum* (S. 308)). Ihre Blätter sind aber elliptisch oder zungenförmig, haben einen deutlich gezähnten Blattrand und die sterilen Sprösschen wachsen niederliegend. An Feuchtstandorten kommen weitere Arten mit rundlichen Blättern und ähnlichem

Erscheinungsbild vor *(Rhizomnium magnifolium, R. pseudopunctatum, Cinclidium stygium).* Diese Arten müssen anhand mikroskopischer Merkmale unterschieden werden.

Wissenswertes: Eine Besonderheit dieser Art ist ihr ausdauerndes Protonema, das braune, filzige Überzüge auf dem Substrat bildet, aus dem zu Beginn einzelne Blättchen wachsen. Diese besonders attraktive Moosart war 1993 sogar auf einer 1-Franken-Briefmarke abgebildet.

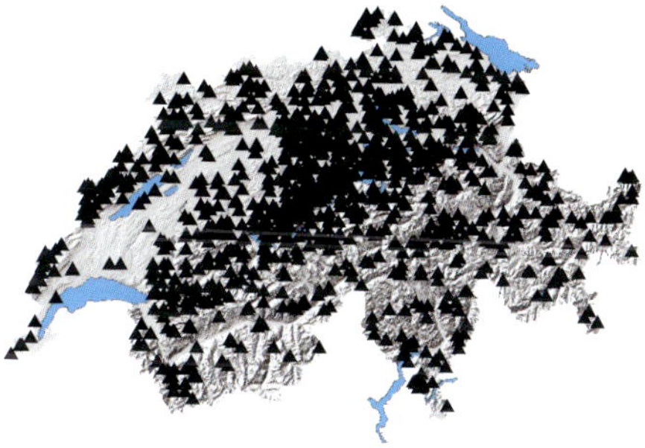

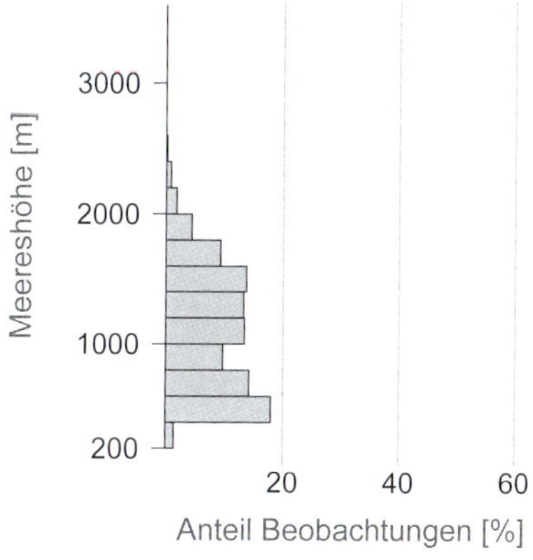

Rhodobryum roseum

Echtes Rosenmoos

Vraie rosette

Waldboden | Akrokarpe Laubmoose

Pflanzen: In lockeren Rasen, einzeln oder in kleinen Gruppen wachsend, saftig grün bis bleichgrün, unverzweigte, aufrechte Sekundärsprösschen bildend, diese meist 3–6 cm gross. Besonders auffällig ist die blumen- oder palmenartige Blattrosette am oberen Ende des Stämmchens, während der untere Teil des Stämmchens nur mit unscheinbaren, schuppenartigen Blättern besetzt ist.
Blätter: In der Blattrosette spatelförmig, mit grösster Breite wenig oberhalb der Blattmitte, etwa 6–12 mm lang. Blattrippe dünn, unterhalb der als feines Spitzchen ausgezogenen Blattspitze endend. Blattrand gezähnt, ohne deutlichen Saum aus langgestreckten Zellen, in der Blattmitte umgebogen bis schwach zurückgerollt.
Sporophyten: Selten. Zu mehreren am Ende der weiblichen Pflanzen gebildet. Kapseln auf langem Stiel, hängend bis nickend, zylindrisch, leicht gekrümmt, mit kurz kegeligem Deckel.
Lebensraum/Ökologie: In Laub- und Nadelwäldern, Auenwäldern, Schluchten, Riedwiesen, feuchten Weiden und Hochstaudenfluren. Auf frischer bis nasser Erde, Moderhumus, Grasstreu und übererdeten Felsen. Oft über kalkhaltigen Böden, aber auch über neutralem und schwach saurem Untergrund. Meist an halbschattigen bis schattigen Stellen.
Zeigerwerte: Feuchtigkeit 4, Reaktion 4, Nährstoffe 1, Licht 3, Temperatur 3
Ähnliche Arten: Die Arten der Gattung *Rhodobryum* sind dank ihrer speziellen Wuchsform mit grosser, schopfiger Blattrosette auch ohne Lupe leicht erkennbar. Die Unterscheidung der beiden einheimischen Arten, *R. roseum* und *R. ontariense,* ist jedoch nicht immer ganz einfach. Im Gelände kann man sie am besten an folgenden Merkmalen unterscheiden: Die Anzahl Blätter, aus der die

Blattrosette gebildet wird, liegt bei *R. roseum* zwischen 16–24, bei *R. ontariense* dagegen zwischen 18–52. Ausserdem wächst *R. ontariense* an trockeneren Standorten, bildet nur selten Seitentriebe unterhalb der Blattrosette aus und die Blätter sind in trockenem Zustand aufrecht abstehend. *R. roseum* bildet dagegen oft solche Seitentriebe aus und die Blätter stehen im trockenen Zustand ausladend ab.

Wissenswertes: In tropischen Regionen gibt es weitere Arten der Gattung *Rhodobryum,* die zum Teil deutlich grösser sind.

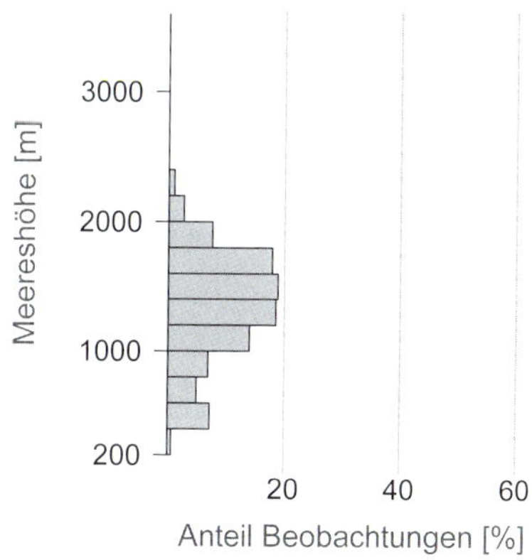

Brachytheciastrum velutinum

Samt-Kegelmoos

Buissonnette veloutée

Waldboden | Pleurokarpe Laubmoose

Pflanzen: Klein, schlank, in niedrigen, kompakten, seidigen und etwas glänzenden Rasen. Sprösschen kriechend, 3–6 cm lang, meist unregelmässig verzweigt. Äste aufrecht oder aufsteigend, kurz und unverzweigt. Blätter aufrecht abstehend.
Blätter: Stämmchenblätter 1,2–1,8 mm lang, lanzettlich, allmählich in eine lange Spitze ausgezogen, oft sichelförmig, flach oder leicht hohl, kaum faltig. Rippe bis zu ¾ der Blattlänge, auf der Rückseite als Dorn austretend (mit der Lupe kaum sichtbar). Blattrand zur Spitze hin gezähnt. Astblätter ähnlich, 0,8–1,4 mm lang, mit einer feineren Spitze.
Sporophyten: Kapselstiel 7–20 mm lang, rau, dunkelrot. Kapsel horizontal, eiförmig, gebogen und asymmetrisch, 1,5–2,5 mm. Deckel kegelig, ungeschnäbelt, aber mit einem kleinen Spitzchen.
Lebensraum/Ökologie: In Laubwäldern, an Wegböschungen, in Gebüschen. An aufgelichteten bis mässig schattigen, trockenen bis frischen, vorzugsweise basischen Standorten. Auf lehmigem bis leicht humosem Untergrund, auch auf Borke, Baumwurzeln, morschem Holz und Gestein.
Zeigerwerte: Feuchtigkeit 3, Reaktion 3, Nährstoffe 3, Licht 2, Temperatur 3
Ähnliche Arten: Im Berggebiet gibt es das ähnliche *Brachytheciastrum trachypodium,* das sich durch die grüngoldene Farbe, aufrecht anliegende und kaum sichelförmige Blätter von *B. velutinum* unterscheidet. Verwechslungen mit *Sciuro-Hypnum populeum* (S. 206) sind auch möglich. Die Art kann anhand der nicht sichelförmigen Blätter sowie der bis in die Blattspitze ausgezogenen Blattrippe von *B. velutinum* unterschieden werden. Die Sprösschen von *Ctenidium molluscum* (S. 190) sind meist regelmässig dicht und federartig verzweigt. Ist dies nicht der Fall, so ist die Form der

Stämmchenblätter ein gutes Unterscheidungsmerkmal. Diese haben bei *Ctenidium* eine breit herzförmige, stängelumfassende Basis und ausserdem keine Rippe.

Wissenswertes: *B. velutinum* ist eines der 15 häufigsten Moose der Schweiz. Bei Formen von *B. velutinum* mit glattem Kapselstiel handelt es sich wahrscheinlich um eigenständige Arten *(B. olympicum, B. salicinum),* doch sind die Verwandschaftsverhältnisse noch nicht abschliessend geklärt.

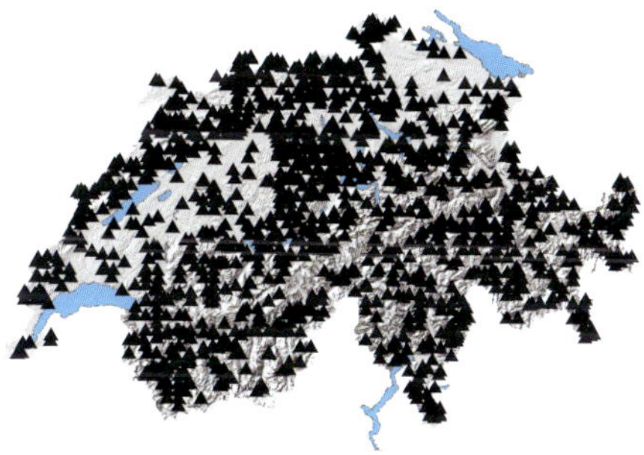

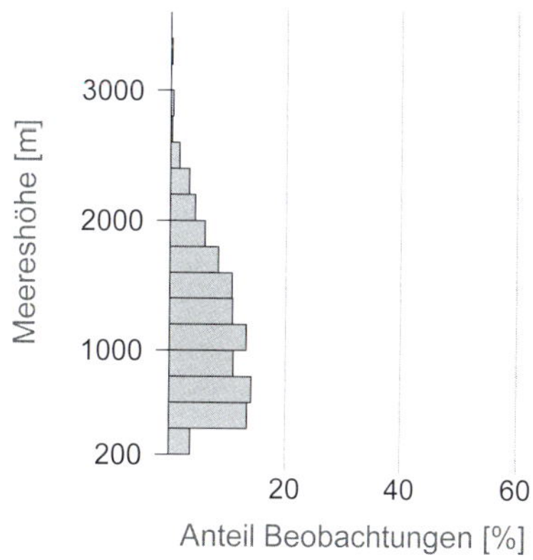

Eurhynchium striatum

Spitzblättriges Schönschnabelmoos

Longbec strié

Waldboden | Pleurokarpe Laubmoose

Pflanzen: Kräftig, glänzend, gelb- bis dunkelgrün, in lockeren, ausgedehnten Rasen, 5–10 cm hoch. Primäre Stämmchen kriechend, sekundäre aufsteigend, büschelig verzweigt. Äste 1–2 cm lang, häufig abwärts gekrümmt, stumpflich wirkend, bisweilen flagellenartig verlängert.
Blätter: Dicht gestellt, feucht wie trocken sparrig abstehend, aus herzförmigem Grund dreieckig, runzelig bis faltig, 2–3 mm lang. Blattrand gesägt, nur am Grund schmal umgerollt, sonst flach. Blattspitze scharf und lang zugespitzt. Rippe kräftig, bis über die Mitte reichend.
Sporophyten: Kapselstiel glatt, rot. Kapsel geneigt, länglich eiförmig, schwach hochrückig. Deckel lang und schief geschnäbelt.
Lebensraum/Ökologie: Als Bodenmoos an schattigen, frischen, gern nährstoffreichen Standorten über Humus, Erde, feuchtem Holz oder Gestein in Waldgesellschaften, basenreich bis mäßig sauer.
Zeigerwerte: Feuchtigkeit 3, Reaktion X, Nährstoffe 1, Licht 2, Temperatur 3
Ähnliche Arten: Das sehr ähnliche *Eurhynchium angustirete* mit einer breiteren und kürzer zugespitzten Blattspitze ist eher in montanen Lagen anzutreffen, während *E. striatum* eine typische Art der tiefen Lagen ist. *Brachythecium rutabulum* (S. 68) wächst dichter und die Sprossspitzen sind

spitz zulaufend, der Kapselstiel ist rau und der Deckel kegelförmig. *Loeskeobryum brevirostre* bildet an den Stämmchen Paraphyllien und die Blätter haben keine Rippe. *Thamnobryum alopecurum* (S. 248) wächst häufig in Gesellschaft mit *E. angustirete* und ist am bäumchenartigen Wuchs sowie an seinen gröber gezähnten und nicht faltigen Blättern zu unterscheiden.

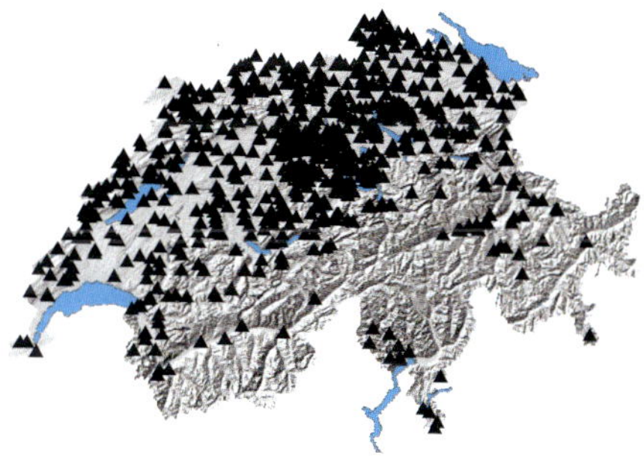

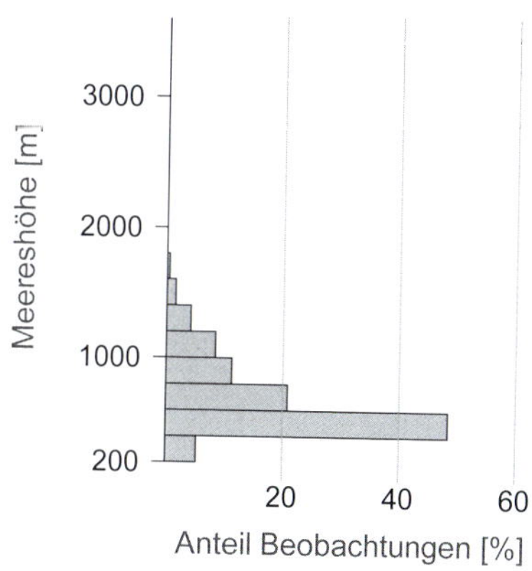

Hookeria lucens

Netzmoos

Pennule

Waldboden | Pleurokarpe Laubmoose

Pflanzen: Niederliegend, in hellgrünen Decken. Sprösschen 3–6(–10) cm lang und bis 10 mm breit, stark abgeflacht und ölig glänzend, wenig verzweigt. Manchmal mit Büscheln fädiger Brutkörper an den Blattspitzen.

Blätter: 2,5–5,0(–6,0) mm lang, mehr oder weniger eiförmig, stumpf, flach und ganzrandig, ohne Rippe, undeutlich gesäumt. In trockenem Zustand verbogen und zerbrechlich. Blattzellen sehr gross, bis ein Zehntel Millimeter breit und daher mit blossem Auge zu erkennen.

Sporophyten: Relativ häufig, im Winter reif. Haube mützenförmig, am Grund gelappt. Kapselstiel dick, rötlich, 1–2 cm lang. Kapsel dunkelbraun bis schwarz, horizontal, mit lang geschnäbeltem Deckel. Peristom doppelt; das äussere mit 16 Zähnen, unten orangerot, oben farblos, das innere ebenso lang, gelblich.

Lebensraum/Ökologie: Ganz überwiegend in Wäldern, in Laub- oder Mischwäldern häufiger als in reinen Nadelwäldern, an Böschungen, in Schluchten, an Bachufern, selten in Mooren. Meist an schattigen, luftfeuchten Stellen und auf (oft saurer) Erde, aber auch an Gestein zu finden. Frische und feuchte Substrate werden bevorzugt.

Zeigerwerte: Feuchtigkeit 4, Reaktion 3, Nährstoffe 1, Licht 1, Temperatur 3

Gefährdung: Potenziell gefährdet (NT). Gefährdet durch den Klimawandel.

Ähnliche Arten: *Hookeria lucens* ist mit seinen grossen, abgeflachten, hellgrünen Sprösschen mit den ölig glänzenden, stumpfen Blättern ohne Rippe und den auffällig grossen Zellen kaum zu verwechseln. *Plagiothecium*-Arten (*P. undulatum*, S. 328) sind ebenfalls abgeflacht beblättert, sind aber

deutlich kleiner als *H. lucens.* Eine oberflächliche Ähnlichkeit besteht auch mit *Homalia trichomanoides* (S. 392), die aber fast immer auf der Borke von Laubbäumen wächst, eine Blattrippe und einen gezähnten Blattrand aufweist.

Wissenswertes: Der deutsche Name «Netzmoos» bezieht sich darauf, dass das Zellnetz bereits mit blossem Auge gesehen werden kann. *Hookeria lucens* ist die einzige Art aus der Familie der Hookeriaceen, die in Europa vorkommt. Die Hookeriaceen haben ihre Hauptverbreitung in wärmeren Gebieten der Erde.

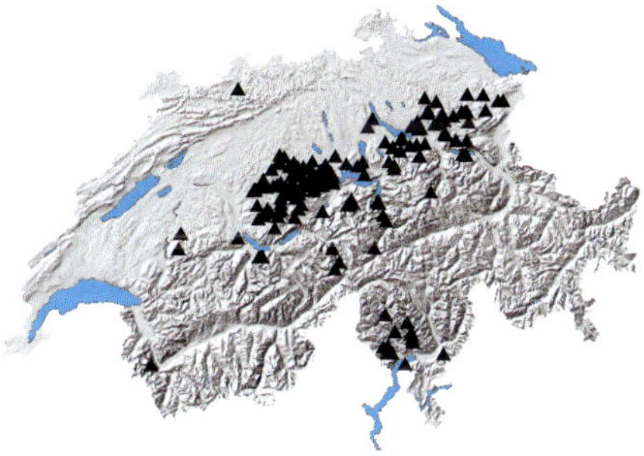

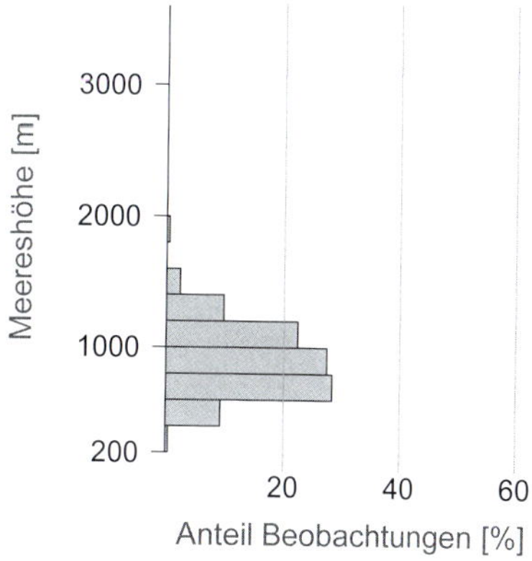

Hylocomiadelphus triquetrus

Echtes Kranzmoos

Ébouriffe triangulaire

Waldboden | Pleurokarpe Laubmoose

Pflanzen: Sehr kräftiges, hellgrünes Moos mit rotbraunen Stämmchen. Bildet oft ausgedehnte, etwas starre Rasen. Sprösschen aufrecht, unregelmässig bis locker fiedrig verzweigt, 8–15(–20) cm lang.
Blätter: An den Triebenden teilweise schwach einseitswendig und etwas schopfig gehäuft. Stämmchenblätter dreieckig, kurz zugespitzt und tief längsfaltig, um 6 mm lang. Blattrippe doppelt, meist bis zur Blattmitte oder auch etwas länger. Blattrand fast bis zum Grund gesägt.
Sporophyten: Selten. Kapselstiel rot, 2–4 cm lang; Kapsel länglich eiförmig, mit kegelförmigem Deckel.
Lebensraum/Ökologie: An schattigen bis lichtreichen, selten sonnigen Standorten. An Waldsäumen, in lichten Wäldern und an grasigen Böschungen. Weit verbreitet und häufig.
Zeigerwerte: Feuchtigkeit 3, Reaktion X, Nährstoffe 1, Licht X, Temperatur 3
Ähnliche Arten: Durch die grossen, aufrechten Sprösschen mit der typischen Beblätterung kaum mit anderen Arten zu verwechseln. *Rhytidiadelphus squarrosus* (S. 88) ist kleiner und hat stark zurückgekrümmte Blätter ohne Längsfalten. Die Stämmchenblätter von *Rhytidiadelphus loreus* (S. 336) sind deutlich einseitswendig und in eine sehr lange und schmale Spitze verschmälert. *Loeskeobryum brevirostre* hat kleinere Blätter (2–3 mm) und bildet an den Stämmchen Paraphyllien aus.

Wissenswertes: *Hylocomiadelphus triquetrus* (älterer Name: *Rhytidiadelphus triquetrus*) ist unter den heimischen Laubmoosen eine der grössten, auffälligsten und häufigsten Arten und wurde zur Dekoration von Kränzen verwendet, daher der deutsche Name «Kranzmoos». Der lateinische Artname *triquetrus* = dreieckig kommt von den dreieckigen Blättchen.

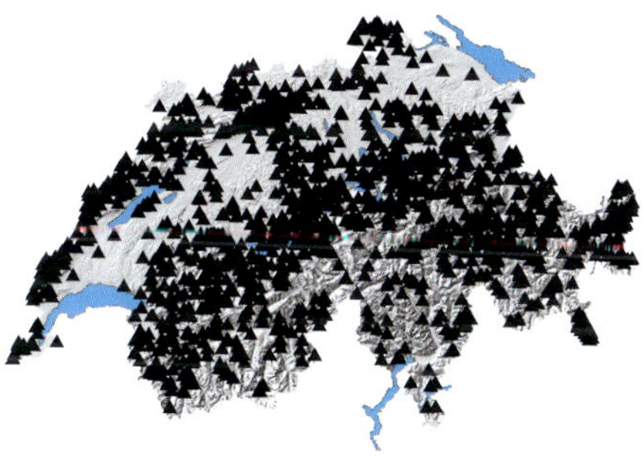

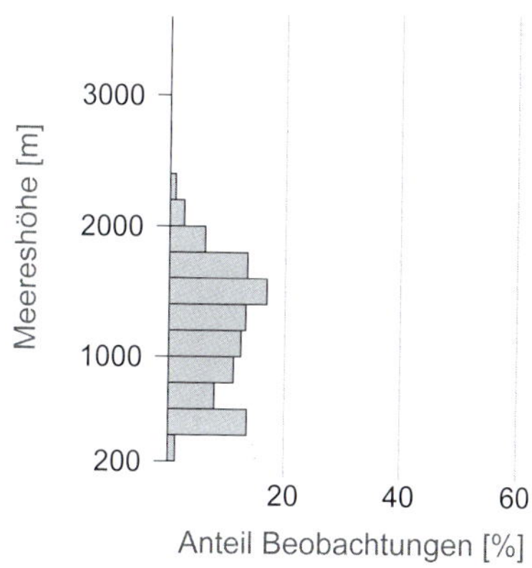

Hylocomium splendens

Echtes Etagenmoos

Hylocomie brillante

Waldboden | **Pleurokarpe Laubmoose**

Pflanzen: In oft ausgedehnten, olivgrünen bis gelb- oder braungrünen, mehrere Zentimeter bis 1–2 Dezimeter dicken, lockeren Teppichen. Kräftige, regelmässig doppelt bis dreifach gefiederte Pflanzen mit deutlich etagenartigem Wuchs und schwachem, seidigem Glanz, ca. 5–10(–15) cm lang. Stämmchen rot und mit Paraphyllien bedeckt.
Blätter: Stämmchenblätter 2–3 mm lang, eiförmig mit abgesetzter Spitze, in der oberen Blatthälfte grob gezähnt. Doppelrippe bis ca. zur Blattmitte. Die Astblätter deutlich kleiner, ca. 1 mm lang, eiförmig.
Sporophyten: Selten. Kapselstiel ca. 2 cm lang. Kapsel eiförmig, gekrümmt, mit geschnäbeltem Deckel.
Lebensraum/Ökologie: An lichtreichen bis halbschattigen Stellen in Wäldern, auf Felsblöcken und an Wegböschungen, auf kalkhaltiger bis saurer, humoser, trockener bis frischer Erde.
Zeigerwerte: Feuchtigkeit 3, Reaktion 2, Nährstoffe 1, Licht 3, Temperatur 3
Ähnliche Arten: Sehr ähnlich ist *Thuidium tamariscinum* (S. 340), das auch an ähnlichen Standorten gefunden werden kann. *T. tamariscinum* ist allerdings nicht glänzend, wächst meist weniger deutlich etagenartig, die Stämmchenblätter sind breit dreieckig und faltig und haben eine kräftige Rippe, die bis in die Blattspitze reicht. Auch die weiteren *Thuidium*-Arten können mit *Hylocomium splendens* verwechselt werden, sie wachsen allerdings kaum mit *H. splendens* zusammen und wachsen nicht etagenartig. Die kräftige Rippe der Stämmchenblätter der *Thuidium*-Arten ist immer ein gutes Unterscheidungsmerkmal. *Hylocomiastrum umbratum,* welches früher auch zur Gattung

Paraphyllium

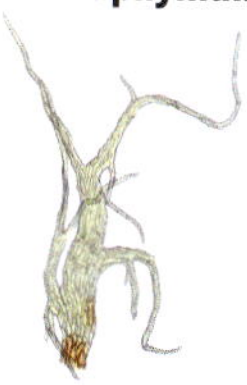

Hylocomium gehörte, ist unregelmässig zweifach gefiedert und die Stämmchenblätter sind aus breiter Basis in eine scharf gezähnte, nicht abgesetzte Spitze ausgezogen.

Wissenswertes: *Hylocomium splendens*-Pflanzen entwickeln jedes Jahr eine neue Etage. Löst man Pflanzen vorsichtig aus dem Bestand heraus, so lassen sich oft die Etagen der letzten vier bis fünf Jahre erkennen, die kettenartig verbunden sind. Die Knospen der neuen Jahrestriebe bzw. der neuen Etagen werden jeweils im Spätherbst sichtbar.

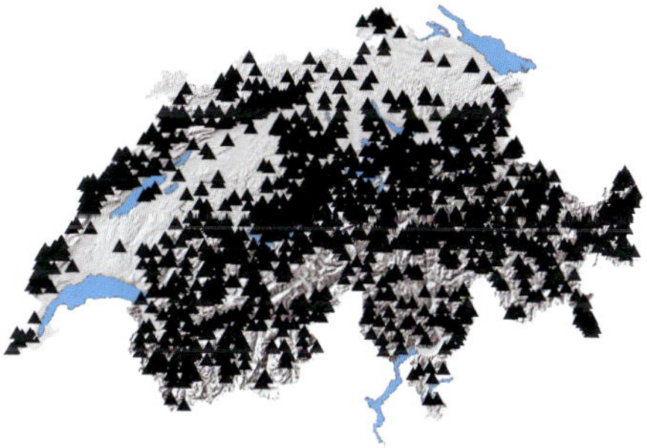

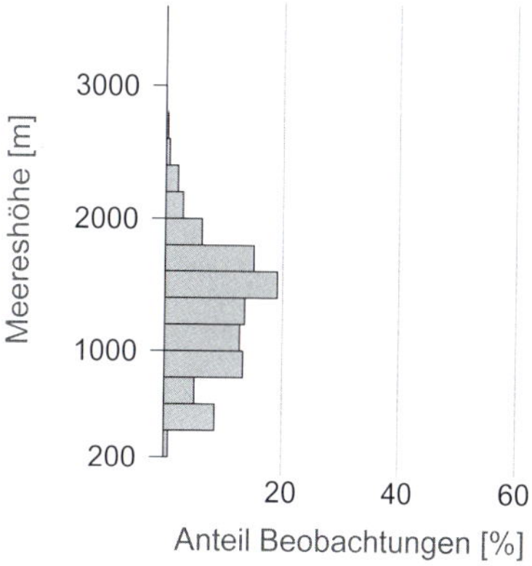

Plagiothecium undulatum

Grosses Plattmoos

Satinette ondulée

Waldboden | Pleurokarpe Laubmoose

Pflanzen: Lockere, oft ausgedehnte Teppiche, trocken auffallend bleich, fast weiss (nur in feuchtem Zustand etwas kräftiger bläulich grün und schwach glänzend). Sprösschen mehrere Zentimeter lang und über 5 mm breit, wenig verzweigt, niederliegend, verflacht in einer Ebene beblättert, dabei aber meist auch etwas kätzchenförmig geschwollen.
Blätter: Eiförmig mit kurzer Spitze, zuoberst ziemlich abrupt in ein kleines (gezähntes) Spitzchen zusammengezogen, querwellig. Rippe kurz und doppelt, dünn und unauffällig (mit der Lupe kaum sichtbar).
Sporophyten: Gelegentlich vorhanden, Kapselstiel rötlich bis braun, 4–5 cm lang, Kapsel leicht gebogen und horizontal.
Lebensraum/Ökologie: Konkurrenzstarkes Waldbodenmoos in Nadel- und Mischwäldern, an schattigen, luftfeuchten und kalkarmen Standorten. Besonders auf Rohhumus (Nadelstreu), manchmal auf Totholz, Wurzeln und Felsen übergehend, seltener auf kalkarmer Erde.
Zeigerwerte: Feuchtigkeit 3, Reaktion 2, Nährstoffe 1, Licht 1, Temperatur 3
Ähnliche Arten: *Plagiothecium undulatum* ist aufgrund seiner Grösse, der weisslichen Farbe und der gewellten Blätter kaum mit einer anderen Moosart zu verwechseln. Die blasse Farbe teilt es mit dem Weiss- oder Klumpenmoos (*Leucobryum glaucum* aggr., S. 302), welches aber polsterförmig wächst. Die gewellten Blätter erinnern an *Neckera crispa* (S. 198), welche jedoch nicht auf Waldboden vorkommt. Zudem haben deren Blätter einen ausgeprägten Metallglanz, sind noch stärker gewellt und eher zungenförmig als eiförmig im Umriss. Eine Verwechslung mit anderen *Plagiothecium*-Arten

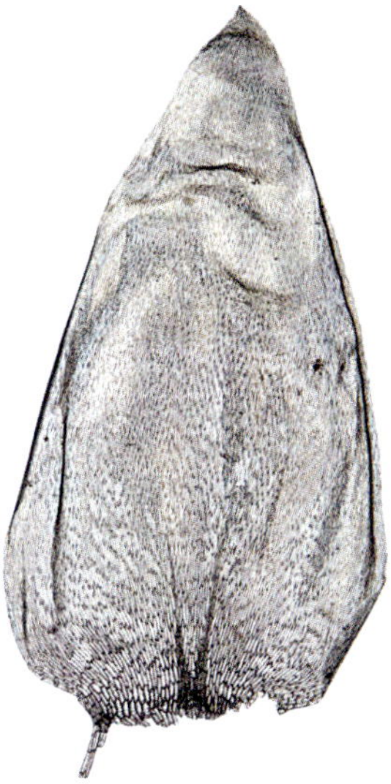

ist nahezu ausgeschlossen. Einzig *P. neckeroideum,* eine seltene Charakterart sehr schattiger Stellen in luftfeuchten Silikatblockhalden, erreicht knapp die Grösse von *P. undulatum* und wächst manchmal in unmittelbarer Nähe. Seine Triebe sind feiner zugespitzt (zum Teil flagellenartig), gelbgrün und weniger weisslich und an den Blattspitzen bildet es oft kleine Brutkörperhäufchen aus.

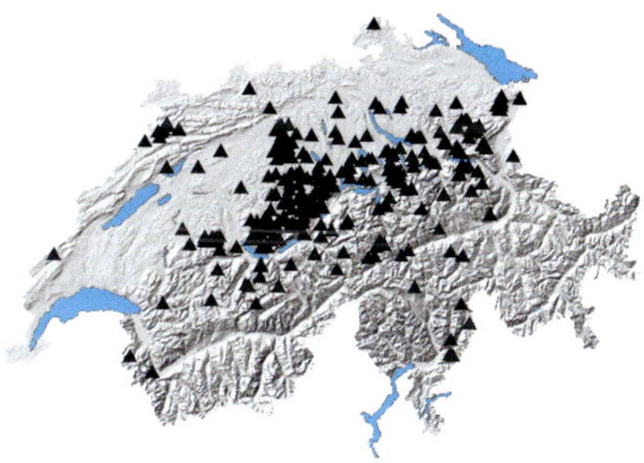

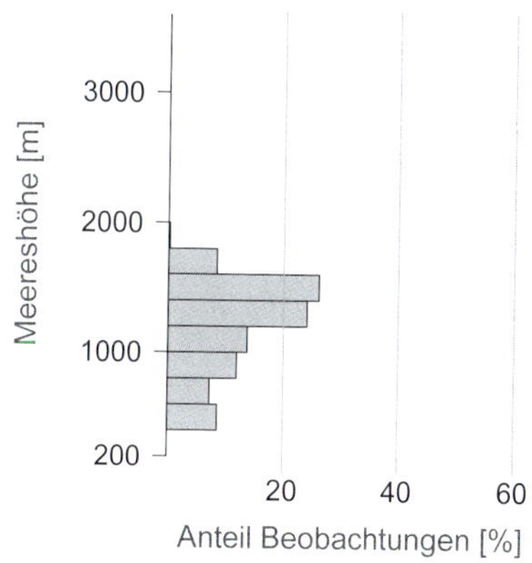

Pleurozium schreberi

Rotstängelmoos

Pleurozie

Waldboden | Pleurokarpe Laubmoose

Pflanzen: Kräftig, grasgrün bis dunkelgrün, etwas glänzend, in oft ausgedehnten Teppichen. Sprösschen ca. 4–7 cm lang, ziemlich regelmässig gefiedert. Blätter dachziegelig anliegend. Stämmchen dunkelrot.

Blätter: Eiförmig, mit einem stumpfen, aufgesetzten Spitzchen, hohl. Rippe doppelt, kurz (mit der Lupe kaum sichtbar). Blattrand ohne Zähne.

Sporophyten: Sehr selten.

Lebensraum/Ökologie: In ausgedehnten Decken auf sauren, trockenen bis nassen Wald-, Heide- und Moorböden. Ebenfalls auf Humusauflagen über meist saurem Gestein.

Zeigerwerte: Feuchtigkeit 3, Reaktion 2, Nährstoffe 1, Licht 3, Temperatur 2

Ähnliche Arten: Sehr ähnlich ist *Entodon concinnus* (S. 86), welches aber auf Kalk und eher an trockenen Standorten vorkommt und ein meist gelbliches bis grünliches Stämmchen aufweist, währenddessen die kennzeichnende rötliche Stämmchenfarbe von *Pleurozium schreberi* sogar durch die Blätter hindurch deutlich sichtbar ist. *Pseudoscleropodium purum* (S. 332) hat ein grünes Stämmchen. Seine Blätter haben zudem eine dünne, aber deutliche Rippe, die bis etwa zur Blattmitte reicht. Meist an feuchteren und nährstoffreicheren Stellen wächst *Calliergonella cuspidata* (S. 80), das sich durch spiessförmig zusammengedrehte Sprösschenspitzen unterscheidet. *Hylocomiastrum pyrenaicum* hat ebenfalls ein rotes Stämmchen, aber faltige Blätter mit längerer Spitze und zahlreiche Paraphyllien am Stämmchen.

Wissenswertes: In Gebirgs-Nadelwäldern ist *Pleurozium schreberi* zusammen mit *Hylocomium splendens* (S. 326), *Rhytidiadelphus loreus* (S. 336) und anderen grossen Bodenmoosen ein wichtiger Bestandteil einer oft auffälligen Moosvegetation, welche den Waldboden zwischen Heidelbeeren und Felsblöcken mit dicken Teppichen überzieht.

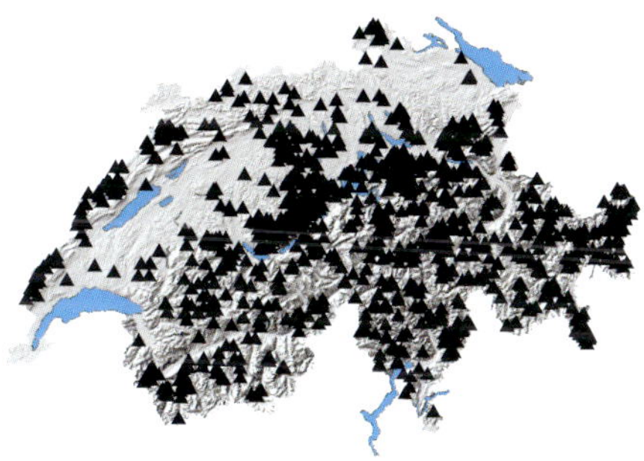

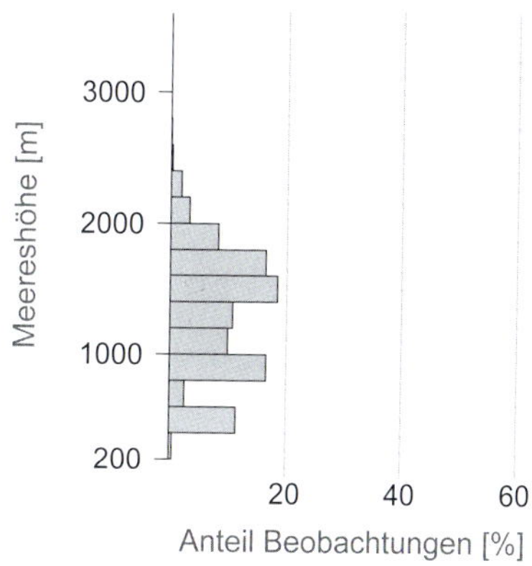

Pseudoscleropodium purum

Grünstängelmoos

Mousse des jardiniers

Waldboden | Pleurokarpe Laubmoose

Pflanzen: Kräftig, glänzend und gelb- bis bleichgrün, in dichten bis lockeren Rasen oder zwischen anderen Moosen, 5–10 cm hoch. Sprösschen kriechend bis aufrecht, einfach gefiedert, ohne Rhizoide. Äste 1–2 cm lang, schwellend kätzchenförmig beblättert. Stämmchen grün.
Blätter: Dachziegelig anliegend, sehr hohl, aufgedunsen wirkend oder faltig eingedellt, breit elliptisch, 3 mm lang. Blattspitze breit abgerundet mit kurzem, zurückgekrümmtem Spitzchen. Blattrand flach. Rippe dünn, bis zur Blattmitte reichend.
Sporophyten: Sehr selten. Kapselstiel glatt. Kapsel oval-zylindrisch, hochrückig, waagrecht bis nickend. Deckel kegelig.
Lebensraum/Ökologie: Auf Waldboden an lichten bis schattigen, frisch-feuchten, nährstoffreichen Stellen, an grasigen Wegböschungen, in Parkrasen, entlang von Hecken und in Hochstaudenfluren.
Zeigerwerte: Feuchtigkeit 3, Reaktion X, Nährstoffe 3, Licht 3, Temperatur 3
Ähnliche Arten: *Pleurozium schreberi* (S. 330) hat ein dunkelrotes Stämmchen und die Blätter haben nur eine sehr kurze, doppelte Rippe und kein aufgesetztes, zurückgebogenes Spitzchen. Die Blätter des ähnlich gefiederten *Cirriphyllum piliferum* (S. 82) haben längere, plötzlich zusammengezogene Blattspitzen, die an den Sprossspitzen pinselförmig abstehende Haarbüschelchen formen. Den Blättern von *Entodon concinnus* (S. 86) fehlt die zurückgebogene Blattspitze und die Rippe und die Sprösschen sind meist gelblich bis bräunlich gefärbt.

Wissenswertes: *Pseudoscleropodium purum* wurde in Neuseeland und Australien (z. B. in Victoria und Tasmanien) aus Europa eingeschleppt und gilt dort als invasive Moosart. *P. purum* breitet sich dort vor allem vegetativ aus, vermutlich indem ganze Pflanzen oder Bruchstücke unbeabsichtigt durch den Menschen oder auch durch Tiere und den Wind an neue Stellen transportiert werden. Sporophyten von *P. purum* wurden in Australien und Neuseeland bisher nur sehr selten gefunden.

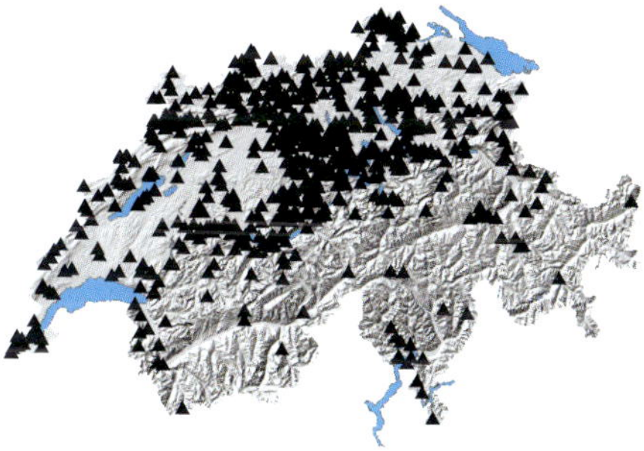

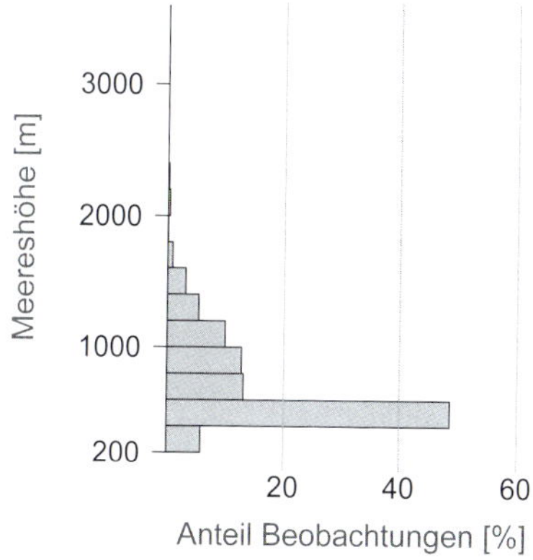

Ptilium crista-castrensis

Straussenfedermoos

Hypne cimier

Waldboden | **Pleurokarpe Laubmoose**

Pflanzen: 5–10(–15) cm hoch, in oft dichten, hellgrünen, manchmal mehrere Quadratmeter grossen Decken. Stämmchen aufrecht, ohne Rhizoide. Sprossspitzen starr, hakenförmig gekrümmt. Äste regelmässig und dicht stehend, waagrecht abstehend, alle gleich lang, nur zur Spitze hin kürzer werdend. Sprösschen daher einem kleinen Farnwedel ähnlich.
Blätter: Ca. 2,5 mm lang, aus breiter Basis in eine schmale, einseitswendige Spitze verschmälert, stark längsfaltig, Blattrand von der Spitze bis zur Blattmitte fein gesägt. Blattrippe sehr kurz und doppelt (mit der Lupe nicht sichtbar).
Sporophyten: Sehr selten. Kapseln fast horizontal, kurz zylindrisch mit gewölbtem, spitzem Deckel, auf 4–5 cm langem, purpurnem Stiel.
Lebensraum/Ökologie: In schattigen bis halbschattigen, sauren, frischen bis mäßig feuchten Nadelwäldern, seltener auch in Moor- oder Laubmischwäldern. Auf kalkfreiem Humus oder Nadelstreu.
Zeigerwerte: Feuchtigkeit 3, Reaktion 2, Nährstoffe 1, Licht 2, Temperatur 3

Ähnliche Arten: *Ptilium crista-castrensis* ist durch seine Grösse und die dicht und regelmässig stehenden Äste kaum mit anderen Moosen zu verwechseln. Einzig *Ctenidium molluscum* (S. 190) weist ähnlich regelmässig stehende Äste auf, ist aber deutlich kleiner, wächst niederliegend und nicht aufrecht und kommt immer auf kalkhaltigen Substraten vor.

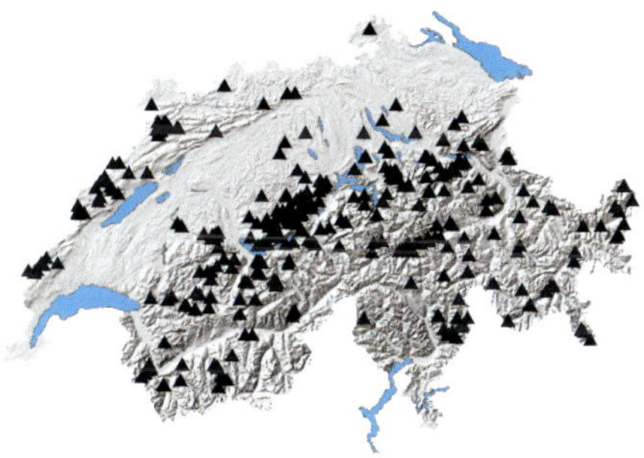

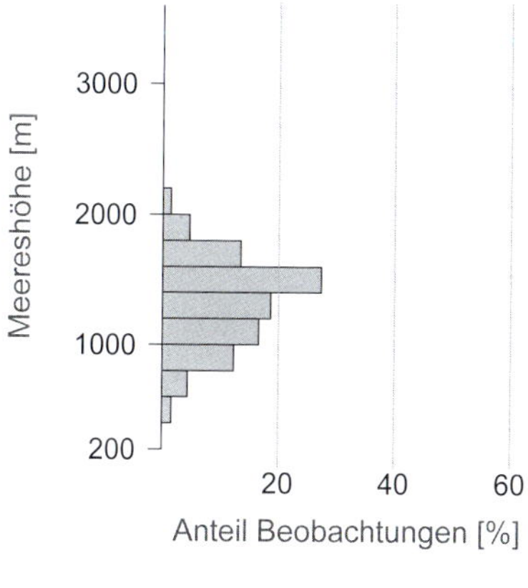

Rhytidiadelphus loreus

Schönes Kranzmoos

Ébouriffe lanière

Waldboden | Pleurokarpe Laubmoose

Pflanzen: Bildet lockere, oft ausgedehnte Rasen. Stämmchen 10–20(–30) cm lang, rötlich braun, unregelmässig fiedrig verzweigt. An den Triebspitzen hakenförmig beblättert.
Blätter: Stämmchenblätter in eine sehr lange, schmale und hohle Spitze verschmälert, 3–5 mm lang, sichelförmig, schwach faltig. Blattrippe kurz und doppelt (mit der Lupe nicht sichtbar). Blattrand zur Blattspitze hin scharf gesägt. Astblätter kleiner und schmaler, weniger stark sichelförmig.
Sporophyten: Selten. Kapselstiel dunkelrot, 2–4 cm lang. Kapsel waagrecht, kurz eiförmig bis kugelig. Deckel ± halbkugelig, mit spitzer Warze.
Lebensraum/Ökologie: An schattigen bis halbschattigen, luftfeuchten, kalkarmen Standorten. Vor allem in Nadelwäldern, seltener auch in bodensauren Buchenwäldern. Wächst am Boden, auf Totholz und auf Gestein mit dicker (Roh-)Humusauflage.
Zeigerwerte: Feuchtigkeit 3, Reaktion 2, Nährstoffe 1, Licht 2, Temperatur 3

Ähnliche Arten: Durch die Grösse, die sichelförmigen Blätter und das typische Vorkommen in Nadelwäldern ist *Rhytidiadelphus loreus* gut charakterisiert und kaum zu verwechseln. *R. squarrosus* (S. 88) und *R. subpinnatus* haben keine längsfaltigen, sichelförmigen Blätter, sondern meist stark zurückgekrümmte Blätter. Die Blätter von *Hylocomiadelphus triquetrus* (S. 324) sind zwar auch längsfaltig, aber kurzspitzig, nicht sichelförmig und an den Triebenden etwas schopfig gehäuft, die Sprösschen sind noch kräftiger und eher gelbgrün.

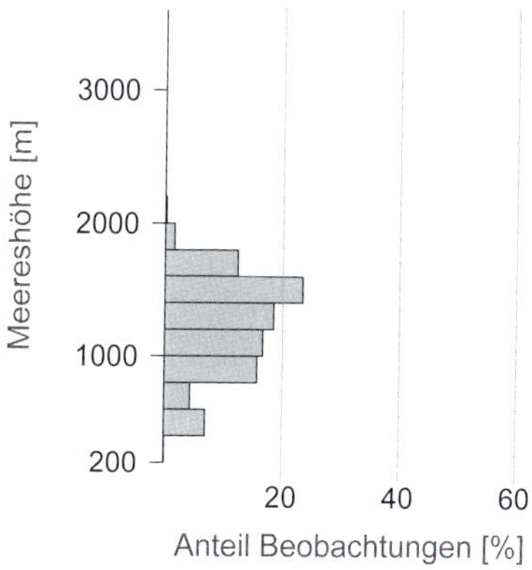

Sanionia uncinata

Hakiges Sichelmoos

Faucillette à feuilles plissées

Waldboden | Pleurokarpe Laubmoose

Pflanzen: Mittelkräftig, in lockeren blass-, gelbgrünen bis grüngoldenen Rasen. Sprösschen niederliegend bis aufsteigend, regelmässig verzweigt, 5–12 cm lang. Blätter an den Sprossspitzen hakenförmig.
Blätter: Stark sichelförmig einseitswendig, von einer breiten Basis allmählich in eine lange Spitze ausgezogen, 2,0–3,5 mm lang, stark längsfaltig. Rippe meist in der Spitze endend, aufgrund der Längsfalten aber schwierig zu sehen. Blattrand flach, an der Spitze meist fein gezähnt.
Sporophyten: Häufig. Kapselstiel 1,5–3,0 cm. Kapsel gekrümmt, rötlich ockerfarben, unter der Mündung stark eingeschnürt.
Lebensraum/Ökologie: In Nadelwäldern, Zwergstrauchheiden, entlang von Bächen, auf Schneeböden. Meistens an kalkarmen, frischen bis feuchten, lichten bis halbschattigen, nährstoffarmen Standorten. Auf Erde, verrottendem Holz oder übererdeten Felsen.
Zeigerwerte: Feuchtigkeit 3, Reaktion 2, Nährstoffe 1, Licht 3, Temperatur 2
Ähnliche Arten: *S. uncinata* ist eine gut kenntliche Art, die mit etwas Erfahrung kaum mehr verwechselt wird. An feuchten Standorten kommt eine Reihe weiterer Arten mit sichelförmigen Blättern aus den Gattungen *Drepanocladus* (*D. aduncus*, S. 270), *Scorpidium* (*S. cossonii*, S. 274) und *Warnstorfia* sowie mit *Hamatocaulis vernicosus* vor. Keine dieser weiteren Arten hat aber so stark

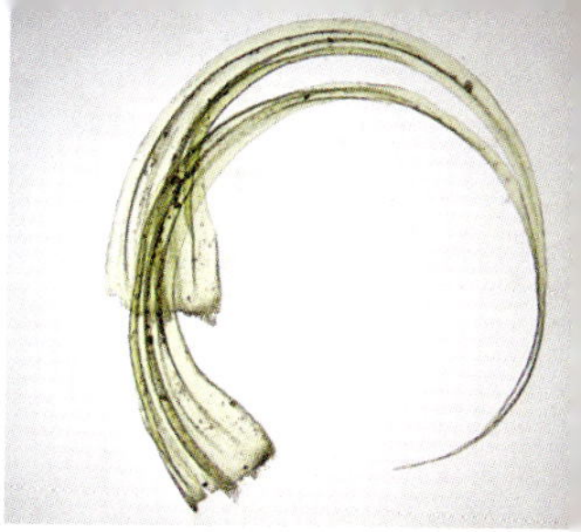

längsfaltige Blätter wie *Sanionia uncinata.* Die an feuchten Stellen vorkommenden *Palustriella*-Arten haben auch längsfaltige Blätter, aber eine sehr deutliche Blattrippe und Paraphyllien auf den Stämmchen. An trockeneren Stellen kann *S. uncinata* mit *Hypnum*-Arten verwechselt werden, z. B. *H. cupressiforme* aggr. (S. 70). Die Blätter dieser Arten sind aber nicht faltig und haben keine Rippe.

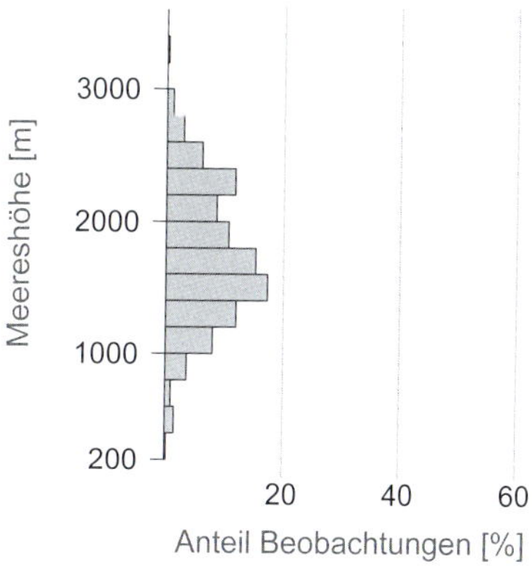

Thuidium tamariscinum

Gewöhnliches Thujamoos

Thuidie commune

Waldboden | Pleurokarpe Laubmoose

Pflanzen: In ausgedehnten, hell- bis dunkelgrünen, glanzlosen, lockeren Teppichen. Pflanzen starr, oft bogig und wellenförmig oder ansatzweise stockwerkartig wachsend und stellenweise wurzelnd, regelmässig (2- bis) 3-fach gefiedert; Sprösschen 5–15 cm lang (manchmal auch länger) und 3–4 cm breit. Stämmchen und Äste dicht mit grünen Paraphyllien bedeckt. Stämmchenblätter locker gestellt, Astblätter dichter.
Blätter: Stämmchenblätter aus herzförmigem Grund in eine lanzettliche Spitze ausgezogen, stark längsfaltig. Rippe kräftig, in der Blattspitze endend. Astblätter der Äste letzter und zweitletzter Ordnung deutlich kleiner, mit schwächerer Rippe und weniger faltig.
Sporophyten: Eher selten. Kapselstiel rot, 3–4 cm lang, glatt. Kapsel gekrümmt, braun, schief geschnäbelt.
Lebensraum/Ökologie: In Laub- und Nadelwäldern, meist an halbschattigen bis schattigen Standorten. Auf humosen, nährstoffreichen Waldböden, auf Baumstrünken, manchmal auch an Stammfüssen nach oben wachsend. In Fichtenforsten teilweise grosse Bestände bildend.
Zeigerwerte: Feuchtigkeit 3, Reaktion 3, Nährstoffe 1, Licht 2, Temperatur 3
Ähnliche Arten: Die anderen *Thuidium*-Arten (siehe *T. assimile*, S. 92) sind meist kleiner und weniger verzweigt (oft nur 2-fach gefiedert) und in Wäldern seltener als *T. tamariscinum.* Nur mit einer Lupe können sie nicht immer sicher bestimmt werden. *Abietinella abietina* (S. 76), die teilweise auch in die Gattung *Thuidium* gestellt wird, ist nur einfach gefiedert und kommt vor allem in Trockenwiesen vor. Sehr ähnlich ist das im Berggebiet sehr häufige Etagenmoos *Hylocomium splendens* (S. 326),

welches aber gut durch den seidigen Glanz, die meist deutlich stockwerkartige Wuchsform und die ovalen und plötzlich zugespitzten Stämmchenblätter mit einer kaum sichtbaren Doppelrippe zu unterscheiden ist.

Wissenswertes: Durch ihre Grösse und ihre Wuchsform mit teilweise bogenförmig oder stockwerkartig wachsenden Sprossen kann die Art kleinere Moose leicht überwachsen und verdrängen. Auch wird diese Art von Wachstum als eine Anpassung an den herbstlichen Laubfall interpretiert.

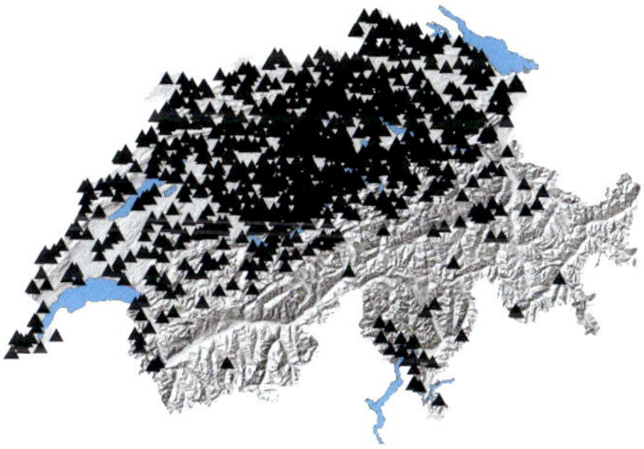

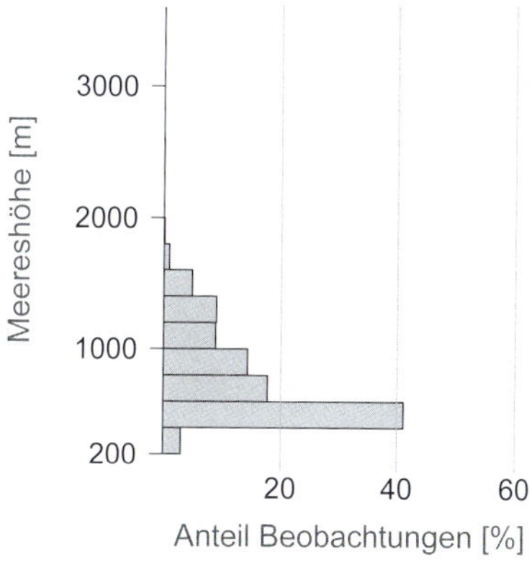

Riccardia palmata

Echtes Fingerlebermoos

Riccardie palmée

Totholz | Einfache thallose Lebermoose

Pflanzen: Thallos, dunkelgrün, in oft mehreren Quadratzentimetern bis -dezimetern grossen Rasen. Häufig mit kugeligen Brutkörpern an den Thallus-Enden.

Thallus: Handförmig geteilt. Thalluslappen linealisch, bis etwa 10 mm lang und 0,5 mm breit, dicht gedrängt und senkrecht zum Substrat aufgerichtet, an der Spitze abgerundet.

Gametangien: Zweihäusige Art. Antheridien in zwei Reihen auf linealen, etwas verdickten Ästen. Archegonien an der Spitze sehr kurzer Seitenäste.

Sporophyten: Ziemlich häufig. Aus einer dicken, warzigen, ca. 2 mm langen, zylindrischen Hülle entspringend. Kapselstiel 4–5 mm lang. Kapseln braun.

Lebensraum/Ökologie: An schattigen, frischen, luftfeuchten Stellen in Wäldern, vor allem auf totem und wenig zersetztem Nadelholz, seltener auf Laubholz, gerne auf entrindeten Strünken und an den Schnittstellen, selten auch auf anderen Substraten. Substrate immer sauer.

Zeigerwerte: Feuchtigkeit 4, Reaktion 2, Nährstoffe 1, Licht 1, Temperatur 3

Ähnliche Arten: *Riccardia palmata* ist mit seinen handförmigen Thalli und dem Vorkommen auf Totholz gut im Feld anzusprechen. *R. latifrons* kommt ebenfalls auf Totholz vor, hat aber keine handförmig geteilten Thalli. Ebenfalls auf Totholz, allerdings selten, können *R. multifida* und *R. chamedryfolia* vorkommen. Diese haben aber 2- bis 3-fach gefiederte Thalli.

Wissenswertes: *Riccardia palmata* gilt als Pionierart, d. h., sie kann geeignetes Totholz rasch besiedeln. Da sie aber konkurrenzschwach ist, wird sie auch leicht von grösseren Moosen verdrängt.

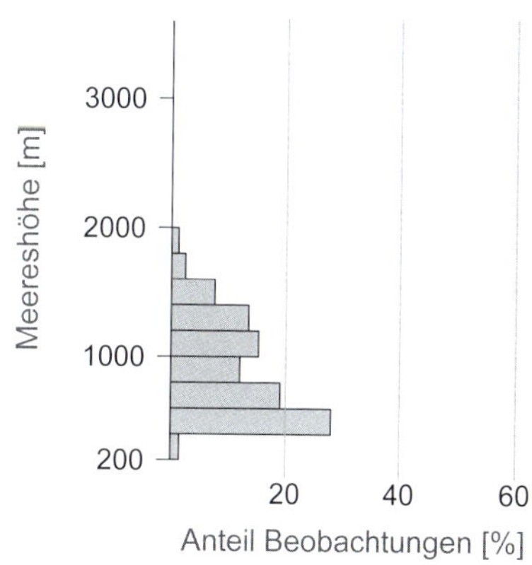

Blepharostoma trichophyllum

Haarblatt-Lebermoos

Ciliaire

Totholz | Beblätterte Lebermoose

Pflanzen: Zartes, sehr kleines, beblättertes Lebermoos in lockeren bis dichten Überzügen von wenigen Quadratzentimetern oder auch einzeln zwischen anderen Moosen wachsend. Stämmchen kriechend bis aufsteigend, 3–16 mm lang, unregelmäßig verzweigt, ca. 0,2 mm breit.
Blätter: Schräg aufrecht abstehend, drei- bis vierlappig, die fadenartigen Lappen bis zum Grunde voneinander getrennt, aus einzelnen Zellreihen bestehend. Unterblätter von gleicher Grösse und Gestalt wie die Flankenblätter, zwei- bis vierlappig.
Gametangien: Einhäusige Art. Archegonien an den Stämmchenenden in bleichen, zylindrisch-birnförmigen, ca. 2 mm langen, auffälligen Perianthien mit bewimperter Mündung. Antheridien unauffällig und mit der Lupe kaum zu finden.
Sporophyten: Häufig. Kapsel schwarz auf bleichem, kurzem Stiel.
Lebensraum/Ökologie: An schattigen, frischen, kalkarmen Standorten. Oft in Wäldern auf morschem Holz, Humus, Erde und Gestein, auch im Stammfussbereich von Laubbäumen.
Zeigerwerte: Feuchtigkeit 3, Reaktion 2, Nährstoffe 1, Licht 2, Temperatur 2
Ähnliche Arten: Die gänzlich in einzellreihige Lappen zerteilten Blätter erlauben eine gute Feldansprache. Ähnlich aussehen können die drei in der Schweiz vorkommenden *Kurzia*-Arten, die ebenfalls sehr klein sind und mehrlappige Blätter aufweisen. Die Blattlappen sind allerdings etwas breiter und die Pflanzen regelmässiger verzweigt. *Kurzia*-Arten kommen meist an moorigen, feuchten Standorten vor. Die oft auf Totholz vorkommende *Lepidozia reptans* (S. 346) hat ebenfalls mehrlappige Blätter, die aber viel breiter sind als bei *Blepharostoma trichophyllum* und nicht fadenförmig erscheinen.

Wissenswertes: In der Schweiz kommen zwei Unterarten von *Blepharostoma trichophyllum* vor: subsp. *trichophyllum* mit etwas längeren Blattlappen und subsp. *brevirete* mit kürzeren Lappen, die vor allem in alpinen Lagen zu finden ist. Eine sichere Unterscheidung der beiden Unterarten ist allerdings nur mikroskopisch möglich.

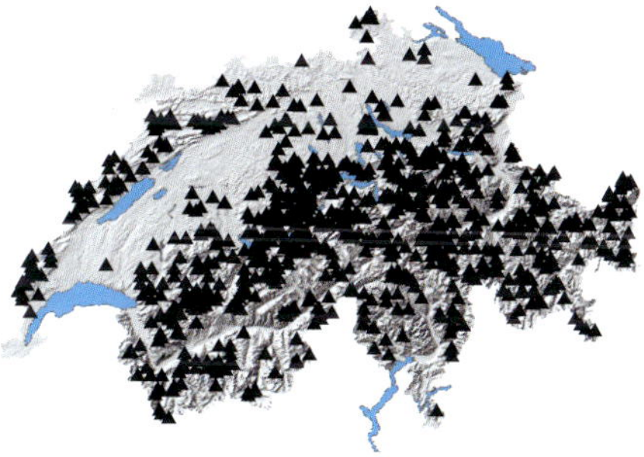

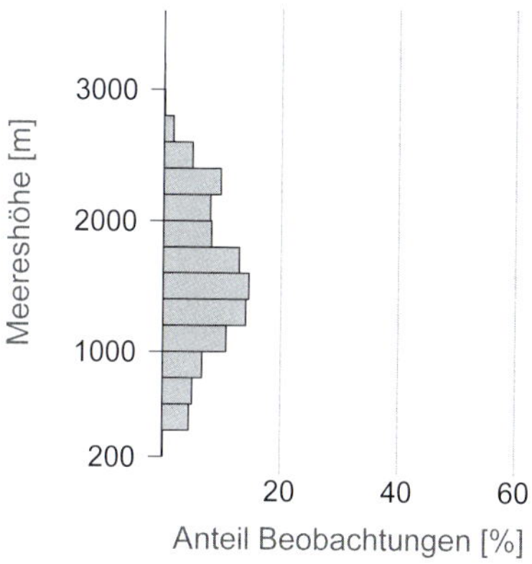

Lepidozia reptans

Gewöhnliches Lotlebermoos

Lépidozie rampante

Totholz | Beblätterte Lebermoose

Pflanzen: In kleinen, meist dichten, hell- bis dunkelgrünen Teppichen wachsend. Sprösschen 0,5–2,0 cm lang, 0,5 mm breit; meist 1- bis 2-fach fiedrig verzweigt, teilweise auch unregelmässig verzweigt. Sprösschen mit zweizeilig stehenden Flankenblättern und kleineren, aber deutlich sichtbaren Unterblättern. Auffällige, ca. 0,5–1,0 cm lange Flagellenäste mit schuppenförmigen Blättern, die sich aus den Seitenästen entwickeln.
Blätter: Flankenblätter meist dreilappig, nach unten umgebogen, ca. 0,3–0,5 mm lang. Unterblätter etwas kleiner als die Flankenblätter, oft vierlappig.
Gametangien: Einhäusige Art. Perianthien häufig ausgebildet, 3–4 mm lang, an der Mündung gezähnt.
Sporophyten: Gelegentlich. Kapseln schwarz, eiförmig, auf langem Stiel.
Lebensraum/Ökologie: An eher schattigen, frischen Standorten auf Totholz (v. a. Fichte) und (Roh-) Humus, seltener auch auf kalkarmen Felsen. In nicht zu trockenen Laub- und Nadelwäldern.
Zeigerwerte: Feuchtigkeit 2, Reaktion 2, Nährstoffe 1, Licht 1, Temperatur 3
Ähnliche Arten: Die Art ist durch ihre kleine Grösse, die oft fiedrige Verzweigung und die deutlich dreilappigen Blätter gut charakterisiert und mit kaum einer anderen Lebermoosart zu verwechseln. Die ähnlich kleinen *Cephalozia*-Arten (*C. bicuspidata*, S. 284) haben nur zweilappige Blätter und keine Unterblätter (ausser *C. albescens*).

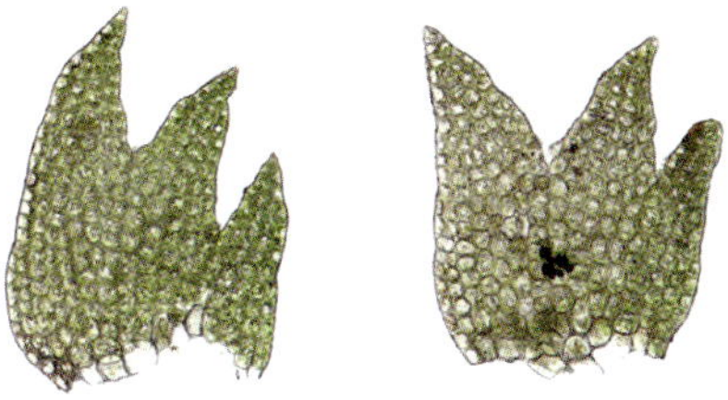

Wissenswertes: So wie viele andere Moose auch ist *Lepidozia reptans* auf der Nordhemisphäre weit verbreitet, mit Vorkommen in Russland, Japan und Nordamerika. Erstaunlich ist allerdings, dass die Art auch in den zentralafrikanischen Hochgebirgen vorkommt. Wie diese vom übrigen Verbreitungsgebiet weit abgelegenen Vorkommen zustande gekommen sind, ist allerdings nicht bekannt.

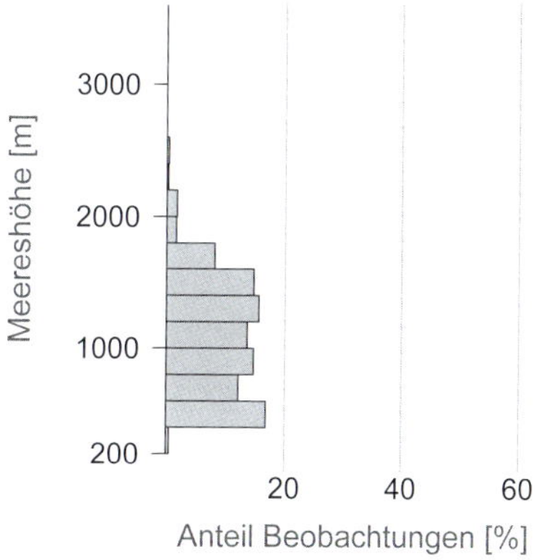

Lophocolea heterophylla

Echtes Ruchlebermoos

Tourmentine variable

Totholz | Beblätterte Lebermoose

Pflanzen: In kleinen Teppichen mit dicht dem Substrat anliegend wachsenden, 1–2 cm langen, hellgrünen Sprösschen. Diese mit dicht zweizeilig stehenden Flankenblättern und kleineren, aber deutlich sichtbaren Unterblättern. Meist mit auffälligem, etwas stechendem Geruch.
Blätter: Flankenblätter breit eiförmig bis rechteckig, sich etwas überdeckend; am gleichen Sprösschen verschieden ausgestaltet: teilweise mit zwei deutlichen Lappen, die bis ⅓ der Blattlänge ausmachen können, teilweise an der Spitze nur schwach ausgerandet oder abgerundet. Unterblätter tief zweilappig (bis ⅔ der Länge), mit lanzettlichen Lappen, die seitlich meist noch je einen grossen Zahn aufweisen.
Gametangien: Einhäusige Art. Perianthien meist vorhanden und recht auffällig; an der Spitze der Sprösschen, 2–3 mm lang, an der Mündung gelappt und gezähnt.
Sporophyten: Häufig vorhanden.
Lebensraum/Ökologie: Fast ausschliesslich auf Totholz (liegende Stämme, Strünke) in verschiedenen Waldgesellschaften, seltener auch auf anderen abgestorbenen Pflanzenresten und Rohhumus.
Zeigerwerte: Feuchtigkeit 3, Reaktion 2, Nährstoffe 3, Licht 2, Temperatur 3
Ähnliche Arten: *Lophocolea bidentata* (S. 286) unterscheidet sich durch die filigran zugespitzten, immer zweilappigen Flankenblätter. Zudem kommt die Art kaum auf Totholz vor. *Lophocolea minor* ist meist kleiner und die Blätter bilden an den Rändern zahlreiche Brutkörper aus, wodurch die

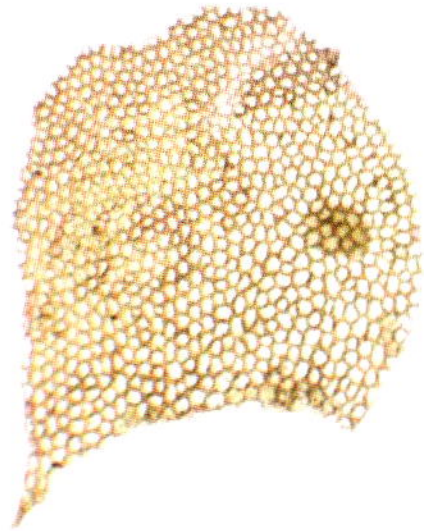

Unterblatt

Blattränder deutlich grobkörnig erscheinen. Arten aus den Gattungen *Lophozia* und *Mesoptychia* haben ebenfalls meist zweilappige Flankenblätter, doch sind diese einheitlich in der Ausgestaltung und nicht variabel wie bei *L. heterophylla.* Auch fehlt der für *Lophocolea* typische Geruch.

Wissenswertes: In der Schweiz ist *Lophocolea heterophylla* die häufigste Lebermoosart auf Totholz. Sie kann in fast allen Wäldern der tieferen Lagen gefunden werden.

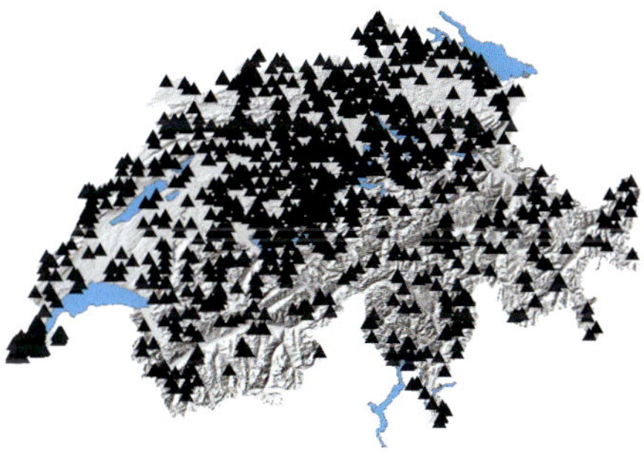

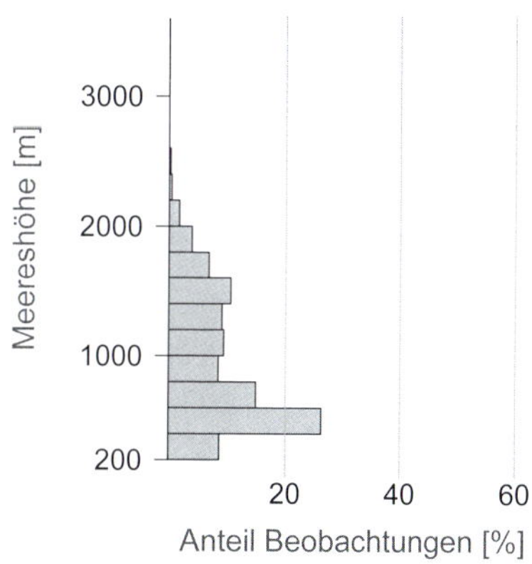

Nowellia curvifolia

Teufelchen-Lebermoos

Arabesque

Totholz | Beblätterte Lebermoose

Pflanzen: In kleinen oder grösseren, eng dem Substrat anliegenden, grünen und häufig auch braunen bis weinrot gefärbten Überzügen. Sprösschen 1,0–1,5 cm lang, 0,4 mm breit. Brutkörper werden gelegentlich an den Blatträndern gebildet.

Blätter: Flankenblätter hohl, asymmetrisch und zweilappig; Lappen in lange, filigrane und etwas gedrehte Zipfel ausgezogen. Unterblätter fehlen.

Gametangien: Ein- oder zweihäusige Art. Perianthien häufig, gross, 2,0–2,5 mm lang, an der Mündung gezähnt.

Sporophyten: Häufig.

Lebensraum/Ökologie: An schattigen oder halbschattigen Standorten in Wäldern. Fast immer auf Totholz (liegende Stämme, Strünke), vorzugsweise auf Nadelholz.

Zeigerwerte: Feuchtigkeit 3, Reaktion 2, Nährstoffe 1, Licht 1, Temperatur 3

Ähnliche Arten: Die Art ist durch ihre hohlen Blätter mit den langen, filigranen und etwas verdrehten Blattlappen sehr gut charakterisiert und mit keiner anderen Art zu verwechseln. Arten aus der Gattung *Cephalozia* haben nie so lange, ausgezogene Blattspitzen und sind nicht weinrot gefärbt.

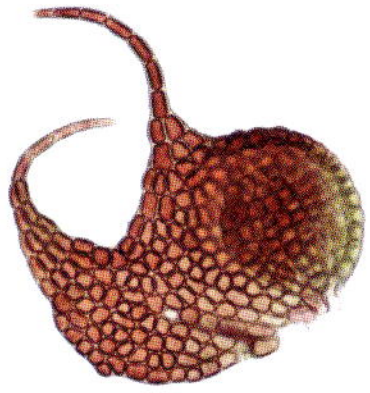

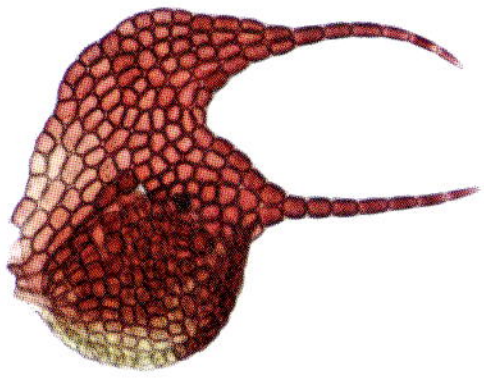

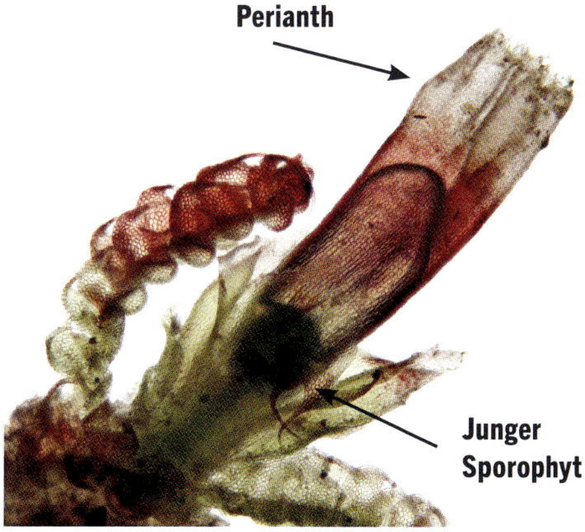

Wissenswertes: Der deutsche Name bezieht sich auf die Blattlappen, die wie zwei Hörner aussehen. Die Gattung ist nach John Nowell (1802–1867) benannt, einem Weber in England, der bis zu seinem Tod in einer Fabrik gearbeitet hat. Dennoch fand er die Zeit, sich Moosen zu widmen, und wurde im lokalen Umfeld ein respektierter Bryologe.

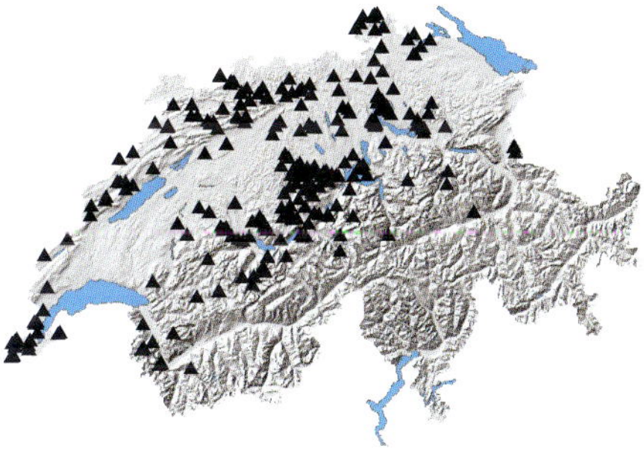

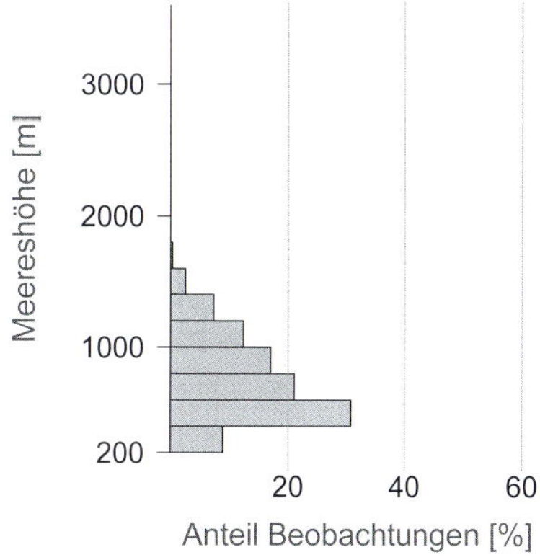

Buxbaumia viridis

Grünes Koboldmoos

Gnome vert

Totholz | Akrokarpe Laubmoose

Pflanzen: Kleiner als 1 mm und oft im Substrat verborgen. Ohne die auffälligeren und grösseren Sporophyten deshalb kaum zu finden. Vegetative Vermehrung mittels Brutkörpern, die am Protonema gebildet werden.
Blätter: Sehr klein und im Substrat verborgen, kaum je sichtbar.
Sporophyten: Kapseln monosymmetrisch, ca. 5,0–7,5 mm lang, auf etwa gleich langem, warzigem Stiel, schief geneigt, wenig abgeflacht, mit gerundetem Rand. Haube klein, über kegeligem Deckel. Kapsel im reifen Zustand (Frühling bis Sommer) matt, olivgrün bis hellbraun. Die äussere Kapselwand platzt bei reifen Kapseln oben auf und rollt sich zum Rand zurück. Kapselmündung mit weisslichem Peristom und längsfaltiger Membran. Sporenmasse grün.
Lebensraum/Ökologie: Fast ausschliesslich in schattigen oder halbschattigen Wäldern. Fast durchwegs auf (bzw. in) morschem Holz (Baumstrünke und liegende Stämme von Nadelholz), sehr selten auf stark verwittertem, saurem Sandstein.
Zeigerwerte: Feuchtigkeit 3, Reaktion 2, Nährstoffe 3, Licht 2, Temperatur 3
Ähnliche Arten: In Europa gibt es nur noch eine weitere Art dieser Gattung: *Buxbaumia aphylla.* Diese erkennt man an der stärker geneigten, glänzenden, auf der Unterseite kräftig rotbraunen Kapsel. Diese hat einen wulstigen, scharfen Rand und ihre äussere Wand platzt nicht auf. Die Art wächst normalerweise nicht auf Totholz, sondern auf saurer Erde.

Wissenswertes: Die Kapseln der Koboldmoose sollen den Mützen der Kobolde gleichen; daher der Name. Ihre Sporophyten enthalten viel Assimilationsgewebe und können deshalb mittels Fotosynthese Stärke produzieren. Die eigentlichen Moospflänzchen sind hingegen oft fast farblos. Fast unbekannt ist die Tatsache, dass sich die Kapseln mittels eines Trenngewebes leicht von den Stielen lösen und schon bei leichtem Druck nach dem Blasbalg-Prinzip die Sporen ausstreuen. *Buxbaumia viridis* ist nicht nur aufgrund ihrer Biologie eine spannende Art, sie ist auch in Europa und in der Schweiz streng geschützt. Auf Europäischer Ebene ist sie durch die Berner Konvention geschützt, auf nationaler Ebene durch die Natur- und Heimatschutzverordnung.

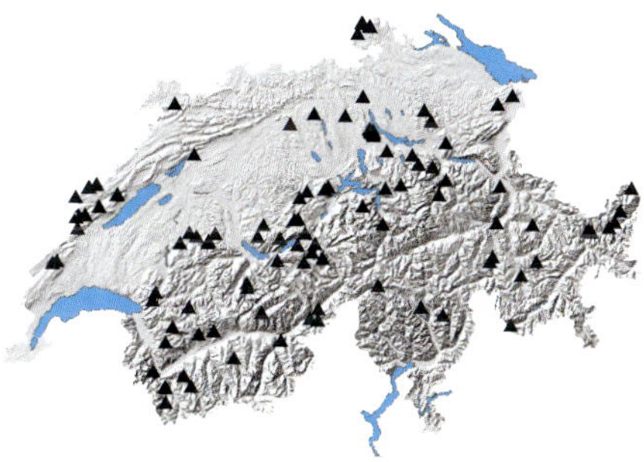

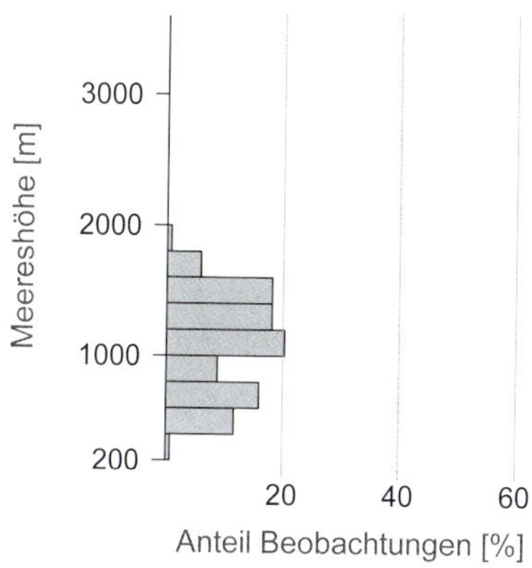

Dicranodontium denudatum

Gewöhnliches Brutblattmoos

Dicranodonte effeuillé

Totholz | **Akrokarpe Laubmoose**

Pflanzen: In 2–5 cm hohen, gelblich grünen, etwas glänzenden Polstern oder ausgedehnten Rasen. Sprösschen kaum verzweigt. Vegetative Vermehrung durch normale Blätter, die sehr leicht abfallen (Brutblätter) und beim über das Polster Streichen in grosser Menge an den Fingern hängen bleiben. Sprösschen daher oft mit grösseren, blattlosen Abschnitten.
Blätter: Aus lanzettlicher Basis lang und schmal ausgezogen, aufrecht abstehend bis sichelförmig einseitswendig, 5–7 mm lang. Rippe sehr breit und undeutlich gegen die schmale Blattfläche abgegrenzt; die Blätter wirken deshalb unter der Lupe rippenlos.
Sporophyten: Gelegentlich vorhanden. Kapselstiel 10 mm lang, jung schwanenhalsartig gekrümmt oder wellig verbogen. Kapsel aufrecht und gerade, schmal zylindrisch.
Lebensraum/Ökologie: Auf mindestens schwach saurem (Roh-)Humus, Torf oder Totholz. Hauptvorkommen in luftfeuchten Berg- und Moorwäldern.
Zeigerwerte: Feuchtigkeit 3, Reaktion 2, Nährstoffe 1, Licht 2, Temperatur 3
Ähnliche Arten: Mit den typischen grossen Brutblättern kaum zu verwechseln. Die beiden weiteren einheimischen *Dicranodontium*-Arten *(D. asperulum, D. uncinatum)* haben kaum abfallende Blätter und sind sehr selten. *Campylopus*-und *Dicranum*-Arten können ebenfalls ähnlich sein, haben aber entweder keine Brutblätter oder diese sind deutlich kleiner als die normalen Blätter. *Dicranum*-Arten (*D. scoparium*, S. 296) weisen zudem eine deutlich sichtbare Rippe auf.

Wissenswertes: Die Brutblätter können an den Pfoten von Tieren, mit dem Regen oder auch durch den Wind ausgebreitet werden. Gelangen sie an einen günstigen Standort, können sich aus einzelnen Blattzellen wieder junge Moospflänzchen entwickeln.

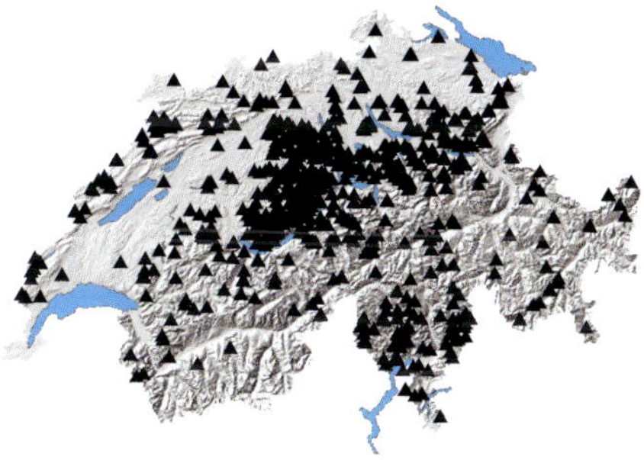

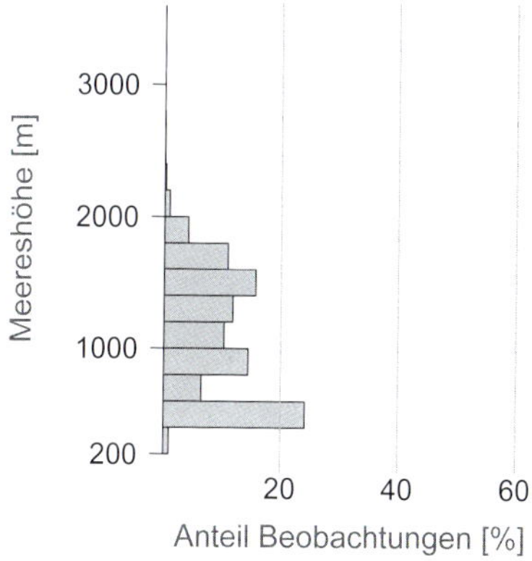

Tetraphis pellucida

Georgsmoos

Quadrident

Totholz | Akrokarpe Laubmoose

Pflanzen: Etwa 1 cm hohe, hellgrüne, unterseits rötlich braune Rasen. Stämmchen dünn, einfach oder gegabelt, an der Basis filzig, unten sehr locker, zur Spitze hin dichter beblättert. Blätter aufrecht abstehend. Brutkörper in einem gestielten, von rundlich-herzförmigen Blättern gebildeten Brutbecher oder, wenn die Blätter des Brutbechers abgefallen sind, als gestieltes, kugeliges Klümpchen am Stämmchenende.

Blätter: 1,0–4,5 mm lang, ganzrandig, flach. Die Blätter der sterilen Triebe sind breit lanzettlich, diejenigen der fertilen Triebe schmaler, eiförmig-lanzettlich mit einer lang ausgezogenen Spitze. Blattrippe vor der Blattspitze endend.

Sporophyten: Kapselstiel 1–2 cm lang, gerade, rötlich. Kapsel aufrecht, zylindrisch, rotbraun. Mit nur vier Peristomzähnen, diese steif aufrecht.

Lebensraum/Ökologie: An schattigen, luftfeuchten Standorten in Wäldern. Am häufigsten auf Totholz, seltener auf Rohhumus, Torf, übererdetem Gestein oder am Stammgrund lebender Bäume.

Zeigerwerte: Feuchtigkeit 3, Reaktion 1, Nährstoffe 1, Licht 2, Temperatur 3

Ähnliche Arten: *Tetraphis pellucida* ist sehr gut durch die typischen Brutbecher und die Kapseln mit nur vier Peristomzähnen charakterisiert und kaum zu verwechseln. *Aulacomnium androgynum* bildet zwar ganz ähnliche gestielte Brutkörper-Klümpchen am Ende der Sprösschen, diese sind aber nicht von Blättern umgeben. Die Stämmchenblätter von *A. andrognyum* sind zudem schmaler und haben eine längere, gezähnelte Spitze. In der Schweiz haben nur zwei andere Moosarten ebenfalls nur vier Peristomzähne (*Tetrodontium ovatum* und *T. repandum*). Im Gegensatz zu *T. pellucida* sind sie aber

sehr selten, wachsen auf Gestein und bilden höchstens 3 mm lange, beblätterte Stämmchen aus.

Wissenswertes: Wird ein Baumstrunk von *Tetraphis pellucida* neu besiedelt, bildet die Art zunächst nur sterile Triebe mit Brutkörpern aus. Mit diesen kann sie den Baumstrunk rasch und effizient besiedeln. Sobald die Pflanzen etwas älter sind und dichter stehen, werden Gametangien für die sexuelle Fortpflanzung ausgebildet. Nach erfolgreicher Befruchtung bilden sich Sporophyten. Die Sporen, die in den Kapseln der Sporophyten gebildet werden, sind deutlich kleiner als die Brutköper und dienen der Fernausbreitung. Durch die Bildung von Sporophyten erhöht sich also die Wahrscheinlichkeit, dass auch weiter entfernte, neu entstandene Totholz-Lebensräume besiedelt werden können.

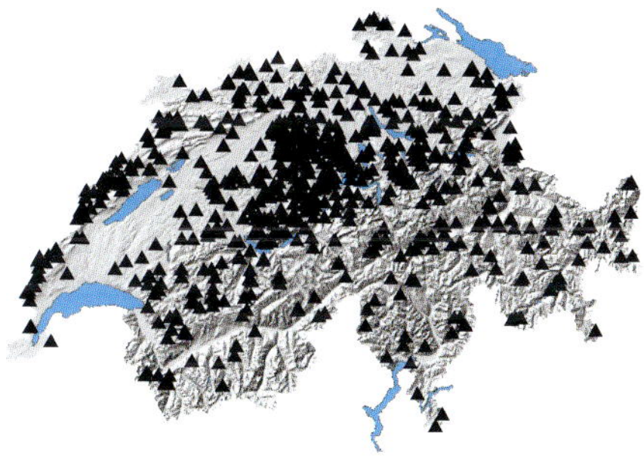

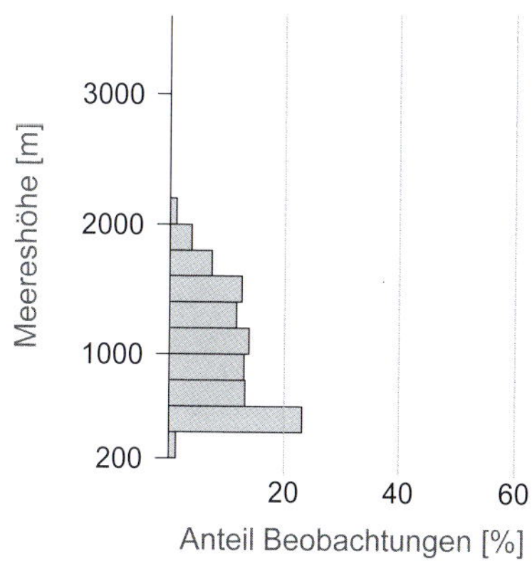

Herzogiella seligeri

Seligers Strunkmoos

Fougerolle de Seliger

Totholz | Pleurokarpe Laubmoose

Pflanzen: In lockeren, gelblich grünen Polstern oder Rasen. Sprösschen unregelmässig verzweigt, Äste abstehend, bogig wachsend, gegen das Ende hin verschmälert. Blätter besonders gegen die Sprösschenspitzen etwas einseitswendig.
Blätter: 1,5–2,5 mm lang, aus eiförmigem Grund in eine lang ausgezogene, gezähnte Spitze verschmälert. An der Basis aufrecht vom Stämmchen abstehend, der obere Teil zum Stämmchen hin gebogen. Blattrippe kurz und doppelt (mit der Lupe kaum sichtbar).
Sporophyten: Kapseln sind im Frühling und Sommer sehr häufig vorhanden. Kapselstiel 2–3 cm lang, rötlich. Kapsel länglich zylindrisch, geneigt und gekrümmt.
Lebensraum/Ökologie: In Laubwäldern, seltener in Nadelwäldern, fast immer auf Baumstrünken und liegendem Totholz, selten auch auf Rohhumus oder basenarmer Borke (z. B. Erle, Birke).
Zeigerwerte: Feuchtigkeit 3, Reaktion 2, Nährstoffe 1, Licht 2, Temperatur 3
Ähnliche Arten: *Herzogiella seligeri* kann am ehesten mit *Hypnum cupressiforme* aggr. (S. 70) verwechselt werden, das an denselben Stellen vorkommen kann. *H. cupressiforme* aggr. wächst dichter, die Blätter stehen am Grund nicht vom Stämmchen ab, sondern sind von der Ansatzstelle weg vorwärts gerichtet, breiter und viel stärker einseitswendig. *Plagiothecium*-Arten (*P. undulatum*, S. 328) sind meist deutlich verflacht beblättert. *Brachytheciastrum velutinum* (S. 318) hat eine deutliche,

lange Blattrippe. *Pseudotaxiphyllum elegans* ist etwas abgeflacht beblättert, trägt sehr selten Kapseln, weist kurze, wenige Millimeter lange Brutästchen auf und kommt kaum auf Totholz vor.

Wissenswertes: Der deutsche Name «Strunkmoos» bezieht sich auf das häufige Vorkommen der Art auf Baumstrünken.

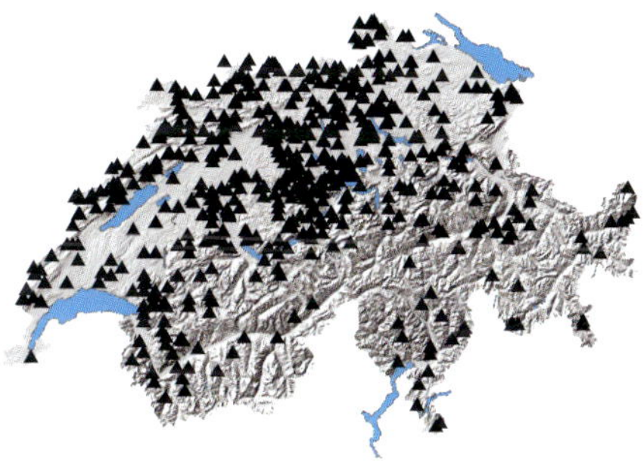

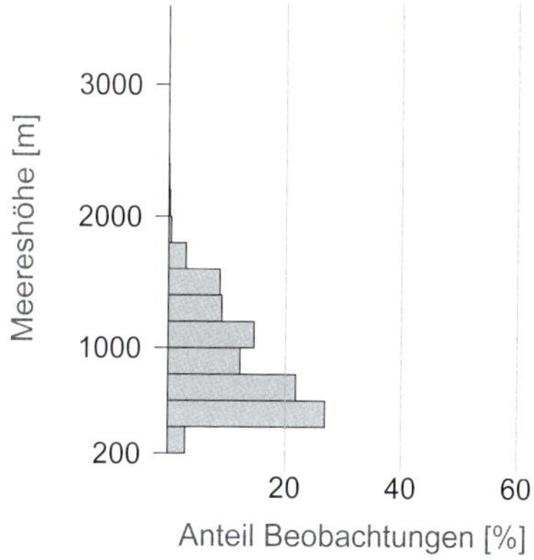

Metzgeria furcata

Gewöhnliches Gabellebermoos

Metzgérie bifurquée

Borke von Gehölzen | Einfache thallose Lebermoose

Pflanzen: Dem Substrat angedrückt, thallos, rein grün, ca. 0,5–2,0 cm lang und 0,4–1,2 mm breit. Sehr häufig mit Brutkörpern in Form von kleinen Thalli am Thallusrand. Diese besitzen wie die ausgewachsenen Pflanzen eine Mittelrippe.

Thallus: Flach, mit Mittelrippe, neben der Mittelrippe sehr dünn, gabelig verzweigt und oft auch mit Zweigen an der Unterseite der Mittelrippe. Rhizoide oder Haare an der Unterseite und am Rand des Thallus.

Gametangien: Zweihäusige Art. Männliche Pflanzen mit blasenförmigen Antheridienständen, weibliche mit muschelförmigen Archegonienständen, bei beiden auf der Unterseite an der Mittelrippe.

Sporophyten: Nicht häufig, das ganze Jahr über auftretend. Weibliche Pflanzen mit igelstacheligen, zylindrisch-eiförmigen Hüllen, aus denen die rotbraunen Kapseln auf 1,0–2,5 cm langen, farblosen Stielen entspringen. Sporen braun.

Lebensraum/Ökologie: Am häufigsten in Wäldern, wobei die Laubwälder bei Weitem überwiegen, sonst an Waldrändern, in Hecken, Gebüschen und Schlagfluren, aber auch auf Fels- und Schuttfluren. Schattige und halbschattige Stellen werden bevorzugt. Die Art wächst meist epiphytisch an der Borke verschiedener Laubbäume, aber auch auf Totholz, seltener auf Erde oder Gestein; öfter findet man sie auf anderen Moosen wachsend.

Zeigerwerte: Feuchtigkeit 3, Reaktion 2, Nährstoffe 1, Licht 1, Temperatur 3

Ähnliche Arten: Drei weitere Arten aus der gleichen Gattung sind oft nicht leicht zu unterscheiden. Bei *Metzgeria consanguinea* und *M. violacea* sind die Brutkörper sehr klein, nicht thallos und ohne Mittelrippe. Sie werden an deutlich verschmälerten, vom Substrat abstehenden Thalli gebildet. *M. conjugata* ist etwas grösser als *M. furcata* und bildet keine Brutkörper aus. Einfach ist die Unterscheidung von *M. pubescens* (S. 132), die durch ihre rundum behaarten Thalli gut charakterisiert ist.

Wissenswertes: Mit bisher mehr als 2000 Funden ist *Metzgeria furcata* eines der häufigsten Lebermoose der Schweiz. Es kann in fast allen Wäldern der Tieflagen gefunden werden.

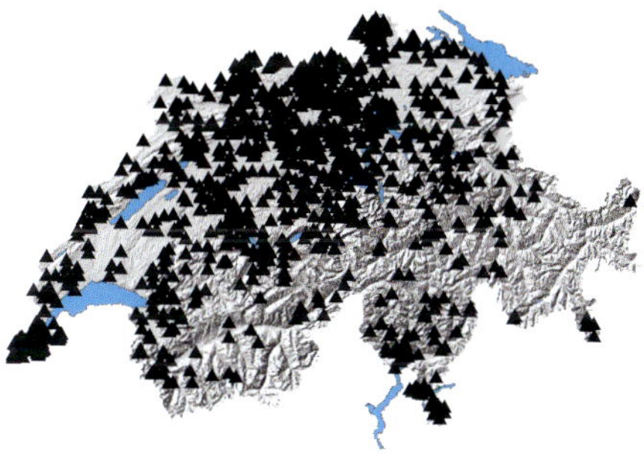

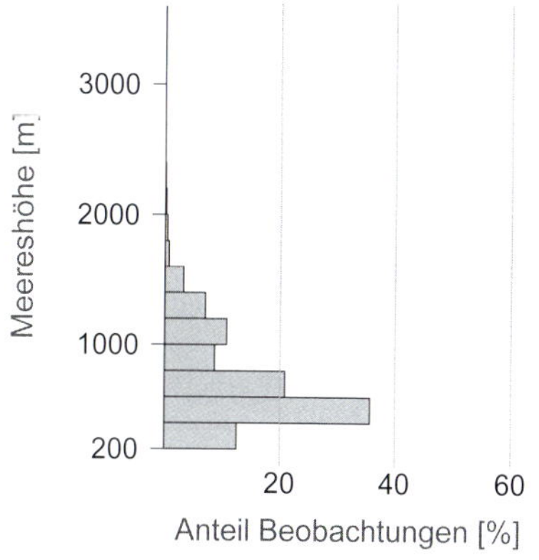

Frullania dilatata

Gewöhnliches Wassersacklebermoos

Frullanie dilatée

Borke von Gehölzen | Beblätterte Lebermoose

Pflanzen: In flachen, dem Substrat eng anliegenden, braunen oder fast schwarzen, bei Schattenformen auch dunkelgrünen, oft fast kreisförmigen Decken. Pflanzen ziemlich regelmässig verzweigt, nicht glänzend. Sprösschen 0,7–1,5 mm breit.

Blätter: Flankenblätter in einen Oberlappen und einen kleineren, sackförmigen Unterlappen gegliedert. Oberlappen oval bis rundlich, ca. 1 mm breit, Unterlappen etwa so breit wie hoch. Unterblätter klein, zweilappig, breiter als das Stämmchen, mit je einem Zahn auf der Aussenseite.

Gametangien: Zweihäusige Art. Antheridienstände an seitlichen, kompakt beblätterten Ästen der männlichen Pflanzen. Archegonienstände endständig, Perianthien auffällig, 2,0–2,5 mm lang, kantig und mit etwas warziger Oberfläche, an der Spitze zusammengezogen. Teilweise werden an der Oberfläche der Perianthien kleine, körnige Brutkörper gebildet.

Sporophyten: Häufig. Die runden Kapseln erscheinen vor allem im Winter. Kapselstiel einige Millimeter lang. Nach dem Öffnen der Kapsel verbleiben die fädigen Elateren an der Spitze der vier Kapselklappen und bilden dort auffällige Büschel.

Lebensraum/Ökologie: Epiphytisch auf der Borke verschiedener Laubbaumarten, teilweise auch an Weisstannen in Wäldern, Alleen oder an frei stehenden Bäumen, aber auch an kalkarmen Felsen.

Zeigerwerte: Feuchtigkeit 2, Reaktion 3, Nährstoffe 1, Licht 3, Temperatur 3

Ähnliche Arten: *Frullania dilatata* kann mit den anderen sechs in der Schweiz vorkommenden *Frullania*-Arten verwechselt werden. Eine sichere Bestimmung im Feld ist nur mit etwas Erfahrung möglich. Die neben *F. dilatata* häufigste *Frullania*-Art ist *F. tamarisci* (S. 364). Diese wächst zum Teil

an ähnlichen Stellen wie *F. dilatata,* liegt dem Substrat allerdings nicht so eng an, ist kupferglänzend und bevorzugt etwas luftfeuchtere Standorte. Die sackförmigen Unterlappen sind nur halb so breit wie hoch. Die übrigen, wesentlich selteneren Arten haben entweder leicht abbrechende Blätter, sehr breite Unterblätter oder Blattunterlappen, die nicht als Sack ausgebildet sind. Von ähnlicher Grösse ist die ebenfalls häufig auf Bäumen zu findende *Radula complanata* (S. 372), die allerdings keine Unterblätter und stark abgeflachte Perianthien hat. Die ähnlich aufgebauten *Porella*-Arten (*P. platyphylla*, S. 368) sind deutlich grösser, die *Lejeunea*-Arten (*L. cavifolia*, S. 366) deutlich kleiner.
Wissenswertes: Die sackförmig ausgebildeten Blattunterlappen sind Kleinstbiotope für Algen sowie allerlei Kleinlebewesen wie Räder- und Bärtierchen, welche durch ihre Exkremente Nährstoffe an das Moos abgeben.

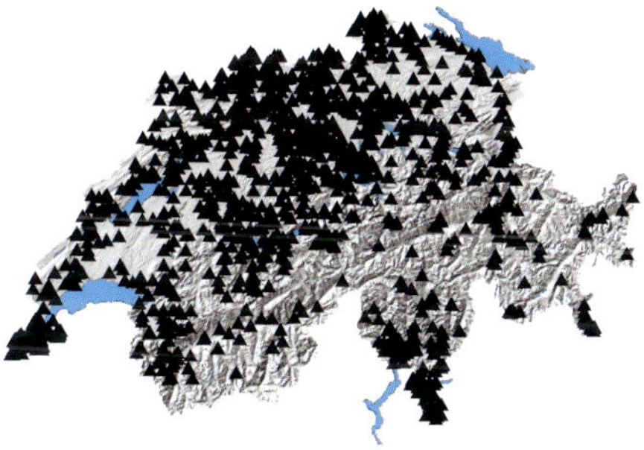

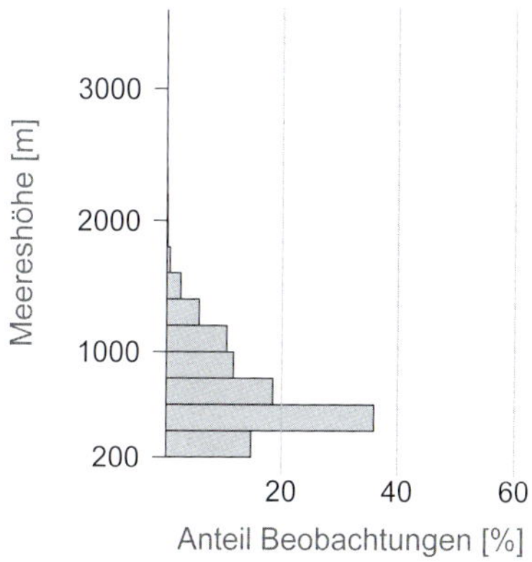

Frullania tamarisci

Glänzendes Sacklebermoos

Frullanie tamaris

Borke von Gehölzen | Beblätterte Lebermoose

Pflanzen: In rotbraunen, kupferglänzenden Rasen, die dem Substrat locker anliegen oder wedelartig abstehen. Pflanzen unregelmässig bis regelmässig verzweigt. Sprösschen 0,6–2,0 mm breit, 3–8(–10) cm lang.
Blätter: Flankenblätter in Oberlappen und kleinere, sackförmige Unterlappen gegliedert. Oberlappen breit oval, zugespitzt, aber die Spitze nach unten gebogen und deshalb kaum sichtbar, ca. 1 mm breit und 1,5 mm lang. Sackförmiger Unterlappen schmal, etwa halb so breit wie hoch. Unterblätter klein, zweilappig, breiter als das Stämmchen, ohne Zahn, mit etwas umgebogenem und welligem Rand.
Gametangien: Zweihäusige Art. Gametangien selten ausgebildet. Archegonienstände endständig, Perianth halb in die Hüllblätter eingesenkt, mit glatter Oberfläche, 2,0–2,5 mm lang. Antheridien in den Blattachseln kurzer Seitenästchen.
Sporophyten: Selten.
Lebensraum/Ökologie: In luftfeuchten Wäldern und in Schluchten entweder epiphytisch an verschiedenen Laubbaumarten, seltener an Nadelbäumen oder an kalkarmen Felsen, seltener auch auf kalkreichen Felsen und auf saurer Erde in alpinen Rasen.
Zeigerwerte: Feuchtigkeit 3, Reaktion 3, Nährstoffe 1, Licht 2, Temperatur 3
Ähnliche Arten: *Frullania tamarisci* kann mit anderen *Frullania*-Arten verwechselt werden. Die häufigste *Frullania*-Art ist *F. dilatata* (S. 362). Diese wächst an ähnlichen Stellen, liegt aber dem Substrat flach an und ist matt, nicht glänzend. Die Wassersäcke der Blattunterlappen sind etwa so breit wie hoch. Die übrigen, wesentlich selteneren Arten haben entweder leicht abbrechende Blätter, sehr

breite Unterblätter oder Blattunterlappen, die nicht als Sack ausgebildet sind. *Porella*-Arten (*P. platyphylla* aggr., S. 368) können ähnlich aussehen, sind aber deutlich grösser und die Unterlappen sind nicht sackartig ausgebildet, die *Lejeunea*-Arten (*L. cavifolia*, S. 366) sind deutlich kleiner.

Wissenswertes: Die Gattung *Frullania* ist weltweit verbreitet und enthält um die 300 bis 350 Arten, die meisten davon wachsen epiphytisch. Diversitätszentren sind die Tropen und warme, gemässigte Gebiete.

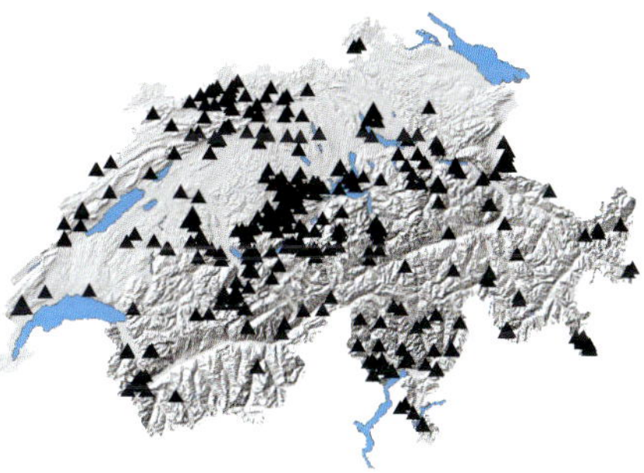

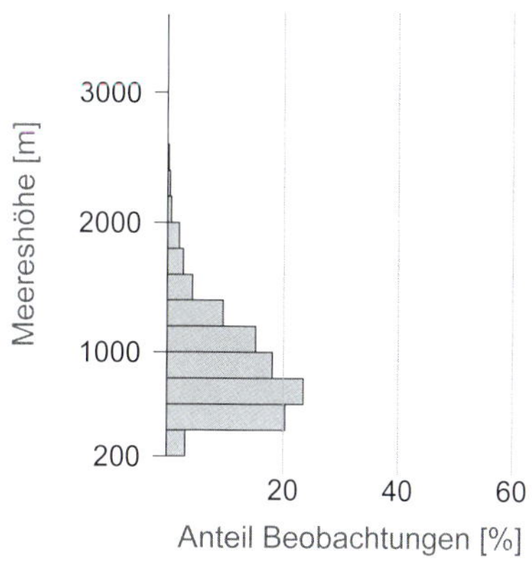

Lejeunea cavifolia

Hohles Taschenlebermoos

Lustre des forêts

Borke von Gehölzen | Beblätterte Lebermoose

Pflanzen: Sehr klein, nur 0,5–1,0 mm breit und etwa 1 cm lang, hellgrün bis gelblich grün, seltener dunkelgrün. In kleinen, dem Substrat mehr oder weniger anliegenden Überzügen.
Blätter: Flankenblätter, meist dicht stehend und sich überlappend, in Ober- und Unterlappen differenziert. Oberlappen gross, rundlich, Unterlappen viel kleiner, taschenförmig, mit dem Oberlappen längs verbunden. Unterblätter zweilappig, im Umriss mehr oder weniger rund und bis dreimal so breit wie das Stämmchen.
Gametangien: Recht häufig mit birnförmigen, wenige Millimeter grossen, fünfkantigen Perianthien. Antheridien an speziellen Ästchen unterhalb der Perianthien. Im Feld schwierig zu finden.
Sporophyten: Gelegentlich.
Lebensraum/Ökologie: An luftfeuchten, schattigen Stellen in Wäldern, Schluchten und entlang von Bächen. Auf Bäumen (Borke oder auch Nadeln von Weisstannen) oder kalkarmem Gestein, häufig auch auf anderen Moosen wachsend.
Zeigerwerte: Feuchtigkeit 3, Reaktion 3, Nährstoffe 3, Licht 1, Temperatur 3
Ähnliche Arten: Durch die geringe Grösse und die rundlichen, nicht eingeschnittenen Blätter gut charakterisiert. *Frullania*-Arten (siehe z. B. *F. dilatata*, S. 362) sind deutlich grösser, meist dunkel gefärbt und die Unterlappen ihrer Blätter sind anders gestaltet. *Radula complanata* (S. 372) ist ebenfalls deutlich grösser, hat keine Unterblätter und ein abgeflachtes, nicht fünfkantiges Perianth. *Cololejeunea calcarea* kommt vor allem auf kalkhaltigem Gestein vor und hat keine Unterblätter. *Lejeunea lamacerina,* die am besten mikroskopisch aufgrund der Ölkörper von *Lejeunea cavifolia*

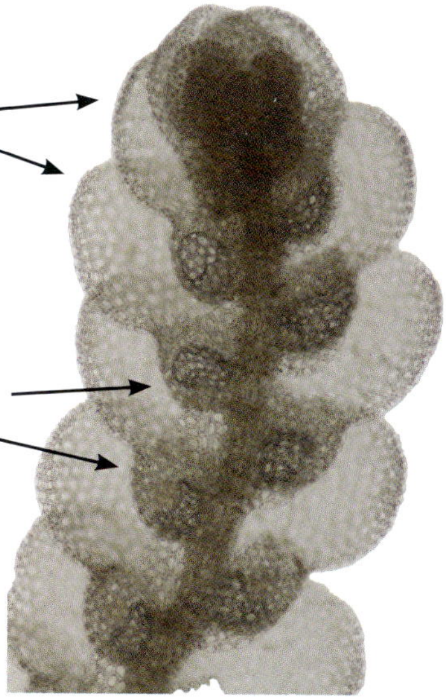

unterschieden werden kann, kommt in der Schweiz nur an wenigen Orten im Tessin vor. Sie hat etwas entfernter stehende Blätter.

Wissenswertes: Die Familie der Lejeuneaceae ist mit rund 1000 verschiedenen Arten die weltweit artenreichste Lebermoosfamilie. Die weitaus meisten Arten kommen in den Tropen vor. Dort wachsen die oft sehr kleinen Arten häufig auf den Blättern von immergrünen, mehrjährigen Gefässpflanzen. In Europa kommen lediglich 23 Lejeuneaceae-Arten vor, in der Schweiz nur gerade 6. Die meisten Arten findet man in Europa in den feuchten Lorbeerwäldern der Kanarischen Inseln und von Madeira.

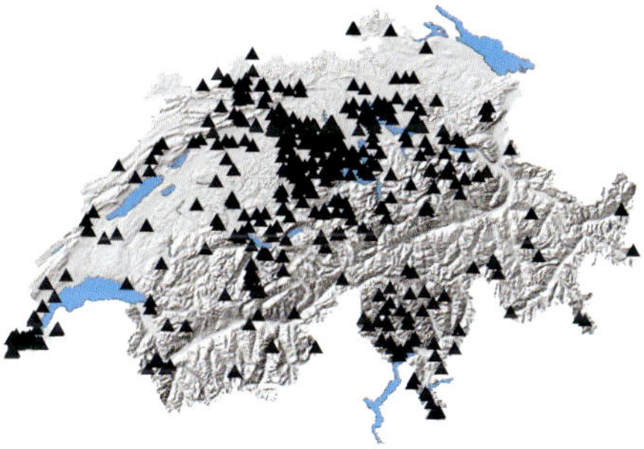

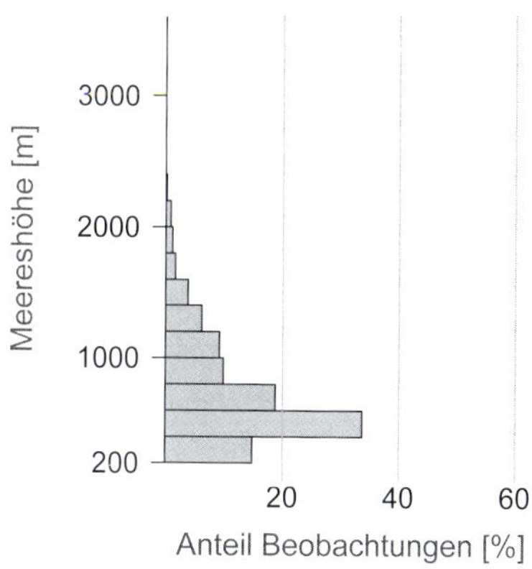

Porella platyphylla aggr.

Umfasst 2 Arten *(P. baueri, P. platyphylla)*

Gruppe des Gewöhnlichen Pfefferlebermooses

Groupe de la Porelle à feuilles larges

Borke von Gehölzen | Beblätterte Lebermoose

Pflanzen: In dunkel- bis olivgrünen, oft grossen Teppichen. Primärsprösschen dem Substrat angeschmiegt, kaum sichtbar. Sekundärsprösschen wedelartig abstehend, 5–10 cm lang, 3–4 mm breit, reich verzweigt, teilweise fiedrig.

Blätter: Flankenblätter zweiteilig mit einem grossen, ca. 2 mm langen, rundlichen Oberlappen und einem kleineren, 0,8 mm langen, ovalen bis lanzettlichen Unterlappen. Der Unterlappen wird vollkommen vom Oberlappen bedeckt und ist nur von unten sichtbar. Unterblätter breiter als lang, halbmondförmig angewachsen, an der Spitze breit abgerundet.

Gametangien: Zweihäusige Art. Perianthien nicht häufig, 3 mm lang, Mündung gewimpert, an seitlichen Ästchen.

Sporophyten: Selten.

Lebensraum/Ökologie: An schattigen, trockenen bis frischen, basischen Standorten. In Wäldern an Kalkfelsen und im unteren Stammbereich verschiedener Laubbäume. Oft mit *Anomodon viticulosus* (S. 186) zusammen.

Zeigerwerte: Feuchtigkeit 3, Reaktion 3, Nährstoffe 3, Licht 4, Temperatur 3

Ähnliche Arten: *Porella arboris-vitae* schmeckt im Gegensatz zu *P. platyphylla* aggr. beim Zerkauen scharf nach Pfeffer und weist einen starken Metallglanz auf. *P. cordaeana* hat schmalere und spitzere Unterlappen und kommt an eher feuchteren Standorten höherer Lagen vor als *P. platyphylla* aggr. Sie ist im Feld schwierig von *P. platyphylla* aggr. zu unterscheiden. Arten der Gattungen *Radula* (*R. complanata*, S. 372) und *Frullania* (*F. dilatata*, S. 362) haben auch zweiteilige Flankenblätter mit grossen

Oberlappen und kleinen Unterlappen, die Arten sind aber deutlich kleiner als *P. platyphylla* aggr. und die Pflanzen liegen oft dicht dem Substrat an. Ähnlich können Laubmoose aus der Gattung *Neckera* (*N. complanata* (S. 398), *N. crispa* (S. 198)) und *Homalia trichomanoides* (S. 392) sein. Sie kommen an ähnlichen Standorten vor und können durch ihre abgeflachte Beblätterung Lebermoos-artig wirken, lassen sich aber rasch durch die nicht in Ober- und Unterlappen geteilten Blätter, die zudem spiralig gestellt sind (allerdings schwierig zu erkennen), unterscheiden.

Wissenswertes: Zum *Porella playtphylla*-Aggregat werden die beiden Arten *P. playtphylla* und *P. baueri* gezählt. Diese unterscheiden sich durch ihre Chromosomenzahlen: *P. platyphylla* weist 8 Chromosmen auf, *P. baueri* 16. Man vermutet, dass *P. baueri* durch eine Hybridisierung zwischen *P. platyphylla* und *P. cordaeana* entstanden ist und sich dabei die Chromosomenzahl verdoppelte. Die morphologische Unterscheidung ist jedoch schwierig und gelingt auch mit mikroskopischen Merkmalen nicht immer zweifelsfrei.

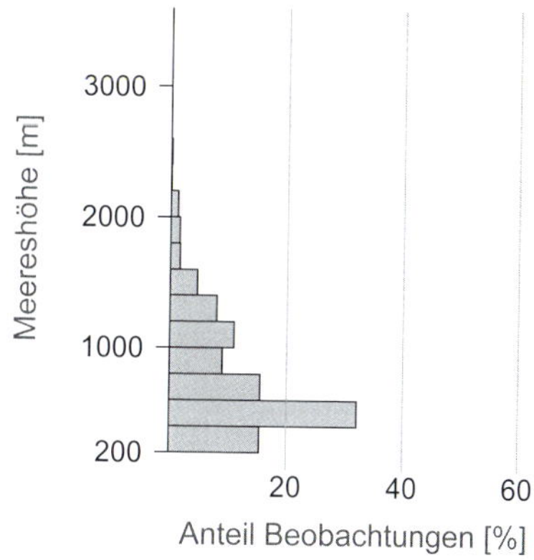

Ptilidium ciliare aggr.

Umfasst 2 Arten *(P. ciliare, P. pulcherrimum)*

Gruppe des Heide-Federlebermooses

Groupe de la Ptilidie des rochers

Borke von Gehölzen | Beblätterte Lebermoose

Pflanzen: Zartes, beblättertes Lebermoos in flachen, lockeren, meist kleinen, seltener bis mehrere Quadratdezimeter grossen Teppichen. Pflanzen braungrün, golden bis rein grün (Schattenform). Stämmchen niederliegend bis aufsteigend, 2–8 cm lang, 2–3 mm breit, 1- bis 2-fach fiedrig verzweigt.

Blätter: Flankenblätter bis zu 50 % *(P. ciliare)* oder zu 60–80 % *(P. pulcherrimum)* in meist drei dicht bewimperte Lappen geteilt. Unterblätter etwas kleiner, zweilappig, ebenfalls bewimpert.

Gametangien: Zweihäusige Art. Die Archegonien am Grund von großen, aufgeblasenen Perianthien mit faltiger, bewimperter Mündung. Perianthien nur bei *P. pulcherrimum* regelmässig anzutreffen.

Sporophyten: Bei *P. ciliare* sehr selten, bei *P. pulcherrimum* häufiger ausgebildet.

Lebensraum/Ökologie: Häufig an lichtreichen bis halbschattigen Standorten, in trockenen, aber ausreichend luftfeuchten Wäldern, Heiden und Zwergsträuchern, auch an Felsstandorten und in Blockschutthalden. Auf Borke (v. a. *P. pulcherrimum*), Humus, Nadelstreu, Mineralboden oder auch auf Totholz.

Zeigerwerte: Feuchtigkeit 3, Reaktion 2, Nährstoffe 1, Licht 2, Temperatur 3

Ähnliche Arten: *Ptilidium ciliare* aggr. ist durch die gelappten, mit Zilien bestückten Blätter sehr gut charakterisiert und kaum zu verwechseln. *Trichocolea tomentella* (S. 290) ist 2- bis 3-fach gefiedert und hat so stark zerschlitzte und bewimperte Blätter, dass diese kaum mehr einzeln wahrgenommen werden können und die Stämmchen schwammig-fluffig erscheinen.

Wissenswertes: Die Gattung *Ptilidium* besteht weltweit aus nur vier Arten, von denen zwei nur relativ begrenzte Verbreitungsgebiete aufweisen. Die beiden Arten, die hier im *Ptilidium ciliare*-Aggregat zusammengefasst sind, sind allerdings beide sehr weit verbreitet und weisen unter anderem Vorkommen in Nordamerika, Asien und Europa auf. Da bei beiden Arten die amerikanischen und europäischen Populationen sehr nahe verwandt sind, geht man davon aus, dass die Arten zu erfolgreicher Fernausbreitung über den Atlantik mittels Sporen fähig sind.

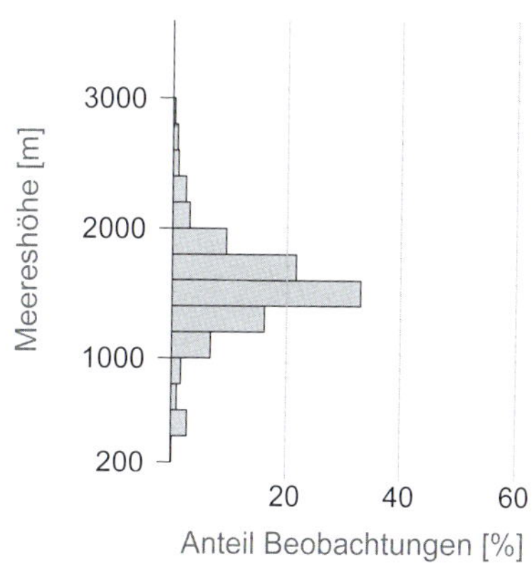

Radula complanata

Kratz-Lebermoos

Radule aplatie

Borke von Gehölzen | Beblätterte Lebermoose

Pflanzen: In kleinen oder bis 1–2 Quadratdezimeter bedeckenden, flachen, grünen bis gelbgrünen Überzügen oder als einzelne Sprösschen zwischen anderen Moosen. Sprösschen abgeflacht, 1–2 cm lang, 1,0–2,5 mm breit

Blätter: Rundlich, sich bis zur Hälfte überdeckend, ca. 1,5 mm lang, mit je einem kleinen, mehr oder weniger quadratischen Unterlappen. Blätter häufig mit scheibenförmigen Brutkörpern am Blattrand, der dadurch krenuliert erscheint. Unterblätter fehlen.

Gametangien: Perianthien auffällig, rechteckig, stark abgeflacht, 2–3 mm lang. Antheridien in sackförmigen Ausbuchtungen der Blätter, entweder gerade unterhalb der Perianthien (*R. complanata* subsp. *complanata*; einhäusig) oder auf anderen Pflanzen (*R. complanata* subsp. *lindenbergiana*; zweihäusig).

Sporophyten: Sehr häufig. Eiförmige, dunkelbraune Kapseln auf wenigen Millimetern langen, weissen Kapselstielen.

Lebensraum/Ökologie: Vor allem an Laubbäumen mit basenreicher Borke (Ahorn, Esche, Pappeln), aber auch auf Buche und seltener auf Felsen wachsend. Besonders gut entwickelt an etwas luftfeuchten Lagen.

Zeigerwerte: Feuchtigkeit 2, Reaktion 2, Nährstoffe 1, Licht 2, Temperatur 3

Ähnliche Arten: *Radula complanata* ist durch die grüne Farbe, die Grösse, die Unterlappen und das Fehlen von Unterblättern gut charakterisiert. Die an ähnlichen Stellen vorkommende *Frullania dilatata* (S. 362) ist kleiner und meist deutlich dunkel gefärbt. Zudem haben alle *Frullania*-Arten grosse

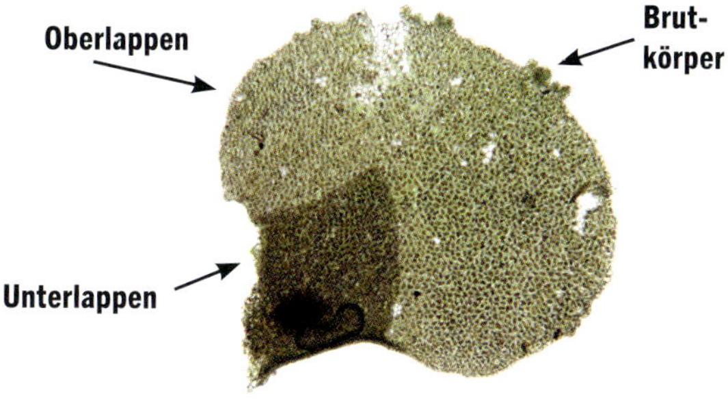

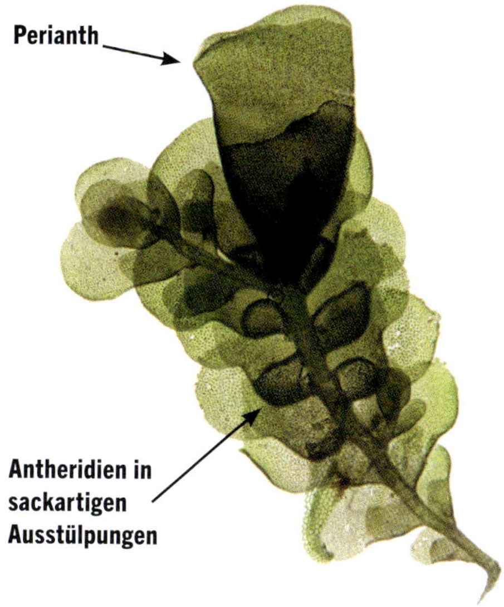

Unterblätter. *Porella platyphylla* (S. 368) hat ebenfalls grosse Unterblätter, die Sprösschen stehen wedelartig vom Substrat ab und sind grösser als jene von *R. complanata. Lejeunea cavifolia* (S. 366) ist in der Regel deutlich kleiner und hat Unterblätter. Die kleine, zweihäusige *R. visianica* ist aus der Schweiz noch nicht bekannt, kommt aber in den Ostalpen vor. Sie hat längere Oberlappen und oft zu einem Spitzchen ausgezogene Unterlappen.

Wissenswertes: In einigen *Radula*-Arten kommt ein Cannabinoid vor («Perrottetinen»), das dem Tetrahydrocannabinol (THC), dem Wirkstoff der Hanfpflanze *(Cannabis sativa),* ähnlich ist. Allerdings soll Perrottetinen weniger stark psychoaktiv wirken als THC, hat aber wahrscheinlich eine entzündungshemmende Wirkung. In *Radula complanata* wurde Perrottetinen bisher nicht nachgewiesen.

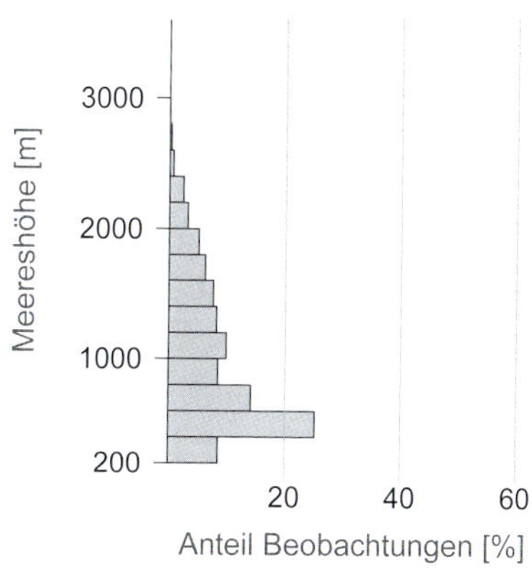

Dicranum montanum

Holz-Besenmoos

Petit dicrane

Borke von Gehölzen | Akrokarpe Laubmoose

Pflanzen: Kleine bis mittelgrosse, ca. 0,4–1,5(–5,0) cm hohe Polster und Rasen. Die Pflanzen sind hell-, gelb- oder dunkelgrün und glanzlos. Sprosse feucht aufrecht abstehend, trocken stark gekräuselt beblättert. Oft mit kleinen, lanzettlichen Brutblättern an der Spitze der Stämmchen. Rhizoidenfilz meist schwach ausgeprägt.

Blätter: Eilanzettlich bis schmal dreieckig, gekielt oder rinnig, bis ca. 4 mm lang. Rippe kräftig und bis in die Spitze reichend, etwa ⅙ bis ¼ der Blattbreite einnehmend. Blattrand flach.

Sporophyten: Selten. Kapselstiele gelblich, 5–15 mm lang. Kapseln aufrecht, blass, trocken schwach gefurcht, mit lang geschnäbeltem Deckel.

Lebensraum/Ökologie: In Wäldern vor allem im unteren Stammbereich von Nadel- und Laubbäumen, an Baumbasen, auf Wurzeln, morschen Strünken und liegenden Stämmen, auf basenarmen Silikatblöcken und -felsen, selten auf ausgehagerter, humoser Erde, immer auf sauren Substraten.

Zeigerwerte: Feuchtigkeit 3, Reaktion 1, Nährstoffe 1, Licht 2, Temperatur 3

Ähnliche Arten: *Dicranum fulvum* unterscheidet sich durch die breitere Rippe, die etwa ein Drittel der Blattbreite einnimmt. Andere *Dicranum*-Arten (*D. scoparium*, S. 296) sind meist grösser und/oder die Blätter sind im trockenen Zustand nicht gekräuselt. *Dicranoweisia cirrata* und *Cynodontium*-Arten unterscheiden sich durch den meist umgerollten Blattrand und haben keine Brutblätter. *Hymenoloma crispulum* (S. 164) hat ebenfalls keine Brutblätter und bildet regelmässig Kapseln.

Wissenswertes: *Dicranum montanum* ist eine der wenigen Moosarten, die häufig am Grund von Wald-Föhren *(Pinus sylvestris)* vorkommt und dort dichte Polster bilden kann.

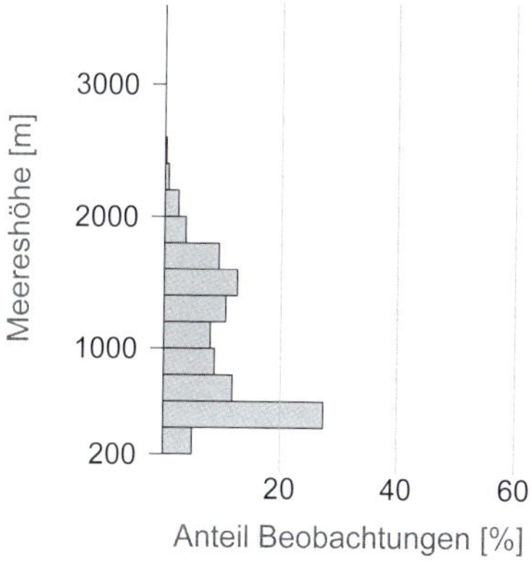

Lewinskya speciosa

Schönes Goldhaarmoos

Houppe remarquable

Borke von Gehölzen | Akrokarpe Laubmoose

Pflanzen: Mittelgrosse bis grosse Art, die lockere Polster aus spärlich unregelmässig verzweigten Sprösschen bildet. Sprösschen ca. 1–5 cm lang, hell- bis dunkelgrün, matt, trocken anliegend, feucht aufrecht abstehend bis spreizend beblättert.
Blätter: 2,0–3,5 mm lang. Schmal eilanzettlich bis schmal dreieckig, oft mit lang ausgezogener Spitze. Im oberen Blattbereich gekielt. Rippe kräftig, bis in die Blattspitze geführt. Blattrand beinahe auf der gesamten Länge beidseitig umgerollt, ganzrandig.
Sporophyten: Fast immer vorhanden. Im unreifen Zustand von mützenförmigen, dicht mit goldgelben Haaren besetzten Hauben bedeckt (Name!). Kapselstiele und Kapseln hell gelblich bis ockerbraun. Kapseln aus den Hüllblättern herausragend oder über diese emporgehoben, in der oberen Hälfte mit acht Längsstreifen, diese manchmal schwach ausgebildet, selten fehlend. Die acht äusseren Peristomzähne dick, orange, im Alter bleich, trocken bogig zurückgekrümmt und mit den Spitzen die Kapselwand berührend.
Lebensraum/Ökologie: Epiphytisch auf der Borke von Laubbäumen, seltener auf Nadelbäumen oder Silikatgestein. An hellen bis halbschattigen Standorten.
Zeigerwerte: Feuchtigkeit 2, Reaktion 2, Nährstoffe 3, Licht 2, Temperatur 3
Ähnliche Arten: Bei fast allen anderen im Gebiet vorkommenden und vorwiegend epiphytisch wachsenden Arten der Gattung *Orthotrichum* im weiteren Sinne (Gattungen *Lewinskya, Nyholmiella, Orthotrichum* und *Pulvigera*) sind die Kapseln tiefer in die Perichaetialblätter eingesenkt und die

Kapselstiele kürzer als 1 mm. Epiphytische Arten der Gattung *Ulota* (*U. crispa* aggr., S. 388) unterscheiden sich durch die trocken gekräuselten Blätter und den meist dicht polsterförmigen Wuchs. *U. hutchinsiae* kommt auf silikatischen Gesteinen vor, wird nur ca. 2 cm gross und hat gerade zurückgeschlagene, der Kapselwand anliegende äussere Peristomzähne.

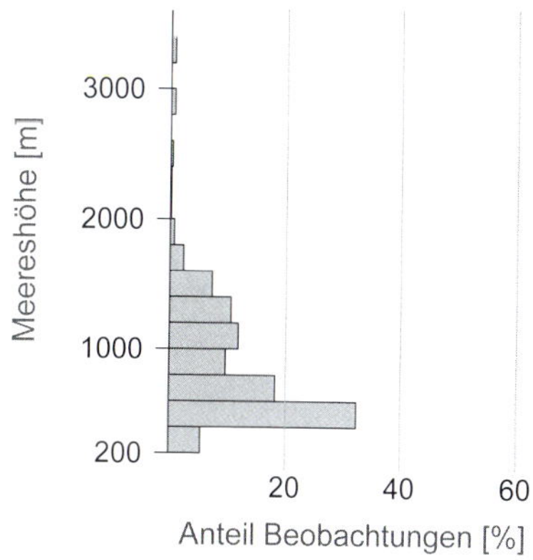

Nyholmiella obtusifolia

Stumpfblättriges Goldhaarmoos

Houppe à feuilles obtuses

Borke von Gehölzen | Akrokarpe Laubmoose

Pflanzen: Kleine bis mittelgrosse Art, bildet lockere bis dichte, ca. 0,3–1,5 cm hohe Rasen oder Polster. Meist olivgrün, seltener hell- oder dunkelgrün, matt. Sprosse trocken eng dachziegelig anliegend, feucht aufrecht abstehend bis spreizend beblättert.

Blätter: Ca. 2 mm lang, eiförmig, lanzettlich oder elliptisch, mit breit abgerundeter Spitze, selten stumpf bespitzt, löffelartig hohl. Rippe in der oberen Blatthälfte auslaufend. Blattrand flach, ganzrandig. Auf der Oberseite mit meist zahlreichen kleinen, schmal ovalen bis länglichen, grünlich bräunlichen Brutkörpern.

Sporophyten: Relativ selten, im unreifen Zustand von einer mützenförmigen, bräunlichen und kahlen Haube bedeckt. Kapselstiel kurz, von den Blättern verdeckt. Kapsel halb aus den etwas vergrösserten Perichaetialblättern herausragend, kastanienbraun, im trockenen Zustand mit acht kräftigen Längsstreifen. Die acht äusseren Peristomzähne trocken zurückgeschlagen.

Lebensraum/Ökologie: Epiphytisch an der Borke von Laubbäumen. An lichtreichen und meist warmen und nährstoffreichen Stellen.

Zeigerwerte: Feuchtigkeit 2, Reaktion 2, Nährstoffe 3, Licht 3, Temperatur 4

Ähnliche Arten: Von fast allen anderen im Gebiet vorkommenden und vorwiegend epiphytisch wachsenden Arten der Gattung *Orthotrichum* im weiteren Sinne (Gattungen *Lewinskya, Nyholmiella, Orthotrichum* und *Pulvigera*) durch die abgerundeten Blattspitzen, die flachen Blattränder und die reichliche Brutkörperbildung einfach zu unterscheiden. Die ähnliche *Nyholmiella gymnostoma* unter-

scheidet sich durch eingerollte Blattränder. Sie ist in den meisten Gebieten Europas selten und wurde in der Schweiz bisher noch nicht nachgewiesen. *Syntrichia papillosa* (S. 384) hat ebenfalls Brutkörper auf der Blattoberseite, unterscheidet sich durch die als Glashaar austretende Rippe aber deutlich von *N. obtusifolia*.

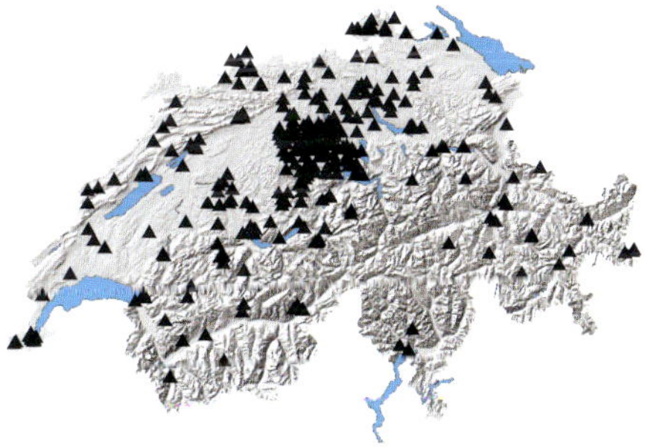

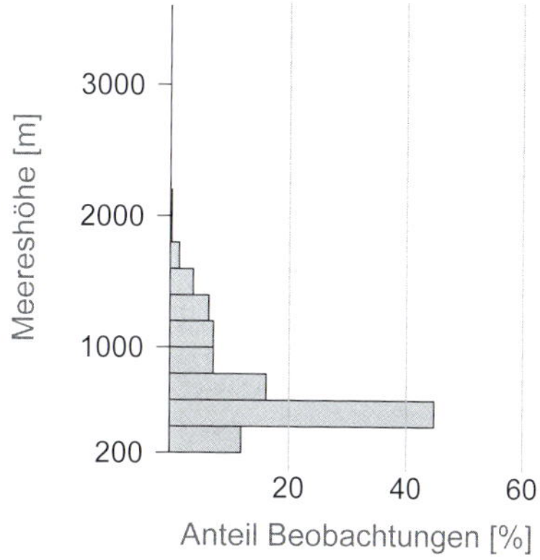

Orthotrichum diaphanum

Glas-Goldhaarmoos

Houppe diaphane

Borke von Gehölzen | Akrokarpe Laubmoose

Pflanzen: Kleine bis mittelgrosse Art, die lockere bis dichte Polster oder Rasen bildet, meist 0,5–1,5 cm hoch. Olivgrün, an der Basis manchmal bräunlich, matt. Sprosse trocken anliegend, feucht abstehend beblättert.
Blätter: Ca. 1,5–2,0 mm lang, oval-lanzettlich, spitz. Blatt in eine kurze bis lange hyaline Spitze auslaufend. Rippe kräftig, bis in die Blattspitze geführt. Blattrand umgerollt, ganzrandig oder nur an der hyalinen Spitze mit kleinen Zähnchen.
Sporophyten: Fast immer vorhanden, im unreifen Zustand von einer mützenförmigen Haube bedeckt. Haube gelblich bis bräunlich, meist mit dunkleren Längsstreifen, kahl oder behaart. Kapselstiel kurz, von den Blättern verdeckt. Kapsel in die Perichaetialblätter eingesenkt oder halb herausragend, bleich bis gelblich, im trockenen Zustand mit acht Längsstreifen. Mit 16 weissen bis gelblichen äusseren Peristomzähnen. Diese mehr oder weniger radförmig ausgebreitet und verdreht.
Lebensraum/Ökologie: Vor allem im Siedlungs- und Landwirtschaftsgebiet häufig. Sowohl epiphytisch auf der Borke von Laubbäumen als auch auf kalkhaltigem Gestein, häufig auf Beton- und Mörtelmauern. An lichtreichen bis mässig schattigen und meist nährstoffreichen Stellen.
Zeigerwerte: Feuchtigkeit 2, Reaktion 4, Nährstoffe 5, Licht 3, Temperatur 4
Ähnliche Arten: Durch die hyalinen Blattspitzen innerhalb der Gattung *Orthotrichum* im weiteren Sinne (Gattungen *Lewinskya, Nyholmiella, Orthotrichum* und *Pulvigera*) nur mit dem sehr seltenen *O. vittii* zu verwechseln. Dieses unterscheidet sich durch bräunliche Kapseln und acht im trockenen

Zustand zurückgeschlagene, äussere Peristomzähne. *Schistidium apocarpum* aggr. (S. 174) kommt an ähnlichen Standorten vor und weist ebenfalls hyaline Blattspitzen und in die Perichaetialblätter eingesenkte Kapseln auf, unterscheidet sich aber durch viel kleinere und kappenförmige Hauben, Kapseln ohne Längsstreifen und bräunlich bis rötlich gefärbte Peristomzähne.

Wissenswertes: *Orthotrichum diaphanum* ist gegenüber hohen Stickstoffeinträgen tolerant und kommt dadurch auch an stark belasteten Standorten im Landwirtschafts- und Siedlungsgebiet vor.

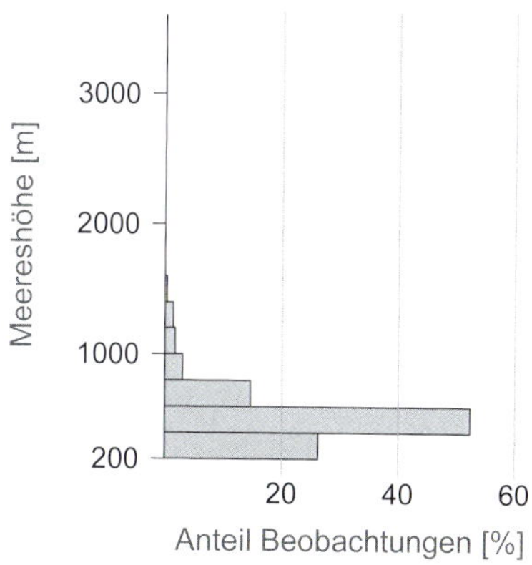

Pulvigera lyellii

Lyells Goldhaarmoos

Houppe de Lyell

Borke von Gehölzen | Akrokarpe Laubmoose

Pflanzen: Mittelgrosse bis grosse Art, bildet lockere, ca. 1–5 cm hohe Polster. Hell- bis dunkelgrün, insbesondere im unteren Teil oft bräunlich, matt. Sprösschen spärlich unregelmässig verzweigt, im Trockenen oft bogig nach oben gekrümmt, trocken eng anliegend bis leicht abstehend beblättert (dann mit etwas verbogenen Blättern), feucht abstehend bis spreizend beblättert.
Blätter: Ca. 2–4 mm lang, schmal lanzettlich, spitz. Im oberen Blattbereich gekielt. Rippe kräftig, bis in die Blattspitze geführt. Blattrand flach und ganzrandig. Spärlich bis dicht mit bräunlichen Brutkörpern besetzt, die der Blattfläche und Rippe entspringen. Brutkörper kurz elliptisch bis fädig und verzweigt.
Sporophyten: Sehr selten, im unreifen Zustand von einer spärlich behaarten, schmal-mützenförmigen Haube bedeckt. Kapselstiel ca. 1–2 mm lang. Kapsel aus den Perichaetialblättern herausragend oder über diese emporgehoben, bleichbraun. Die 16 äusseren Peristomzähne trocken bogig zurückgekrümmt.
Lebensraum/Ökologie: Epiphytisch auf der Borke von Laub- und Nadelbäumen. An hellen bis mässig schattigen Stellen und sowohl an feuchten als auch an trockenen Standorten.
Zeigerwerte: Feuchtigkeit 3, Reaktion 2, Nährstoffe 1, Licht 3, Temperatur 3

Ähnliche Arten: Durch die meist auffälligen braunen Brutkörper, flachen Blattränder und meist fehlenden Kapseln einfach von den anderen im Gebiet vorkommenden Arten der Gattung *Orthotrichum* im weiteren Sinne (Gattungen *Lewinskya, Nyholmiella, Orthotrichum* und *Pulvigera*) zu unterscheiden. *Nyholmiella obtusifolia* (S. 378) mit ebenfalls flachen Blatträndern und auffälligen Brutkörpern unterscheidet sich durch die abgerundeten Blätter und die geringere Grösse.

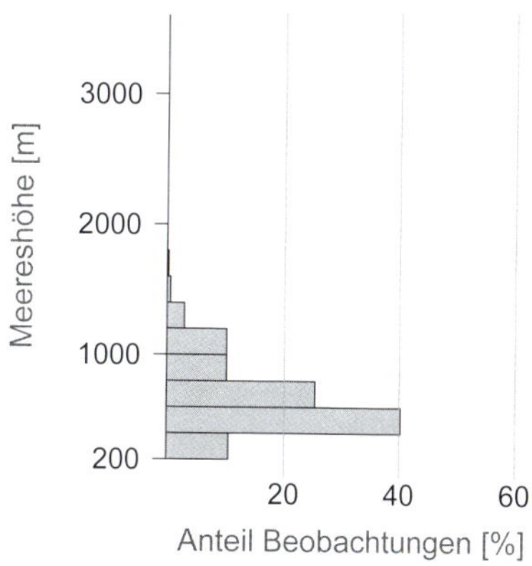

Syntrichia papillosa

Gemmen-Schraubenmoos

Tressule propagulifère

Borke von Gehölzen | Akrokarpe Laubmoose

Pflanzen: In 0,5–1,0 cm hohen, lockeren, grünen bis braungrünen Rasen. Blätter oben rosettenartig angeordnet, feucht aufrecht abstehend bis leicht zurückgekrümmt, trocken mehr oder weniger anliegend und gekrümmt.
Blätter: Breit spatelförmig, hohl, in der Mitte breit eingeschnürt. Blattspitze kurz zugespitzt, mit kurzem, glattem Glashaar. Blattrand oberwärts eingebogen. Blattrippe kräftig, grün, bei älteren Blättern auch rötlich braun. Rippe auf der Blattoberseite meist mit zahlreichen, kleinen, rundlichen, grünen Brutkörpern bedeckt.
Sporophyten: In Europa noch nie mit Sporophyten gefunden (bisher nur weibliche Pflanzen aus Europa nachgewiesen).
Lebensraum/Ökologie: An meist sonnigen, lichtreichen Standorten wie Alleen, Obstpflanzungen, Parkbäumen oder Hecken. Meist epiphytisch auf basen- und nährstoffreicher Borke von meist frei stehenden Bäumen wie Pappeln, Weiden, Eschen. Selten auch an kalkhaltigen Mauern.
Zeigerwerte: Feuchtigkeit 2, Reaktion 2, Nährstoffe 1, Licht 3, Temperatur 4
Ähnliche Arten: *Syntrichia papillosa* ist durch die zahlreichen grünen Brutkörper und das kurze Glashaar gut charakterisiert und kaum zu verwechseln. Andere Vertreter der Gattung *Syntrichia* wie *S. ruralis* aggr. (S. 180) können ähnlich aussehen, besitzen aber keine Brutkörper auf der Rippe. *Nyholmiella obtusifolia* (S. 378) kommt an ähnlichen Stellen vor und hat ebenfalls Brutkörper auf der Blattoberseite. Ein Glashaar fehlt allerdings. *Pulvigera lyellii* (S. 382) hat braune Brutkörper auf der Blattoberseite und ebenfalls kein Glashaar. *Orthotrichum diaphanum* (S. 380) hat zwar ebenfalls ein

Glashaar, aber keine Brutkörper auf der Rippe, dafür sind meist Sporophyten vorhanden.

Wissenswertes: Epiphytisch wachsende Moose wie *Syntrichia papillosa* wurden bis noch vor wenigen Jahrzehnten durch Schwefeldioxid stark geschädigt. Die Schwefeldioxid-Emissionen gingen in der Schweiz durch das Verbot von verbleitem Benzin und die Einführung des Katalysators in den 1980er Jahren und weitere lufthygienische Massnahmen aber stark zurück. Wie in einigen Ländern Europas nachgewiesen, dürften epiphytische Moose deshalb auch in der Schweiz seither zugenommen haben. Manche Arten dürften auch von hohen Stickstoffeinträgen, die als Dünger wirken, profitieren.

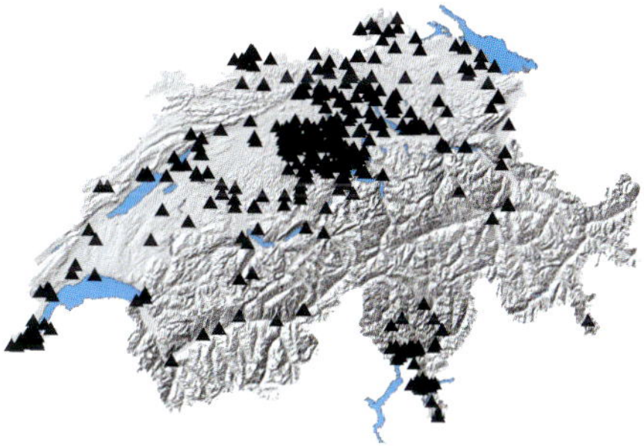

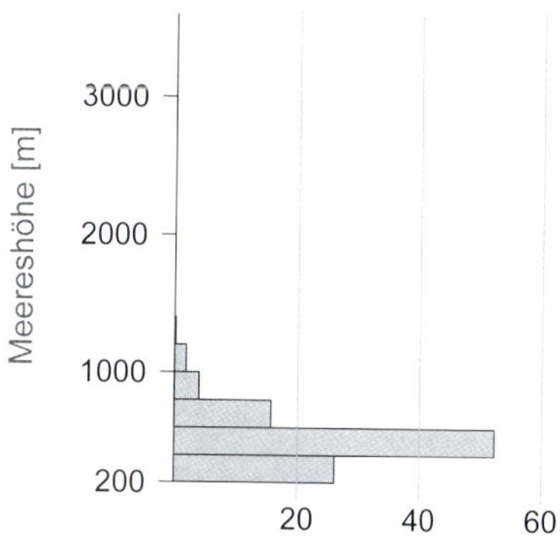

Tayloria rudolphiana

Rudolphis Trompetenmoos

Taylorie de Rudolphi

Borke von Gehölzen | Akrokarpe Laubmoose

Pflanzen: Ausgedehnte, 2–4(–6) cm hohe, frischgrüne Polster. Sprösschen aufrecht, gabelig verzweigt, gleichmässig beblättert.
Blätter: Verkehrt eiförmig bis spatelförmig, gross, 4–5 mm lang. Rippe an den meisten Blättern als Stachelspitze austretend. Blattrand in der Blattmitte breit umgeschlagen, gegen die Spitze mit deutlichen Zähnen. Zellen in der Blattmitte glatt, rechteckig oder unregelmässig sechseckig, auffallend gross (mit der Lupe sichtbar).
Sporophyten: Meistens zahlreich vorhanden. Kapselstiel kräftig, intensiv gelblich rot gefärbt, ca. 1,5–2,0 cm lang. Kapsel aufrecht, zylindrisch, allmählich in einen langen Hals verschmälert, trocken gegen die Mündung verengt. Peristom einfach, mit 16 langen, geraden, sich spaltenden Zähnen.
Lebensraum/Ökologie: Auf meist frei stehenden, alten Bergahorn-Bäumen in den Nordalpen in eher feuchten Lagen. Bevorzugt auf den ausladenden, dicken Ästen der Bergahorn-Bäume vorkommend, selten auch an steiler gestellten Ästen oder am Stamm. Sehr selten an anderen Baumarten oder auf Fels.
Zeigerwerte: Feuchtigkeit 3, Reaktion 2, Nährstoffe 5, Licht 2, Temperatur 2
Gefährdung: Stark gefährdet (EN)
Ähnliche Arten: Kaum zu verwechseln, wenn die Art in ihrem typischen Lebensraum auf Bergahorn gefunden wird. Die weiteren, ebenfalls hauptsächlich in den Alpen vorkommenden *Tayloria*-Arten wachsen nicht auf Bäumen. *Syntrichia ruralis* aggr. (S. 180) kann mit *T. rudolphiana* zusammen vorkommen, unterscheidet sich aber deutlich durch ihre Blätter mit langem Glashaar.

Wissenswertes: *Tayloria rudolphiana* kommt in Europa ausschliesslich in den Alpen vor, fast immer auf frei stehenden Bergahorn-Bäumen. Ausserhalb Europas ist die Art noch aus China (zwei Fundorte) und dem russischen Altai-Gebirge (ein Fundort) bekannt. In Europa und der Schweiz gilt die Art als stark gefährdet. Ihr Überleben hängt wesentlich vom Vorhandensein alter, frei stehender Bergahorn-Bäume in geeigneten Lagen ab, besonders in sogenannten «Bergahornweiden».

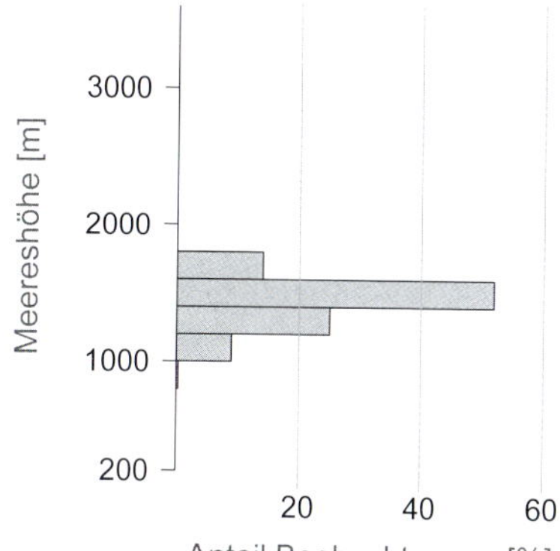

Ulota crispa aggr.

Umfasst 4 Arten *(U. bruchii, U. crispula, U. intermedia, U. crispa)*

Gruppe des Echten Krausblattmooses

Groupe de la Frisette frisée

Borke von Gehölzen | Akrokarpe Laubmoose

Pflanzen: Klein bis mittelgross, 1–3(–4) cm hoch, meist dichte und oft auffallend runde Polster bildend. Hell- bis dunkelgrün, an der Basis oft bräunlich, matt oder etwas glänzend. Sprösschen trocken gekräuselt, feucht aufrecht abstehend bis sparrig beblättert.

Blätter: Bis ca. 3 mm lang, schmal lanzettlich, spitz, oft mit erweiterter, eiförmiger Basis. Rippe kräftig, in oder kurz vor der Blattspitze endend. Blattrand flach oder nur an der Basis schmal umgebogen, ganzrandig.

Sporophyten: Fast immer vorhanden, einzeln an der Spitze der Sprosse. Im unreifen Zustand von kegelförmigen Hauben bedeckt. Hauben gelb bis bräunlich, stark faltig und dicht mit langen, goldgelben Haaren besetzt. Kapselstiele wie die Kapseln gelblich bis bräunlich. Kapseln im trockenen Zustand über die Perichaetialblätter emporgehoben, mit acht Längsfalten oder Rippen. Die acht äusseren Peristomzähne bleich bis bräunlich, trocken zurückgeschlagen und der Kapselwand anliegend.

Lebensraum/Ökologie: Epiphytisch auf der Borke von Laub- und (seltener) Nadelbäumen. An hellen bis schattigen Standorten. Selten in Gebieten mit kontinental geprägtem Klima.

Zeigerwerte: Feuchtigkeit 3, Reaktion 2, Nährstoffe 1, Licht 2, Temperatur 4

Ähnliche Arten: *Ulota coarctata* bildet eher unregelmässig begrenzte Rasen als kugelige Polster und die Kapseln sind nur an der Mündung faltig. Die sehr ähnliche *U. macrospora* und das ebenfalls krausblättrige *Orthotrichum pulchellum* unterscheiden sich durch rötliche, äussere Peristomzähne. Die Arten der Gattung *Orthotrichum* im weiteren Sinne (Gattungen *Lewinskya, Nyholmiella,*

Orthotrichum und *Pulvigera*) unterscheiden sich durch im trockenen Zustand nicht gekräuselte Blätter und die meist wenigstens teilweise in die Blätter eingesenkten Kapseln. *Dicranoweisia cirrata* unterscheidet sich durch glatte, die Blätter weit überragende Kapseln. Die einzelnen Arten des *U. crispa*-Aggregats unterscheiden sich vor allem durch die Grösse und die Gestalt der Kapseln.

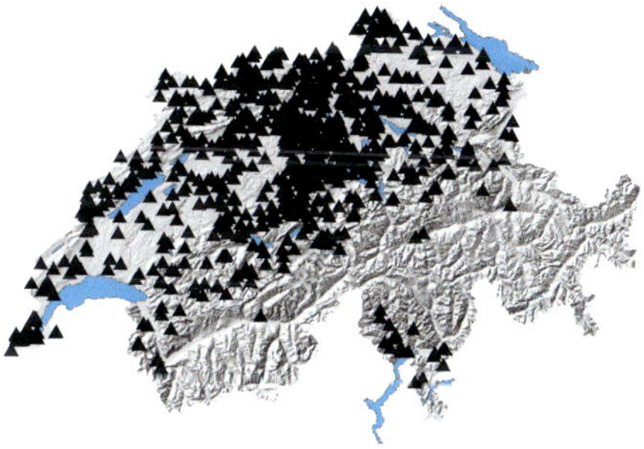

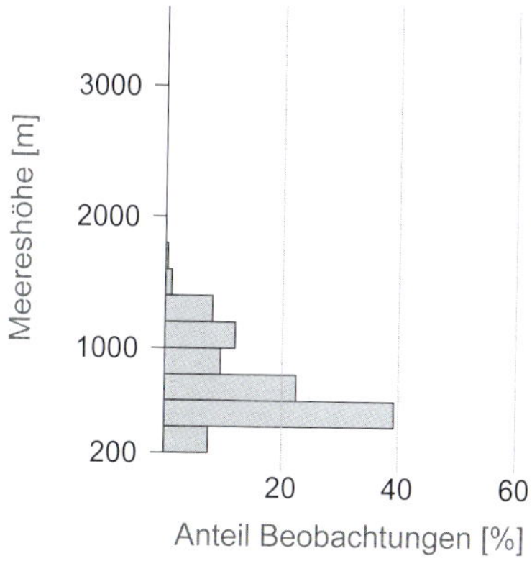

Antitrichia curtipendula

Harpunenmoos

Penduline vraie

Borke von Gehölzen | Pleurokarpe Laubmoose

Pflanzen: Mehrere Zentimeter dicke, dunkel- bis olivgrüne, seidig glänzende Polster oder grössere Teppiche bildend. Sprösschen mit rötlichem Stängel, aufsteigend bis aufrecht, kräftig, 5–8(–20) cm lang, unregelmässig verzweigt.
Blätter: Eiförmig, lang zugespitzt, an den Sprossenden oft leicht einseitswendig. Blattrippe ungefähr ¾ der Blattlänge erreichend. Am Grund der Blattrippe mit zwei Nebenrippen, die aber mit der Lupe kaum zu sehen sind. Blattrand in der Blattspitze grob gezähnt, mit teilweise rechtwinklig abstehenden oder rückwärts gebogenen, groben Zähnen.
Sporophyten: Selten. Kapselstiel ca. 1 cm lang, bräunlich, glatt, meist etwas verbogen. Kapsel schmal zylindrisch, aufrecht.
Lebensraum/Ökologie: Auf Laubbäumen in luftfeuchten Wäldern, in Schluchten und Tobeln, aber auch auf frei stehenden Laubbäumen in regenreichen Lagen (z. B. auf Buche und Bergahorn). Seltener auf Felsblöcken in lichtreichen bis halbschattigen Lagen.
Zeigerwerte: Feuchtigkeit 2, Reaktion 3, Nährstoffe 1, Licht 3, Temperatur 3
Ähnliche Arten: *Leucodon sciuroides* (S. 396) kommt an ähnlichen Standorten wie *Antitrichia curtipendula* vor, das Blatt hat aber keine Rippe, die Blattspitze ist nicht gezähnt und die Sprösschen sind charakteristisch nach oben gebogen, wenn sie trocken sind. *Rhytidiadelphus loreus* (S. 336) ist ein kräftiges Waldbodenmoos. Die Blätter sind sichelförmig-einseitswendig und haben eine kurze Doppelrippe, die mit der Lupe nicht zu sehen ist. *Loeskeobryum brevirostre* hat ebenfalls stark gezähnte Blätter, aber nur eine kurze Doppelrippe, weist Paraphyllien am Stängel auf und wächst

ebenfalls auf Waldboden. Allenfalls können auch grosse *Brachythecium*- oder *Eurhynchium*-Arten mit *A. curtipendula* verwechselt werden, diese sind in der Blattspitze aber schwächer gezähnt, die Zähne sind nie rückwärts gebogen und die Kapseln meist gekrümmt.

Wissenswertes: In besonders luftfeuchten Lagen, z. B. in Schluchten wie entlang des Doubs, kann die Art Äste von Laubbäumen mit dicken Teppichen einpacken, sodass die Äste um ein Vielfaches an Volumen zunehmen.

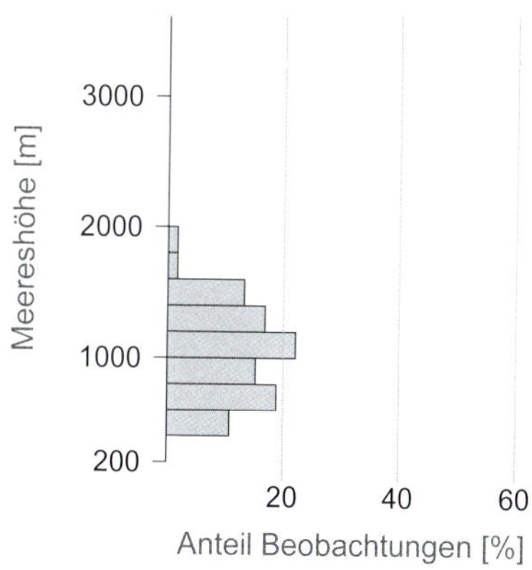

Homalia trichomanoides

Flachmoos

Planule aplatie

Borke von Gehölzen | **Pleurokarpe Laubmoose**

Pflanzen: Dunkel- bis goldgrüne, glänzende, ausgedehnte Rasen. Sprösschen 2–6 cm lang, wenig verzweigt, vom Substrat abstehend bis heruntergebogen, stark abgeflacht beblättert und im trockenen Zustand charakteristisch seitlich abwärts gebogen, sodass die Sprösschen im Querschnitt halbmondförmig sind. Sprösschenspitzen breit und stumpf.

Blätter: Spatel- bis zungenförmig, etwas asymmetrisch, um 1 mm lang. Blattrand am Grund auf einer Seite eingebogen, sonst flach, sehr fein gezähnt. Blattspitze breit abgerundet bis kurz zugespitzt. Blattrippe dünn, bis zur Mitte reichend.

Sporophyten: Häufig. Kapselstiel verlängert, aufrecht bis schwach gekrümmt, rötlich, 1–2 cm lang. Kapseln aufrecht bis schwach geneigt, eiförmig. Deckel kegelförmig, lang und schief geschnäbelt.

Lebensraum/Ökologie: In feuchten Au- und Schluchtwäldern und nordexponierten Laubwäldern. Auf Borke am Grund von Laubbäumen, bisweilen auch an Felsen und Mauerstandorten.

Zeigerwerte: Feuchtigkeit 3, Reaktion X, Nährstoffe 1, Licht 2, Temperatur 4

Ähnliche Arten: An ähnlichen Stellen können verschiedene *Neckera*-Arten vorkommen, die ebenfalls abgeflacht beblättert sind. Von diesen hat einzig die seltene *Neckera menziesii* eine Blattrippe. Im Gegensatz zu *Homalia trichomanoides* hat *N. menziesii* aber querwellige Blätter. Die häufige *N. complanata* (S. 398) ist deutlich fiedrig verzweigt und bildet meist flagellenartige Triebe mit wenigen, winzigen Blättchen. Die ebenfalls häufge *N. crispa* (S. 198) unterscheidet sich durch deutlich quergewellte Blättchen. *Hookeria lucens* (S. 322) ist über die extrem grossen Zellen (mit blossem Auge schon erkennbar) zu unterscheiden, ausserdem ist der Blattrand ganzrandig und die Blattrippe

fehlt. Auch den abgeflachten *Plagiothecium*-Arten fehlt eine Blattrippe.

Wissenswertes: Der Artname «trichomanoides» bezieht sich auf die Hautfarn-Gattung *Trichomanes,* die in der Schweiz aber nicht vorkommt. *Homalia trichomanoides* sieht diesen zudem nicht sehr ähnlich.

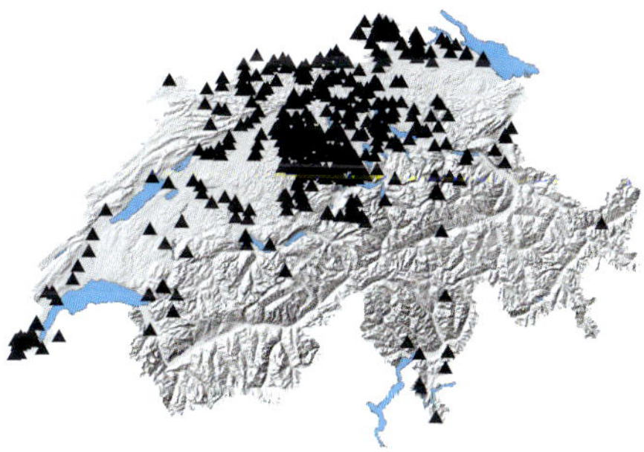

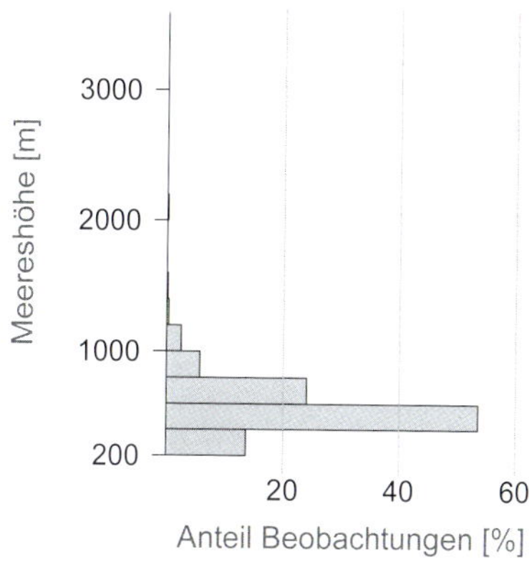

Isothecium alopecuroides

Grosses Mausschwanzmoos

Grande isocélie

Borke von Gehölzen | Pleurokarpe Laubmoose

Pflanzen: In kleineren bis mehrere Quadratdezimeter grossen, grünen, schwach glänzenden Teppichen. Primärsprösschen dünn, dem Substrat anliegend, Sekundärsprösschen mehr oder weniger bogig abstehend, reich verzweigt, teilweise angedeutet bäumchenförmig, 3–5 cm lang. Blätter dachziegelig anliegend.

Blätter: Eiförmig, hohl, mit kurzem Spitzchen, im oberen Drittel fein gezähnt, 2–3 mm lang. Rippe kräftig, ca. ¾ der Blattlänge erreichend.

Sporophyten: Sehr häufig. Kapselstiel ca. 1 cm lang. Kapsel 2,0–2,5 mm lang, aufrecht, länglich eiförmig, hellbraun. Kapseldeckel kegelig, kurz und etwas schief geschnäbelt.

Lebensraum/Ökologie: In Wäldern an halbschattigen Stellen, vor allem an der Stammbasis verschiedener Laubbäume (zum Beispiel Eichen, Buchen, Eschen) und auf kalkreichen oder zumindest basischen Felsblöcken.

Zeigerwerte: Feuchtigkeit 3, Reaktion X, Nährstoffe 1, Licht 2, Temperatur 3

Ähnliche Arten: Weitere Arten mit dachziegelig anliegenden Blättern kommen an anderen Standorten vor (Waldboden, Trockenwiesen) und haben keine Differenzierung in Primär- und Sekundärsprösschen. Die nahe verwandte Art *Isothecium myosuroides* hat länger zugespitzte, grob gezähnte und weniger hohle Blätter und kommt nicht auf kalkhaltigem Gestein vor. *Brachythecium rutabulum* (S. 68) kann zusammen mit *I. alopecuroides* vorkommen, hat aber breit eiförmige, kaum hohle, aber dafür etwas faltige Blätter und die Pflanzen sind oft heller grün. *Climacium dendroides* (S. 84) hat eine deutlich bäumchenartige Wuchsform und die Stämmchen und Äste sind von Paraphyllien bedeckt.

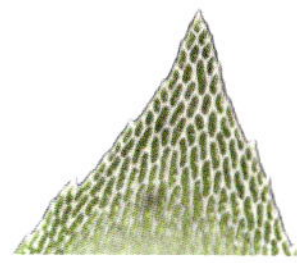

Wissenswertes: Eine nahe verwandte Art, *Isothecium holtii,* kommt vor allem in atlantisch geprägten Gebieten vor. Auch aus Baden-Württemberg aus dem Nordschwarzwald ist die Art bekannt und kommt dort auf kalkarmem Gestein an Bächen in der Spritzwasserzone vor. Aus der Schweiz fehlen bislang Nachweise.

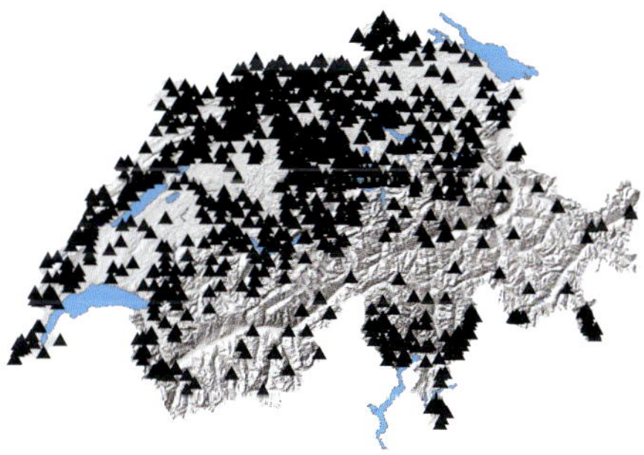

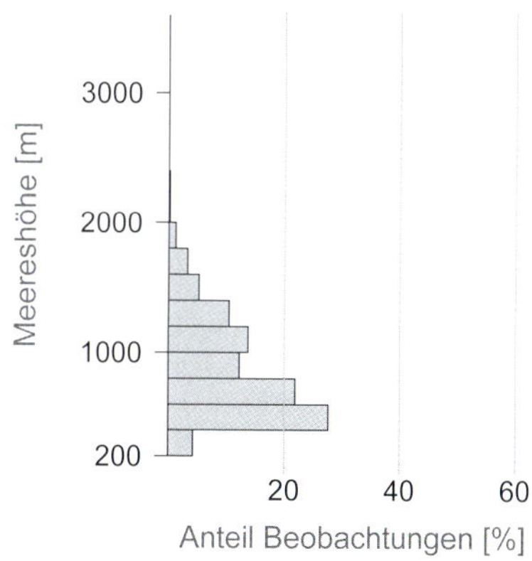

Leucodon sciuroides

Eichhornschwanzmoos

Blanchedent queue-d'écureuil

Borke von Gehölzen | Pleurokarpe Laubmoose

Pflanzen: In gelbgrünen bis dunkelgrünen Polstern oder Teppichen wachsend. Pflanzen mit am Substrat fest angewachsenen Primärsprösschen und abstehenden, wenig verzweigten Sekundärsprösschen. Sekundärsprösschen feucht schräg nach unten abstehend, trocken nach oben gebogen («Eichhornschwanz»), 4–5 cm lang. Sekundärsprösschen zum Teil mit vegetativer Vermehrung durch sehr kleine Brutästchen (< 0,5 mm), die büschelig in den Blattachseln stehen und die Sprösschen dadurch struppig aussehen lassen.
Blätter: Eiförmig zugespitzt, mit 4–5 Längsfalten, ohne Rippe, ganzrandig, 2,0–2,5 mm lang.
Sporophyten: Nicht häufig. Kapselstiel 8–10 mm lang. Kapsel schmal zylindrisch, aufrecht, 3,0–3,5 mm lang. Kapseldeckel schmal kegelig.
Lebensraum/Ökologie: An meist sonnigen Stellen auf Borke von Laubbäumen oder auf kalkhaltigen, basischen bis schwach sauren Felsen.
Zeigerwerte: Feuchtigkeit 2, Reaktion X, Nährstoffe 1, Licht 4, Temperatur 4
Ähnliche Arten: *Leucodon sciuroides* ist durch die grossen, trocken nach oben gebogenen Sekundärsprösschen und die Brutästchen gut charakterisiert. Die Äste von *Homalothecium sericeum* (S. 194) sind trocken ebenfalls gebogen, doch ist *H. sericeum* deutlich kleiner, leuchtender gelbgrün gefärbt und die Blätter sind schmal dreieckig und lang zugespitzt. *Nogopterium gracile* kann recht ähnlich aussehen wie *L. sciuroides,* doch sind die Sprösschen trocken nicht nach oben gebogen, die Blätter sind deutlich gezähnt und vegetative Vermehrung fehlt. *N. gracile* kommt in der Schweiz im Wallis am Rhoneknie und in der Südschweiz vor. *Platygyrium repens* (S. 400) bildet ebenfalls Brutästchen

in den Blattachseln, ist aber eine deutlich kleinere Art mit kurzen Ästen, die trocken nicht nach oben gebogen sind.
Wissenswertes: Die Brutästchen in den Blattachseln lösen sich leicht ab und können z. B. bei Regen weggeschwemmt werden. Ebenso können sie auch, besonders wenn sie nass sind, an den Füssen eines Vogels oder eines anderen Tieres hängen bleiben und so z. B. zum nächsten Baum oder Felsblock transportiert werden. Da die Brutästchen sehr klein sind, ist auch vorstellbar, dass sie bei trockenem Wetter mit dem Wind verbreitet werden.

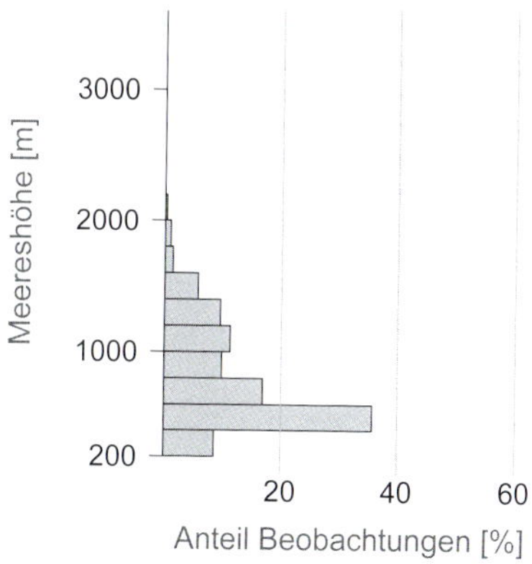

Neckera complanata

Glattes Neckermoos

Neckère aplatie

Borke von Gehölzen | **Pleurokarpe Laubmoose**

Pflanzen: Kleinere oder grössere, bleichgrüne, stark glänzende Rasen. Primärsprösschen rhizomartig kriechend, Sekundärsprösschen vom Substrat abstehend, oft fächerförmige Etagen bildend, mehrere Zentimeter lang, an der Spitze eingebogen, verflacht beblättert. Fast immer mit teilweise sehr zahlreichen, kleinblättrigen Flagellenästen, welche der vegetativen Vermehrung dienen.
Blätter: Zungenförmig, zu einer dreieckigen Spitze verschmälert und oft mit aufgesetztem Spitzchen, etwas einseitswendig, 1,5–2,0 mm lang. Blattrippe sehr kurz und doppelt (mit der Lupe nicht sichtbar) oder fehlend.
Sporophyten: Selten. Kapselstiel 7–12 mm lang, Kapsel ellipsoidisch, ± aufrecht und symmetrisch.
Lebensraum/Ökologie: In Laub- und Mischwäldern, meist in tiefen Lagen, vor allem an Stämmen von Laubbäumen (Buche, Esche, Ahorn). Ebenfalls nicht selten an schattigen bis halbschattigen, meist kalkreichen Felsen.
Zeigerwerte: Feuchtigkeit 3, Reaktion X, Nährstoffe 3, Licht 2, Temperatur 4
Ähnliche Arten: *Homalia trichomanoides* (S. 392) unterscheidet sich vor allem durch die dunklere Farbe, das Fehlen von kleinblättrigen Flagellenästen und einer bis zur Blattmitte reichenden Rippe. Die ebenfalls verflacht beblätterten Sprösschen sind nicht nur an der Spitze, sondern auch seitlich stark eingebogen und wirken kompakter, fast muschelartig. Die Seitenäste sind länger und weniger klar von den Hauptästen unterschieden, die Pflanzen stehen weniger vom Substrat ab als bei *N. complanata,* ausserdem kommen Sporophyten viel häufiger vor. *Neckera pumila, N. pennata, N. menziesii* und *Neckera crispa* (S. 198) haben querwellige Blätter. Die seltenere *N. besseri* ist deutlich kleiner,

glänzt weniger stark und ihre Blätter sind weniger spitz, sondern breit zungenförmig abgerundet, mit nur einem winzigen aufgesetzten Spitzchen. Das seltene *Leptodon smithii* hat abgerundete Blätter, eine deutliche, kräftige Rippe und die Sprösschen und Ästchen sind trocken schneckenförmig eingerollt.

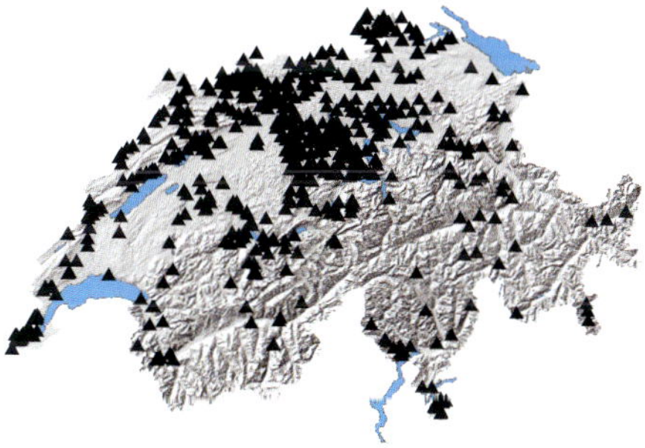

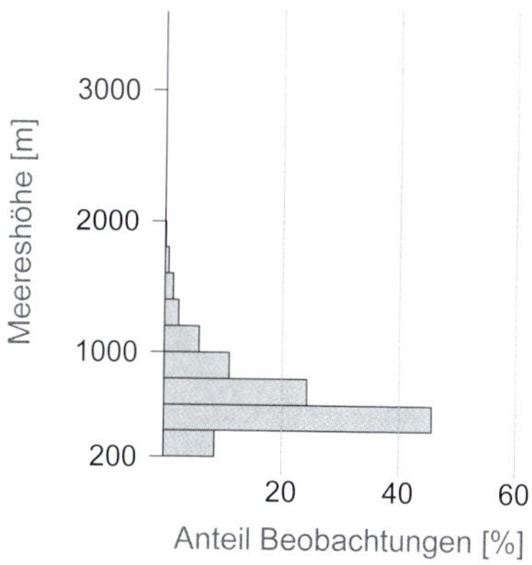

Platygyrium repens

Flaschenbürstenmoos

Platygyre

Borke von Gehölzen | Pleurokarpe Laubmoose

Pflanzen: Bildet mittelgrosse und dichte, etwa 0,5–1,0 cm hohe, dem Substrat eng anliegende, dunkel- bis braungrüne, etwas glänzende Teppiche. Stämmchen kriechend, unregelmäßig verzweigt, mit mehr oder weniger aufrecht stehenden, geraden Ästen. Blätter dicht stehend, im trockenen Zustand anliegend, feucht aufrecht abstehend. Meist mit auffallenden, büschelig angeordneten Brutästchen in den Blattachseln der oberen Astblätter.
Blätter: Etwa 1,0–1,5 mm lang, eiförmig bis länglich lanzettlich, meist scharf zugespitzt, mehr oder weniger gerade bis gekrümmt, hohl. Blattrand glatt, flach oder schmal umgebogen. Rippe sehr kurz und doppelt (mit der Lupe nicht sichtbar) oder fehlend.
Sporophyten: Gelegentlich vorhanden. Kapselstiele einzeln, ca. 1,5 cm lang, orangebraun. Kapseln aufrecht oder leicht gekrümmt, gelblich braun bis rotbraun, mit kurz und schief geschnäbeltem Deckel.
Lebensraum/Ökologie: Auf der Borke verschiedener Baumarten in schattigen bis lichten Wäldern, oft an eher etwas warmen Lagen. Seltener auf Totholz oder Gestein.
Zeigerwerte: Feuchtigkeit 2, Reaktion X, Nährstoffe 1, Licht 3, Temperatur 4
Ähnliche Arten: *Platygyrium repens* kann leicht mit geradeblättrigen Formen von *Hypnum cupressiforme* aggr. (S. 70) verwechselt werden. Solche Formen lassen sich durch das vollständige Fehlen von Brutästchen unterscheiden. Zudem weisen sie neben den geraden Blättern oft auch einzelne sichelig gekrümmte Blätter an den kriechenden Stämmchen auf. *Pylaisia polyantha* wächst ebenfalls an Borke und unterscheidet sich durch die im trockenen Zustand bogig aufsteigenden Äste und die

meist hellgrüne Farbe. Brutästchen fehlen bei *P. polyantha.* Sehr ähnliche Brutästchen weist *Pseudoleskeella nervosa* (S. 402) auf, doch lässt sich diese Art durch die deutliche Blattrippe einfach von *P. repens* unterscheiden. Auch *Leucodon sciuroides* (S. 396) wächst auf Borke und bildet Brutästchen aus, ist aber viel grösser als *P. repens.*

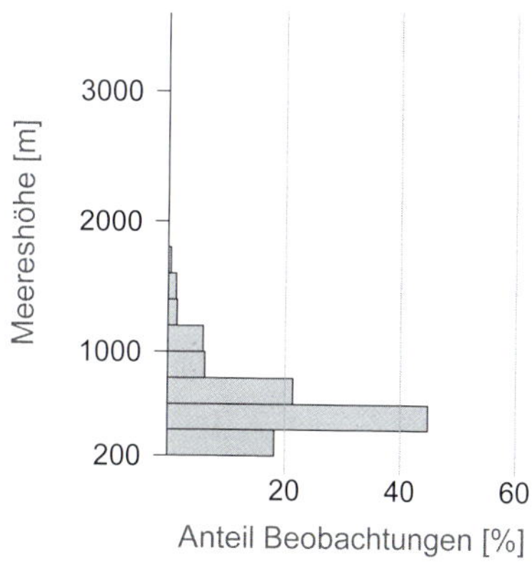

Pseudoleskeella nervosa

Baum-Kettenmoos

Leskée prolifère

Borke von Gehölzen | Pleurokarpe Laubmoose

Pflanzen: In dichten, flachen, eng dem Substrat anliegenden, dunkelgrünen, matten Teppichen. Sprösschen dünn, kriechend, stark verzweigt. Äste aufrecht abstehend, mit Büscheln aus leicht abfallenden Brutästchen.

Blätter: Stämmchenblätter 1,0–1,5 mm lang, trocken dem Stämmchen anliegend, feucht abstehend, aus eiförmiger Basis lang zugespitzt. Astblätter kleiner. Blattrippe kräftig, bis in die Blattspitze reichend.

Sporophyten: Selten. Kapseln zylindrisch, etwas gekrümmt, auf ca. 1 cm langem Kapselstiel.

Lebensraum/Ökologie: Meist auf der Borke von Laubbäumen (Ahorn, Esche oder Obstbäumen), in eher offenen, lichten Baumbeständen oder an Waldrändern, selten auch auf kalkhaltigem Gestein.

Zeigerwerte: Feuchtigkeit 3, Reaktion 3, Nährstoffe 1, Licht 2, Temperatur 3

Ähnliche Arten: Durch die Brutästchen und die lang zugespitzten Blätter mit deutlicher Blattrippe ist *Pseudoleskeella nervosa* gut charakterisiert. *Platygyrium repens* (S. 400) kommt ebenfalls auf Borke vor und bildet sehr ähnliche Brutästchen aus. Die Blätter von *P. repens* haben allerdings keine Blattrippe. Auch *Leucodon sciuroides* (S. 396) wächst auf Borke und bildet Brutästchen aus, ist aber viel grösser als *P. nervosa.* Zwei mit *P. nervosa* verwandte Arten, die vorwiegend auf Borke wachsen,

aber nie Brutästchen aufweisen, sind *Leskea polycarpa* und *Lescuraea mutabilis*. *Leskea polycarpa* kommt in Auenwäldern in tiefen Lagen meist unterhalb 600 m ü. M. vor und hat fast immer Kapseln. *Lescuraea mutabilis* ist auch häufig mit Kapseln anzutreffen und wächst vor allem in Bergwäldern an Baumstämmen und -ästen, manchmal auch auf Felsen.

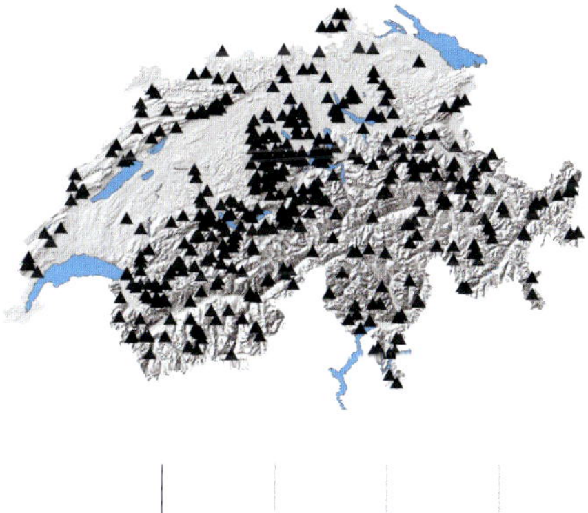

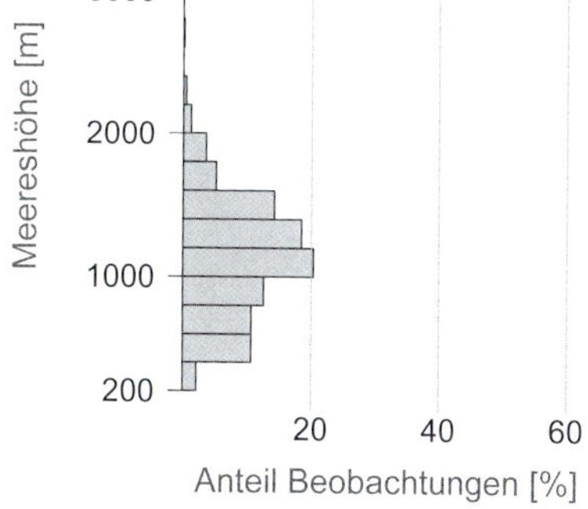

Pterigynandrum filiforme

Zwirnmoos

Axillaire

Borke von Gehölzen | Pleurokarpe Laubmoose

Pflanzen: Angedrückt wachsende, reich verzweigte, flache, gelblich grüne oder goldbraune Decken. Primärsprösschen rötlich, fadenförmig dünn (< 1 mm), an den älteren Teilen blattlos. Die Sekundärsprösschen zum Substrat hin gebogen oder parallel dem Substrat entlang nach unten wachsend. Blätter dachziegelig, auch feucht anliegend bis aufrecht abstehend. Vegetative Vermehrung durch sehr kleine, in den Blattachseln gebildete Brutkörper (mit der Lupe kaum zu sehen) oder selten durch Brutästchen.

Blätter: Sehr klein (< 1 mm), hohl, eiförmig, breit zugespitzt, mit kurzer, bisweilen zweiästiger Rippe (mit der Lupe kaum sichtbar). Blattrand flach, in der oberen Hälfte gezähnt.

Sporophyten: Kapselstiel 1–2 cm lang. Kapseln aufrecht und zylindrisch. Deckel schief geschnäbelt.

Lebensraum/Ökologie: In verschiedenen Wäldern wie lichten Schlucht-, Hang- und Blockschuttwäldern, aber auch oberhalb der Waldgrenze; vor allem auf Laubholzborke (z. B. Ahorn, Buche) und auf kalkarmem Gestein.

Zeigerwerte: Feuchtigkeit 3, Reaktion 2, Nährstoffe 1, Licht 2, Temperatur 3

Ähnliche Arten: Das habituell sehr ähnliche *Nogopterium gracile* ist größer, die Blätter sind breiter und die feuchten Blätter sind abstehend, nicht dachziegelig wie bei *Pterigynandrum filiforme.* Die Blätter des deutlich größeren *Scorpiurium circinatum* spreizen ebenfalls bei Feuchtigkeit und die Rippe ist deutlich erkennbar. Beide Arten kommen in der Schweiz nur in warmen Lagen vor, besonders im Tessin. *Heterocladium heteropterum* wächst viel lockerer und seine Blätter sind länger zugespitzt.

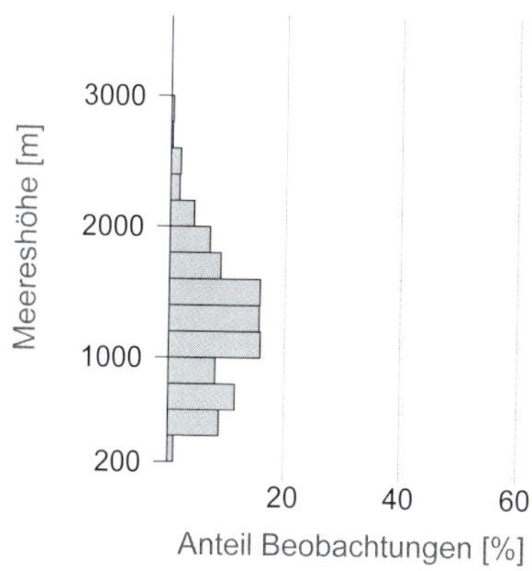

Anhang

Vertiefte Beschäftigung mit Moosen

Dieses Buch bietet einen ersten Einstieg in die Welt der Moose. Anhand von Lupenmerkmalen lassen sich bereits einige Arten im Feld mit einiger Sicherheit bestimmen. Allerdings bleiben auch oft Zweifel, ob es sich nicht doch um eine nahe verwandte Art handeln könnte. Um weiter in die Welt der Moose einzutauchen, bieten Bryolich, die Schweizerische Vereinigung für Bryologie und Lichenologie, und Swissbryophytes, das nationale Daten- und Informationszentrum der Schweizer Moose, vielfältige Möglichkeiten.

Bryolich (www.bryolich.ch) führt jährlich eine Vielzahl von Aktivitäten durch. Dazu gehören Exkursionen, Bestimmungsabende für Einsteiger:innen, Bestimmungskurse zu schwierigen Gruppen und Studientage. Diese Anlässe sind ideal, um andere Moosinteressierte kennenzulernen, und zwar sowohl Profis als auch Einsteiger:innen. Bryolich gibt zudem auch zwei Open Access-Zeitschriften heraus: die Meylania, die zweimal pro Jahr erscheint, und die Cryptogamica Helvetica, die in unregelmässigen Abständen umfassendere Abhandlungen zu Moosen, Flechten oder Pilzen veröffentlicht.

Swissbryophytes (www.swissbryophytes.ch) unterhält eine Datenbank mit einigen Hunderttausend Funddaten zu Moosen, die laufend erweitert wird, und baut eine Online-Moosflora der Schweiz auf, wo unter anderem Verbreitungskarten zu allen Moosen der Schweiz zu finden sind. Swissbryophytes bietet auch ein reichhaltiges Kursangebot an, das sich an Einsteiger:innen richtet, also an Personen ohne spezielle Vorkenntnisse. Die Kurse bieten in Kombination mit diesem Buch einen sehr guten Einstieg in die Welt der Moose und bereiten auch auf die Zertifikatsprüfungen vor.

Zur Erweiterung der Datenbank von Swissbryophytes können alle beitragen. Via FlorApp können Fundmeldungen von Moosen direkt aus dem Feld an Swissbryophytes übermittelt werden. FlorApp kann kostenlos auf dem Smartphone installiert werden. Weitere Informationen zu FlorApp finden sich auf der Webseite von Infoflora (www.infoflora.ch). Beim Melden von Moosen ist allerdings etwas Vorsicht geboten. Moose sind oft schwierig zu bestimmen und gerade im Feld können auch Fehler passieren. Funde sollten deshalb nur dann gemeldet werden, wenn die Bestimmung wirklich sicher ist. Besonders bei seltenen und schwierig zu bestimmenden Arten ist es wichtig, dass die Fundmeldungen auch durch einen Beleg, also eine gesammelte Moosprobe, dokumentiert werden. So kann der Fund allenfalls später überprüft werden, bevor dieser auf der Webseite von Swissbryophytes öffentlich wird. Das Sammeln von Moosen ist übrigens sehr einfach. Im Feld packt man sie einfach in einen (alten) Briefumschlag und schreibt eine Sammelnummer darauf. Der Rest der Information wie Datum, Koordinaten, Fundortbeschreibung plus natürlich ebenfalls die Sammelnummer speichert man in FlorApp.

In den Briefumschlägen trocknen die Moose rasch aus und man kann sie problemlos über lange Zeit aufbewahren. Für die Bestimmung können die getrockneten Moose auch nach Jahrzehnten wiederbefeuchtet werden. Alle morphologischen Merkmale sind auch nach langer Zeit noch unverändert erhalten. Einzig die Farben sind verblasst und die Ölkörper der Lebermoose sind nicht mehr vorhanden. Diese lösen sich meist schon nach wenigen Tagen oder Wochen auf.

Für die sichere Bestimmung vieler Arten müssen oft auch mikroskopische Merkmale herangezogen werden. Zum Beispiel muss unter dem Mikroskop die Form und Grösse der Blattzellen beurteilt werden oder es muss abgeklärt werden, ob die Blätter Oberflächenstrukturen wie Papillen besitzen. Teilweise müssen auch Blattquerschnitte angefertigt werden, um den Aufbau der Blattrippe zu beurteilen. Um die mikroskopischen Präparate wie zum Beispiel Blattquerschnitte herzustellen, braucht es ein bisschen Übung. Die Bestimmungsabende von Bryolich bieten dazu einen guten Einstieg.

Quellen

Literatur

In der folgenden Liste sind die wichtigsten Grundlagenwerke, die für die Erstellung der Porträts verwendet wurden, sowie die zitierte Literatur in den einleitenden Kapiteln zusammengestellt. Für die Porträts wurden noch viele zusätzliche Quellen konsultiert, wie Artikel in Fachzeitschriften oder weitere Webseiten, um bestimmte Details abzuklären.

Atherton I., Bosanquet S. & Lawley M. 2010. Mosses and liverworts of Britain and Ireland – a field guide. British Bryological Society.

Damsholt K. 2002. Illustrated Flora of Nordic Liverworts and Hornworts. 1. Auflage. Nordic Bryological Society, Lund.

Düll R. & Düll-Wunder B. 2023. Die Moose Mitteleuropas. Quelle & Meyer, Wiebelsheim.

Hallingbäck T., Lönnell N., Weibull H. & Hedenäs L. (eds.) 2006–2019. Nationalnyckeln till Sveriges flora och fauna. Bladmossor (4 Bände). ArtDatabanken, SLU, Uppsala.

Harris B. J., Clark J. W., Schrempf D., Szöllősi G. J., Donoghue P. C. J., Hetherington A. M. & Williams T. A. 2022. Divergent evolutionary trajectories of bryophytes and tracheophytes from a complex common ancestor of land plants. Nature Ecology and Evolution, 6(11), 1634–1643.

Hedenäs L. 2003. The European species of the *Calliergon-Scorpidium-Drepanocladus* complex, including some related or similar species. Meylania 28: 1–117.

Hölzer A. 2010. Die Torfmoose Südwestdeutschlands und der angrenzenden Gebiete. Weissdorn, Jena.

Hugonnot V., Celle J. & Pépin F. 2017. Mousses et hépatiques de France. Manuel d'identification des espèces communes. 2ème édtion. Biotope, Mèze.

Hugonnot V., Chavoutier J. L. 2021. Les bryophytes de France (vol 1 : Anthocérotes et hépatiques). Éditions Biotope et Publications scientifiques du MNHN, Mèze/Paris.

Kiebacher T. & Lüth M. 2017. *Orthotrichum dentatum* T.Kiebacher & Lüth sp. nov. (Orthotrichaceae). *Journal of Bryology, 39* (1), 46–56.

Kiebacher T., Meier M., Steffen J., Bergamini A., Schnyder N. & Hofmann H. 2023. Rote Liste der Moose. Gefährdete Arten der Schweiz. BAFU, Bern & Swissbryophytes, Zürich.

Kučera J. 2000. Illustrierter Bestimmungsschlüssel zu den mitteleuropäischen Arten der Gattung *Didymodon.* Meylania 19: 2–49.

Guerra J., Cano M. J., Ros R. M., Cros R. M., Brugués M. (eds) 2006–2018. Flora Briofítica Ibérica, 1–6. Universidad de Murcia, Sociedad Española de Briología, Murcia.

Limpricht K. G. 1890–1904. Die Laubmoose Deutschlands, Oesterreichs und der Schweiz, 1. – 3. In: Dr. L. Rabenhorst (Hrsg.), Kryptogamen-Flora von Deutschland, Oesterreich und der Schweiz, Band 4. Eduard Kummer, Leipzig.

Lüth M. 2019. Mosses of Europe. A photographic flora. Volume 1–3. Michael Lüth, Freiburg.

Nebel M. & Philippi G. (Hrsg.) 2000–2005. Die Moose Baden-Württembergs. Band I–III. Eugen Ulmer, Stuttgart.

Nyholm E. 1987–1998. Illustrated Flora of Nordic Mosses, Fasc. 1–4. Nordic Bryological Society, Copenhagen, Lund.

Paton J. A. 1999. The Liverwort Flora of the British Isles. Harley Books, Colchester.

Rapp C. 2020. Moose des Waldbodens. Der Bestimmungsführer. Haupt, Bern.

Smith A. J. E. 2004. The moss flora of Britain and Ireland. 2. Auflage. Cambridge University Press, Cambridge.

Swissbryophytes Working Group (Hrsg.) 2009–2024. Moosflora der Schweiz. www.swissbryophytes.ch.

Urmi E. 2010. Bryophyta (Moose). In: Landolt, E. et al. Flora indicativa: Ökologische Zeigerwerte und biologische Kennzeichen zur Flora der Schweiz und der Alpen. Haupt, Bern.

Zemp F., Schnyder N. & Danner E. 2016. Moosflora des Kantons Luzern. Natur-Museum Luzern & Naturforschende Gesellschaft Luzern, Luzern.

Bildnachweis

Bilder der Autoren und Autorinnen:
Ariel Bergamini: 164 Bilder / **Heike Hofmann:** 149 Bilder / **Thomas Kiebacher:** 10 Bilder / **Helen Küchler:** 2 Bilder / **Michael Lüth:** 329 Bilder / **Markus K. Meier:** 35 Bilder / **Niklaus Müller:** 8 Bilder / **Frauke Roloff:** 50 Bilder / **Norbert Schnyder:** 77 Bilder / **Julie Steffen:** 7 Bilder

Weitere Bilder (r = rechts, l=links, o=oben, u=unten, m=Mitte, z=zweites von, d=drittes von):
Hugo Berger: 13ul,ur; 121l,m; 167ro,ru; 181mo; 265m; 305ro,zro; 307lu,zlu,zru; 309lu,zlu; 311mo,ru; 313l,zl; 315l,mo,mu / **Ingrid Berney:** 155r; 157m; 164zr; 300r / **Josef Bertram:** 112ro / **Arnold Büschlen:** 141ro,ru; 143l; 169or; 235l; 343ro,ru,zru,dru; 381r,zr; 383ru; 389r / **Jeremias Gisler:** 378r / **Claire Halpin:** 24lu,ur; 83r; 89r; 102ru; 103m; 109l; 111l; 112ru; 121r; 129l; 134r; 137r; 148l, 149l,ru; 153m; 155l; 156r; 160r; 165l; 203ru; 205lu; 208; 209l,ru; 213l; 221r; 224r; 237r; 246l; 257l; 265lm,lu; 273r; 281l; 285r; 286r; 318r; 319lo; 328lo; 332r; 339ro; 355lu,ru; 359r; 366r; 367lo; 368l,r; 384l; 388r; 390lu; 391l; 400ro; 401l,r; 402r / **Lars Hedenäs:** 308lu,r / **David T. Holyoak:** 262lu,r / **Kristian Peters:** 131lo; 133ro; 137l,m; 139mr,r; 223ro,ru / **Sharon Pilkington:** 392r; 290; 35u; 99lu; 128l; 131ro; 163r; 199m; 290; 392r / **Herrmann Schachner:** 78l; 117r; 140r; 147lo; 157l,r; 169l,ur; 177r; 196r; 227l; 247l; 267ru; 287lo,lu; 291r; 301l; 325r; 351lo; 377r / **Ralf Schmiede:** 289lu / **Norbert Stapper:** 211; 385ro; 397ru

Illustrationen:
Ingrid Berney: 25ur / **Edwin Urmi:** 420–421

Die Autor:innen

Ariel Bergamini studierte Biologie an der Universität Zürich und arbeitet seit 2003 an der Eidgenössischen Forschungsanstalt WSL, wo er sich mit Fragestellungen rund um Biodiversität sowie deren Veränderung und, wenn immer Zeit bleibt, mit Moosen beschäftigt.

Ann-Michelle Hartwig ist Landschaftsökologin, arbeitete von 2022 bis 2025 am Nationalen Daten- und Informationszentrum der Schweizer Moose «Swissbryophytes» an der Universität Zürich und ist seit 2023 für den Bereich «Moos» des Ökobüros «Forschungsstelle für Umweltbeobachtung» tätig.

Heike Hofmann ist Biologin und leitet seit 2009 das Nationale Daten- und Informationszentrum der Schweizer Moose «Swissbryophytes» und ist Kuratorin der Moossammlung an der Universität Zürich.

Markus K. Meier studierte Biologie an der Universität Zürich und beschäftigt sich seit seinen Moosökologischen Untersuchungen im Rahmen seiner Diplomarbeit 1995 privat und mit seinem Ökobüro «flora + fauna consult» mit Moosen.

Norbert Schnyder ist Biologe und leitete bis zu seiner Pensionierung das Nationale Daten- und Informationszentrum der Schweizer Moose «Swissbryophytes» an der Universität Zürich sowie den Bereich «Moos» im Ökobüro «Forschungsstelle für Umweltbeobachtung».

Thomas Kiebacher beschäftigt sich seit 2011 mit der Vielfalt, der Ökologie und dem Schutz von Moosen in der Schweiz und arbeitete dabei an der Eidgenössischen Forschungsanstalt WSL sowie der Universität Zürich und ist aktuell am Naturkundemuseum in Stuttgart tätig.

Helen Küchler ist Biologin und arbeitete bis zu ihrer Pensionierung an der Eidgenössischen Forschungsanstalt WSL im Projekt Wirkungskontrolle Biotopschutz Schweiz (WBS), wo sie unter anderem für die Bestimmung von Moosen zuständig war.

Michael Lüth studierte Biologie an der Albert-Ludwig-Universität Freiburg und ist seit 1987 selbstständig in seinem Büro für Umweltplanung im Bereich Vegetationsökologie und Eingriffsregelung mit Schwerpunkt Moose tätig.

Tobias Moser hat an der Universität Zürich Biologie studiert und arbeitet aktuell an der Eidgenössischen Forschungsanstalt WSL und im Bereich «Moos» im Ökobüro «Forschungsstelle für Umweltbeobachtungen».

Niklaus Müller ist Biologe und arbeitet seit dem Jahr 2000 an diversen Projekten im Bereich «Moos» im Ökobüro «Forschungsstelle für Umweltbeobachtung».

Frauke Roloff studierte Biologie an der Paris-Lodron-Universität Salzburg und beschäftigt sich seit 2007 privat und professionell mit Moosen und war unter anderem am Nationalen Daten- und Informationszentrum der Schweizer Moose «Swissbryophytes» in Zürich tätig.

Julie Steffen studierte Biologie an der Universität Neuchâtel und forscht und unterrichtet seit 2014 an der Fachhochschule für Landschaft, Ingenieurwissenschaft und Architektur Genf (HEPIA) im Themenbereich Pflanzenökologie (Gefässpflanzen und Moose).

Edwin Urmi ist Botaniker mit Spezialisierung auf Moose; bis 2009 war er Oberassistent im Institut für Systematische und Evolutionäre Botanik der Universität Zürich.

Dank

Dem Bundesamt für Umwelt, der Stiftung zur Förderung der Pflanzenkenntnis und der Ernst Göhner Stiftung danken wir herzlich für die finanzielle Unterstützung zur Publikation dieses Buches. Claire Halpin, Hugo Berger, Herrmann Schachner, Arnold Büschlen, Kristian Peters, Sharon Pilkington, Ingrid Berney, Norbert Stapper, David T. Holyoak, Ralf Schmiede, Lars Hedenäs und Jeremias Gisler stellten uns wunderbare Moosbilder zur Verfügung. Dafür danken wir ganz herzlich. Ingrid Berney danken wir für die akkurate Zeichnung von *Cephaloziella konstantinovae.* Auch den unzähligen fleissigen Meldern und Melderinnen von Moosfunden in den letzten Jahrzehnten, deren Daten es erst ermöglichten, Verbreitungskarten und Höhendiagramme aller Arten zu erstellen, danken wir herzlich. Ganz besonders danken wir dem Haupt Verlag, allen voran Iris Alder und Martin Lind, ohne die dieses Buch nicht zustande gekommen wäre. Martin Lind hat uns mit der Idee eines Moosbuches kontaktiert und überzeugt, ein solches zu erarbeiten. Er hat das Buchprojekt dann bis Anfang 2024 sehr umsichtig begleitet und danach an Iris Alder übergeben. Iris Alder hat das Buch sehr kompetent und sorgfältig bis zum Abschluss betreut. Die Zusammenarbeit mit Martin Lind und Iris Alder war immer eine Freude.

Schweizerische Eidgenossenschaft
Confédération suisse
Confederazione Svizzera
Confederaziun svizra

Bundesamt für Umwelt BAFU

STIFTUNG ZUR FÖRDERUNG DER PFLANZENKENNTNIS
BASEL

ERNST GÖHNER
STIFTUNG

Glossar

aggr.	Aggregat; Gruppe von nahe verwandten, sehr ähnlichen Arten, die oft nur schwer zu unterscheiden sind.
akrokarp	Gipfelfrüchtig; für Laubmoose, wenn die Sporophyten am Ende der Sprösschen angebracht sind; der Gametophyt ist meist kaum verzweigt und bildet oft Polster; Gegensatz zu pleurokarp.
Allopolyploidie	Kreuzungsvorgang; führt zu allopolyploiden Arten mit Chromosomensätzen mindestens zweier Eltern-Arten, aus deren Kreuzung die Art hervorgegangen ist.
Antheridien	Männliche Geschlechtsorgane; meist gestielt; enthalten zahlreiche bewegliche Spermatozoide.
Antheridienstand	Gruppe von Antheridien, die von Hüllblättern umgeben sind.
Antheridienträger	Schirmartige Gebilde der komplex aufgebauten, thallosen Lebermoose, die die Antheridien tragen; besonders schön entwickelt bei *Marchantia polymorpha* (S. 98).
Archegonien	Weibliche Geschlechtsorgane; flaschenförmig; enthalten je eine Eizelle.
Archegonienstand	Gruppe von Archegonien, die von Hüllblättern umgeben sind.
Archegonienträger	Schirmartige Gebilde der komplex aufgebauten, thallosen Lebermoose, die die Archegonien und später die Sporophyten tragen; besonders schön entwickelt bei *Marchantia polymorpha* (S. 98).
Assimilationslamellen	Mehrere Zellen hohe, einzellschichtige Lamellen auf der Blattrippe einiger Laubmoose; dienen der Assimilation, also der Fotosynthese; durch die Lamellen wird das Blatt funktionell mehrzellschichtig.
Atemkammern	Hohlräume in den Thalli der komplexen thallosen Lebermoose unter den Atemporen.
Atemporen	Aus mehreren Zellen gebildete Öffnung in der Oberfläche der komplexen, thallosen Lebermoose.
Bauchschuppen	Einzellschichtige Auswüchse an der Bauchseite des Thallus bei komplexen thallosen Lebermoosen.
Blattflügel	Äusserer Teil der Blattbasis der Laubmoosblätter; in diesem Bereich sind die Zellen oft anders gestaltet als in der übrigen Blattfläche.
Blattgrund	Blattbasis der Moosblätter; in diesem Bereich sind die Zellen besonders bei den Laubmoosen oft anders gestaltet als in der übrigen Blattfläche.
Blattsaum	Speziell ausgeprägte, oft längliche und/oder stärker verdickte Randzellen, die an den Blättern einiger Laub- und Lebermoose vorkommen.

Bruchästchen	Meist mit kleinen schuppenförmigen Blättern besetzte Ästchen, die leicht abbrechen und der vegetativen Vermehrung dienen.
Brutbecher	Becherförmige Thallusauswüchse einiger komplexer thalloser Lebermoose, die Brutkörper enthalten.
Brutblätter	Der vegetativen Vermehrung dienende, leicht abfallende Blätter.
Brutkörper	Ein- bis vielzellige kleine Gebilde, die sich leicht von der Mutterpflanze ablösen und zu kompletten neuen Pflanzen auswachsen können.
Brutthalli	Kleine Thallusstücke, die sich leicht von der Mutterpflanze ablösen und zu kompletten neuen Pflanzen auswachsen können.
Chloroplasten	Zellorganellen, die für die Fotosynthese zuständig sind.
Deckel, Kapseldeckel	Bei der Sporenreife abfallender Teil der Kapsel der Laubmoose.
diploid	Mit doppeltem Chromosomensatz.
einhäusig	Weibliche und männliche Fortpflanzungsorgane (Gametangien) kommen auf demselben Individuum vor; Gegensatz zu zweihäusig.
Elateren	Fadenförmige tote Zellen («Schleuderfäden») mit schraubig verdickten Zellwänden in der Kapsel von Lebermoosen; dienen durch hygroskopische Bewegung der Ausbreitung der Sporen.
Elaterenträger	Büschel von fadenförmigen Elateren, die mit dem Kapselgrund verwachsen sind (siehe *Pellia endiviifolia,* S. 214).
Epiphyten	Auf anderen Pflanzen wachsend, normalerweise auf der Borke von Bäumen oder Sträuchern.
einseitswendig	Zur selben Seite zeigend (meist bezogen auf die Spitzen der Blätter).
Flagellen	Dünne, kleinblättrige Ästchen, die neben normal ausgeprägten Ästchen bei manchen Arten gebildet werden.
Flankenblätter	Zweizeilig angeordnete, meist seitlich ausgebreitete Blätter der Lebermoose; vgl. Unterblätter.
fo.	forma (Form): bezeichnet Sippen, die im Rang unterhalb der Varietät stehen; wenig gebräuchlich.
Gametangien	Geschlechtsorgane, in denen die Spermatozoide bzw. Eizellen gebildet werden; die männlichen Gametangien werden Antheridien genannt, die weiblichen Archegonien.
Gametangienstand	Mit Hüllblättern versehene Gruppe von Gametangien (bei thallosen Lebermoosen auch ohne Hüllblätter an ± stark modifizierten Geschlechtsthalli).
Gametangienträger	Schirmartige Gebilde der komplex aufgebauten, thallosen Lebermoose, welche die Archegonien und später die Sporophyten oder die Antheridien tragen; besonders schön entwickelt bei *Marchantia polymorpha* (S. 98).
Gametophyt	Gameten bildende, also Eizellen und Spermatozoiden bildende, haploide Generation; bei den Moosen gehören dazu die grüne Moospflanze sowie Sporen, Protonema, Gameten und Haube; Gegensatz zu Sporophyt.

ganzrandig	Ungezähnter, glatter Blattrand.
gefiedert	Sprösschen mit regelmässig und meist recht dicht stehenden Ästchen.
Glashaar	Meist farblose, haarartig austretende Blattrippe an Laubmoosblättern.
Glasspitze	Farbloser, oberer Teil einiger Laubmoosblätter.
haploid	Mit einfachem Chromosomensatz.
Haube	Über dem Deckel der Laubmooskapsel; die Haube entwickelt sich aus dem Archegonienhals, gehört also zum Gametophyten; sie schützt die Kapsel während der Entwicklung und fällt im reifen Zustand ab.
Hüllblätter	Gewöhnlich modifizierte Blätter im Bereich der Gametangienstände; bei Archegonien der Laubmoose «Perichaetialblätter»; bei Antheridien der Laubmoose «Perigonialblätter»; bei Lebermoosen ohne besondere Bezeichnungen.
hyalin	Wasserhell, durchsichtig.
Kapsel	Behälter, in dem die Sporen gebildet werden; Teil des Sporophyten.
Kapselhals	Unterer Teil der Kapsel, der keine Sporen enthält, aber oft Assimilationsgewebe und Spaltöffnungen besitzt; vgl. Urne.
kätzchenartig, kätzchenförmig	Sprösschen mit locker anliegenden, sich stark überlappenden, hohlen Blättern (siehe *Pseudoscleropodium purum,* S. 332).
krenuliert	Blattrand durch nach aussen vorspringende Zellen rau.
Kutikula	Wasserabstossende, wachsartige, äusserste Zellwand-Schicht von Blättern oder Thalli.
Mündung	Öffnung der Kapsel, durch welche die Sporen entlassen werden, oder bei den Lebermoosen Öffnung des Perianths, durch die der Sporophyt austritt.
Nostoc	Eine Gattung von Cyanobakterien (früher «Blaualgen»).
Oberlappen	Von oben sichtbarer, oberer Lappen gefalteter oder gekielter Flankenblätter der Lebermoose; vgl. Unterlappen.
oberschlächtig	Anordnung der Blätter der Lebermoose, wenn der obere Blattrand des unteren Blattes über dem unteren Blattrand des oberen Blattes liegt (siehe auch «unterschlächtig»). Die Begriffe ober- und unterschlächtig lassen sich nur bei Lebermoosen mit schief stehenden Blättern anwenden.
Ölkörper	Terpenoide enthaltende, stark lichtbrechende Zellorganellen bei Lebermoosen.
Paraphyllien	Pfriemliche oder zerschlitzte, blattartige Gebilde zwischen den eigentlichen Blättern.
Paukenhaut	Dünne Gewebeschicht, welche nach dem Abfallen des Kapseldeckels zwischen den Spitzen der Peristomzähne die Sporenkapsel (z. B. bei *Polytrichum*- und *Atrichum*-Arten) verschliesst.

Perianth	Hülle aus drei verwachsenen Blättern um die Archegonien und später um den Sporophyten beblätterter Lebermoose.
Perichaetialblätter	Modifizierte Blätter um die Archegonien der Laubmoose.
Perichaetium	Gesamtheit der Blätter, welche die Archegonienstände der Laubmoose umgeben; bei thallosen Lebermoosen Archegoniengruppe mit ihrer gemeinsamen Hülle.
Perigonium	Gesamtheit der Blätter, welche die Antheridienstände der Laubmoose umgeben.
Peristom	Zahnkranz um die Öffnung der Laubmooskapsel; kann aus 4, 16, 32 oder 64 Peristomzähnen bestehen oder auch reduziert sein oder ganz fehlen; die Zähne sind meist hygroskopisch beweglich und dienen zur Regulierung der Sporenfreisetzung.
pleurokarp	Seitenfrüchtig; für Laubmoose, wenn die Sporophyten an sehr kurzen Seitenästen angebracht sind; der Gametophyt ist meist stark verzweigt und bildet oft flach anliegende Teppiche; Gegensatz zu akrokarp.
Primärsprösschen	Rhizomartig auf oder im Substrat kriechendes Hauptsprösschen, von dem meist mit Ästchen versehene Sekundärsprösschen ausgehen, die vom Substrat abstehen (siehe *Thamnobryum alopecurum,* S. 248).
Protonema	Vorkeim; erstes Entwicklungsstadium des Gametophyten nach dem Auskeimen der Spore; besteht bei Laubmoosen meist aus verzweigten Zellfäden.
Rhizoide	Wurzelähnliche, verlängerte Zellen oder Zellfäden; dienen vor allem der Festheftung; bei Lebermoosen einzellig, bei Laubmoosen mehrzellig mit schrägen Zellwänden.
Rippe, Blattrippe	Meist schmale, mehrschichtige Struktur entlang der Längsachse der Blätter vieler Laubmoose; von sehr unterschiedlicher Länge und Kräftigkeit.
Schnabel	Lang ausgezogene Spitze des Deckels der Laubmooskapsel.
schopfig	Blätter gegen die Stämmchenspitze grösser und dichter stehend als an der Basis.
Sekundärsprösschen	Von einem rhizomartig auf oder im Substrat kriechenden Hauptsprösschen ausgehende, meist mit Ästchen versehene und vom Substrat abstehende Sprösschen (siehe *Thamnobryum alopecurum,* S. 248).
sparrig	Zurückgebogen; besonders typisch ausgeprägt bei den Blättern von *Rhytidiadelphus squarrosus* (S. 88).
Spermatozoide	Zweigeisslige, bewegliche Geschlechtszellen, die in den männlichen Geschlechtsorganen (Antheridien) gebildet werden.

Splash Cups	Antheridien oder Brutkörper enthaltende tassen- oder schalenförmige Gebilde aus dicht stehenden Blättern oder Thallusgewebe. Dienen der Ausbreitung der Spermatozoiden oder der Brutkörper, die bei Regen durch auftreffende Tropfen aus den Splash Cups herausgeschleudert werden (siehe *Plagiomnium undulatum,* S. 308).
Sporen	Fortpflanzungszellen; werden in der Kapsel gebildet und dienen der Ausbreitung.
Sporophyt	Sporenbildende, diploide Generation; bei den Moosen die Kapsel mit dem Kapselstiel und dem Fuss; diese sitzen auf dem Gametophyten und werden von ihm grösstenteils mit ernährt; Gegensatz zu Gametophyt.
Sprösschen	Einheit aus Stämmchen, Ästchen und Blättern.
Stämmchen	Hauptachse ohne die Ästchen.
Stämmchenblätter	Blätter an den Stämmchen (Hauptachsen) der Moose.
subsp.	Abkürzung für subspecies = Unterart.
Thallus	Mehrzelliger Pflanzenkörper, der nicht in Stämmchen und Blätter gegliedert ist; bei Horn- und Lebermoosen.
Unterblätter	Blätter an der Unterseite der Lebermoosstämmchen, diese sind meist kleiner als die Flankenblätter und oft so winzig, dass sie kaum zu finden sind (dann oft als «fehlend» bezeichnet).
Unterlappen	Der dem Substrat zugewandte Blattlappen gefalteter oder gekielter Flankenblätter der Lebermoose; bei *Frullania*-Arten sackartig ausgeprägt; vgl. Oberlappen.
unterschlächtig	Anordnung der Blätter der Lebermoose, wenn der obere Blattrand des unteren Blattes unter dem unteren Blattrand des oberen Blattes liegt (siehe auch «oberschlächtig»). Die Begriffe ober- und unterschlächtig lassen sich nur bei Lebermoosen mit schief stehenden Blättern anwenden.
Urne	Mittlerer, gewöhnlich dickster Teil der Kapsel, der die Sporen enthält; vgl. Kapselhals.
var.	Abkürzung für varietas = Varietät; bezeichnet Sippen, die im Rang zwischen Unterart und Form stehen; manche früheren Varietäten werden heute als Unterarten oder gar als Arten betrachtet.
Zilien	Haarförmige Gebilde am Rand von Blättern oder an der Mündung der Perianthien.
zweihäusig	Weibliche und männliche Fortpflanzungsorgane (Gametangien) kommen auf verschiedenen Individuen vor; Gegensatz zu einhäusig.

Illustriertes Glossar

BLATTHALTUNG

anliegend | aufrecht | waagrecht abstehend | rückwärts abstehend | sparrig abstehend | einseitswendig | kätzchenförmig

BLATTSTELLUNG

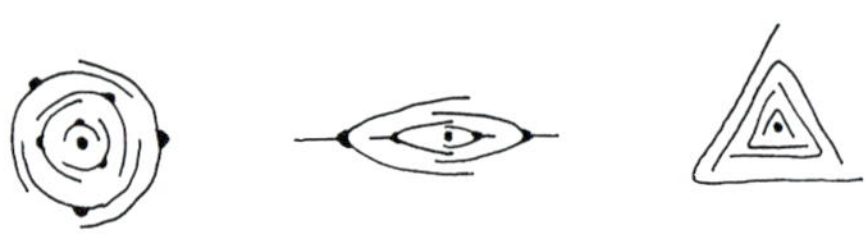

schraubig | zweizeilig | dreizeilig

BEBLÄTTERUNG

schopfig | knospenförmig | rosettig

KAPSELFORMEN LAUBMOOSE

zylindrisch | ellipsoidisch | eiförmig | birnförmig | kugelig

hochrückig | gekrümmt | mit langem Hals | mit erweitertem Hals | mit Kropf

KAPSELHALTUNG

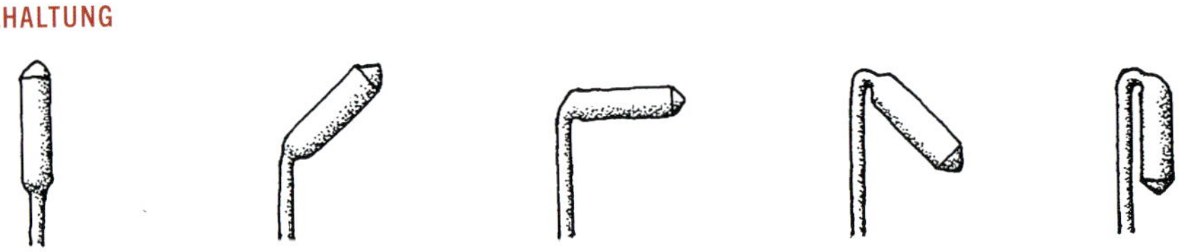

aufrecht | geneigt | horizontal | nickend | hängend

BLATTFORMEN LAUBMOOSE

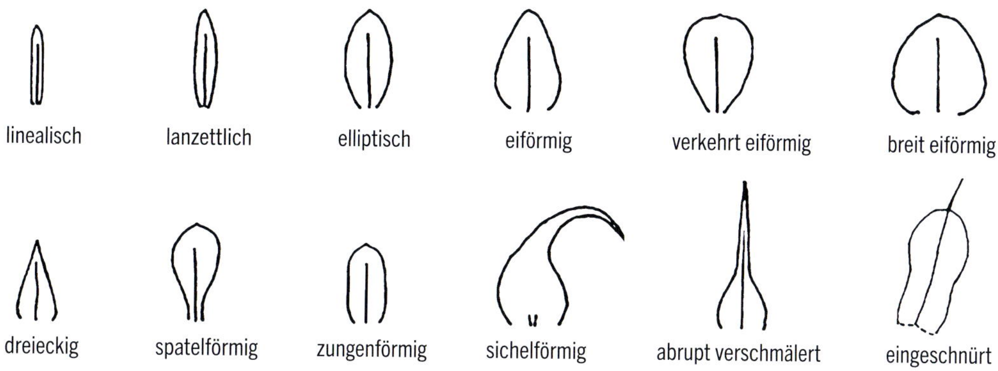

BLATTFORMEN LEBERMOOSE

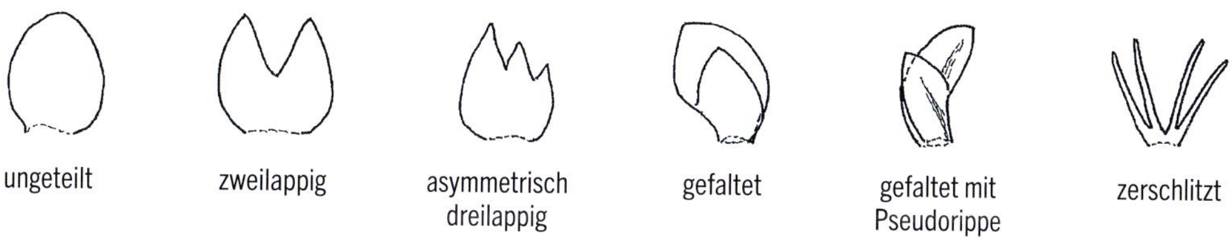

BLATTRAND

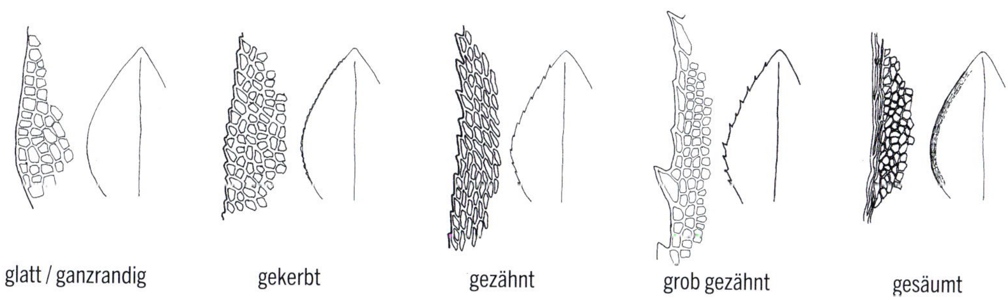

BLATTSPITZEN

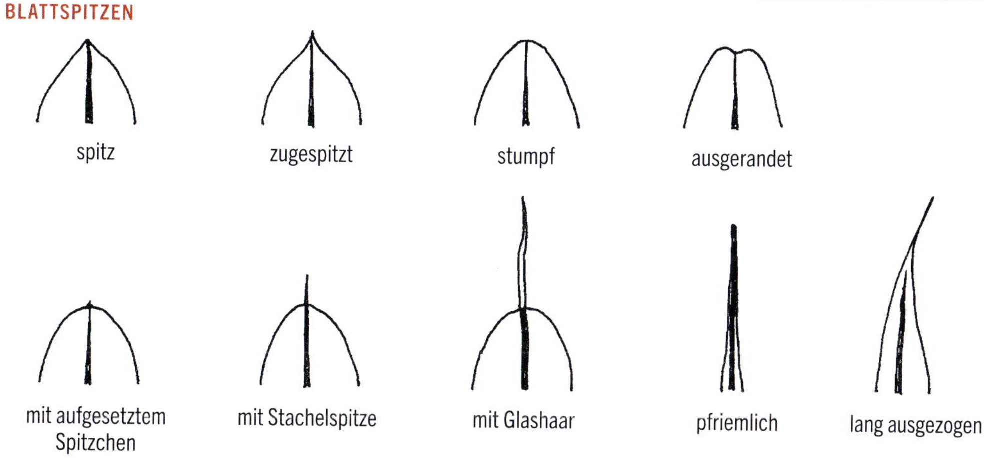

Register

Fett gedruckte Seitenzahlen verweisen auf das Artenporträt.

Register der wissenschaftlichen Artennamen

Register der deutschen Artennamen

Register der französischen Artennamen

1. Auflage: 2025

ISBN 978-3-258-08301-8

Umschlaggestaltung: pooldesign, CH-Zürich
Gestaltung und Satz: Die Werkstatt Medien-Produktion GmbH, D-Göttingen
Umschlagabbildungen: vorne: Ariel Bergamini; hinten: Michael Lüth

Wir drucken mit mineralölfreien Farben und verwenden FSC®-zertifiziertes Papier. FSC® sichert die Nutzung der Wälder gemäß sozialen, ökonomischen und ökologischen Kriterien.

Gedruckt in Slowenien

FSC www.fsc.org
MIX
Papier | Fördert gute Waldnutzung
FSC® C106600

Diese Publikation ist in der Deutschen Nationalbibliografie verzeichnet.
Mehr Informationen dazu finden Sie unter http://dnb.dnb.de.

Der Haupt Verlag wird vom Bundesamt für Kultur für die Jahre 2021–2025 unterstützt.

© Shutterstock, Huza Studio

Wir verlegen mit Freude und großem Engagement unsere Bücher. Daher freuen wir uns immer über Anregungen zum Programm und schätzen Hinweise auf Fehler im Buch, sollten uns welche unterlaufen sein.

Haupt Verlag AG
Falkenplatz 14
3012 Bern
SCHWEIZ
herstellung@haupt.ch

Verantwortlich in der EU (GPSR):
Brockhaus Kommissionsgeschäft GmbH
Kreidlerstr. 9
70806 Kornwestheim
DEUTSCHLAND
haupt@brocom.de

www.haupt.ch